教育部高等学校材料类专业教学指导委员会规划教材

普通高等教育"十四五"规划教材

连 续 铸 钢

（第 3 版）

主　编　贺道中

副主编　范才河　彭世恒　邹世文

扫码看本书数字资源

北　京

冶 金 工 业 出 版 社

2023

内 容 提 要

本书为普通高等教育"十四五"规划教材，主要包括绪论、连铸设备、钢的凝固与连铸基础理论、连铸工艺与操作、连铸坯质量、连铸工艺实践与新技术应用、连铸智慧制造技术等。书中适当介绍了近年来国内外有关新理论、新技术和新发展等。

本书可作为高等院校冶金工程专业及相关专业的教材，也可供从事钢铁生产的工程技术人员及管理人员阅读和参考。

图书在版编目（CIP）数据

连续铸钢/贺道中主编 . —3 版 . —北京：冶金工业出版社，2023.3
普通高等教育"十四五"规划教材
ISBN 978-7-5024-9432-2

Ⅰ.①连…　Ⅱ.①贺…　Ⅲ.①连续铸钢—高等学校—教材
Ⅳ.①TF777

中国国家版本馆 CIP 数据核字（2023）第 044654 号

连续铸钢（第 3 版）

出版发行	冶金工业出版社	**电　话**	（010）64027926
地　址	北京市东城区嵩祝院北巷 39 号	**邮　编**	100009
网　址	www.mip1953.com	**电子信箱**	service@ mip1953.com

责任编辑　杨　敏　美术编辑　彭子赫　版式设计　郑小利
责任校对　郑　娟　责任印制　禹　蕊
北京印刷集团有限责任公司印刷
2007 年 9 月第 1 版，2013 年 8 月第 2 版，2023 年 3 月第 3 版，2023 年 3 月第 1 次印刷
787mm×1092mm　1/16；18.75 印张；452 千字；288 页
定价 49.00 元

投稿电话　（010）64027932　投稿信箱　tougao@cnmip.com.cn
营销中心电话　（010）64044283
冶金工业出版社天猫旗舰店　yjgycbs.tmall.com
（本书如有印装质量问题，本社营销中心负责退换）

第3版前言

"连续铸钢"是冶金工程及相关专业的重要专业课程之一，一些高校把《连续铸钢（第2版）》一书作为冶金工程专业学生学习钢铁冶金课程的教材和教学参考书，在培养专业知识面宽、工程应用能力强、具有创新能力的应用型人才方面，起到了积极的作用。《连续铸钢（第2版）》自2013年8月出版以来，得到冶金工程专业本科院校和冶金技术专业高职高专院校以及钢铁企业的广泛采用，取得了较好的社会效益。

近年来，在"工业互联网""工业4.0"及《中国制造2025》智能与创新发展战略的推动下，钢铁制造业日益"数字化、智能化和网络化"。为了适应冶金产业技术发展对人才能力培养和新工科建设的需要，我们对第2版进行了修订，以使其在冶金工程及相关专业的人才培养中发挥更好的作用。

本次修订的重点是钢的凝固与连铸理论、连铸工艺与操作以及连铸新技术应用等，增加了连铸智能化检测技术、无人化浇钢技术应用等内容。本书力求内容系统、精练、前瞻、实用，通俗易懂，理论联系实际，着力强化了连铸工艺与操作、连铸新技术应用和连铸智能制造技术介绍，突出新冶金工程应用能力培养。

本书由湖南工业大学贺道中任主编，湖南工业大学范才河、安徽工业大学彭世恒、宝钢股份上海梅山钢铁有限公司邹世文任副主编。周宇涛编写第3章，彭世恒编写第4章第1~2节、第6章第1~3节，邹世文编写第4章第3~4节、第7章，其余部分由贺道中、范才河编写。全书由贺道中统稿。

本书在编写过程中，承蒙重庆大学陈登福教授、武汉科技大学李光强教授、重庆科技学院王宏丹博士、江西理工大学张慧宁博士的指导，企业专家组的审定，以及同行的帮助，湖南工业大学张波、苏振江、朱博洪等老师对本书提出了许多宝贵的修改意见并参与了部分章节的编写修订工作，在此一并表示诚挚的谢意。编写中参阅了许多文献资料，特此向文献作者致谢。同时，本书的出版得到了湖南工业大学材料与先进制造学院的大力支持，以及湖南省普通高等学校教学改革研究项目（HNJG-2022-0843）的支持，在此表示衷心感谢。

参与修订工作的全体人员对原教材编者所做的工作深表敬意。

由于作者水平所限，书中不足之处，敬请读者批评指正。

作　者

2022 年 12 月

目　　录

1 绪　论

1.1　钢的浇注概述

1.1.1　模铸

钢的浇注有钢锭模浇注（模铸）、连续铸钢（连铸）、压力浇注、真空浇注四种方法。常用的是模铸和连铸。模铸法生产钢锭已有 100 多年的历史。目前国内一些小型钢厂或特殊钢厂在生产试制性产品、大型锻造件或一些大规格的轧制成品时，仍在采用这种方法生产钢锭。连铸是钢铁工业发展过程中继氧气转炉炼钢后的又一项革命性技术，连续铸钢法已逐渐取代模铸法，成为钢液浇注的主要方法。

如图 1-1 和图 1-2 所示，模铸法分为上注法和下注法两种。上注法是钢液由钢包经中间装置，或由钢包直接从钢锭模上部注入的一种方式。上注法适用于浇注大型的或特殊的钢锭。这种方法铸锭的准备工作简单，耐火材料消耗少，钢锭收得率高，成本低，钢中夹杂物含量少。由于浇注时钢锭模内的高温区始终位于钢锭上部，钢锭的翻皮、缩孔、疏松等缺陷有所减少。但是，该方法每次只能浇注 2~4 根钢锭，在开浇时容易产生飞溅而造成结疤、皮下气泡等钢锭表面缺陷。此外，浇注时钢液直接冲刷模底，锭模、底板易被熔蚀，使材料的消耗增加。

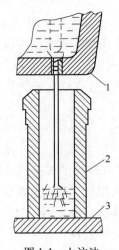

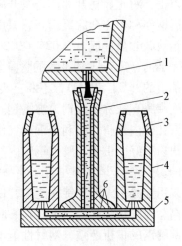

图 1-1　上注法

1—钢包；2—钢锭模（沸腾钢用）；3—底盘

图 1-2　下注法

1—钢包；2—中注管；3—保温帽；4—钢锭模
（镇静钢用）；5—底盘；6—流钢砖

下注法钢液由钢包流经中注管、流钢砖，再分别由钢锭模底部注入各钢锭模。下注法每次可浇多根（可达几十根）钢锭，钢液在模内上升平稳，钢锭质量好，生产率高。采用下注法生产钢锭的准备工作较复杂，每吨钢要额外增加 5~25kg 浇口、流钢通道钢的耗损，金属收得率低，生产成本增加，钢中非金属夹杂物多，劳动条件较差。

模铸工艺如图 1-3 所示。模铸通过采用快速浇注、增大钢锭质量、改进设备，生产能力有所增长；采用合成固体保护渣、气体保护浇注，显著改善了钢锭质量；在上小下大钢锭模上应用绝热板浇注镇静钢和半镇静钢，钢锭的成材率也有了进一步提高。

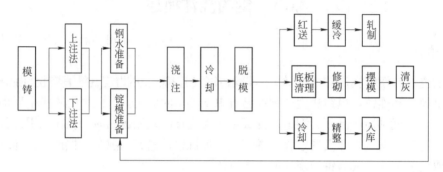

图 1-3　模铸工艺

模铸设备包括钢包、钢锭模、保温帽、底板、中注管等。所有的合金钢、大部分低合金钢、多数碳素结构钢均属于镇静钢。镇静钢钢锭的成分比较均匀，结构比较致密，轧制成的钢材性能较好。但是，镇静钢钢锭的头部有缩孔，开坯时切头损耗大，成材率低。这种钢在冶炼时使用的脱氧剂较多，浇注时要安放保温帽而消耗耐火材料，钢锭成本高。镇静钢下注法的操作要点是：开流稳、跟流准，逐渐增，平稳升，防沸腾。镇静钢上注法的操作要点是：对正、稳开无声、快开满、圆流、快注。

沸腾钢亦称不完全脱氧钢。它只用弱脱氧剂脱氧，有时也加入少量的铝调节钢液的氧化性。钢液碳含量一般为 0.02%~0.30%；硅含量不大于 0.03%；氧含量一般为0.035%~0.045%，高于与 [C] 相平衡的含量。浇注过程中，随着温度的降低和结晶的不断进行，在凝固前沿的 [C] 和 [O] 不断富集并发生反应，生成大量的 CO 气泡，使钢锭模内的钢液产生沸腾，故称这种钢为沸腾钢。

钢液在模内沸腾，有利于钢中气体、夹杂物的排除，减少了钢锭翻皮缺陷的产生，钢锭的表面质量好。由于沸腾钢钢锭内部残留了部分气泡，钢锭头部没有集中缩孔，因而使得钢锭的切头率减少 10% 左右。沸腾钢碳、硅含量低，具有较好的焊接、冲压、冷弯性能。其采用上小下大的钢锭模浇注，使脱模、整模工作大大简化，有助于铸锭车间生产能力的提高。沸腾钢消耗的耐火材料、脱氧剂少，金属收得率高，成本低。但是，与镇静钢相比，沸腾钢的偏析严重，钢材性能不均、强度降低、时效敏感性大。

沸腾钢一般用于型材、线材、冲深钢板、锅炉钢板、焊接钢管的生产。但是，由于沸腾钢碳含量的范围不宽，该类钢的生产受到限制。

沸腾钢浇注工艺的中心内容是：采取合适的注速、注温，调整沸腾强度和封顶操作。

模铸由于准备工作复杂、综合成材率较低、能耗高、劳动强度大、生产率低，目前已基本上被连铸所取代。

1.1.2　连铸机的分类及特点

连铸是把液态钢用连铸机浇注、冷凝、切割，直接得到铸坯的工艺。它是连接炼钢和轧钢的中间环节，是炼钢生产厂（或车间）的重要组成部分。连铸生产的正常与否不但影响炼钢生产任务的完成，而且影响轧材的质量和成材率。

按结晶器是否移动，连铸机可以分为两类。一类是采用固定式结晶器（包括固定振动结晶器）的普通连铸机，如立式连铸机、立弯式连铸机、弧形连铸机、椭圆形连铸机、水平式连铸机等。这些机型已成为现代化连铸机的基本类型，如图 1-4 所示。另一类是采用同步运动式结晶器的各种连铸机，如双辊式连铸机、双带式连铸机、单辊式连铸机、单带式连铸机、轮带式连铸机等，这些是正在开发中的连铸机机型，如图 1-5 所示。这种机型的结晶器与铸坯同步移动，铸坯与结晶器壁间无相对运动，因而也没有相对摩擦，能够达到较高的浇注速度，适用于生产接近成品钢材尺寸的小断面或薄断面铸坯，即近终形连铸。

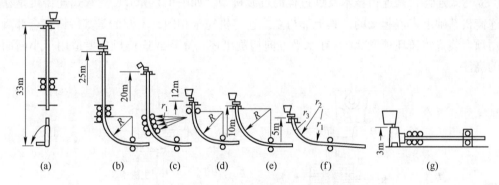

图 1-4　采用固定式结晶器的连铸机机型示意图

（a）立式连铸机；（b）立弯式连铸机；（c）直结晶器多点弯曲连铸机；（d）直结晶器弧形连铸机；

（e）全弧形连铸机；（f）多半径弧形（椭圆形）连铸机；（g）水平式连铸机

R—铸机半径；$r_1 \sim r_3$—矫直半径

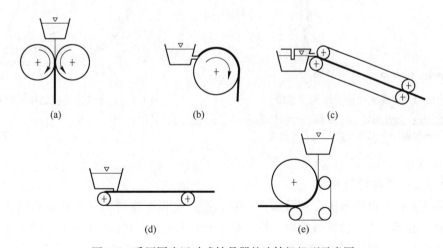

图 1-5　采用同步运动式结晶器的连铸机机型示意图

（a）双辊式连铸机；（b）单辊式连铸机；（c）双带式连铸机；（d）单带式连铸机；（e）轮带式连铸机

另外，连铸机按铸坯断面形状，还可分为方坯连铸机、圆坯连铸机、板坯连铸机、异形坯连铸机、方坯和板坯兼用型连铸机等；按钢水静压头，可分为高头型、低头型和超低头型连铸机等。

1.1.2.1　立式连铸机

立式连铸机是 20 世纪 50 年代连铸发展初期的主要机型，如图 1-6 所示。立式连铸机从中间包到切割装置等主要设备均布置在垂直中心线上，整个机身位于车间平面以上。采用立式连铸机浇注时，由于钢液在垂直结晶器和二次冷却段冷却凝固，钢液中非金属夹杂物易于上浮，铸坯四面冷却均匀，铸坯在运行过程中不受弯曲矫直应力作用，产生裂纹的可能性小，铸坯质量好，适于优质钢、合金钢和裂纹敏感性钢种的浇注。但这种连铸机设备高、投资费用大，且设备的维护与铸坯的运输较麻烦。由于连铸机高度增高，钢水静压力大，铸坯的鼓肚变形也较突出，因而立式连铸机只适于浇注小断面铸坯。

1.1.2.2　立弯式连铸机

立弯式连铸机是连铸技术发展过程的过渡机型，如图 1-7 所示。立弯式连铸机是在立式连铸机基础上发展起来的，其上部与立式连铸机完全相同，不同的是其待铸坯全部凝固后用顶弯装置将铸坯顶弯 90°，在水平方向切割出坯。立弯式连铸机主要适用于小断面铸坯的浇注。

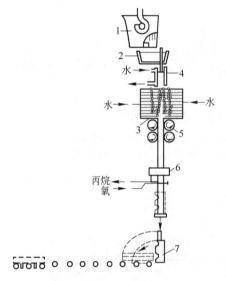

图 1-6　立式连铸机结构示意图

1—钢包；2—中间包；3—导辊；4—结晶器；
5—拉辊；6—切割装置；7—出坯装置

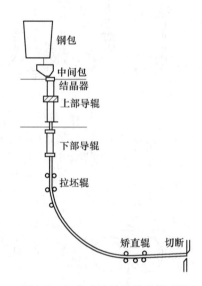

图 1-7　立弯式连铸机结构示意图

1.1.2.3　弧形连铸机

弧形连铸机是世界各国应用最多的一种机型。全弧形连铸机（又称单点矫直弧形连铸机）的结晶器、二次冷却段夹辊、拉坯矫直机等设备均布置在同一半径的 1/4 圆周弧线上，铸坯在 1/4 圆周弧线内完全凝固，经水平切线处被一点矫直，而后切成定尺，从水平方向出坯，其结构示意图见图 1-8。弧形连铸机的特点有：

（1）弧形连铸机的机身高度基本上等于连铸机的圆弧半径，所以其高度比立弯式连铸机又降低了许多，仅为立式连铸机的1/3，基建投资费用减少，安装及维护方便。

（2）铸坯凝固过程中承受的钢水静压力相对较小，可减少坯壳因鼓肚变形而产生的内裂和偏析，有利于提高铸坯质量。

（3）弧形连铸机的铸坯要经过弯曲矫直，易产生裂纹；此外，铸坯的内弧侧存在夹杂物聚集、分布不均匀的现象，影响了铸坯质量。

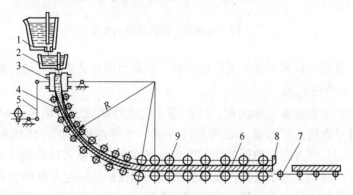

图1-8　全弧形连铸机机型示意图

1—钢包；2—中间包；3—结晶器；4—二冷装置；5—结晶器振动装置；6—铸坯；7—运输辊道；8—切割装置；9—拉矫机

为减轻铸坯矫直时的变形应力，在弧形连铸机上可采用多点矫直。为了改善铸坯的质量，在弧形连铸机上采用直结晶器，在结晶器下口设2~3m垂直线段，带液芯的铸坯经多点弯曲或逐渐弯曲进入弧形段，然后再经多点矫直。垂直段可使液相穴内夹杂物充分上浮，因而铸坯夹杂物分布不均匀的现象有所改善，偏析有所减轻。多点弯曲、多点矫直的弧形连铸机机型如图1-9所示。

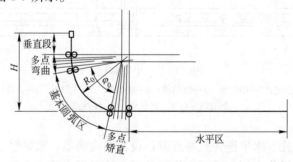

图1-9　多点弯曲、多点矫直的弧形连铸机机型示意图

1.1.2.4　椭圆形连铸机

如图1-10所示，椭圆形连铸机的结晶器、二次冷却段夹辊、拉坯矫直机均布置在1/4圆周弧线上。椭圆形圆弧是由多个半径的圆弧线所组成的，其基本特点与全弧形连铸机相同。椭圆形连铸机进一步降低了连铸机和厂房的高度。其分为低头型和超低头型连铸机，一般根据连铸机高度（H）与铸坯厚度（D）之比来确定，$H/D = 25 \sim 40$ 时，称为低头型连铸机；$H/D < 25$ 时，则称为超低头型连铸机。超低头型连铸机最早由曼内斯曼和康卡斯特公司开发，主要是各种规格的方坯或板坯超低头型连铸机。

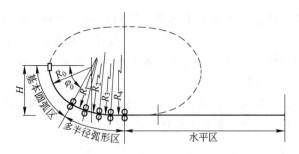

图 1-10　椭圆形连铸机机型示意图

椭圆形连铸机是一种多半径的弧形连铸机，也是目前连铸机研究与开发的主要机型。

1.1.2.5　水平连铸机

水平连铸机的主要设备（中间包、结晶器、二次冷却段、拉坯机和切割设备）都安装在地平面上并呈直线水平布置，如图 1-11 所示。水平连铸的工艺流程为：钢液由钢包注入中间包，中间包通过底部侧面的连接管和分离环与结晶器入口的端部相连接，钢液从分离环进入水冷结晶器，在结晶器内壁和分离环四周冷凝成一定形状的坯壳，带液心的铸坯被拉坯机从结晶器内拉出后，经二次冷却完全凝固，并送至切割站切割成定尺长度，作为轧材的坯料。

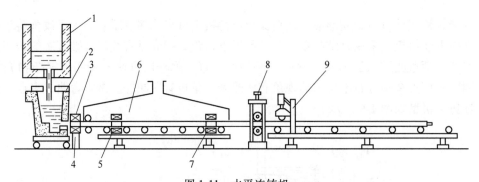

图 1-11　水平连铸机

1—钢包；2—中间包；3—结晶器；4—M-EMS；5—S-EMS；6—二冷区；
7—F-EMS；8—拉坯辊；9—测量辊

与弧型连铸机相比，水平连铸机特点有：设备结构简单、重量轻、占地面积小、投资省；安装调试简便、操作方便，易于维修和处理事故；钢水静压力低，铸坯不受弯曲和矫直应力，可浇铸裂纹敏感钢种；中间包与结晶器密封连接，无二次氧化、鼓肚、疏松、矫直内裂及内弧夹杂物。水平连铸采用了多段式复合长结晶器，二次冷却为空冷，冷却均匀，铸坯表面质量好。

水平连铸机多用于浇铸小断面圆坯，其断面尺寸为 $\phi 8 \sim 200 \mathrm{mm}$，最高拉速为 $6\mathrm{m/min}$，常选择单流或双流形式。由于受分离环制造技术的制约，以及润滑困难，水平连铸机不能浇铸板坯和大方坯，只能浇铸小断面铸坯，拉速慢，产量低。因而其发展受到了限制。

通常将结晶器、分离环和拉坯方式称为水平连铸的三大技术难关。水平连铸机的其他设备与弧形连铸机类似。

水平连铸机中间包的水口安装在底部侧面的水平方向上,以便与结晶器直接密封连接。中间包水口的启闭采用双滑板滑动水口,分别封住中间包和结晶器,闸板由液压驱动。水平连铸中间包滑动水口是一种安全装置。

水平连铸机结晶器是一次冷却与二次冷却结合在一起,组成一个长结晶器,即多级结晶器,这种结晶器内套分为多段。第一段为铍青铜套段,长度一般小于200mm,锥度较大,在此钢液与水冷铜板直接接触,形成初生坯壳,故也称为钢液冷凝段。其后是石墨套段,它是由石墨套构成的二次冷却部件,长约900mm,锥度比铜套小,坯壳在此逐渐凝固加厚,故也称为坯壳冷却段。一般石墨套段按工艺需要又可分为几段。多级式结晶器符合铸坯的传热规律,石墨段又有自润滑性能,铸坯冷却均匀,简化了连铸二次冷却喷淋系统。

分离环是水平连铸机所特有的关键部件,安装在中间包水口与结晶器的连接部位。它不仅是中间包与结晶器密封连接的密封元件,更重要的它还是钢液凝固的起点,这一点与其他连铸机不同。分离环起到了"人工液面"的作用。凝固壳既要在分离环上开始生长,又要易于与分离环分离。因此分离环的质量是铸坯质量和铸机产量的重要保证。

水平连铸采取了铸坯振动的、间歇式的拉坯方式。即由拉坯机重复地产生拉—停—推—停,或拉—推—拉—推,或拉—推—停—推等复杂的动作,使坯壳与结晶器之间产生相对运动,减少拉坯阻力使拉坯顺利进行。一般拉坯频率为30~300次/min,拉坯时间为0.05~0.5s。这时的瞬时拉坯速度为3~15m/min。反推轻压时间在开浇时为1.2~2.6s,正常浇注时为0.1~1.2s。水平连铸拉坯周期中使用反推,可以获得与弧形连铸机用振动结晶器做"负滑脱"类似的相对运动。冷隔裂纹、热裂纹是水平连铸坯的固有缺陷。

1.1.3 连铸机的主要设备组成及工艺流程

一台连铸机主要是由钢包回转台、中间包、中间包车、结晶器、结晶器振动装置、二次冷却装置、拉坯(矫直)装置、切割装置和铸坯运出装置等部分组成的。图1-12是弧形连铸机设备构成示意图。

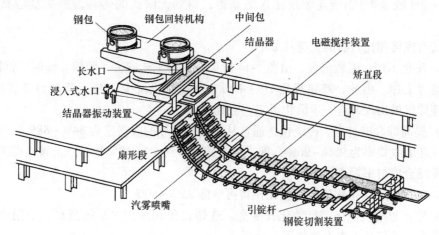

图 1-12 弧形连铸机设备构成示意图

从炼钢炉出来的钢液注入钢包内,经二次精炼处理后被运到连铸机上方,钢液通过钢包底部的水口再注入中间包内。预先调好中间包水口的位置以对准下面的结晶器。打开中间包塞棒(或滑动水口)后,钢液流入下口由引锭杆头封堵的水冷结晶器内。在结晶器内,钢液沿其周边逐渐冷凝成坯壳。当结晶器下端出口处坯壳有一定厚度时,同时启动拉坯机和结晶器振动装置,使带有液芯的铸坯进入由若干夹辊组成的弧形导向段。铸坯在此一边下行,一边经受二次冷却区中许多按一定规律布置的喷嘴所喷出雾化水的强制冷却,继续凝固。当引锭杆移出拉坯矫直机后,将其与铸坯脱开。待铸坯被矫直且完全凝固后,由切割装置将其切成定尺铸坯,最后由出坯装置将定尺铸坯运到指定地点。随着钢液的不断注入,铸坯不断向下伸长并被切割运走,形成了连续浇注的过程。连铸工艺流程如图1-13所示。

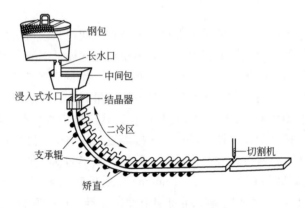

图 1-13 连铸工艺流程示意图

1.1.4 连铸的优越性

图 1-14 所示为模铸与连铸工艺流程的比较。可以看出两者的根本差别在于:模铸是在间断情况下把一炉钢液浇注成多根钢锭,脱模之后经初轧机开坯得到钢坯;而连铸是把一炉(或多炉)钢液连续地注入结晶器,得到无限长的铸坯,经切割后直接生产铸坯。

连铸与模铸相比具有的优越性如下:

(1) 简化工序,缩短流程。由图 1-14 可见,连铸工艺省去了脱模、整模、钢锭均热、初轧开坯等工序。由此,基建投资节约 40%,占地面积减少 30%,劳动力节省约 70%。薄板坯连铸机的出现又进一步简化了工艺流程。

(2) 提高综合成材率。传统模铸通常从钢液到成坯的收得率为 84%~88%;而连铸从钢液到成坯的收得率为 95%~96%,即采用连铸可节约金属 10% 左右。金属收得率的提高必然致使综合成材率提高。

(3) 降低能耗。采用连铸工艺比模铸可节能 25%~50%。

(4) 生产过程机械化、自动化程度高。连铸设备和操作水平的提高,采用全过程的计算机管理,不仅从根本上改善了劳动环境,还大大提高了劳动生产率。

(5) 提高质量,扩大品种。几乎所有的钢种都可用连铸方式生产。如超洁净钢、硅钢、合金钢、工具钢等约 500 多个钢种都可以用连铸生产,而且质量优于模铸钢锭的轧材。

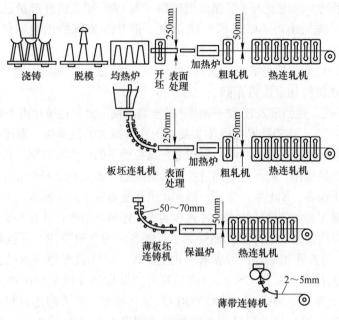

图 1-14　模铸与连铸工艺流程的比较

1.2　现代连铸技术发展历程

1.2.1　国外连铸技术的发展

约在 19 世纪中期，美国人塞勒斯（1840 年）、莱恩（1843 年）和英国人贝塞麦
（1846 年）曾提出过连续浇注液态金属的设想。美国人亚瑟（1866 年）和德国人戴伦
（1877 年）提出了以水冷、底部敞口固定结晶器为特征的常规连铸概念。1933 年现代连
铸的奠基人容汉斯开发了结晶器振动装置，奠定了连铸在工业上应用的基础。从 20 世纪
30 年代开始，连铸已成功地用于有色金属生产。1950 年容汉斯和曼内斯曼公司合作，建
成世界上第一台能浇注 5t 钢水的立式单流连铸机，连铸开始用于钢铁工业生产。世界上
第一台工业性生产连铸机于 1951 年在苏联"红十月"冶金厂建成，是一台立式双流板坯
半连续铸钢设备，用于浇注不锈钢。1952 年第一台立弯式连铸机在英国巴路厂投产，主
要用于浇注碳素钢和低合金钢。1954 年，在加拿大阿特拉斯钢厂投产第一台方坯和板坯
兼用连铸机，主要生产不锈钢。

20 世纪 60 年代，连铸进入了稳步发展时期。60 年代初出现了立弯式连铸机。世界第
一台弧形连铸机于 1964 年 4 月在奥地利百禄厂诞生。弧形连铸机的问世，使连铸技术出
现了一次飞跃，并很快发展成为连铸的主要机型，促进了连铸的推广应用。同时连铸保护
渣、浸入式水口和注流保护等新技术的应用，改善了铸坯质量，为连铸的发展创造了条
件。此外，由于氧气转炉已用于钢铁生产，原有的模铸工艺已不能满足炼钢工序的衔接与
需要，这也促进了连铸的发展。到 20 世纪 60 年代末，全世界连铸机已达二百余台，年生
产铸坯能力达 4000 万吨以上，连铸比达 5.6%。

20 世纪 70 年代，连铸进入了迅猛发展时期。到 1980 年连铸坯产量已逾 2 亿吨，连铸比上升为 25.8%。先后出现了结晶器在线调宽、带升降装置的钢包回转台、多点矫直、压缩浇注、气水冷却、电磁搅拌、无氧化浇注、中间包冶金、上装引锭等一系列新技术和新设备。与此同时增大连铸坯断面，提高拉速，增加流数，涌现出一批月产量在 25 万吨以上的大型板坯连铸机和全连铸车间。

20 世纪 80 年代，连铸进入技术完全成熟的全盛时期。世界连铸比由 1981 年的 33.8% 上升到 1990 年的 64.1%。连铸技术的进步主要表现在：钢水的纯净化、温度控制、无氧化浇注、初期凝固现象对表面质量的影响，保护渣在高拉速下的行为和作用，结晶器的综合诊断技术，冷却制度的最佳化，铸坯在凝固过程的力学问题，消除和减轻变形应力的措施，控制铸坯凝固组织的手段等；加上生产工艺、操作水平和装备水平的不断提高和完善，总结出了完整的对铸坯质量控制和管理的技术，并逐步实现了连铸坯的热送和直接轧制。

20 世纪 90 年代以来，近终形连铸受到了世界各国的普遍关注。薄板坯连铸（铸坯厚度为 40~80mm）与连轧相结合，形成紧凑式短流程。其代表有德国西马克公司开发的紧凑式连铸连轧工艺技术（简称 CSP）和德马克公司开发的在线带钢生产工艺技术（简称 ISP），并已日趋成熟。奥钢联开发的 CONROLL 工艺技术、意大利达涅利公司开发的 FISC 技术、美国蒂平斯公司和韩国三星重工业公司共同开发的 TSP 技术也陆续被采用，并相互渗透，迅猛发展。据不完全统计，截至 2021 年 6 月，全球已建成薄板坯连铸连轧生产线 73 条 110 流，年生产能力超过 1.37 亿吨。薄板坯连铸机上应用了最先进的连铸技术，如各种变截面结晶器、铸轧技术、电磁制动、结晶器液压振动、漏钢预报以及适应结晶器形状和浇注速度的浸入式水口、保护渣等。薄板坯连铸连轧生产线由刚开发时只能浇注碳钢，已发展到能浇注硅钢、不锈钢、微合金化高强度钢。在薄板坯连铸连轧技术不断发展完善的同时，薄带连铸也在积极的开发中，目前世界上已有 40 多套带钢半工业或工业性试验机组。薄板坯连铸连轧和带钢等近终形连铸作成为 20 世纪钢铁生产的重大变革工艺技术。

进入 21 世纪，世界连铸比稳步上升，其变化如图 1-15 所示。与此同时，连铸工艺与钢铁生产流程得到了不断优化，电磁技术、动态轻压下技术、中间包加热、结晶器涂层等新技术的开发应用，对扩大连铸生产品种、提高质量及流程合理配置、提高生产效率产生了重要影响。高牌号硅钢、高牌号管线钢、各种牌号的不锈钢等高品位钢实现了连铸生产。为增大压缩比，提高钢材性能与质量以及不断满足相关行业发展的需要，国内外许多企业为此而建设大断面连铸机。例如，日本加古川 2 号大方坯连铸机的断面为 380mm×600mm；韩国世亚钢铁集团为提高特殊钢的质量，2005 年 9 月新建投产了断面为 390mm×510mm 的大方坯连铸机；为提高和稳定轴承钢的性能，西马克-德马克公司为德国迪林根钢厂 5m 轧机设计制造的（230~400）mm×（1400~2200）mm 超厚板坯连铸机；奥钢联公司在 2006 年 7 月成功的把奥钢联林茨钢厂板坯厚度为 285m 的 5 号连铸机改造为坯厚 355mm×1600mm 的基础上，为韩国浦项钢铁的一台 5.5m 轧机配套设计制造一套（250~400）mm×（1600~2200）mm 的超厚板坯连铸机，并于 2010 年 2 月投产。

传统连铸的高效化生产（高拉速、高作业率、高连浇率、高质量）取得了长足的进步。通过采用新型结晶器及新的结晶器冷却方式、新型保护渣、结晶器非正弦振动、结晶器内电磁制动及液面高精度检测和控制等一系列技术措施，目前常规大板坯的拉速已由

0.8~1.5m/min 提高到 2.0~2.5m/min，最高可达 3m/min；小方坯最高拉速可达 5.0m/min，使连铸机的生产能力大幅度提高，生产成本降低，给企业带来了极大的经济效益。高效连铸技术在今后会朝着更高速的拉坯速度、更优质的铸坯质量及更精准的控制水平发展，使连铸在钢铁制造流程的中心地位更加凸显。

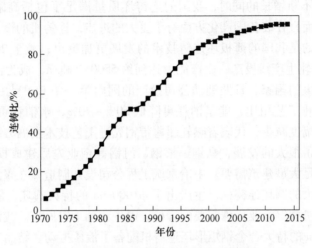

图 1-15 近 40 年世界产钢连铸比的变化

1.2.2 国内连铸技术的发展

我国在 20 世纪 50 年代中期开始连铸研究和工业试验。1958 年，由徐宝升教授主持设计的第一台双流立式连铸机在重钢三厂建成投产。1960 年，由黑色冶金设计院设计的一台单流立式小方坯连铸机在唐山钢厂建成投产。1964 年，由徐宝升教授主持设计的第一台方坯和板坯兼用弧形连铸机又在重钢三厂投产，其圆弧半径为 6m，浇注板坯的最大宽度为 1700mm，这是世界上最早的生产用弧形连铸机之一。鉴于这一成就，1994 年出版的《世界连铸发展史》一书将徐宝升教授列为对世界连铸技术发展做出突出贡献的 13 位先驱之一。此后，1965 年由上海钢研所吴大柯先生主持设计的一台双流弧形连铸机在上钢三厂投产，该连铸机的圆弧形半径为 4.56m，浇注断面为 270mm×145mm，这也是世界最早的一批弧形连铸机之一。20 世纪 70 年代我国成功地应用了浸入式水口和保护渣技术。到 1978 年我国自行设计制造的连铸机近 20 台，实际生产量约 112 万吨，连铸比仅为 3.4%。同期世界连铸机总数为 400 台左右，连铸比在 20.8%。

改革开放后，从 20 世纪 70 年代末开始引进国外连铸技术和设备，加速我国连铸技术的发展。例如 1978 年和 1979 年武钢二炼钢厂从前联邦德国引进单流板坯弧形连铸机三台，于 1985 后实现了全连铸生产，产量突破了设计能力。首钢二炼钢厂在 1987 年和 1988 年相继从瑞士康卡斯特引进投产了两台 8 流弧形小方坯连铸机，1993 年产量已超过设计能力。1988 年和 1989 年上钢三厂和太钢分别从奥地利引进浇注不锈钢的板坯连铸机。1989 年和 1990 年宝钢和鞍钢分别从日本引进了双流大型板坯连铸机。1996 年 10 月武钢三炼钢厂投产一台从西班牙引进的高度现代化双流板坯连铸机。这些连铸技术设备的引进都促进了我国连铸技术的发展。到 1999 年底我国运转和在建的连铸机有 342 台 1088 流，生产能力 13503.5 万吨。2001 年全国生产钢 15266 万吨，全国连铸比达 87.51%，首次超过世界连铸平均水平 86.6%。

进入 21 世纪以来，我国连铸技术处于高速发展的时期。2000 年连铸比突破 80%，连铸坯产量突破亿吨，2009 年连铸比达到 97.4%，2015 年连铸坯产量 7.9 亿吨，连铸比达到 98.3%。在产量不断增长的同时，我国的连铸坯质量满足了包括高附加值产品在内的各类钢材的需要，而且在装备国产化方面有了更大的进步，连铸机的设计及制造已均能立足国内。值得一提的是我国的薄板坯连铸技术的发展更加突出，截至 2021 年，我国已有 23 条薄板坯连铸连轧生产线投产，生产能力达到约 5500 万吨/a，成为世界上近终形连铸生产能力和产量最大的国家。日照钢铁公司投产的国内第一条 ESP 无头带钢生产线，与传统薄板坯连铸连轧工艺相比，能量消耗可降低 50%~70%，水消耗可减少 60%~80%，二氧化碳排放量大幅度减少，代表着热轧超薄带钢先进工艺技术发展方向。此外，异型坯连铸也在国内得到了很大的发展，马钢、莱钢、河钢等企业先后建成投产了生产 H 型钢连铸生产线，已满足大型建筑需要。中冶京诚工程公司设计制造并在兴澄特钢公司投产使用的世界上首台最大的圆坯连铸机，生产出了 ϕ1000mm 的特大圆坯，能生产优质碳钢和合金钢特大圆坯供机械等行业特殊需要的管材、锻件和轴承等原坯。我国自主设计制造生产的 360mm×480mm 的特大合金钢矩形坯连铸机配备了液压振动、结晶器电磁搅拌、凝固末端轻压下等一系列先进工艺和装备，达到了国际先进水平。武钢、首钢迁钢、宝钢等企业开展了高效恒速连铸技术研究，平均恒拉速率达到 85%~90% 的水平，为高效率、低成本洁净钢生产创造了良好条件。"十二五"以来，连续铸钢技术与装备在薄板坯、特大圆坯、特厚板坯、特大合金钢矩形坯连铸机、高效恒速连铸技术研究等方面取得重大进展。我国连铸技术的各项指标已全面地进入世界先进行列。中国粗钢产量及连铸比变化统计如图 1-16 所示。

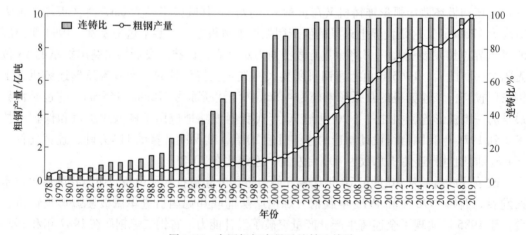

图 1-16   中国粗钢产量及连铸比统计

当今世界连铸比已达到 90% 以上，工业发达国家连铸比均在 98% 左右。连铸技术已经延伸到上至冶炼下至轧制，其生产流程中的中心地位得到更充分的体现。今后连铸技术的发展仍将是适应钢的品种开发和质量的进一步提高的主题，连铸工艺过程的负过热度浇注、半凝固态轧制将可能逐步进入工业生产行列；薄板坯连铸连轧生产线朝半无头、无头轧制方向发展，实现从钢水到最终成品的不间断生产。

1.3 现代连铸技术发展新趋势

随着钢铁生产技术的不断发展创新，应用在连铸机上的先进技术也在不断更新，现代连铸技术可以浇注所有能轧制成材的钢种。

1.3.1 新一代高效恒速连铸技术

连铸高效化是实现钢铁生产流程高效化的关键，高生产率、高品质生产将是今后先进冶金装备的主要特征，高效连铸的特征与常规连铸技术相比体现出5个更高，即更高的拉速、作业率、连浇率、质量水平和出坯温度，核心是更高拉速，目标是更低成本、更少消耗与排放。高拉速条件下新一代高效连铸机应具有克服裂纹、偏析与疏松等这些凝固缺陷的固有特性，结晶器、二冷区和凝固末端等连铸机重要部位新技术开发及应用代表了其发展方向，并成为今后连铸机升级的标配技术。为此，需要开发与之相适应的高效传热结晶器、二冷精准控制、高均质与致密化连铸坯凝固组织调控等技术。连铸工艺与装备技术的发展应适应新的高效化要求与需求，特别是更高拉速条件下所面临的连铸坯洁净度、裂纹、偏析及疏松等控制问题以及水口、结晶器铜板、铸辊等关键部件的寿命问题。

以连铸为中心的炼钢厂生产技术方针有了新的内涵，特别是高效恒拉速/高拉速连铸技术成为新世纪炼钢生产优化中最核心的技术，引领了高效率、低成本洁净钢系统生产技术的发展，成为了"以连铸为中心，炼钢为基础，设备为保证"技术方针的升级版。恒拉速的意义在于反映了连铸工艺和铸坯质量的本质要求，即：在整个连铸生产中实现稳定热交换过程和凝固过程；稳定炼钢厂中多工位（装置）之间的物质流甚至能量流、信息流；稳定输出铸坯的热流和信息流。这是炼钢厂生产过程动态—有序—协同—连续运行之源。许多钢厂连铸恒拉速率保持在90%以上。

1.3.2 近终形连铸新技术

薄板坯连铸连轧技术发展三十多年，已由最初的单坯轧制模式发展到现在的无头轧制模式。目前，漏斗形结晶器技术主要有两个发展方向，一是以提高产品质量为目的，对漏斗形曲面及背面冷却水槽形式进行优化；二是以增加铜板通钢量（使用寿命）为目标的表面镀层和铜板材质的开发。大通量浸入式水口技术方面，为使铸机产量能与轧机相匹配，无头轧制条件通钢量下更要求达到 5~7t/min。开发了结晶器温度分布可视化与漏钢预报系统技术。结晶器振动技术方面，结晶器液压振动的振频和振幅可调，振动曲线也可以按照要求来修改，同一台铸机中可以根据需求实现正弦与非正弦曲线。此外，薄板坯专用保护渣技术、液芯压下技术、电磁制动技术广泛应用。

双辊薄带连铸连轧是绿色、环保、可持续发展的近终形钢铁制造生产工艺中的典型技术。日本新日铁、德国蒂森克虏伯、美国纽柯、韩国浦项于21世纪初前后投入巨资建成了具有各自特点的工业化示范生产线，宝钢开展薄带连铸连轧技术（Baostrip）的研究，采用的技术路线与国外技术路线有所不同。结晶辊采用 800mm 直径设计，钢水分配采用二级系统设计，结晶辊内冷采用邻近反向设计，引带采用双导板无引带设计等，且关键技术及设备立足于自行设计、国内配套，如结晶辊、自动开浇及自动浇注控制系统、液位检测与控制器、带钢边缘检测与控制器、铸轧力速度调节控制器、侧封柔性控制机构等，具体的组装、维修和质量控制均在国内实现。对于生产消耗件、周转件等影响后续大生产成本的，则立足国内可制造，如侧封板、布流器、分配器、毛刷辊等。

1.3.3　电磁连铸技术

电磁冶金技术是高品质钢生产的必备手段。电磁连铸技术是现代电磁技术在连续铸钢中的应用，近年来电磁冶金技术的发展，围绕连铸的全流程，包括中间包电磁净化钢液、水口控流、结晶器内电磁搅拌和电磁制动等磁场控制流场、电磁软接触结晶器连铸、电磁场调控凝固组织、电磁场下固态相变及组织控制在内各方面。

电磁连铸技术须结合钢种、机型及质量要求等生产实际采用。例如，浇注高碳钢和合金钢方坯时，采用电磁搅拌技术对减轻偏析、扩大等轴晶区等有明显作用。板坯连铸电磁制动技术，可控制结晶器液面波动、减轻钢流对凝固坯壳的冲击，均匀形成坯壳，有利于提高拉速，减少夹杂物数量和改善铸坯表面质量、防止拉漏事故。

以往的电磁冶金技术往往限于单一功能的开发，如感应加热、电磁搅拌和电磁制动等，已不能满足连铸技术发展的需要。电磁冶金技术必然向着多模式、多功能、复合化、定制磁场的方向发展。高强磁场对冶金过程有着多样的显著影响，甚至影响原子层次的行为，现有研究已显示强磁场在热力学和动力学上均影响冶金过程，为其在冶金中应用开辟了广阔空间，随着超导等技术的发展，高强磁场可更经济和便利地获得，其在冶金中的应用将带来冶金工艺的革命性变化。

1.3.4　连铸生产无人化技术

近年来，智慧制造、机器人、大数据、5G 技术广泛地应用于连铸生产。中国宝武梅山钢铁公司加快推进智能制造和生产劳动效率提升，其中连铸工序规划以"自动浇钢"为核心，以智能设备和技术开发为基础，结合信息技术和大数据技术的应用，逐步实现大包浇钢、中包浇钢、精整等主要岗位的无人化，降低人工干预程度和人员的劳动强度，打造智能高效的连铸生产线。通过连铸过程智能化控制与智能化信息管理，实现连铸机在线质量跟踪，控制、检测、判定及信息管理，促进产品质量的稳定和生产效率的最大化。建设全透明数字化钢厂。

复习思考题

1-1 与模铸比较，连铸具有哪些优越性？
1-2 通常连铸机分为哪几种类型，弧形连铸机和椭圆形连铸机的特点是什么？
1-3 弧形连铸机的主体设备包括哪些，其工艺流程是什么？
1-4 现代连铸技术发展新趋势有哪些？

2 连铸设备

2.1 弧形连铸机的基本参数

2.1.1 弧形连铸机规格的表示方法

弧形连铸机规格的表示方法为：

$$aRb\text{-}c$$

a——组成一台连铸机的机数，机数为 1 时可以省略；

R——机型为弧形或椭圆形连铸机；

b——连铸机的圆弧半径，m，对于椭圆形连铸机应表示为多个半径的乘积，其也标志可浇注铸坯的最大厚度，坯厚 $= b/(30 \sim 40)$ m；

c——铸机拉坯辊辊身长度，mm，其也标志可容纳铸坯的最大宽度：坯宽 $=c-(150 \sim 200)$ mm。

例如：

(1) 3R5.25-240，表示此台连铸机为 3 机弧形连铸机，圆弧半径为 5.25m，拉坯辊辊身长度为 240mm。

(2) R10-2300，表示此台连铸机为 1 机弧形连铸机，圆弧半径为 10m，拉坯辊辊身长度为 2300mm，浇注板坯的最大宽度为 2300-(150~200)= 2150~2100 （mm）。

(3) R3×4×6×12-350，表示此台连铸机为 1 机椭圆形连铸机，4 段弧半径分别为 3m、4m、6m 和 12m，拉坯辊辊身长度为 350mm。

下面介绍连铸机的台数、机数和流数。

(1) 台数。凡是共用一个钢包同时浇注一流或多流铸坯的一套连铸设备，称为一台连铸机。

(2) 机数。具有独立的传动系统和工作系统，当其他机组发生事故时仍可照常工作的一组设备称为一个机组。一台连铸机可由一机或多机组成。

(3) 流数。每台连铸机能同时浇注铸坯的总根数称为连铸机流数。

一台连铸机只有一个机组且只能浇注一根铸坯的，称为一机一流；如能同时浇注两根以上的铸坯的，则称为一机多流；一台铸机具有多个机组且可分别浇注多根铸坯的，称为多机多流。目前连铸机一般是采用单机单流形式，如两机两流、四机四流等。

2.1.2 弧形连铸机的基本参数

2.1.2.1 铸坯断面尺寸规格

铸坯断面尺寸是确定连铸机的依据。由于成材需要不同，铸坯断面形状和尺寸也不同。目前已生产的铸坯断面形状和尺寸范围如下：

(1) 小方坯，(70mm×70mm)～(200mm×200mm)；

(2) 大方坯，(200mm×200mm)～(450mm×450mm)；

(3) 矩形坯，(150mm×100mm)～(460mm×560mm)；

(4) 板坯，(150mm×600mm)～(300mm×2640mm)；

(5) 薄板坯，(50～90)mm×(650～1640) mm；

(6) 圆坯，ϕ80～800mm。

确定铸坯断面形状和尺寸的依据如下：

(1) 根据轧材需要的压缩比确定。一般钢材需要的最小压缩比为3；为了提高钢材性能，压缩比要大一些，如碳素钢和低合金钢的压缩比一般为6、不锈钢和耐热钢等钢种的最小压缩比为8、高速钢和工具钢等钢种的最小压缩比则为10。

(2) 根据炼钢炉容量、铸机生产能力及轧材机规格确定供给高速线材轧机的小方坯断面为(100mm×100mm)～(140mm×140mm)，供给1700热连轧机的板坯断面为(200～250)mm×(700～1600)mm。

(3) 要满足连铸工艺的要求。采用浸入式水口浇注时，铸坯的最小断面尺寸为：方坯在150mm×150mm以上，板坯厚度也应在120mm以上。

2.1.2.2　拉坯速度

拉坯速度 v_c 是指铸机每流每分钟拉出铸坯的长度，单位是m/min，简称拉速。

拉坯速度可用经验公式来确定。

(1) 用铸坯断面确定拉坯速度，公式如下：

$$v_c = \xi \frac{l}{A} \tag{2-1}$$

式中　l——铸坯断面周长，mm；

　　　A——铸坯断面面积，mm^2；

　　　ξ——铸坯断面形状速度系数，m·mm/min，小方坯 ξ=65～85m·mm/min，大方坯（矩形坯）ξ=55～75m·mm/min，圆坯 ξ=45～55m·mm/min。

这个经验公式只适用于大方坯、小方坯、矩形坯和圆坯。现代连铸机一般 ξ 系数取上限。

(2) 用铸坯的宽厚比确定拉坯速度。铸坯的厚度对拉坯速度影响最大，由于板坯的宽厚比较大，可采用如下经验公式确定拉速：

$$v_c = \frac{\xi}{D} \tag{2-2}$$

式中　D——铸坯厚度，mm；

　　　ξ——断面形状速度系数，m·mm/min，其经验值见表2-1。

表 2-1　铸坯断面形状速度系数的经验值

铸坯形状	方坯、宽厚比小于2的矩形坯	八角坯	圆坯	板坯
铸坯断面形状速度系数/m·mm·min^{-1}	300	280	260	150

（3）最大拉坯速度。限制拉坯速度的因素主要是铸坯出结晶器下口坯壳的安全厚度（最小坯壳厚度）。对于小断面铸坯，坯壳的安全厚度为 8～10mm；对于大断面板坯，坯壳的安全厚度应不小于 15mm。

根据凝固平方根定律：

$$\delta = K_{凝}\sqrt{t}$$

当铸坯在整个冷却（包括一冷和二冷）过程中，可以用下式计算：

$$\delta = K_{凝}\sqrt{\frac{L}{v_c}} \qquad (2-3)$$

式中　δ——凝固厚度，mm；

　　　t——凝固时间，min；

　　　L——液芯长度，mm；

　　　$K_{凝}$——凝固系数，mm/min$^{1/2}$，铸坯综合凝固系数 $K_{凝} = 24～30$mm/min$^{1/2}$，为保险起见，板坯 $K_{凝}$ 取值较小，碳素钢 $K_{凝}$ 取 28mm/min$^{1/2}$，弱冷却钢种 $K_{凝}$ 取 24～25mm/min$^{1/2}$。

最大拉坯速度按下式计算：

$$v_{c,max} = \left(\frac{K_m}{\delta_{min}}\right)^2 L_m \qquad (2-4)$$

式中　$v_{c,max}$——理论最大拉坯速度，m/min；

　　　K_m——结晶器内钢液凝固系数，mm/min$^{1/2}$，其可用经验公式 $K_m = 37.5/D^{0.11}$ 估算；

　　　δ_{min}——最小坯壳厚度，mm；

　　　L_m——结晶器有效长度，mm，L_m=结晶器长度（mm）-100。

【例 2-1】　已知铸坯断面为 160mm×160mm，结晶器内钢液凝固系数 $K_m = 24$mm/min$^{1/2}$，铸坯出结晶器下口坯壳的安全厚度 $\delta_{min} = 12$mm，结晶器有效长度为 700mm，求连铸机理论最大拉速。

解：
$$L_m = 0.7m$$

根据
$$\delta_{min} = K_m\sqrt{t} = K_m\sqrt{\frac{L_m}{v_{c,max}}}$$

可知
$$v_{c,max} = \left(\frac{K_m}{\delta_{min}}\right)^2 L_m = \left(\frac{24}{12}\right)^2 \times 0.7 = 2.8m/min$$

计算得出的拉速为理论最大拉速，而实际生产的最大拉速是理论值的 90%～95%，即：

$$v_c = (0.9～0.95)v_{c,max} \qquad (2-5)$$

对于单点矫直铸机的最大拉速可用式（2-5）确定，而多点矫直铸机的拉速则可以看作最大工作拉速。

2.1.2.3　圆弧半径

铸机的圆弧半径 R 是指铸坯外弧曲率半径，单位是 m。它是确定弧形连铸机总高度的重要参数，也是标志所能浇注铸坯厚度范围的参数。

　　弧形连铸机的铸坯大约经过 1/4 圆周弧长进入矫直机。如果圆弧半径选得过小，则矫直时铸坯内弧面变形太大，容易开裂。生产实践表明，对于碳素结构钢和低合金钢，铸坯表面允许的伸长率为 1.5%~2.0%，铸坯凝固壳内层表面允许的伸长率在 0.1%~0.5% 范围内。连铸中一点矫直铸坯的伸长率取 0.2% 以下，多点矫直铸坯的伸长率取 0.1%~0.15%。适当增大圆弧半径，有利于铸坯完全凝固后进行矫直，以降低铸坯矫直应力，也有利于夹杂物上浮；但过大的圆弧半径会增加铸机的投资费用。

　　考虑上述因素，可用如下经验公式确定基本圆弧半径，即连铸机最小圆弧半径：

$$R \geqslant cD \tag{2-6}$$

式中　R——连铸机圆弧半径；

　　　c——系数，小方坯连铸机取 30~40，大方坯连铸机取 30~50，板坯连铸机取 40~50。而在国外，普通钢种取 33~35，优质钢取 42~45；

　　　D——铸坯厚度。

2.1.2.4　液相穴深度、冶金长度及铸机长度

A　*液相穴深度*

　　液相穴深度 $L_{液}$ 是指铸坯从结晶器液面到铸坯中心液相凝固终了处的长度，也称为液芯长度（见图 2-1）。

　　液相穴深度是确定连铸机二次冷却区长度的重要参数。对于弧形连铸机来说，液相穴深度也是确定圆弧半径的主要参数。它直接影响铸机的总长度和总高度。液相深度采用下式计算：

$$L_{液} = v_c t \tag{2-7}$$

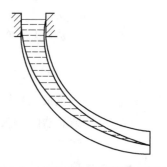

图 2-1　连铸坯液相穴深度示意图

式中　$L_{液}$——连铸坯液相穴深度，m；

　　　v_c——拉坯速度，m/min；

　　　t——铸坯完全凝固所需要的时间，min。

　　铸坯厚度 D 与完全凝固时间 t 之间的关系由下式表示：

$$D = 2K_{凝}\sqrt{t} \tag{2-8}$$

故

$$t = \frac{D^2}{4K_{凝}^2} \tag{2-9}$$

得出液相深度与拉坯速度的关系式为：

$$L_{液} = \frac{D^2}{4K_{凝}^2} v_c \tag{2-10}$$

　　液相穴深度与铸坯厚度、拉坯速度和冷却强度有关。铸坯越厚，拉速越快，液相深度就越长，连铸机也越长。在一定程度内增加冷却强度，有助于缩短液相穴深度。但对一些合金钢来说，过分增加冷却强度是不允许的。

B　*冶金长度*

　　根据最大铸坯厚度、最大拉速确定的液相穴深度称为冶金长度 $L_{冶}$。冶金长度是连铸机的重要结构参数，其决定了连铸机的生产能力，也决定了铸机半径或高度，从而对二次冷却区及矫直区的结构乃至铸坯的质量都会产生重要影响。冶金长度采用下式计算：

$$L_{冶} = \frac{D_{max}^2}{4K_{凝}^2} v_{c,max} \qquad (2-11)$$

C 铸机长度

铸机长度 $L_{机}$ 是指结晶器液面与最后一对拉矫辊之间的实际长度。这个长度应该是冶金长度的 1.1~1.2 倍，即：

$$L_{机} = (1.1 \sim 1.2)L_{冶} \qquad (2-12)$$

2.1.2.5 连铸机流数

大方坯连铸机最多浇注 4~6 流，实际生产中多数采用 1~4 流；大型板坯连铸机多数采用 1~2 流。适当增加流数是提高连铸机生产能力的主要措施之一。目前，一机多流连铸机已基本上被淘汰。确定连铸机的流数很重要，尤其是对于多流小方坯连铸机。

连铸机的流数可按下式确定：

$$n = \frac{G}{Av_c\rho t} \qquad (2-13)$$

式中 n——一台连铸机浇注的流数；

G——钢包容量，t；

A——铸坯断面面积，m^2；

v_c——平均拉坯速度，m/min；

ρ——连铸坯密度，t/m^3，碳素钢取 7.6t/m^3；

t——允许浇注时间，min，由炼钢炉与连铸机的工艺配合而定。

【例 2-2】 已知钢包容量为 120t，实际浇注时间为 45min，铸坯断面为 150mm×150mm，拉坯速度为 2.6m/min，连铸坯密度为 7.6t/m^3，求连铸机浇注的流数。

解：

$$n = \frac{G}{Av_c\rho t} = \frac{G}{BDv_c\rho t} = \frac{120}{0.15 \times 0.15 \times 2.6 \times 7.6 \times 45} = 6（流）$$

弧形连铸机是连铸生产中使用最多的一种机型，下面主要以弧形连铸机为例介绍连铸设备。

弧形连铸机由主体设备和辅助设备两大部分组成。其主体设备由以下几部分组成：

（1）钢液浇注及承载设备，包括钢包、回转台、中间包、中间包车；

（2）成型及冷却设备，包括结晶器及其振动装置、二冷装置；

（3）拉坯矫直设备，包括拉坯矫直机、引锭装置、脱引锭装置、引锭杆收集存放装置；

（4）切割设备，包括火焰切割、机械剪切（液压剪、机械剪）；

（5）出坯设备，包括辊道、冷床、拉钢机、翻钢机、缓冲器、火焰清理机、打号机等。

2.2 钢包及钢包回转台

2.2.1 钢包

钢包又称为盛钢桶、钢水包、大包等，是用于盛放和运载钢液并进行精炼和浇注的容器。

2.2.1.1　钢包容量与尺寸的确定

钢包的容量应与炼钢炉的最大出钢量相匹配。考虑到出钢量的波动，应留有 10% 的余量和一定的炉渣量，大型钢包的炉渣量应是金属量的 3%~5%，小型钢包的炉渣量为 5%~10%；此外，钢包上口还应留有 200mm 以上的净空，其作为精炼容器时则要留出更大的净空，如 VD 炉需要 900mm 以上的净空。

为了减少热量的损失和便于夹杂物的上浮，钢包设计成一个上大下小、具有圆形截面的桶状容器，钢包的高宽比（即砌砖后深度 H 与上口内径 D 之比）$H:D=(1.1~1.2):1$。考虑到吊运的稳定性，耳轴的位置应比满载重心高 200~400mm。为便于清除残钢、残渣，钢包桶壁应有 10%~15% 的倒锥度。大型钢包桶底应向水口方向倾斜 3%~5%。

2.2.1.2　钢包的结构

钢包由外壳、内衬和铸流控制机构三部分组成，如图 2-2 所示。钢包外壳一般由锅炉钢板焊接而成，包壁和包底钢板厚度分别为 14~30mm 和 24~40mm，为了保证烘烤时水分排出，在钢包外壳上钻有一些直径为 8~10mm 的小孔。钢包内衬一般由保温层、永久层和工作层组成。保温层紧贴外壳钢板，厚 10~15mm，主要作用是减少热损失，常用石棉板砌筑，永久层厚 30~60mm，一般由一定保温性能的黏土砖或高铝砖砌筑。工作层直接与钢液、炉渣接触，受到化学侵蚀、机械冲刷和急冷急热作用，可根据工作环境砌筑不同材质、厚度的耐火砖，使内衬各部位损坏同步。内衬耐火材料的选择对改善钢的质量、稳定操作、提高生产率有着重要的意义。包壁和包底可砌筑高铝砖、蜡石砖或铝炭砖，其耐侵蚀性能好，不易挂渣；钢包的渣线部位，用镁炭砖砌筑，不仅耐熔渣侵蚀，而且其耐剥落性能好。钢包内衬若使用镁铝浇注料整体浇灌，在高温作用下，提高了钢包的使用寿命。钢包使用前必须经过充分烘烤。

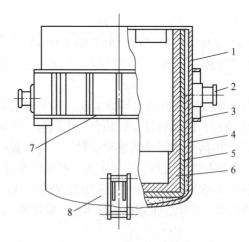

图 2-2　钢包结构示意图

1—包壳；2—耳轴；3—支撑座；4—保温层；5—永久层；6—工作层；7—腰箍；8—倾翻吊环

从钢包底部向钢水中吹氩气用的透气砖有如图 2-3 所示的四种类型。

国产透气砖的材质有刚玉质、铬刚玉质、高铝质和镁质等。目前主要采用直通孔型和狭缝型透气砖。

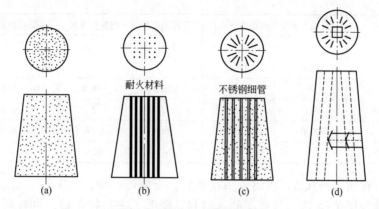

图 2-3 钢包底吹氩透气砖

（a）弥散型；（b）狭缝型；（c）直通孔型；（d）迷宫型

2.2.1.3 滑动水口

钢包通过滑动水口的开启和关闭来调节钢液注流。

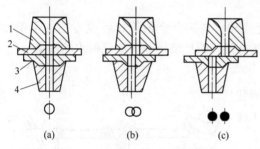

图 2-4 滑动水口控制原理图

（a）全开；（b）半开；（c）全闭

1—上水口；2—上滑板；3—下滑板；4—下水口

滑动水口由上水口、上滑板、下滑板、下水口组成。上水口和上滑板固定在机构里，下滑板和下水口安装在拖板里，可水平移动，如图 2-4 所示。其工作原理为：通过下滑板带动下水口移动来调节上、下注孔间的重合程度，以控制注流大小。下滑板与上滑板由机构的弹簧压紧，使移动过程中滑板间不产生间隙，以免发生滑板漏钢。可采用液压或人工驱动，还可遥控。

滑动水口承受高温钢液的冲刷、钢液静压力和热震的作用，耐火材料要求耐高温、耐冲刷、耐热震、抗渣性能好，并具有足够的高温强度。滑板外形必须平整、光滑。上水口砖多采用刚玉质和铝碳质。为了防止钢水中析出物（如 Al_2O_3、TiO_2）堵塞水口，通常将上水口制成吹气式。为了提高寿命，一些厂家的上、下水口由锆芯和高铝材质复合而成。

目前国内使用的滑板砖材质有高铝质、镁铝复合质、铝碳质和铝锆碳质，多数钢厂使用高铝质滑板砖。浇注一般钢种时，可采用高铝质滑板砖；而浇注锰含量高的钢种和氧含量高的低碳钢时，因钢中锰和氧对滑板侵蚀会使滑板注口孔径扩大，缩短其使用寿命，因而应选用耐侵蚀性强的镁质、铝碳质、铝锆碳质滑板砖。表 2-2 列出国内滑动水口用耐火材料的化学成分及性能。

表 2-2 国内滑动水口用耐火材料的化学成分及性能

项　目	刚玉质上水口	高铝质下水口	二等高铝质滑板	铝碳质滑板	铝锆质滑板	锆质滑板
$w(Al_2O_3)/\%$	93	60	81.7	66.72	>70	—
$w(ZrO_2)/\%$	—	—	—	—	>6	≥63

续表2-2

项　　目	刚玉质上水口	高铝质下水口	二等高铝质滑板	铝碳质滑板	铝锆质滑板	锆质滑板
$w(C)/\%$	—	—	1.85	10.08	>7	—
耐火度/℃	1800	1700	—	—	—	—
耐压强度/MPa	70	20	108.2	158.8	169~190	≥50
显气孔率/%	23	15	17	2	5~6	≤22
体积密度/kg·m⁻³	2900	2450	2890	2700	3140~3150	≥3400
抗折强度/MPa	—	—	—	46.9	—	—

　　滑动水口在钢包外安装，改善了劳动条件，安装速度快，可实现"红包"周转。滑动水口可连续使用3~5次，节省了耐火材料，降低了夹杂物含量，也有利于炉外精炼。滑动水口有时也发生水口结瘤、缩径、断流等故障。

　　为了预防注流在上水口和上滑板注孔中冻结，提高钢包水口自开率，通常采用如下两种方法：

　　（1）在下滑板上安装透气砖，通过吹氩搅动钢液来防止冻结。这种方法效果较好，并具有促进夹杂物上浮的作用。

　　（2）预先在上水口和上滑板注孔中填充镁砂、硅钙合金粉等材料或专门的引流砂，以防止冻结。但采用这种方法有时水口仍不能自开，而且填料也会造成钢水的污染。

2.2.1.4　长水口

　　长水口又称为保护套管，用于钢包与中间包之间，保护注流不被二次氧化，同时也避免了注流的吸气、飞溅以及敞开浇注的卷渣问题。

　　长水口的安装主要是采用杠杆固定装置。可以先将长水口放入杠杆机构的托圈内（见图2-5），然后将其与中间包同时烘烤。当钢包注流引流正常以后，旋转长水口使其与钢包下水口紧密连接，并接吹氩密封管对长水口接口进行氩封，在长水口安装架的另一端挂上配重。现在长水口的安装多采用机械手或机器人自动安装。

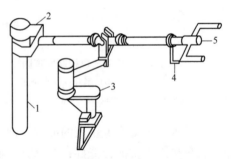

图2-5　长水口的安装示意图
1—长水口；2—托圈；3—支座；
4—配重；5—操作杆

　　目前长水口的材质有熔融石英质和铝碳质两种。熔融石英质长水口的主要成分是 SiO_2，这种长水口导热系数小，有较高的机械强度和化学稳定性，耐酸性渣的侵蚀，可以不烘烤使用。其用于浇注一般钢种，浇注锰含量高的钢种则不宜使用。铝碳质及 Al_2O_3-SiO_2-C 质长水口是以刚玉和石墨为主要原料制作的，其主要成分是 Al_2O_3，具有良好的抗热震性，对钢种的适应性较强，耐侵蚀性能好，对钢液污染小，尤其适合浇注特殊钢种。为了防止长水口表面的石墨在烘烤和使用中被氧化，在长水口内外表面敷有防氧化涂层，以及开发免烘烤的铝莫来石碳质水口。为了提高长水口易被侵蚀的渣线部位的寿命，还可在渣线部位复合 ZrO_2-C 层。表2-3列出长水口耐火材料的化学成分及性能。

表 2-3　长水口耐火材料的化学成分及性能

项　目	长水口			锆碳层	
编　号	1	2	3	1	2
$w(Al_2O_3)/\%$	42~45	40~44	45~48	—	—
$w(SiC)/\%$	4~6	—	—	8~10	4~6
$w(SiO_2)/\%$	25~27	25~27	25~27	4~6	1~2
$w(ZrO_2)/\%$	—	—	—	65~70	70~75
$w(C)/\%$	28~30	29~33	25~27	17~20	17~20
显气孔率/%	17~22	12~15	11~14	18~21	6~9
抗折强度/MPa	7~9	10~12	11~13	10~12	13~16
体积密度/kg·m⁻³	2050~2170	2250~2300	2280~2350	3050~3150	3200~3300
热膨胀率（800℃）/%	0.25~0.30	0.20~0.25	0.22~0.26	0.33~0.36	0.35~0.40

目前连铸中广泛采用 Al_2O_3-C 质长水口，为了提高其使用寿命可以采取如下措施：通过增加其中 C 和 Al_2O_3 的含量，排除 SiO_2 和金属粉；改进水口的形状和结构；改进操作工艺。长水口需烘烤后使用。

2.2.2　钢包回转台

钢包回转台是现代连铸中应用最普遍的运载和承托钢包进行浇注的设备，通常设置于钢水接受跨与浇注跨柱列线之间。

钢包回转台能够在转臂上同时承放两个钢包，一个用于浇注，另一个处于待浇状态。浇注前用钢水接受跨内的吊车将装满钢水的钢包放在回转台上，通过回转台回转使钢包停在中间包上方供应钢水。浇注完的空包则通过回转台回转运回到钢水接受跨，从而实现钢液的异跨运输。回转台可以减少换包时间，有利于实现多炉连浇，对连铸生产进程的干扰少，占地面积小。

钢包回转台主要有直臂式和双臂式两类。图 2-6(a) 所示为直臂整体旋转升降式，两个钢包坐在同一直臂的两端，同时做回转和升降运动。双臂式回转台有双臂整体旋转单独

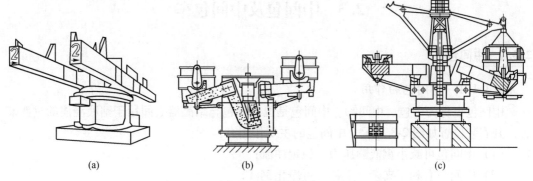

(a)　　　　　　　　　　(b)　　　　　　　　　　(c)

图 2-6　钢包回转台
（a）直臂整体旋转升降式；（b）双臂整体旋转单独升降式；
（c）双臂单独旋转单独升降式（带钢包加盖功能）

升降式（见图 2-6(b)）和双臂单独旋转单独升降式（见图 2-6(c)）。钢包回转台设有独立的称量系统，为了适应连铸工艺的要求，目前钢包回转台趋于多功能化，增加了吹氩、调温、倾翻倒渣、加盖保温等功能。蝶形钢包回转台属于双臂整体旋转单独升降式，它是目前最先进的一种，如图 2-7 所示。此外，还有一种可承放多个钢包的支撑架，也称为钢包移动车。

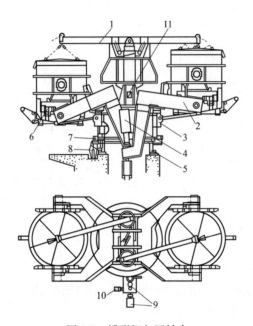

图 2-7　蝶形钢包回转台

1—钢包盖装置；2—叉型臂；3—旋转盘；4—升降装置；5—塔座；6—称量装置；
7—回转环；8—回转夹紧装置；9—回转驱动装置；10—气动马达；11—背撑梁

钢包回转台的驱动装置是由电动机构和事故气动机构组成的。正常操作时，由电力驱动；发生故障时，启动气动马达工作，以保证生产安全。转臂的升降可用机械或液压驱动。为了保证回转台定位准确，驱动装置还设有制动和锁定机构。

2.3　中间包及中间包车

2.3.1　中间包

2.3.1.1　中间包的作用

中间包也称为中包、中间罐。中间包是位于钢包与结晶器之间用于钢液浇注的过渡装置，其安装位置如图 2-8 所示。中间包的主要作用有：

（1）中间包可减小钢液静压力，稳定注流；

（2）中间包有利于夹杂物上浮，可净化钢液；

（3）在多流连铸机上，中间包将钢液分配给每个结晶器；

（4）在多炉连浇时，中间包储存一定量的钢液，更换钢包时不会停浇；

（5）根据连铸对钢质量的要求，也可将部分炉外精炼手段移到中间包内实施，即中间包冶金。

可见，中间包有减压、稳流、去渣、储钢、分流和中间包冶金等重要作用。

2.3.1.2 中间包容量及主要尺寸的确定

中间包的容量是钢包容量的 20%~40%。在通常浇注条件下，钢液在中间包内应停留 8~10min 才能起到使夹杂物上浮和稳定注流的作用。为此，中间包有向大容量和深熔池方向发展的趋势，容量可达 60~80t，熔池深 1000~1200mm。

中间包的容量应大于更换钢包期间连铸机所必需的钢水量，以保证足够的更换钢包时间，其计算公式如下：

$$G_{中} = 1.3\rho DB(\tau_1+\tau_2+\tau_3)v_c n \qquad (2\text{-}14)$$

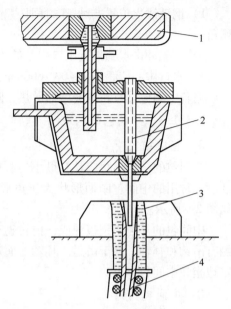

图 2-8 中间包的安装位置
1—钢包；2—中间包；3—结晶器；4—二冷区

式中　$G_{中}$——中间包的容量，t；

ρ——铸坯密度，t/m^3；

D——铸坯厚度，m；

B——铸坯宽度，m；

τ_1——关闭水口等、浇完的空钢包撤离所需时间，min；

τ_2——满载钢包回转到浇钢位置所需时间，min；

τ_3——开浇器接管、打开水口所需时间，min；

$\tau_1+\tau_2+\tau_3$——更换钢包所需总时间，min；

v_c——拉坯速度，m/min；

n——铸机流数。

根据钢液存储数量可以计算出中间包的容量，以确定其他各部位尺寸。

中间包内型尺寸主要有：

（1）中间包高度。中间包高度主要取决于钢水在包内的深度要求。钢水在中间包内的最佳停留时间是 8~10min，一般中间包内钢水的深度为 600~1200mm。板坯连铸中间包可浇液面深度应不小于 400mm，小方坯连铸中间包可浇液面深度应不小于 200mm，以防止钢液在水口上方形成涡流卷渣而影响钢的质量。此外，中间包高度应在液面以上留有约 200mm 的净空。

（2）中间包长度。中间包长度主要取决于中间包的水口位置，水口应距包壁端部 200mm 以上。单流连铸机中间包长度取决于钢包水口位置与中间包位置之间的距离，多流连铸机中间包长度则与铸机流数、水口间距有关。

（3）中间包内壁倾角。中间包的内壁是上大下小的，端墙有倾角，这样有利于保证耐火砖砌筑的稳定性，便于清除残钢、残渣以及观察结晶器液面。中间包内壁倾角以 9°~13° 为宜。

（4）中间包宽度。中间包宽度与中间包的容量、高度和长度等有关。确定中间包宽度时应保证：

1）钢液注入位置与水口的间距应有利于钢液分配，钢液在中间包内不至于形成死角；

2）注流冲击点到最近水口中心的距离应大于 500mm；

3）水口中心应距端墙 400~600mm，以避免卷渣和对端墙过分冲蚀。

但若中间包过宽，则会增加散热，降低保温性能，还会影响中间包车的轨距等。

2.3.1.3　中间包的构造

A　包体结构

中间包的结构形状应具有最小的散热面积和良好的保温性能。常用的中间包断面形状为三角形、矩形和 T 字形等，如图 2-9 所示。

中间包的外壳用钢板焊成，内衬砌有耐火材料。包的两侧有吊钩和耳轴，便于吊运。耳轴下面还有座垫，以使其稳定地坐在中间包车上。

B　中间包内衬

中间包内衬也是由绝热层、永久层和工作层组成的。

绝热层紧贴包壳钢板，以减少散热，一般可用石棉板、保温砖或轻质浇注料浇筑。

永久层与绝热层相邻，用黏土砖砌筑或铝镁浇注料整体浇注成型。

连铸中间包工作层材质的发展可以分为 4 个阶段：砌砖阶段、绝热板阶段、涂抹料或喷涂料阶段、干式料阶段。砌砖和绝热板工作层缝隙多，整体性较差，砌筑和清理不便。

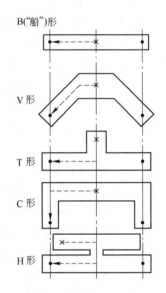

图 2-9　不同中间包形状的俯视图

涂抹料或喷涂料工作层具有不污染钢水、使用寿命长、施工简单、维护方便、易解体翻包清理等优点，但在施工时需要加入 20% 左右的水分，具有喷涂设备维护复杂、工作层养护时间长等不足。干式料工作层作为连铸中间包第 4 代新兴工作层材料，其开发是以减少甚至消除外加水和降低燃气消耗，同时提升中间包周转效率为目的。国外最早应用于 20 世纪 90 年代，近年来国内开始研制并得到快速的推广应用，已逐步取代湿式机喷涂料和人工涂抹料。

干式料有热固化干式料、自硬化干式料等。成型工作由一台带烘烤装置及振动装置的钢制模具完成，干法低温烘烤成型，仅需要烘烤到 300℃ 左右即可。兼有绝热板和喷涂料的优点，还具有工作层养护时间短、燃气消耗低、周转率高的优点。因此，干式料工作层中间包得到了广泛的应用，目前仅有个别厂家还选用镁质绝热板或镁质涂抹料。

连铸中间包工作层大多采用镁质干式料，MgO 含量一般大于 82%。典型的镁质干式料组成：$MgO \geq 85\%$、$CaO \geq 3.0\%$、$SiO_2 \geq 5.0\%$、$H_2O \leq 1.0\%$，体积密度 $\geq 2500g/m^3$，耐压强度（1500℃）$\geq 4.5MPa$。镁质干式料抗渣性好，施工方便、易于解体，还能起到净化钢液的作用。干式料是不加水或液体结合剂而用振动法成型的不定形耐火材料。在振动的作用下，材料可形成致密而均匀的整体，加热时靠热固性结合剂或陶瓷烧结剂使其产生强度。干式振动料由耐火骨料、粉料、烧结剂和外加剂组成。

C 中间包包盖

中间包包盖的作用是保温、保护钢包包底不会因过分受烘烤而变形等。在包盖上开有注入孔和塞棒孔。中间包包盖用钢板焊接而成，内衬砌有耐火材料；或用耐热铸铁铸造而成。

中间包上还设有溢流槽，当钢包注流失控时可使多余的钢液流出。为促使非金属夹杂物上浮，在中间包内砌有挡渣墙和挡渣坝，此外还可安装过滤器。

2.3.1.4 水口和塞棒

A 水口直径的确定

水口直径应满足连铸机在最大拉速时的钢水流量。根据中间包水口流出的钢水量与结晶器拉走的钢水量相等的原则，水口直径可由下式计算确定：

$$d = \sqrt{\frac{4a \cdot bv}{C\pi\sqrt{2gH}}} \tag{2-15}$$

式中 d ——水口直径，cm；

   $a \cdot b$ ——结晶器断面面积，cm^2；

     v ——拉坯速度，cm/min；

     H ——中间包的钢液深度，cm；

     g ——重力加速度，$g = 9.8 \times 100 \times 60^2 cm/min^2$；

     C ——系数，$C = \varphi\beta$；

     φ ——流量系数，对镇静钢为 0.86~0.97；

     β ——水口初始截面的变化系数，开始浇注时 β 为 1，浇注结束时，水口被侵蚀 β 大于 1，侵蚀程度与钢水及耐火材料材质有关。

流量系数 φ 应根据钢水流动性决定，如硅钢、高碳钢、锰钢等，φ 值取上限；钢水流动性差的低碳铝镇静钢，φ 值取下限。

例如，某连铸机浇铸铸坯断面为 150mm×150mm，最大拉速为 2.0m/min，中间包内钢液深度为 700mm，试计算水口直径（C 取 0.90）。

$$d = \sqrt{\frac{4a \cdot bv}{C\pi\sqrt{2gH}}} = 0.022 \times \sqrt{\frac{15 \times 15 \times 200}{0.9 \times \sqrt{70}}} = 1.7cm$$

取水口直径为 17mm。

当采用塞棒控制注流时，水口直径应稍大于计算值。水口间距即为结晶器间的中心距；为便于操作，水口间距至少应为 600~800mm。

B 中间包塞棒

为了防止断棒和掉塞头事故，目前中间包塞棒多使用整体塞棒，其经过高压整体成型，依靠塞头与水口相配合来控制注流。由于塞棒长时间在高温钢液中浸泡，容易软化、变形甚至断裂。为提高塞棒的使用寿命，一般用厚壁钢管作棒芯，浇注时在芯管内插入直径稍小的钢管，引入压缩空气进行冷却，见图 2-10（a）。也可将塞棒作为中间包吹氩棒，见图2-10(d)、(e)，这样不仅可以控制注流，还可以起到净化钢液的作用。整体塞棒的材质常用 Al_2O_3-C 质，其理化性能与 Al_2O_3-C 质水口相同，镁碳质也有应用。

塞棒机构的结构如图 2-11 所示，主要由操纵手柄、扇形齿轮、升降滑杆、上下滑座、

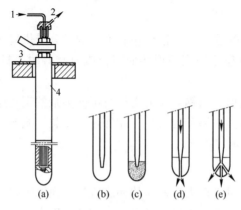

图 2-10　空冷塞棒

（a）塞棒空气冷却图；（b）普通型；（c）复合型；（d）单孔型；（e）多孔型

1—空气入口；2—空气出口；3—包盖；4—塞棒

横梁、塞棒、支架等组成。操纵手柄与扇形齿轮连成一体，通过环形齿条拨动升降滑杆上升和下降，带动横梁和塞棒芯杆，驱动塞棒做升降运动。

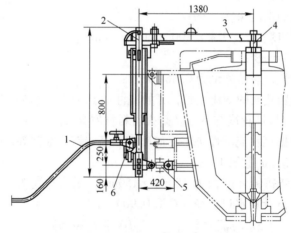

图 2-11　中间包塞棒机构的结构简图

1—操纵手柄；2—升降滑杆；3—横梁；4—塞棒芯杆；

5—支架调整装置；6—扇形齿轮

中间包的塞棒机构通过控制塞棒的上下运动，达到开闭水口、调节钢水流量的目的。

塞棒机构的开浇成功率较高，能抑制浇注后期钢流旋涡的产生。但钢流控制精度较低；塞棒使用寿命短；操作人员需靠近钢水进行操作，安全性较差。

C　中间包滑动水口

中间包采用滑动水口，虽然具有安全可靠、利于实现自动控制等优点，但其机构比较复杂，尤其是在装有浸入式水口的情况下，加大了中间包与结晶器之间的距离，增大了中间包升降行程，同时对结晶器内钢液的流动也有不利影响，易造成偏流。

中间包的滑动水口装置通常做成三层滑板形式（见图 2-12）。上下滑板固定不动，中间用一块活动滑板控制注流。据国外报道，采用可更换的插板式滑动水口比采用往复式滑动水口更适应中间包连浇要求，效果更好。

近年来一些使用了滑动水口的大中型中间包也安装有塞棒，但其不起控制钢流作用，仅在开浇和浇注结束时使用，开浇时用于防止滑动水口打不开，浇注结束时用于防止中间包形成涡流卷渣。

D 浸入式水口

目前连铸大都采用浸入式水口加保护渣的保护浇注。浸入式水口的形状和尺寸直接影响结晶器内钢液流动的状况，因而也直接关系到铸坯表面和内部质量。

目前使用最多的浸入式水口有单孔直筒形和双侧孔式两种。双侧孔浸入式水口的侧孔有向上倾斜、向下倾斜和水平三类，如图 2-13 所示。浇注大型板坯时可采用箱式浸入式水口，如图 2-14 所示。

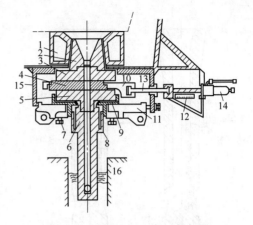

图 2-12 三层式滑动水口示意图

1—座砖；2—上水口；3—上滑板；4—滑动板；
5—下滑板；6—浸入式水口；7—螺栓；8—夹具；
9—下滑板套；10—滑动框架；11—盖板；12—刻度；
13—连杆；14—油缸；15—水口箱；16—结晶器

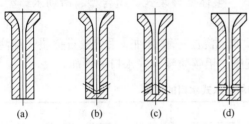

图 2-13 浸入式水口的基本类型

（a）单孔直筒形水口；（b）侧孔向上倾斜式水口；
（c）侧孔向下倾斜成倒 Y 形水口；（d）侧孔水平式水口

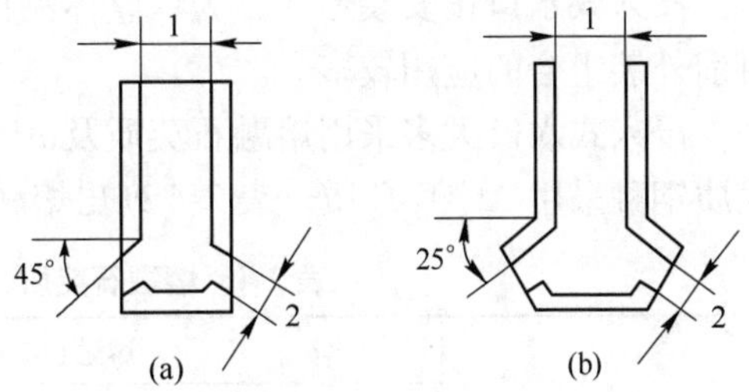

图 2-14 两种箱式浸入式水口示意图

1—入口尺寸；2—出口尺寸

单孔直筒形浸入式水口相当于加长的普通水口，一般仅用于小方坯、矩形坯或小板坯的浇注。双侧孔浸入式水口，其向上、向下倾斜与水平方向的夹角分别为 10°~15°、15°~35°。浇注不锈钢时宜选用侧孔向上倾斜的浸入式水口。箱形水口的注流冲击深度最小，当拉速达到一定值后，即使再提高拉速冲击深度也不加大，所以其最适用于浇注大板坯。浸入式水口的材质主要有铝碳质与熔融石英质。

浸入式水口在浇注铝镇静钢、含钛或稀土元素的钢时，可能导致水口堵塞。通过改变水口材质来防止水口堵塞，至今尚未得到令人满意的结果。通过浸入式水口向钢水吹氩或采用气洗水口是防止水口堵塞的有效途径，近年来开发的各种结构的吹氩浸入式水口如图 2-15 所示，气洗水口如图 2-16 所示。

浇注方坯和矩形坯时，每个结晶器只有 1 个水口对中即可。而在浇注特宽板坯时，若用 1 个水口浇注，则离水口远的边角处冷凝较快，易产生裂纹而引起拉漏，为此，每个结晶器可由 2~3 个水口浇注。

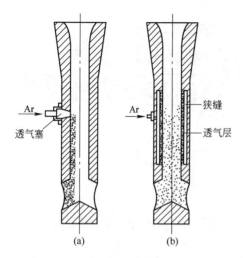

图 2-15　吹氩浸入式水口的结构

（a）透气塞型；（b）狭缝型

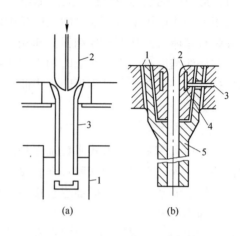

图 2-16　气洗水口的结构

（a）：1—结晶器；2—塞棒；3—浸入式水口

（b）：1—高铝灰泥；2—中间包水口（锆石英）；

3—送气管座砖；4—莫来石多孔环形砖；5—浸入式水口（铝碳质）

浸入式水口按安装形式分为：整体型内装式、整体型外装式、组合型、滑动水口型。目前外装组合的应用较多。

浸入式水口大多采用熔融石英质及 Al_2O_3-C 质。浇注一般钢种采用熔融石英质，浇注优质钢种采用 Al_2O_3-C 质。表 2-4 列出熔融石英质、铝碳质浸入式水口的性能。

表 2-4　熔融石英质、铝碳质浸入式水口的性能

项　目	熔融石英质				铝碳质		
	中　国			日本	本体	渣线位置	透气部分
	Ⅰ	Ⅱ	Ⅲ				
$w(SiO_2)/\%$	>99	>99	>99	>99.5	18	—	24
$w(Al_2O_3)/\%$					40	—	47
$w(ZrO_2)/\%$					7	75	—
$w(ZrC)+w(SiC)/\%$					33	21	27
体积密度/kg·m^{-3}	>1850	>1860	1900	1900~2000	2290	3460	2180
显气孔率/%	<18	<18	<14	10~13	17.5	18.1	19.5
耐压强度/MPa	>40	>40	>40	>40	26.5	30	19.5
热膨胀率(1000℃)/%	—	—	—	0.04~0.07	0.29	0.5	0.23
耐火度/℃	1770	1770	1770	—			
通气量/m^3·min^{-1}							≥0.005

为了提高铝碳质浸入式水口渣线部位抵抗侵蚀的能力，可在渣线部位复合一层 ZrO_2-C 质耐火材料。为了防止钢水中析出物（如 Al_2O_3、TiO_2）沉积于水口内壁而堵塞水口，除了加强研究水口堵塞机理、探索防止堵塞的途径，当前解决措施主要有两个方面：一方

面是采取具有吹氩功能的浸入式水口；另一方面是改进水口材质。国外采用含 CaO 的锆碳质浸入式水口以及用氮化硼作材质的 Al_2O_3-C-BN 质浸入式水口，可有效减少 Al_2O_3 在水口的沉积，但锆碳及氮化硼价格昂贵。另一种较经济的办法是，在水口内壁复合一薄层能抑制 Al_2O_3 沉积的硅碳质材料。

薄板坯连铸所用的薄壁浸入式水口材质，一般采用含氮化硼和氧化锆的高铝碳质。

连接钢包与中间包的长水口、控制中间包钢流用的整体塞棒和连接中间包与结晶器的浸入式水口，一般称为连铸用耐火材料"三大件"。

2.3.2 中间包车

中间包车设置在连铸浇注平台上。一般每台连铸机配备两台中间包车，互为备用，当一台浇注时，另一台处于加热烘烤位置，这样有利于快速更换中间包，提高连铸机作业率。

2.3.2.1 中间包车的作用

中间包车是用来支承、运输、更换中间包的设备，其结构要有利于浇注、捞渣和烧氧等操作，同时还应具有横移、升降调节和称量功能。

2.3.2.2 中间包车的类型

中间包车按中间包水口、中间包车的主梁和轨道的位置，分为悬吊式和门式两种类型。

A 悬吊式中间包车

悬吊式中间包车又分为悬臂型和悬挂型两种类型。

悬臂型中间包车的中间包水口伸出车体之外，浇注时中间包车位于结晶器的外弧侧。其结构是一根轨道在高架梁上，另一根轨道在地面上（见图 2-17）。悬臂型中间包车的特点是：小车行走迅速，同时结晶器上面供操作的空间和视线范围大，便于观察结晶器内钢液面，操作方便。为保证中间包车的稳定性，应在中间包车上设置平衡装置或在外侧车轮上增设护轨。

悬挂型中间包车的特点是：两根轨道都在高架梁上（见图 2-18），对浇注平台的影响最小，操作方便。

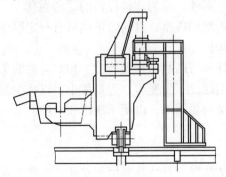

图 2-17 悬臂型中间包车

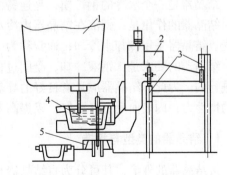

图 2-18 悬挂型中间包车

1—钢包；2—悬挂型中间包车；3—轨道梁及支架；
4—中间包；5—结晶器

悬臂型和悬挂型中间包车只适用于生产小断面铸坯的连铸机。

B　门式中间包车

门式中间包车又分为门型和半门型两种类型。

门型中间包车的轨道布置在结晶器的两侧,重心处于车框中,安全可靠(见图2-19)。其适用于大型连铸机。

半门型中间包车如图2-20所示,它与门型中间包车的最大区别是,其布置在靠近结晶器内弧侧浇注平台上方的钢结构轨道上。

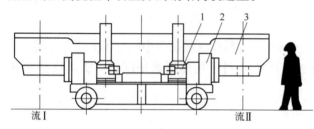

图2-19　门型中间包车
1—升降机构;2—行走机构;3—中间包

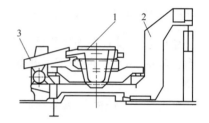

图2-20　半门型中间包车
1—中间包;2—中间包车;3—溢流槽

中间包车行走机构一般是两侧单独驱动,并有自动停车定位装置。小型铸机由于中间包车行程短,可单侧驱动。一般设有两挡行走速度,快速为10~20m/min,用于移动中间包;慢速为1~2m/min,用于水口对中。

中间包的升降机构有电动和液压驱动两种,升降速度为2m/min。两侧升降一定要同步,应有自锁定位功能,特别是在钢包转台处于"下降"位置时,中间包升降操作与其应有联锁保护。中间包横向微调动作,目前大多数采用蜗轮蜗杆来完成。

中间包车还设有电子称量系统和保护渣自动下料装置。采用定径水口的中间包车还设有摆动槽。

2.4　结　晶　器

结晶器是一个水冷的钢锭模,是连铸机的核心部件,称为连铸设备的"心脏"。

结晶器的作用是:钢液在结晶器内冷却、初步凝固成型,且均匀形成具有一定厚度的坯壳。结晶器采用冷却水冷却,通常称为一次冷却。

结晶器的要求是:钢液冷却、凝固过程是在坯壳与结晶器壁做连续、相对运动的条件下进行的。为此,结晶器应具有良好的导热性和刚性,不易变形;重量要小,以减少振动时的惯性力;内表面耐磨性要好,以提高寿命;结构要简单,以便于制造和维护。

2.4.1　结晶器的类型与构造

按结晶器的外形,其可分为直结晶器和弧形结晶器。直结晶器用于立式、立弯式及直弧形连铸机,而弧形结晶器用于全弧形和椭圆形连铸机。按结晶器的结构,其可分为管式结晶器和组合式结晶器。小方坯及矩形坯多采用管式结晶器,而大方坯、矩形坯和板坯多采用组合式结晶器。

2.4.1.1 管式结晶器

管式结晶器的结构如图 2-21 所示。其内管为冷拔异形无缝铜管，外面套有钢质外壳，铜管与钢套之间留有约 7mm 的缝隙并通以冷却水（即冷却水缝）。铜管和钢套可以制成弧形或直形。铜管的上口通过法兰用螺钉固定在钢质外壳上，铜管的下口一般为自由端，允许热胀冷缩。但上下口都必须密封，不能漏水。结晶器外套是圆筒形的。外套中部有底脚板，将结晶器固定在振动框架上。

带锥度弧形结晶器的铜管可用仿弧形刨床加工成型，也可在带内芯的外模中压力成型或爆炸成型。

管式结晶器结构简单，易于制造和维修，广泛应用于中小断面铸坯的浇注，最大浇注断面为 240mm×240mm。

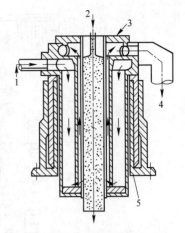

图 2-21 管式结晶器的结构
1—冷却水入口；2—钢液；3—夹头；
4—冷却水出口；5—液压缸

结晶器铜管壁厚为 10~15mm，磨损后可加工修复，但最薄不能小于 3~6mm。考虑铸坯的冷却收缩，在铜壁的角部应有一定的圆角过渡。

2.4.1.2 组合式结晶器

组合式结晶器是由 4 块复合壁板组合而成的。每块复合壁板均由铜质内壁和钢质外壳组成。在与钢壳接触的铜板面上铣出许多沟槽，形成中间水缝。复合壁板用双螺栓连接固定，见图 2-22。冷却水从下部进入，流经水缝后从上部排出。4 块复合壁板有各自独立的冷却水系统。在 4 块复合壁板内壁相结合的角部，垫上厚 3~5mm 并带 45°倒角的铜片，以防止铸坯角裂。

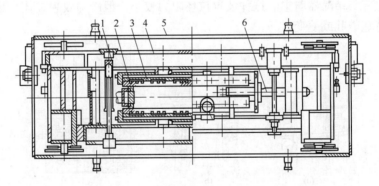

图 2-22 组合式结晶器结构图
1—调厚与夹紧机构；2—窄面内壁；3—宽面内壁；4—结晶器外框架；5—振动装置；6—调宽机构

现已广泛采用宽度可调的板坯结晶器（见图 2-23），可用手动、电动或液压驱动来调节结晶器的宽度。内壁铜板厚度为 20~50mm，磨损后可加工修复，但最薄不能小于 10mm。

对弧形结晶器来说，两块侧面复合板是平的，内外弧复合板则做成弧形的。而直结晶器的四面壁板都是平的。

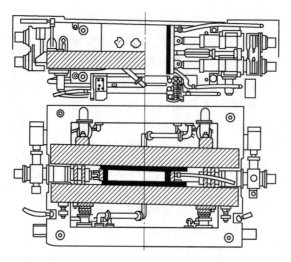

图 2-23　宽度可调的板坯结晶器

2.4.1.3　多级结晶器

随着连铸机拉坯速度的提高，出结晶器下口的铸坯坯壳厚度越来越薄。为了防止铸坯变形或出现漏钢事故，采用多级结晶器技术，它还可以减少小方坯的角部裂纹和菱变。多级结晶器即在结晶器下口安装足辊、冷却板或冷却格栅。

A　足辊

在结晶器的下口四面装有多对密排夹辊，其直径较小且具有足够的刚度，辊间设有喷嘴喷水冷却，这些小辊称为足辊，见图 2-24(a)。为了防止足辊对铸坯造成横向应力，足辊的安装位置应与结晶器对中。这种装置拉坯阻力较小，但冷却效果欠佳，足辊若发生变形则会造成铸坯鼓肚或菱变。

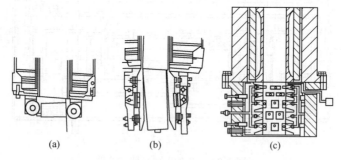

(a)　　　　　　　(b)　　　　　　　(c)

图 2-24　多级结晶器的结构示意图

(a) 足辊；(b) 冷却板；(c) 冷却格栅

B　冷却板

在结晶器下口四面各安装一块铜板，并在铸坯角部喷水冷却，铜板靠弹簧支撑紧贴在坯壳表面，保证了铸坯的均匀冷却，见图 2-24(b)。这种装置拉坯阻力稍大些，但冷却、支撑效果较好，主要用在小方坯连铸机管式结晶器上。有的结晶器在冷却板下还安装了1~2对足辊。

C 冷却格栅

冷却格栅是一种带有许多扁方孔的铜板，也称为格板。冷却水通过方孔直接喷射在铸坯表面。结晶器下口每面安装一块冷却格板，格板背面有加强筋板。为了便于清除氧化铁皮和其他杂质，筋板略呈倾斜状，如图2-24(c)所示。这种装置冷却效果较好，但拉坯阻力略大，发生漏钢后清理困难。

2.4.2 结晶器的重要参数

2.4.2.1 结晶器断面尺寸

冷态铸坯的断面尺寸为公称尺寸，结晶器断面尺寸应根据铸坯的公称尺寸来确定。由于铸坯冷却时凝固收缩，尤其是弧形铸坯在矫直时还会引起铸坯的变形，要求结晶器的内腔断面尺寸比铸坯公称尺寸略大一些。

通常是根据经验公式来确定结晶器断面尺寸，参见以下公式。

A 圆坯结晶器

圆坯结晶器采用下式确定断面尺寸：

$$D_{下} = (1+2.5\%)D_0 \tag{2-16}$$

式中 $D_{下}$——结晶器下口内腔直径，mm；

D_0——铸坯公称直径，mm。

B 矩形坯和方坯结晶器

矩形坯结晶器考虑到铸坯可能被压缩与延展，采用下式确定断面尺寸：

$$D_{下} = (1+2.5\%)D_0+c \tag{2-17}$$

$$B_{下} = (1+1.9\%)B_0-c \tag{2-18}$$

式中 $D_{下}$——结晶器下口内腔厚度，mm；

D_0——铸坯公称厚度，mm；

$B_{下}$——结晶器下口内腔宽度，mm；

B_0——铸坯公称宽度，mm；

c——增减值，mm，按断面尺寸大小选取，铸坯断面小于160mm×160mm时 $c=$ 1mm；铸坯断面大于160mm×160mm时 $c=1.5$mm。

方坯结晶器内腔厚度与宽度尺寸相同，可用下式确定：

$$D_{下} = (1+2.5\%)D_0 \tag{2-19}$$

$$B_{下} = (1+2.5\%)B_0 \tag{2-20}$$

管式结晶器内腔应有合适的圆角半径。铸坯断面小于100mm×100mm时，圆角半径为8mm；铸坯断面在（141mm×141mm）~（200mm×200mm）之间时，圆角半径为12mm；铸坯断面大于201mm×201mm时，圆角半径为15mm。

C 板坯结晶器

（1）结晶器宽边：

$$B_{上} = [1+(1.5\%~2.5\%)]B_0 \tag{2-21}$$

$$B_{下} = [1+(1.5\%~2.5\%)-\varepsilon_{宽}]B_0 \tag{2-22}$$

式中 $B_{上}$——结晶器上口宽度，mm；

$B_下$——结晶器下口宽度，mm；

　B_0——铸坯公称宽度，mm；

　$\varepsilon_宽$——结晶器宽面锥度绝对值，%。

（2）结晶器窄边：

$$D_上 = (1+1.5\%)D_0+2 \tag{2-23}$$
$$D_下 = (1+1.5\%-\varepsilon_窄)D_0+2 \tag{2-24}$$

式中　$D_上$——结晶器上口厚度，mm；

　$D_下$——结晶器下口厚度，mm；

　D_0——铸坯公称厚度，mm；

　$\varepsilon_窄$——结晶器窄面锥度绝对值，%。

2.4.2.2　结晶器长度

确定结晶器长度的主要依据是铸坯出结晶器下口时的坯壳最小厚度。若坯壳过薄，铸坯就会出现鼓肚变形甚至拉漏。结晶器长度的计算过程如下。

结晶器有效长度(结晶器容纳钢水的长度)按下式确定：

$$L_m = v_c t \tag{2-25}$$

钢水在结晶器中停留时间与铸坯出结晶器坯壳厚度的关系可由凝固平方根定律导出：

$$\delta = K_m\sqrt{t}$$

即　　　　　　　　　　　　$t = (\delta/K_m)^2$

则　　　　　　　　　　　$L_m = v_c(\delta/K_m)^2 \tag{2-26}$

式中　L_m——结晶器有效长度，m；

　v_c——拉坯速度，m/min；

　δ——出结晶器下口坯壳厚度，mm，一般应为10~25mm；

　K_m——结晶器内钢液凝固系数，mm/min$^{1/2}$。

在实际生产中钢液面与结晶器上口有80~120mm的距离，故结晶器的长度为：

$$L = L_m+(80~120)$$

对于大断面铸坯，要求坯壳厚度$\delta>15$mm，小断面铸坯$\delta=8~10$mm。结晶器长度一般在700~900mm之间比较合适。现在大多倾向于把结晶器长度增加到900mm，以适应高拉速的需要，如我国从CONCAST公司引进的连铸机的结晶器长度为1000mm，薄板坯连铸结晶器的长度有的达到1200mm，小方（圆）坯结晶器为800~1000mm，方（圆）坯结晶器为700~1100mm。理论计算表明，结晶器热量的50%是从上部导出的，结晶器下部只起到支承作用，因此过长的结晶器无益于坯壳的增厚，所以没有必要选用过长的结晶器。

2.4.2.3　倒锥度

钢液在结晶器内冷却凝固生成坯壳，进而收缩脱离结晶器器壁，产生气隙，因此导热性能大大降低，由此造成铸坯的冷却不均匀。为了减小气隙，改善传热，加速坯壳生长，结晶器的下口断面要比上口断面略小，即结晶器有倒锥度。通常倒锥度有两种表示方法，其中一种表示方法为：

$$\varepsilon_1 = \frac{S_上-S_下}{S_上\,L_m}\times100\% \tag{2-27}$$

式中　ε_1——结晶器每米长度的倒锥度，%/m；

　　　$S_上$——结晶器上口断面面积，mm^2；

　　　$S_下$——结晶器下口断面面积，mm^2；

　　　L_m——结晶器长度，m。

上式的倒锥度主要用于方坯和圆坯结晶器的设计。

结晶器倒锥度 $\varepsilon_1 > 0$。计算 ε_1 时按结晶器宽边、厚边尺寸分别考虑。倒锥度过小，则气隙较大，可能导致铸坯变形、纵裂等缺陷；倒锥度太大，又会增加拉坯阻力，引起横裂甚至坯壳断裂。倒锥度主要取决于铸坯断面、拉速和钢的高温收缩率。

方坯结晶器的倒锥度推荐值见表 2-5。

浇注 $w[C] < 0.08\%$ 的低碳钢的小方坯结晶器，其倒锥度为 0.5%/m；对于 $w[C] > 0.40\%$ 的高碳钢，结晶器倒锥度为 $(0.8 \sim 0.9)\%/m$。

表 2-5　方坯结晶器的倒锥度推荐值

断面边长/mm	倒锥度/% · m^{-1}
80 ~ 110	0.4
110 ~ 140	0.6
140 ~ 200	0.9

板坯的宽度与厚度相差很大，厚度方向的凝固收缩比宽度方向的凝固收缩要小得多。一般板坯结晶器的宽边设计成平行的，其倒锥度按下式计算：

$$\varepsilon_1 = \frac{B_上 - B_下}{B_上 L_m} \times 100\% \tag{2-28}$$

式中　$B_上$——结晶器上口宽度，mm；

　　　$B_下$——结晶器下口宽度，mm。

700mm 长的板坯结晶器宽度方向倒锥度一般取 $0.5\% \sim 1.0\%$，拉速大，倒锥度选择相应要大些。

【例 2-4】　某厂弧形连铸机，结晶器上口断面为 250mm×250mm，下口断面为 249mm ×249mm，结晶器长度为 0.82m，求这个结晶器的倒锥度。

解：

$$\varepsilon_1 = \frac{250^2 - 249^2}{250^2 \times 0.82} \times 100\% = 0.97\%/m$$

有的结晶器做成双倒锥度结构，即结晶器上部倒锥度大于下部倒锥度，更符合钢液凝固体积的变化规律；也有将结晶器内壁做成抛物线形的，但加工困难。

2.4.2.4　结晶器水缝总面积

结晶器水缝总面积通常根据下式计算：

$$Q_结 = \frac{36Fv}{10000} \tag{2-29}$$

则

$$F = \frac{10000Q_结}{36v} \tag{2-30}$$

式中　$Q_结$——结晶器的耗水量，m^3/h；

　　　　F——水缝总面积，mm^2；

　　　　v——水缝内冷却水的流速，m/s，在进水压力为 0.3~0.6MPa 时，方坯结晶器水缝内冷却水的流速取 6~9m/s，板坯取 3.5~5m/s。

结晶器冷却水耗量可以根据经验取值为：小方坯结晶器，结晶器周边每毫米长度耗水 2.0~3.0L/min；板坯结晶器，结晶器宽面每毫米长度耗水 2.0L/min，窄面每毫米长度耗水 1.25L/min。对于具有裂纹敏感性的低碳钢种，结晶器采用弱冷却，冷却水耗量取下限；对于中、高碳钢可采用强冷却，冷却水耗量取上限。冷却水进水压力为 0.5~0.66MPa，结晶器进、出水温度差为 6~8℃。

2.4.3　结晶器的材质与寿命

2.4.3.1　结晶器内壁材质

正确选择结晶器内壁材质是保证铸坯质量的关键。由于结晶器内壁直接与高温钢液接触，要求其内壁材质的导热系数高、膨胀系数低，在高温下有足够的强度和耐磨性，且塑性要好，易于加工。

目前使用的结晶器内壁材质主要有两大类：

（1）铜合金。在铜中加入 0.08%~0.12% 的银，就能提高结晶器内壁的高温强度和耐磨性。在铜中加入 0.5% 的铬或一定量的磷，可显著提高结晶器的使用寿命。还可以使用铜-铬-锆-砷合金或铜-锆-镁合金制作结晶器内壁，效果都不错。

（2）铜板镀层。在结晶器的铜板上镀 0.1~0.15mm 厚的镀层，能提高结晶器内壁的耐磨性。目前单一镀层主要采用铬或镍，复合镀层采用镍、镍合金和铬三层镀层，其与单独镀镍相比，可使结晶器使用寿命提高 5~7 倍。此外，还有镍、钨、铁镀层，由于钨和铁的加入，结晶器内壁的强度和硬度均适合高拉速铸机使用。

2.4.3.2　结晶器使用寿命

结晶器使用寿命实际上是指结晶器内腔保持原设计尺寸和形状的时间长短。只有保持原设计尺寸和形状，才能保证铸坯质量。结晶器使用寿命一般用结晶器浇注铸坯的长度来表示，在一般操作条件下，一个结晶器可浇注板坯 10000~15000m 长。也可用结晶器从开始使用到修理前所浇注的炉数来表示其使用寿命，一般为 100~150 炉。

提高结晶器使用寿命的措施有提高结晶器冷却水的水质、保证结晶器足辊和二次冷却区的对弧精度、定期检修结晶器、合理选择结晶器内壁材质及设计参数等。

2.4.4　结晶器断面调宽装置

为了适应生产多种规格铸坯的需要，缩短更换结晶器的时间，采用可调宽度的板坯结晶器。

结晶器断面调宽可离线或在线进行。离线调宽是先将结晶器吊离生产线，再调节结晶器宽面或窄面的尺寸。结晶器在线调宽就是在生产过程中完成对结晶器宽度的调整，即结晶器的两个侧窄边多次分小步向外或向内移动，一直调到预定的宽度要求为止，其移动顺序如

图 2-25所示。调节宽度时，铸坯宽度方向呈 Y 形，故称为 Y 形在线调宽。这种调宽装置不仅能调节结晶器宽度，还能调节宽面倒锥度。每次调节量为初始倒锥度的1/4，调节速度是20~50mm/min。调节是由每个侧边的上下两套同步机构实现的，用计算机控制，由液压或电力驱动。它可在不停机的条件下改变铸坯断面；但设备比较复杂，调整过程中要防止发生漏钢事故。还有一种结晶器断面在线调宽装置是 L 形在线调宽，需要短时间停浇。

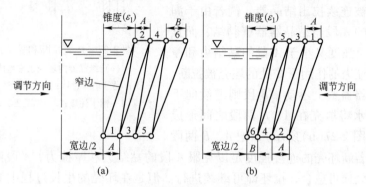

图 2-25 结晶器 Y 形在线调宽原理图

（a）由窄调宽；（b）由宽调窄

A—每次平行移动的调整步距；B—最后一次调整步距（需满足结晶器新宽度的设定锥度值）

2.4.5 结晶器的润滑

为防止铸坯坯壳与结晶器内壁黏结，减少拉坯阻力和结晶器内壁的磨损，改善铸坯表面质量，结晶器必须进行润滑。目前采用的润滑方法主要有以下两种：

（1）润滑油润滑。结晶器加油润滑可以采用植物油或矿物油，植物油中的菜籽油润滑效果较好。通过送油压板内的管道，润滑油流到锯齿形的给油铜垫片上。铜垫片的锯齿端面向结晶器口，油均匀地流到结晶器铜壁表面上，在坯壳与结晶器内壁之间形成一层厚 0.025~0.05mm 的均匀油膜和油气膜，达到润滑的目的。这种装置主要应用于过去敞开浇注的结晶器。

（2）保护渣润滑。目前连铸机通常采用保护渣达到润滑的目的。保护渣可人工加入，也可用振动给料器自动加入，其装置如图 2-26 所示。这种方法改善了劳动条件，且加入量控制准确。

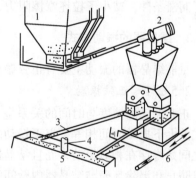

图 2-26 结晶器保护渣自动加入装置

1—保护渣罐；2—振动管式输送机；3—给料管；
4—浸入式水口；5—结晶器；6—料仓车

2.5 结晶器的振动装置

2.5.1 结晶器振动的目的

结晶器的振动装置用于支承结晶器，并使其上下往复振动以防止坯壳因与结晶器黏结而被拉裂。该装置有利于保护渣在结晶器器壁上的渗透，可保证结晶器充分润滑和顺利脱模。

在连铸过程中，如果结晶器是固定的，坯壳就可能被拉断而造成漏钢。图 2-27 (a) 所示为结晶器内坯壳的正常形成过程。如果不发生意外，铸坯就被连续拉出结晶器。倘若由于润滑不良，坯壳的 A 段与结晶器壁黏结，而且 C 处坯壳的抗拉强度又小于 A 段的黏结力和摩擦力，则在拉坯力的作用下 C 处的坯壳被拉断。A 段粘在结晶器器壁上不动，B 段则继续向下运动，此时钢水将填充在 A、B 两段之间形成新的坯壳（如图 2-27 (b) 所示），把 A、B 两段

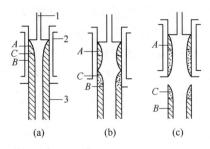

图 2-27　坯壳拉断和黏结消除过程
（a）结晶器内坯壳正常形成过程；
（b）黏结消除过程；（c）坯壳黏结拉断漏钢
1—钢水注流；2—结晶器；3—坯壳

连接起来。倘若新坯壳的连接强度足以克服 A 段的黏结力和摩擦力，A 段则随铸坯被拉下，坯壳断裂处便可愈合，拉坯即可继续进行。但是在坯壳的生长过程中 B 段是在不断向下运动的，而且新生坯壳的强度又较弱，这就无法使 A、B 两段牢固地连接起来，当铸坯 B 段被拉出结晶器时便会发生漏钢事故，如图 2-27 (c) 所示。

如果铸坯已与结晶器器壁发生黏结，使结晶器向上振动，则黏结部分和结晶器一起上升，坯壳被拉裂，未凝固的钢水立即填充到断裂处，开始形成新的凝固层；等到结晶器向下振动且振动速度大于拉坯速度时，坯壳处于受压状态，裂纹被愈合，断裂部分重新连接起来，同时铸坯被强制消除黏结，得到"脱模"。由于结晶器上下振动，周期性地改变液面与结晶器器壁的相对位置，有利于润滑油和保护渣向结晶器器壁与坯壳间渗漏，因而改善了润滑条件，减小了拉坯摩擦阻力，减少了黏结的可能性，所以连铸得以顺行。

2.5.2　结晶器的振动方式

目前结晶器的振动主要有正弦振动和非正弦振动两种方式。

2.5.2.1　正弦振动

正弦振动的速度与时间的关系呈一条正弦曲线，如图 2-28 中点划线所示。正弦振动方式的上下振动时间相等，上下振动的最大速度也相同。在整个振动周期中，铸坯与结晶器之间始终存在相对运动，而且结晶器下降过程中有一小段下降速度大于拉坯速度，因此可以防止和消除坯壳与结晶器内壁间的黏结，并能对被拉裂的坯壳起到愈合作用。另外，由于结晶器的运动速度是按正弦规律变化的，加速度必然按余弦规律变化，所以过渡比较平稳，冲击较小。

正弦振动通过偏心轮连杆机构就能实现。由于有利于提高振动频率、减小振痕、改善铸坯质量，正弦振动方式应用广泛。

2.5.2.2　非正弦振动

随着高速铸机的开发，拉坯速度越来越快，造成结晶器向上振动时与铸坯间的相对运动速度加大，特别是高频振动后此速度更大。由于拉速提高后结晶器保护渣用量相对减少，坯壳与结晶器器壁之间发生黏结而导致漏钢的可能性增加。为了解决这一问题，除了使用新型保护渣外，另一个措施就是采用非正弦振动，使得结晶器向上振动时间大于向下

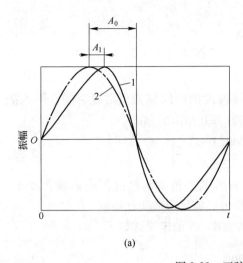
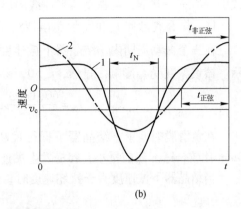

(a) (b)

图 2-28 正弦振动和非正弦振动曲线

（a）振幅与时间的关系；（b）速度与时间的关系

1—非正弦振动；2—正弦振动；

t—时间；t_N—负滑脱时间；A_1—非正弦振动最大位移相对于正弦振动最大位移在时间上的滞后；

A_0—正弦振动 1/4 振动周期；v_c—拉坯速度；$t_{正弦}$—正弦振动时间；$t_{非正弦}$—非正弦振动时间

振动时间，以缩小铸坯与结晶器向上振动之间的相对速度，如图 2-28 中实线所示。

2.5.2.3 结晶器振动参数

A 振幅 A 和频率 f

结晶器从最高位置下降到最低位置或从最低位置上升到最高位置，所移动的距离称为振动行程，又称"冲程"，用 h 表示。冲程的一半称为振幅，即最高点到平衡点或平衡点到最低点的距离，用 A 表示，$A=h/2$。冲程、振幅的单位均为 mm。

振幅小，则结晶器液面稳定，浇注易于控制，铸坯表面较平滑，且有利于减小坯壳被拉裂的危险性。

结晶器上下振动一次的时间称为振动周期 T，单位为 s。1min 内振动的次数即为频率 f，单位为次/min，$f=60/T$。

频率高，则结晶器与坯壳间的相对滑移量大，有利于强制脱模。板坯连铸结晶器振动装置的频率为 50~120 次/min，甚至高达 400 次/min，振幅为 3.5~5.7mm；小方坯连铸结晶器振动频率为 75~240 次/min，振幅为 3mm 左右。

B 波形偏斜率 α

波形偏斜率是非正弦振动的一个参数，即图 2-28 中 A_1 与 A_0（$T/4$）的比值，用 α 表示。

$$\alpha = \frac{A_1}{A_0} \times 100\% \qquad (2-31)$$

显然，正弦振动的 $\alpha=0$。

C 结晶器下振最大速度 v_m

只有结晶器下振最大速度 v_m 大于拉坯速度 v_c，才能起到脱模作用，这称为负滑脱。

$$v_m = K_1 \frac{fA}{1-\alpha} \tag{2-32}$$

式中　K_1——常数，与振动波形曲线的形状有关，正弦振动时 $K_1 = 2$，$v_m = 2fA$。

D　负滑脱时间 t_N 和负滑脱率 NS、NSR

在一个振动周期内，结晶器下振速度大于拉坯速度的时间称为负滑脱时间，用 t_N 表示。振痕深度受 t_N 影响。显然，$t_N > 0$，一般情况下 $t_N = 0.10 \sim 0.25\mathrm{s}$。

$$t_N = \frac{60(1-\alpha)}{\pi f} \arccos\left[\frac{1000(1-\alpha)v_c}{2\pi fA}\right] \tag{2-33}$$

在负滑脱时间里，结晶器下振行程超过拉坯行程的差值称为结晶器超前量，取 3~4mm 比较合适。超前量小，容易发生黏连；超前量大，容易形成沟状振痕。

当结晶器下振速度大于拉坯速度时，速度负滑脱率 NS 的定义式如下：

$$NS = \frac{v_m - v_c}{v_c} \times 100\% \tag{2-34}$$

式中　v_m——结晶器下振最大速度，m/min；

　　　v_c——拉坯速度，m/min；

　　$v_m - v_c$——负滑脱量，用 N_s 表示。

负滑脱时间 t_N 与半周期 $T/2$ 之比称为时间负滑脱率，用 NSR 表示：

$$NSR = \frac{2(1-\alpha)}{\pi} \arccos\left[\frac{2}{\pi(1-NS)}\right] \tag{2-35}$$

负滑脱有助于脱模，有利于拉裂坯壳的愈合。但若负滑脱时间过长，则振痕深度加深，裂纹增加。正弦振动的 NS 选 30%~40% 时效果较好。

E　正滑脱时间 t_p

在一个振动周期内，结晶器下振速度小于拉坯速度的时间是正滑脱时间，用 t_p 表示。t_p 是影响保护渣消耗量的主要因素，$t_p = T - t_N$。

$$t_p = \frac{60}{f}\left\{1 - \frac{1-\alpha}{\pi} \arccos\left[\frac{1000(1-\alpha)v_c}{2\pi fA}\right]\right\} \tag{2-36}$$

F　结晶器上振最大速度 v'_m

控制结晶器上振最大速度 v'_m 有利于减少坯壳黏结的概率。

$$v'_m = K_2 \frac{fA}{1+\alpha} \tag{2-37}$$

式中　K_2——常数，与振动波形曲线的形状有关，正弦振动时 $K_2 = 2$，$v'_m = 2fA$。

G　振痕间距 p

振痕间距 p 仅取决于拉坯速度 v_c 和振动频率 f。

$$p = \frac{v_c}{f} \tag{2-38}$$

结晶器振动的负滑脱量 N_s 和正滑脱时间 t_p 是影响保护渣消耗量 Q 的主要因素。在目前的振动范围内，高频振动时的保护渣消耗量由正滑脱时间 t_p 控制，低频振动时的保护渣消耗量由负滑脱量 N_s 控制。

$$Q = K_3 \frac{N_s}{p} \tag{2-39}$$

式中　K_3——比例常数。

2.5.2.4　结晶器振动参数的选择

A　正弦振动

正弦振动时，$\alpha = 0$。由以上参数定义式可知，随着 f 的增加，振痕深度及间距均减小；同时，保护渣消耗量下降，v'_m 上升，其工艺效果表现为振痕变浅而密集，结晶器摩擦阻力增加，坯壳黏结率增大；反之，坯壳黏结率下降，但振痕加剧。所以，正弦振动通过选择 f 来控制振痕深度与坯壳黏结是相互矛盾的，振动参数的选择受到很大限制，这也是正弦振动难以适应高速连铸的主要原因。

B　非正弦振动

非正弦振动增加了波形偏斜率 α 这一基本参数，其工艺效果是在相同的拉速 v_c 要求下可降低 f，或在相同的 f 条件下实现更高的 v_c。这就增加了对振动基本参数选择的自由度。

首先，固定 A 和 f，在一定 v_c 时增加 α。在此条件下，由定义式可知，t_N 减少，t_p 增加，p 不变，v'_m 下降。其工艺效果表现为振痕间距不变，振痕深度减小，保护渣消耗量增加，结晶器摩擦阻力降低。这样既有利于控制振痕深度，又有利于控制坯壳的黏结，从而取得统一的工艺效果。在这种振动参数的选择方式下，α 越大，结晶器振动工艺效果越好；但是 α 增加导致结晶器下振的最大加速度提高，振动装置所受冲击力增加，使其稳定性及使用寿命受到影响。

其次，在一定 v_c 时固定 A，在增加 α 的同时降低 f，取 $\frac{f}{1-\alpha} = K_4$，即保持结晶器下振速度曲线不变，仅改变结晶器上振速度曲线。在此条件下，α 增加，f 相应减少，此时 t_N 不变，t_p 和 p 增加，v'_m 下降。其工艺效果表现为保护渣消耗量增加，结晶器摩擦阻力降低，坯壳黏结率下降，振痕深度不变但间距增大，还可避免结晶器振动最大加速度增加的问题。总之，非正弦振动结晶器上升时间较长，下降速度快，负滑脱时间减少，利于减轻振痕深度，减少结晶器摩擦阻力。

结晶器振动的工艺效果反映在对铸坯振痕和坯壳黏结的有效控制上，正弦振动使两者矛盾，为此开发了结晶器非正弦振动形式，使振动参数的调节范围更宽，但有限。非正弦振动可以有限地降低振动频率。振动频率是振动结晶器的一个特殊的基本参数，它总有一个取值的限度。

目前总的趋势是：正弦振动采用高频率、小振幅、较大负滑脱量的振动方式较为有利。非正弦振动由于可以保证在高速连铸条件下有良好的润滑和最小的摩擦力，随着高速连铸的发展，其得到了开发应用。

2.5.3　结晶器的振动机构

结晶器按一定的运动轨迹振动。弧形结晶器需按弧线运动，而直结晶器需按直线运动。轨迹不正确不仅会降低结晶器的使用寿命，还会增加铸坯表面缺陷甚至引起漏钢事故。

连铸机结晶器的振动机构有短臂四连杆式振动机构、四偏心振动机构和液压振动机构。

2.5.3.1　短臂四连杆式振动机构

短臂四连杆式振动机构广泛应用于小方坯和大板坯连铸机上，只是小方坯连铸机结晶器的振动机构大多安装在内弧侧，而大板坯连铸机结晶器的振动机构安装在外弧侧，如图 2-29 和图 2-30 所示。

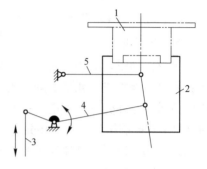

图 2-29　短臂四连杆式
振动机构(外弧侧)
1—结晶器；2—振动架；
3—拉杆；4，5—连杆

短臂四连杆式振动机构的结构简单，便于维修，能够较准确地实现结晶器的弧线运动，有利于铸坯质量的改善。

四连杆式振动机构的工作原理可参见图 2-29，由电动机通过减速机并经偏心轮的传动，拉杆做往复运动，带动连杆 4 摆动，连杆 5 随之摆动，使振动架能按弧线轨迹振动。

将四连杆式振动机构中的部分或全部连杆由刚性杆改为弹簧钢板（见图 2-31），可以消除振动过程结晶器的水平摆动，且结构简单，维修方便。这种半板簧、板簧式振动机构广泛应用于现代连铸机上。

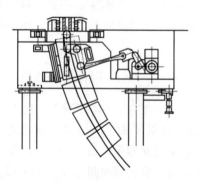

图 2-30　短臂四连杆式振动机构
（内弧侧）

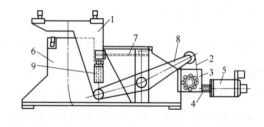

图 2-31　半板簧式振动机构示意图
1—振动台；2—连杆；3—减速箱及偏心轴；4—联轴器；5—电动机；
6—振动底座；7—板簧；8—振动杆；9—平衡弹簧

2.5.3.2　四偏心振动机构

图 2-32 所示为四偏心振动机构示意图，该机构仍属于正弦振动。四偏心振动机构的工作原理是：电动机带动中心减速机，通过万向轴带动左右两侧的分减速机，每个减速机各自带动偏心轮；偏心轮具有同向偏心点，但偏心距不同；结晶器弧线运动是利用两条板式弹簧，一头连接在快速更换台框架上，另一头连接在振动头的恰当位置上，来实现弧形振动。这种板式弹簧使得振动只能做弧线摆动，不会前后移动，由于结晶器振幅不大，两根偏心轴的水平安装不会引起明显的误差。以往四偏心振动机构不能在线调节振幅，目前国外已有在偏心轮上安装蜗轮蜗杆装置，可实现在线调节的功能。

四偏心振动机构的优点是：结晶器振动平稳，无摆动和卡阻现象，适合高频、小振幅技术的应用；但结构比较复杂。

2.5.3.3 液压振动机构

结晶器液压振动机构如图 2-33 所示。结晶器放在振动台架上，两根板簧和操作平台相连，板簧对结晶器起导向定位和蓄能作用。振动杆和振动台架相连，由铰链和平衡弹簧支承。液压缸不承受弯扭力矩，仅承受轴向载荷。振动信号通过比例伺服阀控制液压缸的动作，带动振动台架上的结晶器进行振动，结晶器振动时的平衡点可以微调。由于工作时油缸的实际振幅较小（±10mm），振动中平衡点位置对系统固有频率的影响较小，因此可以认为油缸的振动特性直接反映结晶器的振动特性。

此外，曼内斯曼-德马克公司开发了连铸谐振结晶器，在板坯、薄板坯、方坯连铸中应用。其采用液压伺服驱动，可用于正弦振动和非正弦振动，适合高拉速（5m/min）、高频率（50～600 次/min）、低振幅（2～5mm）连铸，连铸漏钢率比普通结晶器低。

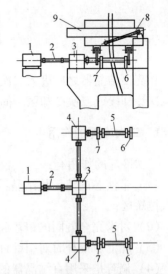

图 2-32　四偏心振动机构示意图

1—电动机；2—万向轴；3—中心减速机；4—分减速机；5—偏心轴；6，7—偏心轮；8—板式弹簧；9—快速更换台框架

2.5.4　结晶器快速更换装置

结晶器、结晶器振动机构及二次冷却区零段这三部分设备安装在一个台架上，这个台架称为结晶器快速更换台架，见图 2-34。这种快速更换台架的设备可整体更换，保证了结晶器、二次冷却区零段的对弧精度，实现了离线检修，可大大提高铸机的生产率。

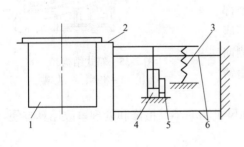

图 2-33　结晶器液压振动机构示意图

1—结晶器；2—振动台架；3—平衡弹簧；

4—液压缸；5—比例伺服阀；6—板簧

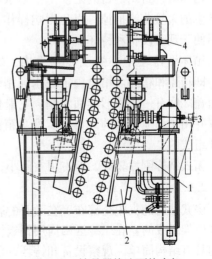

图 2-34　结晶器快速更换台架

1—框架；2—二次冷却区零段；

3—四偏心振动机构；4—结晶器

2.6　二次冷却装置

坯壳出结晶器之后进入二次冷却装置受到的冷却，称为二次冷却。二次冷却装置又称为二次冷却段或二次冷却区，简称二冷区。

2.6.1　二次冷却的作用

二次冷却的作用有：

（1）带液芯的铸坯从结晶器拉出后，需喷水或喷气水直接冷却，使铸坯快速凝固以进入拉矫区；

（2）对未完全凝固的铸坯起支承、导向作用，防止铸坯的变形；

（3）在上引锭杆时对引锭杆起支承、导向作用；

（4）倘若是采用直结晶器的弧形连铸机，二冷区的第一段还要把直坯弯成弧形坯；

（5）当采用多辊矫机时，二冷区的部分夹辊本身又是驱动辊，起到拉坯作用；

（6）对于椭圆形连铸机，二冷区本身又是分段矫直区。

2.6.2　二次冷却装置的结构

二次冷却装置的主要结构形式分为箱式和房式两大类。

2.6.2.1　箱式结构

图 2-35 所示为板坯连铸机二次冷却装置的早期箱式结构。机架的形式是箱体。整个二冷区是由五段封闭的扇形段箱体（第一段未画出）连接组成的。所有支承导向部件和冷却水喷嘴系统都装在封闭的箱体内，封闭的目的是便于把喷水冷却铸坯时所产生的大量蒸汽抽掉，以免影响操作，但其缺点是不便于观察设备和铸坯。

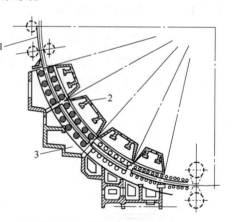

箱体沿铸坯中心弧线分割为内、外弧两个部分，即箱盖和箱座。箱座固定在水泥基础上，箱座与箱盖之间有一条弧形侧面水箱，它兼作固定侧向导辊并用于调节夹辊的开口度。整个箱体都是由铸钢件组成的。

图 2-35　箱式结构
1—铸坯；2—箱体；3—夹辊

箱式结构刚性较好，所占用空间小，所需抽风机功率小，检修和处理事故还算方便。

2.6.2.2　房式结构

房式结构的夹辊全部布置在敞开的牌坊结构的支架上，整个二冷区是由一段或若干段开式机架组成的。在二冷区四周用钢板构成封闭的房室，故称为房式结构，见图 2-36。该结构具有结构简单、观察设备和铸坯方便等一系列优点，其存在的问题是风机容量和占地面积较大。目前新设计的连铸机均采用房式结构。

由于二次冷却装置底座长期处于高温和很大拉坯力的作用下，二冷支导装置通过刚性很强的共同底座安装在基础上，见图 2-37。图 2-37 中 5 为固定支点，4 为活动支点，允许沿圆弧线方向滑动，以避免因抗变形能力差而导致的错弧。

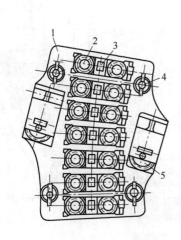

图 2-36　房式结构
1—牌坊架；2—夹辊；3—垫块；4—拉杆；
5—车轮（开出式小车）

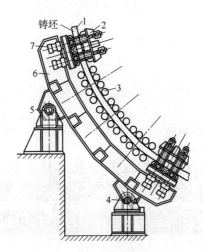

图 2-37　二冷支导装置的底座
1—铸坯；2—扇形段；3—夹辊；
4—活动支点；5—固定支点；
6—底座；7—液压缸

　　连铸坯从结晶器进入二冷区时坯壳还很薄，液芯的钢液会对坯壳产生静压力而使坯壳产生鼓肚，为此，需要密集的导辊支承坯壳。这就要求事先对导辊的排列进行计算和设计，即所谓的辊列设计。辊列设计首先要选定铸机机型，其次要选择确定一些重要参数，如结晶器长度、铸机的弧形半径、综合凝固系数 $K_凝$、坯壳允许的总变形率、导辊的许用应力及许用最大挠度、导辊开口度的变动量、坯壳的厚度和宽度、内弧辊间距、最大浇注速度、二冷比水量、铸坯表面温度分布等。在此基础上，根据 $\delta_i = K_凝\sqrt{L/v_c}$（$L$ 为距弯月面的距离）计算弯曲点和矫直点位置的坯壳厚度 δ_i，然后进一步计算弯曲点、矫直点凝固界面的变形率 ε_i，即：

$$\varepsilon_i = \left(\frac{D}{2} - \delta_i\right)\frac{\pm 1}{R_i - D/2} \times 100\% \tag{2-40}$$

式中　D——铸坯厚度，cm；

　　　R_i——铸机外弧弯曲半径，cm，上式弯曲时取负号，矫直时取正号。

　　再计算多点弯曲和多点矫直时的变形率及各点的弯曲半径和矫直半径，计算几何尺寸（包括辊直径）和确定分节辊的位置，最后确定辊距。图 2-38 为板坯辊列示意图。

2.6.2.3　二次冷却喷嘴及其布置

　　在结晶器内只有约 20% 的钢液凝固，铸坯仅仅形成 8~15mm 厚的薄坯壳，从结晶器拉出后，带液芯的铸坯在二冷区内边运行、边凝固。需控制铸坯表面温度沿浇注方向均匀下降，使之逐渐完全凝固，保证铸坯的质量。

　　二次冷却有水喷雾冷却和气水喷雾冷却两种方法，主要根据铸坯断面的尺寸和形状、冷却部位的不同要求来选择喷嘴的类型。

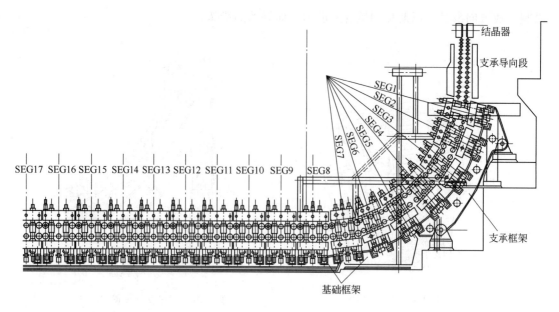

图 2-38　板坯辊列示意图

A　喷嘴的类型

好的喷嘴可使冷却水充分雾化，水滴小且具有一定的喷射速度，能够穿透沿铸坯表面上升的水蒸气而均匀分布于铸坯表面；同时，喷嘴结构简单，不易堵塞，耗铜量少。

a　压力喷嘴

压力喷嘴又称水雾喷嘴，是利用冷却水本身的压力作为能量将水雾化成水滴。

常用压力喷嘴的喷雾形状有实心圆锥形、空心圆锥形、扁平形和矩形等，如图 2-39 所示。

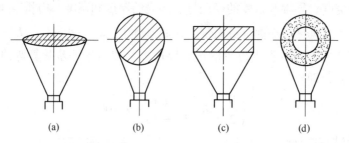

图 2-39　几种雾化喷嘴的喷雾形状图
（a）扇平形；（b）圆锥形（实心）；（c）矩形；（d）圆锥形（空心）

从喷嘴喷出的水滴以一定速度射到铸坯表面，依靠水滴与铸坯表面之间的热交换将铸坯热量带走。研究表明，当铸坯表面温度低于 300℃ 时，水滴与铸坯表面润湿，冷却效率高达 80% 左右；当铸坯表面温度高于 300℃ 时，水滴与铸坯不润湿，水滴到达铸坯表面后破裂流失，冷却效率只有约 20%。

生产中，二冷区内铸坯表面的实际温度远高于 300℃，虽然提高冷却水压力可增加供水量，但冷却效率与供水量不成正比；同时雾化水滴较大，平均直径为 $200 \sim 600 \mu m$，因而水的分配也不均匀，导致铸坯表面温度回升太大，在 $150 \sim 200℃/m$ 之间。虽然压力喷嘴存在这些问题，但由于它的流量特性和结构简单、运行费用低等优点，仍被使用。为了实现铸坯冷却的均匀性，还可采用压力广角喷嘴。

b 气-水雾化喷嘴

气-水雾化喷嘴是使高压空气和水从不同的方向进入喷嘴内或在喷嘴外汇合，利用高压空气（工作压力为 0.2MPa 左右）的能量将水雾化成极细小的水滴，而形成高速运动的"气雾"。这是一种高效冷却喷嘴，有单孔型和双孔型两种，见图 2-40。

气-水雾化喷嘴由于喷孔口径较大，不易堵塞，可以通过调节水压、气压和气水比的方法在较大范围内调节水流量；其雾化水滴的直径小于 $50\mu m$，水雾覆盖面积大，因而冷却效率高、冷却均匀，铸坯表面温度回升较小，为 $50\sim 80℃/m$，与压力喷嘴相比可节水近 50%，喷嘴的数量可以减少。但其缺点是结构比较复杂。目前，在板坯、大方坯连铸机上均应用气-水雾化喷嘴。

气-水雾化喷嘴正常工作时应先开水、后开气，停止供水时应先停气、后停水。

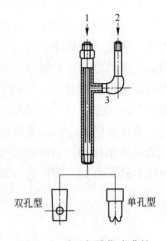

图 2-40 气-水雾化喷嘴的结构示意图
1—水；2—压缩空气；3—混合管

B 喷嘴的布置

二冷区的铸坯坯壳厚度是随时间平方根的增加而增加的，而冷却强度则随坯壳厚度的增加而降低。当拉坯速度一定时，各冷却段的给水量应与各段与钢液面的平均距离成反比，也就是说，离结晶器液面越远，给水量越少，生产中还应根据机型、浇注断面、钢种、拉速等因素加以调整。

喷嘴的布置应以铸坯受到均匀冷却为原则，喷嘴的数量沿铸坯长度方向由多到少。

喷嘴的选用按机型不同布置如下：

（1）小方坯连铸机普遍采用压力喷嘴，足辊部位多采用扁平形喷嘴，喷淋段则采用实心圆锥形喷嘴，二冷区后段可采用空心圆锥形喷嘴。其喷嘴布置见图 2-41。

（2）大方坯连铸机可采用单孔气-水雾化喷嘴进行冷却，但必须用多喷嘴喷淋。

（3）大板坯连铸机多采用双孔气-水雾化喷嘴单喷嘴布置，见图 2-42。

板坯连铸机若采用压力喷嘴，其布置应采用压力广角多喷嘴系统。

对于某些具有裂纹敏感性的合金钢或者热送铸坯，还可采用干式冷却，即二冷区不

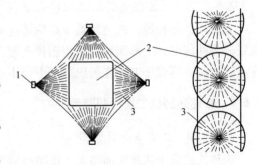

图 2-41 小方坯连铸机喷嘴布置
1—喷嘴；2—方坯；3—充满圆锥的喷雾形式

喷水，仅靠支承辊及空气冷却铸坯。夹辊采用小辊径密排列，以防止铸坯鼓肚变形。

2.6.3　方坯连铸机二次冷却装置

2.6.3.1　小方坯连铸机二次冷却装置

小方坯铸坯断面小，在出结晶器时已形成足够厚度的坯壳，一般情况下不会发生变形现象。因此，很多小方坯连铸机的二次冷却装置较简单，如图 2-43 所示。通常只在弧形段的上半部喷水冷却铸坯，下半段不喷水；在整个弧形段少设或不设夹辊；其支承导向装置是用来上引锭杆的。所以，有些小方坯连铸机的二次冷却区只有 4 对夹辊、5 对侧导辊、2 块导板和 14 个喷水环。可用垫块调节辊距以适应不同断面的浇注。例如，康卡斯特小方坯连铸机在结晶器的出口处安装了一个能够移动的托板，在装引锭杆和开浇阶段，托板起支承作用；当铸坯通过托板后，托板可以后移一段距离，以防止漏钢损坏，也便于处理事故；再如，罗可普小方坯连铸机采用刚性引锭杆，二次冷却装置可以更加简化。

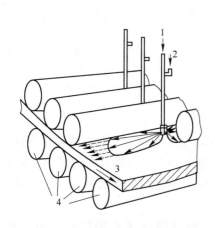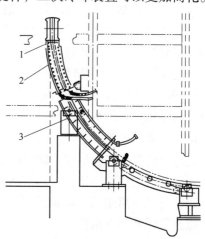

图 2-42　双孔气-水雾化喷嘴单喷嘴布置
1—水；2—空气；3—板坯；4—夹辊

图 2-43　小方坯连铸机二次冷却装置
1—足辊段；2—可移动喷淋段；3—固定喷淋段

2.6.3.2　大方坯连铸机二次冷却装置

大方坯铸坯较厚，出结晶器下口后铸坯有可能发生鼓肚现象。大方坯连铸机二次冷却装置分为两部分，上部四周均采用密排夹辊支承，喷水冷却；当二冷区下部铸坯坯壳的强度足够大时，可像小方坯连铸机那样下部不设夹辊。

2.6.4　板坯连铸机二次冷却装置

2.6.4.1　二次冷却区零段

板坯连铸由于铸坯断面很大，出结晶器下口坯壳较薄，尤其是高速连铸机冶金长度较长，直到矫直区铸坯中心仍处于液态，容易发生鼓肚变形，严重时有可能造成漏钢。所以，结晶器下口一般安装有密排足辊或冷却格栅。铸坯进入二冷区后首先进入支承导向段。支承导向段一般与结晶器及其振动装置安装在同一框架上，能够同时整体更换。结晶器足辊以下的辊子组称为二次冷却区零段，见图 2-34。该段一般有 10～20 对密排夹辊，可以用长夹辊，也可以用多节夹辊。

2.6.4.2 扇形段

零段以后的各扇形段的结构、段数以及夹辊的辊径和辊距，根据铸机类型、所浇钢种和铸坯断面的不同而有很大差别。扇形段（见图 2-44）由夹辊及其轴承座、上下框架、辊缝调节装置、夹辊的压下装置、冷却水配管、给油脂配管等部分组成。

扇形段可以设有动力装置，起拉坯和矫直作用。一般采用直流电动机，通过行星齿轮减速箱带动。扇形段的辊缝调节装置一般采用液压机构。结晶器、二冷区零段、各扇形段必须对中。

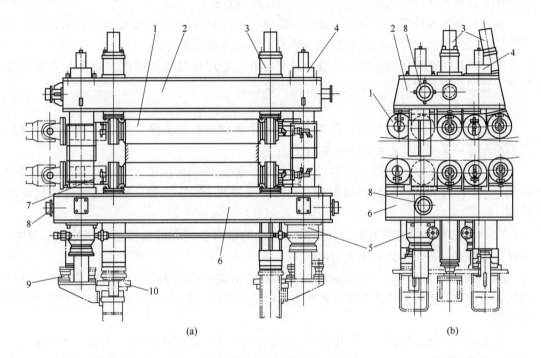

图 2-44 扇形段

1—夹辊及其轴承支座；2—上框架；3—压下装置；4—缓冲装置；5—辊缝调节装置；
6—下框架；7—中间法兰；8—拨出用导轮；9—管离合装置；10—扇形段固定装置

2.6.5 二次冷却区快速更换装置

为了便于结晶器漏钢后的处理和检修，在大型连铸机上都设有二次冷却区快速更换装置。

二冷区零段常常随同结晶器及结晶器振动机构整体更换。

二冷区扇形段的整体更换方式有利用导向滑槽更换、采用扇形段更换小车及专用吊车更换等。

采用扇形段更换小车更换扇形段的方法是：在连铸机的一个侧面设置弧形轨道和小车，小车沿轨道上下滑动，小车上装有液压装置以便拉出要更换的扇形段；然后将小车开至平台上，用专用吊车将旧扇形段吊走，再将新扇形段吊入小车；仍用小车移至相应位置，将扇形段压入。这种方式适用于大型板坯连铸机。

2.7 拉坯矫直装置

2.7.1 拉坯矫直装置的作用与要求

弧形连铸机的拉坯矫直装置称为拉坯矫直机或拉矫机。拉坯矫直机由辊子或夹辊组成，驱动力辊称为拉坯辊。这些辊子既有拉坯作用，也有矫直作用。连铸机的拉坯和矫直这两个工序通常由一个机组来完成，故称为拉坯矫直机。

现代化板坯连铸机采用多辊拉矫机，辊列布置"扇形段化"，驱动辊已伸向弧形区和水平段，拉坯传动已分散到多组辊上，形成了驱动辊列系统。

拉坯矫直机的作用是拉坯、矫直、送引锭杆、处理事故（如冻坯）以及配合板坯连铸机，由辊缝测量仪检测二冷段的装配工作状态。

对拉坯矫直的要求有：

（1）应具有足够的拉坯力，以在浇注过程中能够克服结晶器、二次冷却区、矫直辊、切割小车等一系列阻力，将铸坯顺利拉出。

（2）能够在较大范围内调节拉速，适应改变断面和钢种的工艺要求以及快速送引锭杆的要求。拉坯系统应与结晶器振动、液面自动控制、二次冷却区配水实现计算机闭环控制。

（3）应具有足够的矫直力，以适应可浇注的最大断面和最低温度铸坯的矫直要求，并保证在矫直过程中不影响铸坯质量。

（4）在结构上除了适应铸坯断面变化和输送引锭杆的要求外，还要考虑使未矫直的冷铸坯通过以及多流连铸机在结构布置方面的特殊要求。此外，结构要简单，安装及调整要方便。

小方坯和小矩形坯的铸坯厚度较薄，凝固较快，液相深度也较浅，当铸坯进入矫直区时已完全凝固，通常采用一点矫直。而对大方坯、大板坯来说，铸坯较厚，若等铸坯完全凝固后再矫直就会增加连铸机的高度和长度，因而采用带液芯多点矫直。

连续矫直（即带液芯）的铸坯在矫直区内连续变形，应变力和应变率分散变小，极大地改善了铸坯受力状况，有利于提高铸坯质量。

2.7.2 小方坯连铸机的拉坯矫直装置

对于小断面弧形连铸来说，铸坯通过一次矫直，则称为一点矫直。由图 2-45（a）看出，一点矫直是由内弧 2 个辊和外弧 1 个辊共 3 个辊完成的。无论是四辊拉矫机还是五辊拉矫机，均为一点矫直。

小断面弧形铸坯是在完全凝固后一点矫直。图 2-46 所示为整体架五辊拉矫机，用在多流小方坯连铸机上，由 1 台拉坯机、1 台矫直机和 1 个独立的中下辊组成。它的特点是：拉矫机布置在水平段上，拉坯辊的下辊表面与连铸机圆弧相切，通过上辊来调节上下辊间的距离，以适应铸坯断面的变化，因而上下拉辊的辊径大小一样，便于拉矫机的全部辊子通用；其传动系统放在拉矫机上方，采用立式电动机；拉矫机布置紧凑，可缩小多流连铸机的流间距离；此外，拉矫机采用整体快速更换机构，缩短检修时间，提高连铸机生产率。

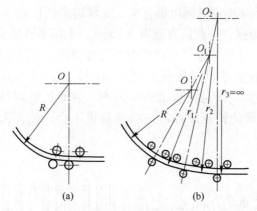

图 2-45　矫直配辊方式

（a）一点矫直；（b）多点矫直

R—铸机半径；$r_1 \sim r_3$—矫直半径

在多炉连浇时，拉矫机长时间处于高温状态下工作，各部件需要冷却。其冷却系统共有 4 路，分别冷却机架的立柱和横梁、上辊轴承、下辊轴承和减速机箱体。

拉矫机上辊的摆动是由气缸完成的，常用气压为 0.4～0.6MPa。其采用压缩空气系统时造价低，易维护，可避免漏油带来的危险。

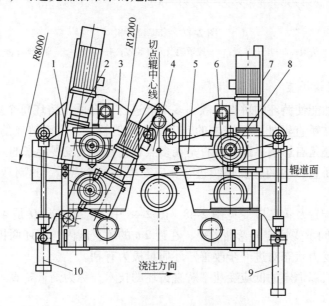

图 2-46　整体架五辊拉矫机示意图

1—减速机；2—电动机；3—上辊架；4—机架；5—水隧道；6—自由辊；
7—防护装置；8—传动辊；9—脱锭液压缸；10—压下液压缸

2.7.3　板坯连铸机的拉坯矫直装置

2.7.3.1　多点矫直

铸坯通过两次以上的矫直，称为多点矫直。对大断面铸坯来说，应采用带液芯多点矫直，如图 2-45（b）所示（图中只画出矫直辊，支承辊未画出）。每 3 个辊为一组，每组辊为 1 个矫直点，以此类推，一般矫直点取 3~5 点。采用多点矫直可以把集中于 1 点的应变量分散到多点完成，从而消除铸坯产生内裂的可能性，可以实现铸坯带液芯矫直。

多辊拉矫机增加了辊子数目（见图 2-47），有 12 辊、32 辊甚至更多辊，对铸坯进行多点矫直。由于拉辊多，每对拉辊上的压力小，因而拉矫辊的辊径也小，这有利于实现小辊距密辊排列，即使铸坯带液芯进行矫直也不会产生内裂，从而能够提高拉坯速度。

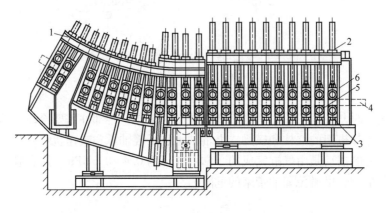

图 2-47 多辊拉矫机

1—牌坊式机架；2—压下装置；3—拉矫辊及升降装置；4—铸坯；5—驱动辊；6—从动辊

2.7.3.2 连续矫直

多点矫直虽然能使铸坯的矫直分散到多个点进行，降低了铸坯每个矫直点的内应力；但每次变形都是在矫直辊处瞬间完成的，应变率仍然较高，因而铸坯的变形是断续进行的，对某些钢种还是有影响。连续矫直是在多点矫直基础上发展起来的一项技术。其基本原理是使铸坯在矫直区内的应变连续进行，应变率是一个常量，这对改善铸坯质量非常有利。

连续矫直的配置及铸坯应变见图 2-48。图 2-48 中 A、B、C、D 是 4 个矫直辊，铸坯从 B 点到 C 点之间承受恒定的弯曲力矩，在近 2m 的矫直区内，铸坯两相区界面的应变值是均匀的。这种受力状态对进一步改善铸坯质量极为有利。

此外，拉矫机以恒定的低应变速率矫直铸坯的技术，称为渐近矫直。

2.7.4 压缩浇注

连铸生产中为了提高拉速，防止铸坯内部液-固两相区界面上的凝固层产生内裂，采用压缩浇注技术。其基本原理是：在矫直点前面布置一组驱动辊给铸坯一定推力，在矫直点后面布置一组制动辊给铸坯一定的反推力（见图 2-49），铸坯在处于受压状态下被矫直。从图 2-49 可以看出，铸坯的内弧中拉应力减小。通过控制对铸坯的压应力，可使内弧中拉应力减小甚至为零，能够实现对带液芯铸坯的矫直，达到实现铸机高拉速、提高铸机生产能力的目的。

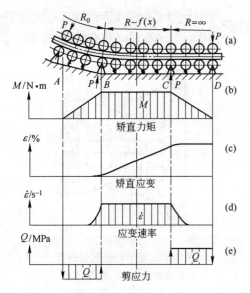

图 2-48 连续矫直

(a) 辊列布置；(b) 矫直力矩 M；

(c) 矫直应变 ε；(d) 应变速率 $\dot{\varepsilon}$；

(e) 剪应力 Q 分布

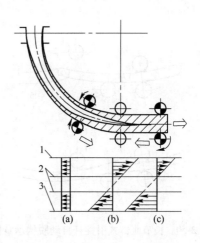

图 2-49 压缩浇注及铸坯应力

(a) 驱动辊与制动辊在铸坯中产生的压应力；

(b) 矫直应力；(c) 合成应力

1—内弧表面；2—固、液两相界面；3—外弧表面

2.8 引锭装置

2.8.1 引锭装置的作用与组成

引锭杆是结晶器的"活底"。开浇前用它堵住结晶器下口。浇注开始后，结晶器内的钢液与引锭杆凝结在一起，通过拉矫机的牵引，铸坯随引锭杆连续地从结晶器下口拉出，直到铸坯通过拉矫机后与引锭杆脱钩为止，引锭装置完成任务。铸机进入正常拉坯状态后，引锭杆运至存放处，留待下次浇注时使用。

引锭杆由引锭头及引锭杆本体两部分组成。引锭头送入结晶器内时不能擦伤内壁，所以引锭头断面尺寸要稍小于结晶器下口，每边小 2~5mm。引锭头的结构类型有燕尾槽式和钩头式两种。燕尾槽式引锭头与铸坯脱开时需人工拆卸；钩头式引锭头的头部呈钩子形，钢水注入结晶器凝固后与引锭头之间形成挂钩式连接，脱锭时引锭头与铸坯之间实现自动脱开。

引锭杆的长度按其头部进入结晶器下口 150~200mm，尾部尚留在拉辊外 300~500mm考虑。

引锭杆有挠性和刚性两种结构。挠性引锭杆一般制成链式结构，链式引锭杆又有长节距和短节距之分。长节距链式引锭杆由若干节弧形链板铰接而成（见图 2-50），引锭头和弧形链板的外弧半径等于连铸机的曲率半径，节距长度一般为 800~1200mm。引锭头做成钩形，在四辊或五辊拉矫机上能自动脱钩。短节距链式引锭杆的节距较小，约为 200mm，如图 2-51 所示。其适用于多辊拉矫机，由于节距短，加工方便，使用不易变形。

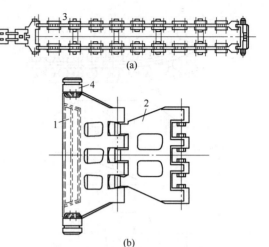

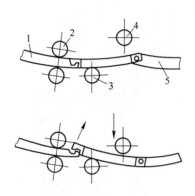

图 2-50　长节距链式引锭杆自动脱钩示意图

1—铸坯；2—拉辊；3—下矫直辊；

4—上矫直辊；5—长节距引锭杆

图 2-51　短节距链式引锭杆

（a）引锭链；（b）钩式引锭头；

1—引锭头；2—接头链环；3—短节距链环；4—调宽块

刚性引锭杆实际上是一根带钩头的实心弧形钢棒，适用于小方坯连铸机。图 2-52 所示为罗可普小方坯连铸机使用的刚性引锭杆，其有可拆卸的引锭头。

当铸坯进入拉矫机时，该处有一个辅助上辊会自动压下，将铸坯脱钩，并对弧形铸坯矫直。引锭杆继续上移，到达出坯辊上方存放位置。在开浇前，有专用的驱动装置通过轨道将其送入拉辊，再由拉辊送入结晶器。刚性引锭杆的使用，可大大简化小方坯连铸机二次冷却段的结构，给小方坯连铸操作带来方便。

近年来，日本神户制钢为了解决刚性引锭杆存放占地面积大的问题，开发出半刚半挠性引锭杆。该装置前半段是刚性

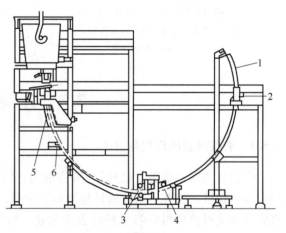

图 2-52　刚性引锭杆

1—引锭杆；2—驱动装置；3—拉辊；

4—矫直辊；5—二冷区；6—托坯辊

的，后半段是挠性的，存放时挠性部分卷起来。它既综合了刚性引锭杆和挠性引锭杆的优点，又克服了它们的缺点。

2.8.2　引锭杆的装入与存放方式

引锭杆装入结晶器的方式有两种，即上装式和下装式。

上装引锭杆是指引锭杆从结晶器上口装入，引锭装置包括引锭杆、引锭杆车、引锭杆提升和卷扬装置、引锭杆防落装置、引锭杆导向装置和脱引锭杆装置等。当上一个浇次的尾坯离开结晶器一定距离后，从结晶器上口送入引锭杆。采用这种装入方式，装引锭杆与拉尾坯可以同时进行，大大缩短了生产准备时间，提高了连铸机作业率，同时引锭杆送入

时不易跑偏。上装引锭杆常采用小车式和摆动台式，如图 2-53 所示。引锭杆车布置在浇注平台上，用来运送引锭杆至结晶器上口。铸坯脱钩后引锭杆通过卷扬装置提升到浇注平台，存入引锭杆车待用。上装式引锭杆适用于板坯连铸机。

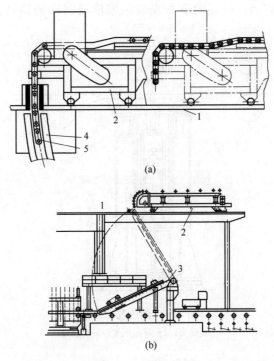

图 2-53　上装引锭杆

（a）小车式上装引锭杆；（b）摆动台式上装引锭杆

1—浇注平台；2—引锭杆小车；3—摆动架；4—结晶器；5—引锭杆

下装引锭杆是指从结晶器下口装入引锭杆，通过拉坯辊反向运转输送引锭杆。这种装入方式设备简单，但浇钢前的准备时间较长。

引锭杆与铸坯脱钩后存放在一定位置，以备下次开浇使用。其存放方式有：

（1）利用框架吊起，存放在辊道上面的空间；

（2）存放在辊道上方的斜槽装置内；

（3）存放在辊道的侧面或末端。

2.8.3　脱引锭头装置

常用的钩头式引锭头装置通过引锭头与拉矫机的配合实现脱钩，如图 2-50 所示。当引锭头通过拉辊后，用上矫直辊压一下第一节引锭杆的尾部，便可使引锭头与铸坯脱开。

现代板坯连铸机往往采用液压脱锭装置与小节距链式引锭杆和钩式引锭头配合使用。脱锭装置设置在拉矫机与切割设备之间，当引锭头通过最后一对夹辊时，液压缸带动脱锭头上升，从而使引锭头与铸坯脱开，如图 2-54 所示。脱锭装置一般由液压缸、脱锭头和导向框架组成。为了防止热辐射的影响，对靠近铸坯的部分应通水冷却。在各个铰链处进行强制集中干油润滑。

采用上装引锭杆时，为了防止脱锭时铸坯与脱锭头相撞以及脱锭头落下后引锭头又钩住铸坯，使用如图 2-55 所示的脱锭装置，该装置除了升降液压缸，还有一个移动液压缸。脱锭后移动液压缸快速动作，脱锭台架沿浇注方向运动，使引锭头与铸坯离开。很多连铸机在拉矫机矫直辊的前面、铸坯的下方安装一根液压驱动的顶杆，帮助铸坯与引锭杆脱开。

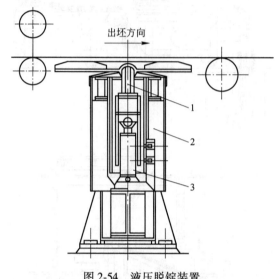

图 2-54　液压脱锭装置
1—脱锭头；2—导向框架；3—液压缸

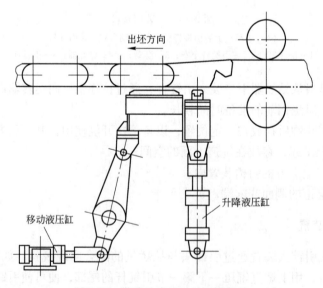

图 2-55　带移动液压缸的脱锭装置

2.9　铸坯切割装置

连铸坯需按照轧钢机的要求切割成定尺或倍尺长度，这样也便于运输和存放。铸坯是在连续运行中完成切割的，因此切割装置必须与铸坯同步运动。

连铸机所用切割装置有火焰切割和机械剪切两种类型，目前主要采用火焰切割装置。

2.9.1 火焰切割装置

火焰切割是用氧气和燃气产生的火焰来切割铸坯。燃气有乙炔、丙烷、天然气和焦炉煤气等，生产中多用煤气。切割不锈钢或某些高合金铸坯时，还需向火焰中喷入铁粉、铝粉或镁粉等材料，使之氧化形成高温以利于切割。

火焰切割装置包括切割小车、切割定尺装置、切缝清理装置和切割专用辊道等。

2.9.1.1 切割小车

火焰切割小车由切割枪、同步机构、返回机构以及电、水、燃气、氧气等管线组成。

A 同步机构

火焰切割同步机构的作用是使切坯过程与铸坯同步运行，以保证铸坯切缝整齐。同步机构一般有夹钳式、压紧式、坐骑式和背负式四种，生产中多用夹钳式。夹钳式又分为可调式和不可调式，可调式夹钳用丝杆螺母来调整夹紧宽度。

夹钳式同步机构结构简单、工作可靠，应用最多。它是由切割小车上的一对夹钳夹住铸坯的两侧，铸坯带动小车实现同步运行（见图2-56），切割完毕后夹头松开，小车返回原位，至此完成一个切割循环。夹钳可用气动或液压驱动。

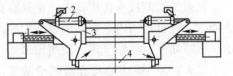

图 2-56 夹钳式同步机构
1—螺杆传动装置；2—气缸；3—夹钳架；4—铸坯

B 切割枪

切割枪又称为割炬，是火焰切割的重要部件。切割枪由枪体和切割嘴组成，切割嘴是它的核心部件。

图 2-57(b)所示为外混式切割枪。它形成的火焰焰心呈白色长线状，切割嘴可距铸坯 50~60mm。切割枪具有铸坯热清理效率高、切缝小、切割枪寿命长等优点。其用铜合金制造，并通水冷却。

一般当铸坯宽度小于 600mm 时，用单枪切割，宽度大于 600mm 的铸坯，用双枪切割，但要求两支切割枪在同一条直线上移动，以防切缝不齐。切割时切割枪应能横向运动和升降运动。当铸坯宽度大于 300mm 时，切割枪可以平移，见图 2-58(a)；当铸坯宽度小于 300mm 时，切割枪可做平移或扇形运动，见图 2-58(b)。切割枪扇形

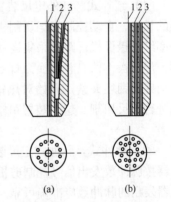

图 2-57 切割嘴的形式
(a) 内混式；(b) 外混式
1—切割氧；2—预热氧；3—燃料气体

运动的一个优点是切割先从铸坯角部得到预热，有利于缩短切割时间；同时在板坯切割时先做约有 5°的扇形运动，切割枪转到垂直位置后再做快速平移运动，如图 2-58(c)所示。

火焰切割装置的优点是：设备轻，加工制造容易；切缝质量好，且不受铸坯温度和断面大小的限制；设备的外形尺寸较小，对多流连铸机尤为适合。从原则上来讲，火焰切割可以用于切割各种断面和温度的铸坯；但是就经济性而言，铸坯越厚，相应成本费用越

低，目前厚度在 200mm 以上的铸坯几乎都采用火焰切割。火焰切割装置的缺点是金属损失大，为铸坯重的 1%~1.5%；切割速度较慢；在切割时产生氧化铁、废气和热量，需有必要的运渣设备和除尘设施；当切割短定尺时需要增加二次切割，消耗大量的氧和燃气。

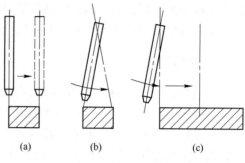

图 2-58　切割枪运动

(a) 平移；(b) 平移或扇形运动；(c) 垂直、平移

2.9.1.2　连铸坯氢氧焰切割技术

1997 年，我国第一台用水电解氢氧气作燃料的切割车在河南济源钢铁厂小方坯连铸机投产使用。此后，连铸坯氢氧焰切割技术已逐渐发展成熟，并在国内 20 多家钢铁企业的连铸机上得到推广应用，获得了良好的经济效益和社会效益。河南济源钢铁厂小方坯连铸机切割用的氢氧气，由中冶集团建筑研究总院 YJ-SB6300 型水电解氢氧气发生器制取。

氢氧焰切割技术在连铸生产中具有如下优越性：设备简单，操作方便；切割质量好；挂渣少；在目前国内企业常用燃气中使用成本最低；燃烧不冒黑烟，无异味，符合环保要求；无需储存、运输气体，使用压力低，符合安全要求。

2.9.1.3　铸坯定尺自动测量装置

铸坯定尺自动测量装置的作用是从行进中的铸坯取得信号，准确地控制切割机自动剪切。常用的定尺装置有红外式、脉冲式和激光式三种：

(1) 红外式。红外定尺装置采用先进的图像处理技术（非接触式）在线识别红热钢坯的长度，自动控制火焰切割机定尺切割热钢坯，检测、显示运行状态和拉速，通过高分辨率红外摄像机远距离采集运动钢坯的图像信息。计算机对图像信息进行模式识别程序处理，形成操作信息并转换为规定格式的电信号，以便通过执行机构（火焰切割机气动阀启动并将钢坯夹紧）开始对热钢坯进行切割，该系统用一台红外摄像机可同时对多流钢坯进行定尺切割。这种装置可适应不同断面和不同定尺的铸坯，简单可靠，现场使用的较多。

(2) 脉冲式。脉冲式定尺装置通过脉冲发生器把铸坯运行的距离转化成脉冲数，计数器按脉冲数发出信号控制剪机进行剪切，达到定尺切割的目的，该装置的关键在脉冲发生器发出的脉冲数应准确可靠，无论铸坯断面变化还是拉速变化，脉冲发生器的导轮应与铸坯保持同步转动。图 2-59 是一种自动定尺装置的原理图。辊子通过气缸与铸坯接触，铸坯带动辊子转动并发出脉冲信号，由计数器按定尺发出信号开始切割。脉冲发生器的定尺装置要解决与铸坯同步问题，必须保持脉冲发生器的导轮与铸坯可靠接触，以保证发出的脉冲数反映铸坯真实行程。

(3) 激光式。激光式定尺装置采用高精度激光测距传感器测距法，可以克服红外定尺视野被遮挡、阳光干扰等问题，具有高的精度和可靠性。系统能准确检测坯头相对于激光测距仪位置的变化，从而精确定位坯头的位置，当坯头位置相对于火焰切割机切割原点的距离达到定尺规格时，系统向火焰切割机控制系统发送切割指令，从而实现定尺切割。激光式定尺装置与上位计算机进行通信，能记录和显示连铸坯切割规格、切割时间和产量。

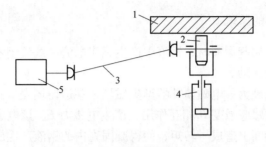

图 2-59　自动定尺装置的原理图
1—铸坯；2—辊子；3—万向轴；4—气缸；5—脉冲发生器

2.9.2　机械剪切装置

机械剪切装置又称为机械剪或剪切机，由于是在运动过程中完成铸坯剪切的，故称之为飞剪。机械剪切设备较大，但剪切速度快，剪切时间只需 2~4s，定尺精度高。特别是在生产定尺较短的铸坯时，因其无金属损耗且操作方便，过去在小方坯上广泛应用。

机械剪切按驱动方式不同，又分为机械飞剪和液压飞剪。前者通过电动机系统驱动，后者通过液压系统驱动。机械飞剪和液压飞剪都是通过上下平行的刀片做相对运动来完成对运行中铸坯的剪切，只是驱动刀片上下运动的方式不同。随着铸坯断面的加大，机械剪切所需的动力也增大。例如，剪切 300mm×2100mm 的板坯需用 4500t 的飞剪，这样大的飞剪若用电力驱动，其设备总重超过 400t，所需电功率也在 3000kW 以上，将如此大的设备用到连铸机上显然是不现实的。

液压剪切装置是将刀台与主液压缸安装在一起，通过液压塞柱来驱动上刀台或下刀台完成剪切任务。剪切机通过下刀台上移完成剪切铸坯任务，称为下切式，此方式应用较为广泛。

机械剪切的优点在于：剪切铸坯时间短；便于剪切短定尺；没有切缝金属损失；操作安全可靠，劳动强度低，工作环境好，维护也容易；生产成本低。其缺点有：设备重，制造要求精度高，消耗功率也比较大；铸坯剪口 100mm 内受弯曲应力作用，易发生变形。

2.10　电磁搅拌装置

电磁搅拌技术简称 EMS（Electromagnetic Stirring）。采用电磁搅拌不仅能促进等轴晶生长，而且放宽了对注温的要求。它有助于净化钢液、改善铸坯凝固结构，能提高铸坯的表面质量和内部质量，可扩大品种，操作也很方便，因而获得快速发展，已经成为连铸设备的常规配置。

EMS 技术于 1917 年提出，20 世纪 70 年代在德国、日本、英国首先进入工业性应用。我国于 20 世纪 70 年代末开始研究该技术；80 年代初，济钢、首钢、重钢三厂、涟钢等生产企业进行工业性试验；80 年代中期，武钢、宝钢引进了 S-EMS（二冷区电磁搅拌）技术。目前，EMS 技术在方坯、圆坯和板坯连铸上得到了广泛应用。

2.10.1　连铸电磁搅拌的原理

当磁场以一定速度切割钢液时，钢液中产生感应电流，载流钢液与磁场相互作用产生电磁力，从而驱动钢液运动。

连铸电磁搅拌的原理为：电磁搅拌器产生磁场，穿透铸坯壳，并在钢水中感应生成涡流，电流密度 J 与电磁感应强度 B 相互作用，产生电磁力 F。该电磁力在结晶器内的液相或铸坯液相穴的整个断面上造成一转矩，使得凝固壳内的钢液产生旋转运动。改变搅拌线圈的电工参数，可以调整钢液的旋转速度。

产生的电磁力 F 可以表示为：

$$F = \frac{1}{2}\omega\gamma RB^2 \tag{2-41}$$

式中　ω——电磁频率，Hz；

　　　γ——介质电导率，S/m；

　　　R——液相穴半径，m；

　　　B——磁场强度，T。

连铸电磁搅拌具有如下作用：

（1）打碎树枝晶，促进等轴晶生长。280mm×350mm 矩形坯的电磁搅拌模拟实验表明，在电磁力驱动下，结晶器内钢液产生旋转运动，如图 2-60 所示。产生的电磁力打碎树枝晶并将其作为等轴晶核心，从而阻止柱状晶生长，加速柱状晶向等轴晶过渡，如图2-61所示。

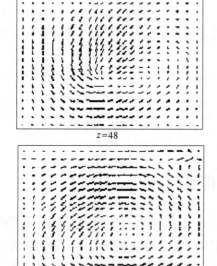

图 2-60　结晶器横断面上钢流示意图
（$f=1.5$Hz，$B=1.0$T）
z—距结晶器弯月面的距离，mm

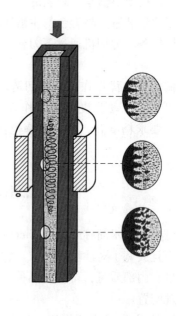

图 2-61　EMS 原理

（2）加速凝固传热和过热度消除。根据传热理论，电磁搅拌造成的旋转运动加速了铸坯中心高过热度的钢水向凝固坯壳对流传热，其热量 Q 可表示为：

$$Q = h\Delta TSt \tag{2-42}$$

式中　h——凝固前沿对流传热系数；

　　　ΔT——凝固前沿温度差（相当于过热度）；

　　　S——凝固前沿面积；

　　　t——搅拌时间。

液相穴内钢水过热度 ΔT 消失，钢水处于液-固两相区，等轴晶与钢液共存，随着温度降低，等轴晶生长下沉并充满整个液相穴，柱状晶停止生长。图 2-62 所示为液相穴内凝固示意图（L 为液相区，M 为液-固两相区，S 为固相区）。由图 2-62 可知，钢水过热度低，液-固两相区内等轴晶多。

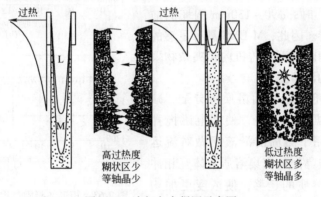

图 2-62　液相穴内凝固示意图

图 2-63 所示为 300mm×400mm 矩形坯凝固过程钢液温度的演变进程。由图 2-63 可知，无电磁搅拌时，由浇注温度冷却到液相温度 T_1 需 14min；应用 S-EMS 时，由浇注温度冷却到液相线温度 T_1 需 10min；应用 M-EMS（结晶器电磁搅拌）时，由浇注温度冷却到液相线温度 T_1 只需约 1min，即到结晶器出口过热度就消失了。

由于采用了 EMS，液相穴内钢水的过热度很快消除，在结晶学上为柱状生长过渡到等轴晶生长提供了条件：

$$\frac{G}{\sqrt{R}} \leqslant C_{ET} \tag{2-43}$$

式中　G——温度梯度，℃/cm；

　　　R——凝固速度，cm/min；

　　　C_{ET}——柱状晶向等轴晶过渡指数。

如图 2-64 所示，随着凝固进行，采用 EMS 后液相穴内传热加快，温度梯度降低，$G/\sqrt{R}$ 值迅速降低，在两相区内有新的等轴晶生成，且迅速传输到周围液相中过渡到等轴晶生长，等轴晶率增加。如没有 EMS，$G/\sqrt{R}$ 值缓慢降低，相应等轴晶区较小。所以采用 EMS 后，连铸液相穴凝固前沿较早满足了 $G/\sqrt{R} \leqslant C_{ET}$ 的条件，抑制了柱状晶生长，扩大了中心等轴晶。

（3）提高连铸坯洁净度。结晶器采用 EMS 使钢液旋转运动，由于离心力作用，夹杂物聚集到中心，被保护渣吸收，如图2-65所示。

根据离心力、摩擦力和电磁力之间的平衡，钢液旋转速度 v 可表示为：

$$v = \frac{B}{2} \sqrt{\frac{\omega}{f\gamma\rho}} \qquad (2-44)$$

式中　B——磁场强度；

　　　　ω——电磁频率；

　　　　f——摩擦因子；

　　　　γ——钢液电阻率；

　　　　ρ——钢液密度。

试验表明，当结晶器内钢液旋转速度 $v = 100\text{r/min}$（10Hz）时，$\phi 90 \sim 130\text{mm}$ 圆坯的洁净度得到明显改善。因此，M-EMS 具有足够的搅拌强度，可以消除弧形连铸机内弧夹杂物聚集带，提高铸坯的洁净度。

（4）改善铸坯固-液界面溶质再分配，减轻中心偏析。根据传质理论，使用电磁搅拌后，在电磁力作用下凝固前沿液相做对流运动，使母液和树枝晶间的富集溶质液体互相冲刷混合，加速了溶质的迁移，使浓度更加均匀；而且相互混合加速了凝固前沿温度的降低，有利于等轴晶生长。因此，溶质元素分散于铸坯中心等轴晶区，减轻了铸坯中心偏析。

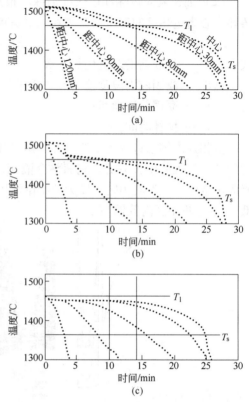

图 2-63　矩形坯凝固过程温度的演变进程
（300mm×400mm）
（a）无 EMS 条件下；（b）S-EMS 条件下；
（c）M-EMS 条件下

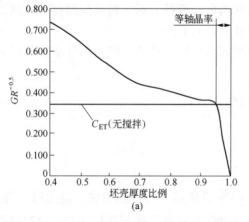

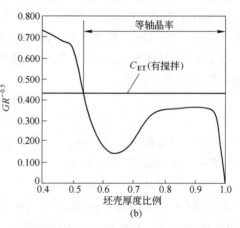

图 2-64　EMS 扩大等轴晶的条件
（a）无搅拌；（b）有搅拌

（5）改善铸坯表面质量。如图 2-66 所示，采用 M-EMS 后，结晶器内弯月面区的钢液旋转冲刷初生坯壳，坯壳表面很干净。受惯性力的影响，钢液连续运动对枝晶的冲刷作用可一直延续到弯月面以下 2m，促进气体（H_2、N_2、CO）的逸出，防止形成皮下气孔或针孔，使铸坯皮下组织致密。

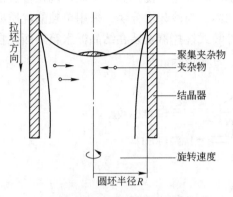

图 2-65   M-EMS 结晶器内
弯月面夹杂物的聚集

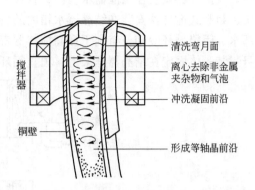

图 2-66   结晶器 EMS 效果示意图

2.10.2   电磁搅拌的分类及特点

电磁搅拌装置的感应方式有两种：一种是基于异步电动机原理的旋转搅拌（见图2-67（a））；另一种是基于同步电动机原理的直线搅拌（见图 2-67(b)）。这两类搅拌方式叠加可得到螺旋搅拌（见图 2-67(c)）。螺旋搅拌既能使钢液在水平方向旋转，也可使钢液做上下垂直运动，无疑搅拌效果最好，但其机构复杂。目前生产中小方坯多使用旋转搅拌，生产板坯时直线搅拌和螺旋搅拌都使用。

电磁搅拌器在连铸机上的安装位置一般有三处，基于此可将电磁搅拌分为三种，即结晶器电磁搅拌（M-EMS）、二冷区电磁搅拌（S-EMS）和凝固末端电磁搅拌（F-EMS），如图 2-68所示。

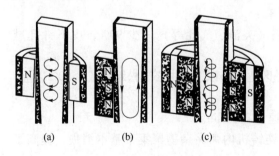

(a)   (b)   (c)

图 2-67   电磁搅拌的形式
（a）旋转搅拌；（b）直线搅拌；（c）螺旋搅拌

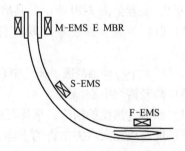

图 2-68   电磁搅拌线圈安装位置

2.10.2.1   结晶器电磁搅拌

M-EMS 的搅拌器安装在结晶器铜壁与外壳之间，通常在结晶器弯月面下 150mm 处。为了防止旋转钢流将结晶器表面浮渣卷入钢中，线圈上安装一个能使钢流向相反方向转动的制动线圈。为保证足够的电磁力穿透结晶器壁，使用低频（2～10Hz）电流，采用奥氏体不锈钢等非铁磁性材料制作结晶器水套。结晶器一般采用旋转搅拌的方式。

结晶器电磁搅拌装置的安装方式有内装式、封装式和外装式三种，如图2-69所示。内装式搅拌器安装在结晶器水箱内，直接与冷却水串联共用，搅拌器寿命短，现在很少使用；封装式搅拌器安装在结晶器水箱内的密封空间内，与冷却水分隔，采用单独的优质冷却水、闭路循环冷却，有利于提高搅拌器寿命；外装式搅拌器安装在结晶器水箱外面，自身封装一体固定在结晶器框架上，独立循环水冷，寿命最长。

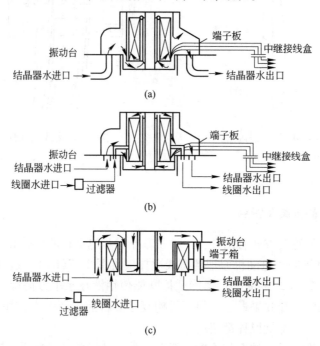

图 2-69   M-EMS 装置的安装方式

（a）内装式；（b）封装式；（c）外装式

M-EMS 装置如图 2-70 所示，其冶金效果有：

（1）改善铸坯表面质量。方坯表面缺陷（夹渣、气孔等）减少 90%，皮下针孔减少 70%。

（2）扩大中心等轴晶区。铸坯中心等轴晶区达 40% 以上，中心疏松缩孔减少 50% 以上。

（3）减轻铸坯中心偏析。

（4）加速过热度的消除，平均可提高拉速 0.2m/min。

（5）加速液相穴内夹杂物的上浮。弧形连铸机内弧夹杂物聚集带基本消失，提高了铸坯的洁净度。

（6）促进结晶器内凝固坯壳均匀生长，有利于减少铸坯角部裂纹。

2.10.2.2   二冷区电磁搅拌

S-EMS 的搅拌器安装在二冷区铸坯柱状晶 "搭桥" 之前，即坯壳厚度是铸坯厚度 1/4~1/3 的液芯长度区域，其搅拌效果最好，也有利于减少中心疏松和减轻中心偏析。通常小方坯搅拌器安装在结晶器下口 1.3~4m 处，采用旋转搅拌方式较多；大方坯和厚板坯搅拌器可装在离结晶器下口 9~10m 处，采用直线搅拌或旋转搅拌方式。当采用旋转搅

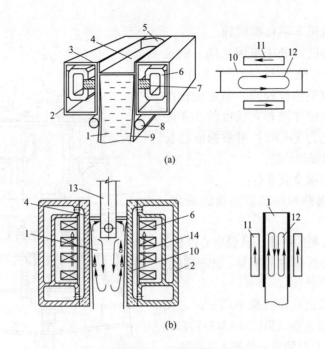

图 2-70 M-EMS 装置

(a) 水平旋转搅拌；(b) 上下直线搅拌

1—钢液；2—冷却水套；3—铜板（宽面）；4—保护渣；5—铜板（窄面）；6—绕组；7—铁芯；8—支承辊；

9—坯壳；10—结晶器；11—搅拌器；12—流动方向；13—水口；14—直线磁场方向

拌时，为了减轻铸坯中产生负偏析白亮带，可采用正转-停止-反转的间歇式搅拌技术。

如图 2-71 所示，板坯 S-EMS 搅拌器有三种类型，即箱型（BOX 型）、辊间型（NSC 型）和辊内型（IRSID-CEM 型）。S-EMS 的冶金效果取决于搅拌力、钢水过热度、板坯断面和搅拌器安装位置。

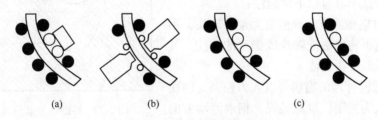

图 2-71 S-EMS 搅拌器的类型

(a) 箱型搅拌器；(b) 辊间型搅拌器；(c) 辊内型搅拌器

辊间型 S-EMS 装置如图 2-72 所示。

S-EMS 的冶金效果有：

（1）钢液流动打断正在生长的柱状晶，阻止凝固桥的形成，减轻铸坯中心疏松和缩孔。

（2）打断的碎枝晶作为等轴晶的核心，等轴晶长大沉积在液相穴底部，阻止了柱状晶生长，增加了中心等轴晶区，减少了中心偏析。

（3）使夹杂物在横断面上分布均匀，铸坯内部质量得到改善。

2.10.2.3　凝固末端电磁搅拌

铸坯液相末端区域处于凝固末期，钢水过热度消失，已处于糊状区。由于偏析作用，糊状区液体富集溶质浓度较高，易形成较严重的中心偏析。通常在液相穴长度的 3/4 处安装搅拌器，称之为 F-EMS。可根据液芯长度计算出其具体的安装位置。

采用 F-EMS 的冶金效果有：

（1）分散凝固两相区溶质元素的聚集，减少中心偏析；

（2）改善中心凝固组织，减轻中心疏松；

（3）消除中心区等轴晶滑移、塌落引起的 V 形偏析。

一般 F-EMS 单独使用效果不明显，必须与 M-EMS 联合使用才有效果。M-EMS+F-EMS 对于中高碳钢消除 V 形偏析，效果尤其明显。

F-EMS 的安装位置与钢种、拉速、二冷强度和铸坯断面有关。F-EMS 应安装在液-固两相区，搅拌器安装在太高或太低的位置都不好，如图 2-73 所示。

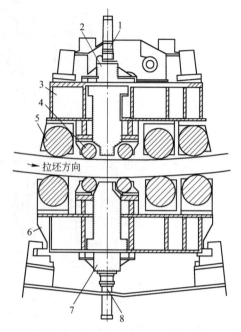

图 2-72　辊间型 S-EMS 装置示意图

1—配线接头；2—内弧侧搅拌器；3—上框架；
4—不锈钢小辊；5—连铸机夹辊；6—下框架；
7—外弧侧搅拌器；8—配线接头

2.10.3　电磁搅拌技术的应用与发展

2.10.3.1　电磁搅拌技术的优越性

电磁搅拌技术具有以下优越性：

（1）通过电磁感应实现能量无接触转换，不与钢水接触就可将电磁能转换成钢水的动能。其中也有一部分转变为热能。

（2）电磁搅拌器的磁场可以人为控制，因而电磁力可以人为控制，也就是说，钢水流动方向和形态也可以控制。钢水可以做旋转运动、直线

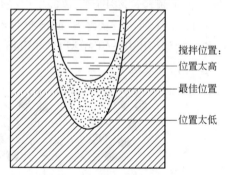

搅拌位置：
位置太高
最佳位置
位置太低

图 2-73　F-EMS 安装位置示意图

运动或螺旋运动，可根据连铸钢钢种质量的要求，调节参数获得不同的搅拌效果。

（3）电磁搅拌是改善连铸坯质量、扩大连铸品种的一种有效手段。

2.10.3.2　电磁搅拌类型和参数的选择

应根据以下几个方面选择电磁搅拌的类型和参数：

（1）首先考虑钢种。合金钢含有较多的合金元素，如对于不锈钢（特别是奥氏体不锈钢），为得到与碳钢相同的搅拌钢水流速，搅拌不锈钢的磁感应强度要比碳钢高一些；不锈钢的柱状晶比碳钢发达且黏度大，因此不锈钢的搅拌力就需要较大的电磁力。

（2）根据产品质量要求确定电磁搅拌要解决的连铸坯主要缺陷问题。如中厚板的缺

陷主要是中心疏松、偏析，薄板坯的缺陷主要是皮下气孔和夹杂物。

（3）考虑铸坯断面。铸坯断面的大小决定了拉速和液相穴长度，因而就影响到搅拌器安装的位置。

（4）考虑搅拌方式。根据产品质量确定采用单一搅拌方式还是组合搅拌方式。

（5）考虑搅拌参数。应根据钢种和工艺参数（如钢水过热度、拉速）来确定搅拌形式、功率、电源频率、运行方式等。通常电磁搅拌在连铸机上的安装位置不同，则采用的搅拌参数也不同。下面的参数可以作为工程中设置搅拌参数时的参考值：

1）M-EMS。频率一般在 2~7Hz。

2）S-EMS。根据实际情况，可采用低频或工频电源。搅拌方式有直线搅拌和旋转搅拌两种，旋转搅拌对注流的磁感应强度较大，容易产生白亮带。通常采用间歇式搅拌技术，即正转-停止-反转。

3）F-EMS。需要较大功率产生较大的电磁力，电源频率一般采用低频（10~20Hz）。

2.10.3.3　电磁搅拌在应用中存在的问题

电磁搅拌在应用中存在的问题及解决措施有：

（1）白亮带的消除。经过电磁搅拌的方坯，取一块横断面试样做低倍结构检查，可在低倍图上铸坯外表面与铸坯中心之间的某一位置观察到呈白亮色的方圈，其宽度为 2~10mm，称为白亮带。白亮带中的碳、硫、磷元素含量比周围金属中的要少，故其又称为负偏析白亮带，如图 2-74 所示。白亮带形成的原因是电磁搅拌产生的流股沿凝固前沿流动，液体流动速度和凝固速度的突变加速了枝晶间液体的交换，改变了溶质元素的有效分配系数 K_{eff}，形成负偏析。

$$K_{eff} = 1 - 7 \times 10^{-4} (1-K) \left(\frac{v}{v_s} \right)^{0.8} \qquad (2-45)$$

式中　K_{eff}——溶质元素的有效分配系数；

　　　v_s——凝固前沿枝晶生长速度；

　　　v——液体流动速度。

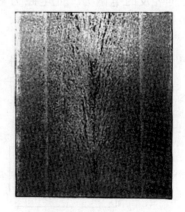

图 2-74　铸坯低倍图（250mm×300mm）

可见，负偏析是与液体流速有关的。在凝固速度 v_s 一定时，液体流动速度增加，K_{eff} 值减小，负偏析严重。

　　白亮带的严重性取决于液体流动速度（搅拌功率）、树枝晶间距、凝固速度和钢成分。采用 M-EMS 时，结晶器凝固速率大，初生坯壳为细小的等轴晶，实际上无负偏析。采用 S-EMS 时，搅拌功率达到 50%，负偏析就表现出来了；当搅拌功率达到 100% 时，白亮带明显，负偏析达到 20%。当这种负偏析的白亮带严重时，会给钢的淬透性、表面硬度及力学性能等带来一定影响，所以在选择电磁搅拌方式时应该予以注意。采用正反向交替运行，或各相电流采用不同频率运行方式的电磁搅拌器，使磁场按设定的时间周期性地交替变换运动方向，则钢水也周期性地改变流动方向，这样可以减轻或消除白亮带。

　　（2）使用组合式电磁搅拌技术，获得最佳的效果。在连铸机的单一部位（如结晶器、二次冷却区）搅拌时，改善铸坯中心偏析的效果是有限的。尤其对于高碳钢来说，仅采用某一搅拌方法不能解决铸坯中严重的中心偏析问题。为解决上述问题，提出采用组合式电磁搅拌技术。如采用结晶器电磁搅拌和凝固末端电磁搅拌两者组合搅拌时，铸坯中心等轴晶区扩大，偏析元素被分散到等轴晶之间，中心偏析明显得到改善，即使中间包钢水过热度较高也能达到改善铸坯中心偏析的目的。常见的组合搅拌方式有 S_1-EMS+S_2-EMS、M-EMS+F-EMS、S-EMS+F-EMS、M-EMS+S-EMS+F-EMS、M-EMS+F-EMS 等。

　　目前，电磁技术在钢铁生产流程中得到了广泛的应用，特别是在连续铸钢领域中，突出表现为成熟技术的推广应用与新技术的开发和工业化。连铸领域的电磁技术主要有电磁搅拌、电磁制动、电磁铸造与软接触等，前两项技术在生产实践中已得到广泛应用。

2.10.4　结晶器电磁制动

　　为了减小结晶器中钢流速度和减少钢流浸入深度，以利于夹杂物在结晶器中上浮，瑞典 ASEA 公司和日本川崎钢铁公司联合开发了一种电磁制动（EMBR）技术，并在板坯连铸机中应用。电磁制动的原理如图 2-75 所示。在结晶器宽边外部加一恒定磁场（见图 2-75（a）），当注流从浸入式水口侧孔流出时垂直切割外加磁场，在注流中感生电流，此电流方向垂直于注流方向（见图 2-75（c））；该电流与外加磁场相互作用，在注流中产生与注流方向相反的电磁力，此电磁力对注流产生制动作用而使注流减速（见图 2-75

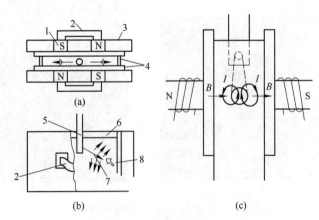

图 2-75　电磁制动的原理

1—绕组；2—磁轭；3—宽边冷却水箱；4—窄边铜板；

5—浸入式水口；6—弯月面；7—注流；8—制动力

（b））。此外，制动区中注流被分裂还引起搅拌作用。在制动的搅拌作用下，注流速度降低，注流深度减小，从而使铸坯中的夹杂物也相应减少。结晶器有无电磁制动钢液流动对比如图 2-76 所示。

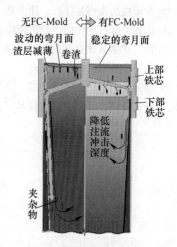

图 2-76　板坯连铸结晶器电磁制动流动对比

电磁制动的效果有：减少了内部和表面夹杂物，提高了铸坯洁净度；减少了铸坯皮下气孔；减轻了流股对凝固壳的冲刷，减少了角裂和漏钢概率；可适当提高拉速。

在 220mm×1550mm 板坯上采用电磁制动技术的实际冶金效果如下：

（1）从水口射出的流股速度减小了一半，减弱了对坯壳的冲刷，坯壳的生长更加均匀。同时，也减小了坯壳薄弱点因回热形成热裂纹的危险性。

（2）流股冲击深度（距结晶器钢液面以下距离）从 4m 减少到 2m，降低了铸坯内弧面 20~50mm 区域中氧化物夹杂的含量。

（3）由于流股分散，水口上部区域的钢液流速加快，促进了过热钢液沿弯月面流动，有利于保护渣吸收夹杂物，使铸坯表皮下 8mm 处夹杂物的含量呈下降趋势，冷轧薄板表面氧化铝分层缺陷明显减少（由 2.94% 减少到 0.69%）。

目前已成功开发了如下三种类型的电磁制动装置：EMBR 是局部区域磁场，目的是制动从浸入式水口侧孔流出的流股，主要适用于中厚板坯连铸；EMBR-Ruler 是全幅一段磁场，目的是制动整个结晶器宽度上钢液的流动，主要适用于薄板坯连铸；FC-mold 是全幅二段磁场，目的是用上下两段磁场分别制动向上反转流股和向下侵入流股，可抑制液面波动，防止卷渣，降低注流的冲击力，上浮去除气泡、夹杂物，适用于厚板坯连铸。

复习思考题

2-1　弧形连铸机的圆弧半径如何表示，液相深度与冶金长度有何关系？

2-2　钢包滑动水口的结构如何，提高钢包水口自开率的措施有哪些？

2-3　简述钢包回转台的类型及特点。

2-4　简述中间包的作用和类型。中间包的尺寸如何确定？

2-5　简述中间包工作层材质的发展及目前应用种类。

2-6　中间包钢流控制方式有哪几种，中间包滑动水口与钢包滑动水口有何不同？

2-7　连铸用耐火材料"三大件"是指哪些？简述其各自材质选择原则。

2-8　简述中间包车的作用、类型及特点。

2-9　简述结晶器的作用、要求、类型和材质。

2-10　结晶器的断面尺寸和长度如何确定？

2-11　结晶器的内腔为什么要有倒锥度，其大小如何确定？

2-12　简述结晶器振动装置的作用、方式及特点。目前高速连铸对结晶器振动有何要求？

2-13　二次冷却的作用有哪些？简述二冷装置的结构形式及特点。

2-14　简述二冷区用喷嘴的类型及特点。

2-15 拉矫机的作用是什么，什么是一点矫直、多点矫直和连续矫直？

2-16 简述引锭杆的作用、类型和特点。

2-17 铸坯切割方式有哪几种，其特点是什么？

2-18 简述连铸电磁搅拌的原理。

2-19 简述连铸电磁搅拌的类型、特点及效果。

2-20 什么是结晶器电磁制动技术？

3 钢的凝固与连铸基础理论

3.1 钢液凝固结晶理论

3.1.1 钢液的凝固过程

金属由液态转变成固态的过程称为凝固，由于凝固后的固态金属通常是晶体，所以又将这一转变过程称为结晶。钢液的凝固过程的实质就是完成钢从液态向固态的转变，即钢的结晶过程，也称为钢的浇注。钢液的凝固理论主要是从热力学、动力学和传热学的观点出发，研究凝固过程晶体形核、长大、形状变化规律以及凝固区的大小、凝固时间、凝固特性与铸坯质量的关系，以获得规定断面尺寸、质量和凝固结构的铸坯。

3.1.1.1 结晶的热力学条件

金属从液态转变为固态的结晶过程是一种相变，必须满足一定的热力学条件才能自发进行，即系统的吉布斯自由能降低。

由热力学的基本公式得知，系统的吉布斯自由能 G 可表示：

$$G = H - TS \tag{3-1}$$

式中　H——系统的焓，J；

　　　T——热力学温度，K；

　　　S——系统的熵，J/K。

无论金属是液态还是固态，其吉布斯自由能均随温度和压力的变化而变化，即：

$$dG = VdP - SdT \tag{3-2}$$

式中　P——系统的压力，Pa；

　　　V——系统的体积，m³。

由于结晶过程一般可以认为是在恒压进行的，即 $dP=0$，所以上式可写为：

$$dG = -SdT$$

或　　　　　　　　　　$$\left(\frac{dG}{dT}\right)_P = -S \tag{3-3}$$

温度升高，原子的活动能力提高，因而原子排列的混乱程度增加，即熵增加，系统的吉布斯自由能也就随着温度的升高而降低。又因为液相中原子排列的混乱程度比固相中大，即液态熵值大于固态熵值（$S_l > S_s$），所以液态金属吉布斯自由能 G_l 随温度的变化率大于固态金属吉布斯自由能 G_s 随温度的变化率，这样，由于斜率不同，两条曲线必然相交于一点，图 3-1 所示为液、固相吉布斯自由能 G_l 和 G_s 与温度的函数关系。

金属处于熔化温度时，液相与固相处于平衡状态。当排出热量时，液相金属转变为固相。根据热力学的最小吉布斯自由能原理，过程能够自发地从吉布斯自由能高的状态向较低的状态进行。随温度的升高，G_1 和 G_s 均下降，但下降的速度不同，两线交于点 A，其对应的温度 T_0 为理论结晶温度，也称平衡结晶温度或熔点。当温度高于 T_0 时，$G_1 < G_s$，液相稳定，固相熔化；当温度低于 T_0 时，$G_s < G_1$，固相稳定，液相凝固。由于钢液冷凝过程为非平衡过程，所以要完成从液态到固态的转变即结晶，首先需要 $\Delta G = G_s - G_1 < 0$。

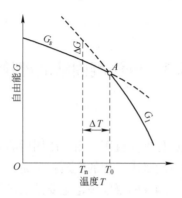

图 3-1 固、液两相吉布斯自由能与温度的关系

值得注意的是只有纯金属在无限缓慢冷却条件下（即平衡条件下）获得的结晶温度，才是常说的所谓的理论结晶温度 T_0。如：Fe 的理论结晶温度为 1538℃，Al 的理论结晶温度为 660℃。但在实际生产中，金属结晶时的冷却速度都是相当快的，液态金属总是在理论结晶温度以下的某一温度才开始结晶。把金属的实际结晶温度 T_n 低于理论结晶温度 T_0 的现象称为过冷现象，把 T_0 与 T_n 之差称为过冷度，即：

$$\Delta T = T_0 - T_n \tag{3-4}$$

实践证明，过冷度 ΔT 不是一个恒定值，它与金属的纯度及结晶时的冷却速度有关。冷却速度越快，过冷度 ΔT 越大，金属的实际结晶温度越低。

现在分析在一定温度下，液相转变为固相的单位体积吉布斯自由能变化 ΔG_V 与过冷度 ΔT 的关系。

因为 $\Delta G_V = G_s - G_1$，所以由式（3-1）可知：

$$\Delta G_V = H_s - TS_s - (H_1 - TS_1) = (H_s - H_1) - T(S_s - S_1) = L - T\Delta S \tag{3-5}$$

式中 L——熔化潜热，J，$L = H_s - H_1$。

当结晶温度 $T = T_0$ 时，$\Delta G_V = 0$，即：

$$L = T_0 \Delta S \tag{3-6}$$

当 $T < T_0$ 时，由于 ΔS 的变化很小，可视为常数，将式（3-6）代入式（3-5），可得：

$$\Delta G_V = L - T\frac{L}{T_0} = L\left(1 - \frac{T}{T_0}\right) = L\frac{T_0 - T}{T_0} = L\frac{\Delta T}{T_0} \tag{3-7}$$

由此可见，液、固两相吉布斯自由能变化 ΔG_V 与过冷度 ΔT 成正比，即 ΔG_V 随过冷度 ΔT 的增大而呈直线增加，在 ΔT 等于零时，ΔG_V 也等于零。一定温度下，ΔG_V 是结晶的驱动力。ΔG_V 越大，驱动力越大。对于给定金属，L 与 T_0 均为定值，所以 ΔG_V 仅与 ΔT 有关，这正是结晶必须过冷的根本原因。

总之，只有在过冷的条件下，才能满足金属结晶的热力学条件。应当指出，这一热力学条件只是金属结晶的必要条件，液相的结晶还需要满足一定的结构条件，才能完成结晶过程。

3.1.1.2 结晶的结构条件

金属的结晶是晶核的形成和长大的过程，而晶核是由晶胚生成的。晶胚的形成或晶胚转变成晶核与液态金属的结构条件密切相关。大量的实验结果表明，液态金属最近邻原子的排列情况接近于固态金属，但最近邻原子数要少些，而且液态金属中近程规则排列的原子集团总是处于不断地变化之中，由于液态金属原子的热运动很激烈，而且原子间距较大，结合较弱，所以液态金属原子在其平衡位置停留时间很短，很容易改变自己的位置，这就使近程有序的原子集团只能维持短暂的时间即被破坏而消失。与此同时，在其他地方又会出现新的近程有序的原子集团。前一瞬间属于这个近程有序的原子集团的原子，下一瞬间可能属于另一个近程有序的原子集团。液态金属中的这种近程有序的原子集团就是处于瞬间出现，瞬间消失，此起彼伏，变化不定的状态之中，仿佛在液态金属中不断涌现出一些极微小的固态结构一样。这种不断变化着的近程有序原子集团称为结构起伏，或称相起伏。

在液态金属中，每个瞬间都涌现出大量的尺寸不等的结构起伏，在一定的温度下，不同尺寸的结构起伏出现的概率不同，如图 3-2 所示。尺寸大的和尺寸小的结构起伏出现的概率都很小，在每个温度下出现的尺寸最大的结构起伏存在着一个极限值，此值即用 r_{max} 表示，r_{max} 的尺寸大小与温度有关，温度越高，则 r_{max} 尺寸越小，温度越低，则 r_{max} 尺寸越小（如图 3-3 所示），在过冷的液相中，r_{max} 尺寸可达几百个原子的范围。根据结晶的热力学条件可判断，只有在过冷液体中出现的尺寸较大的结构起伏才有可能在结晶时转变为晶核，这些相起伏就是晶核的胚芽，称为晶胚。

总之，液态金属的一个重要特点是存在着结构起伏，只有在过冷液体的结构起伏才能成为晶胚。因此结构起伏就是液态金属结晶的结构条件。但是，并不是所有的晶胚都可以转变称为晶核。要转变成为晶核，必须满足一定的条件，这就是形核规律所要讨论的问题。

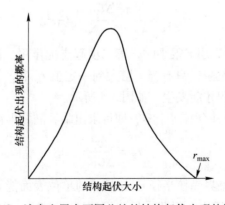

图 3-2　液态金属中不同此处的结构起伏出现的概率

3.1.1.3 结晶的动力学条件

A　形核过程

液体的结晶必须有核心，过冷液态金属通过结构起伏作用在某些微小区域内形成稳定存在的晶态小质点的过程称为形核。晶核的形成有均质形核和异质形核之分。

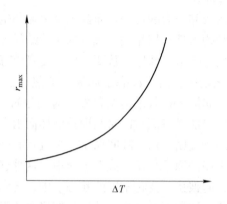

图 3-3　最大结构起伏尺寸与过冷度的关系

a　均质形核

均质形核，即依靠液态金属内部自身的结构自发地形核，即在一定的过冷度下，液态金属中结构相似、体积很小、近程有序排列的"原子集团"，在足够的过冷度下转变成规则排列并稳定下来而成为晶核的过程，也称自发形核。在均质的液相中生成晶核新相必然引起系统吉布斯自由能的变化，如图 3-4 所示。此过程自由能的变化包括：（1）晶核生成引起体积吉布斯自由能下降；（2）在液-固界面形成晶核引起表面自由能增加。假设单位体积自由能变化为 ΔG_V，新相晶核的体积为 V，晶核单位面积的表面能为 σ，表面积为 S，则在金属液形成一个晶核时，总的吉布斯自由能的变化 $\Delta G_{均}$ 可表示为：

$$\Delta G_{均} = - V\Delta G_V + S\sigma \tag{3-8}$$

假定形成的新相晶核为球形，其半径为 r，则金属液中出现一个晶核时的 $\Delta G_{均}$ 应为：

$$\Delta G_{均} = - \frac{4\pi r^3 \Delta G_V}{3} + 4\pi r^2 \sigma \tag{3-9}$$

由式（3-9）可以看出，当 r 很小时，第二项起支配作用，体系自由能总的倾向是增加的，此时形核过程不能发生；只有当 r 增大到一定值 r_k 后，第一项才起主导作用，使体系自由能降低，形核过程才能发生，如图 3-4 所示。

对式（3-9）进行微分并令其等于零，即可求出临界晶核半径 r_k：

$$r_k = \frac{2\sigma}{\Delta G_V} \tag{3-10}$$

由式（3-10）可知，临界晶核半径 r_k 与晶核的单位表面能 σ 成正比，而与单位体积吉布斯自由能变化 ΔG_V 成反比。因此，只要设法增加 ΔG_V，减少 σ，均可使临界晶核半径 r_k 减少。将式（3-7）代入式（3-10），可得：

$$r_k = \frac{2\sigma T_0}{L\Delta T} \tag{3-11}$$

可见，临界晶核半径 r_k 与过冷度成反比，即过冷度 ΔT 越大，临界晶核半径 r_k 越小，如图 3-5 所示。

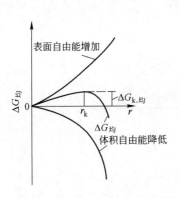 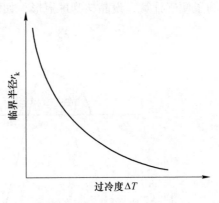

图 3-4   晶核形成时 $\Delta G_{均}$ 与晶核半径 r 的关系   图 3-5   临界晶核半径 r_k 与过冷度 ΔT 的关系

由图 3-4 可知，其半径 $r>r_k$ 时，晶核的长大引起系统 $\Delta G_{均}$ 降低，晶核能稳定并长大作为均质形核的核心。因此在一定温度下，任何大于临界半径的晶核趋于长大；当 $r=r_k$ 时，$\Delta G_{均}$ 为正值，这说明形成临界晶核时需要一定的能量，这部分需要补充的能量叫形核功（$\Delta G_{k,均}$）。

将式（3-10）代入式（3-9），可得：

$$\Delta G_{k,均} = -\frac{4\pi r_k^3 \Delta G_V}{3} + 4\pi r_k^2 \sigma$$

$$= 4\pi r_k^2 \left(\sigma - \frac{r_k}{3} \Delta G_V \right)$$

$$= 4\pi r_k^2 \left(\sigma - \frac{2\sigma}{3\Delta G_V} \Delta G_V \right)$$

$$= \frac{1}{3} S_k \sigma \qquad\qquad (3-12)$$

式中 S_k——临界晶核的表面积，m^2。

由式（3-12）可见，形核功 $\Delta G_{k,均}$ 恰好等于临界晶核表面能的 $1/3$，在形成临界晶核时体积吉布斯自由能的降低只能补偿表面能的 $2/3$，需要另外供给，即需要对形核做功。形核功是过冷液体形核时的主要障碍，过冷液体需要一段孕育期才开始结晶的原因正在于此。而液态金属中各微观区域的能量处于此起彼伏、变化不定的状态。这种微区内的能量短暂偏离其平均能量的现象，叫作能量起伏。形成晶核所需要的形核功就是由能量起伏提供的，当液体中某些微小区域的能量起伏达到或超过临界晶核形核功 $\Delta G_{k,均}$ 时，临界晶核就能在那里形成。

b   异质形核

异质形核，即在液相中已存在的固相质点（如夹杂物等）和表面不光滑的器壁均可作为形成核心的"依托"而发展成初始晶核的过程，也称为非均质形核或非自发形核。

异质形核与均质形核的规律一样，均质形时的主要阻力是晶核的表面能，对于异质形核，当晶核依附于液相中存在的固相质点的表面形核时，就有可能使表面能降低，从而使形核可以在较小的过冷度下进行。但是，在固相质点表面上形成的晶核可能有各种不同的形状，为了便于计算，设晶核为球冠形，如图 3-6 所示。

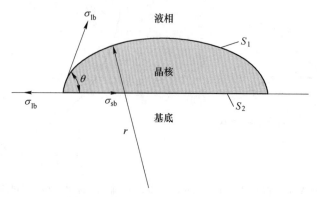

图 3-6　平面衬底上异质形核示意图

固相与基底的接触角（或浸润角）为 θ，界面张力间有以下平衡关系：

$$\sigma_{lb} = \sigma_{sb} + \sigma_{ls}\cos\theta \tag{3-13}$$

式中　σ_{lb}——液相与基体之间的表面能，J/m^2；

　　　σ_{sb}——晶核与基体之间的表面能，J/m^2；

　　　σ_{ls}——液相与晶核之间的表面能，J/m^2。

根据初等几何知识，可求出晶核与液相的接触面积 S_1、晶核与基底的接触面积 S_2 和晶核的体积 V：

$$S_1 = 2\pi r^2(1 - \cos\theta) \tag{3-14}$$

$$S_2 = \pi r^2 \sin^2\theta \tag{3-15}$$

$$V = \frac{\pi r^3}{3}(2 - 3\cos\theta + \cos^3\theta) \tag{3-16}$$

在基底上形成晶核时总的吉布斯自由能变化 $\Delta G_{异}$ 可以表示为：

$$\Delta G_{异} = - V\Delta G_V + \Delta G_s \tag{3-17}$$

总的表面能 ΔG_s 由三部分组成：一是晶核球冠面上的表面能 $\sigma_{lb}S_1$；二是晶核底面上的表面能 $\sigma_{lb}S_2$；三是已经消失的原来基底底面上的表面能 $\sigma_{ls}S_2$。即：

$$\Delta G_s = \sigma_{lb}S_1 + \sigma_{lb}S_2 - \sigma_{ls}S_2 = \sigma_{lb}S_1 + (\sigma_{lb} - \sigma_{ls})S_2 \tag{3-18}$$

将上述各式代入（3-17），可得：

$$\Delta G_{异} = - \frac{\pi r^3}{3}(2 - 3\cos\theta + \cos^3\theta)\Delta G_V + 2\pi r^2(1 - \cos\theta)\sigma_{lb} + \pi r^2 \sin^2\theta(\sigma_{lb} - \sigma_{ls})$$

$$\tag{3-19}$$

将式（3-13）代入式（3-19）并整理可得：

$$\Delta G_{异} = \left(\frac{4\pi r^3}{3}\Delta G_V + 4\pi r^2\sigma_{lb}\right)\frac{2 - 3\cos\theta + \cos^3\theta}{4} \tag{3-20}$$

对式（3-20）进行微分并令其等于零，即可求出临界晶核半径 $r_{k,异}$：

$$r_{k,异} = \frac{2\sigma_{lb}}{\Delta G_V} = \frac{2\sigma_{lb}T_0}{L\Delta T} \tag{3-21}$$

将式（3-21）代入式（3-17）即可求出异质形核的形核功 $\Delta G_{k,异}$：

$$\Delta G_{k,异} = \frac{4\pi r_{k,异}^2}{3}\sigma_{lb}\frac{2 - 3\cos\theta + \cos^3\theta}{4} \tag{3-22}$$

以上两式可确定，异质形核时的临界晶核尺寸与均质形核临界晶核尺寸相同，而异质形核的形核功与接触角 θ 密切相关。当固相晶核与基底完全浸润时，$\theta = 0°$，$\Delta G_{k,异} = 0$，此时不需要形核功。这说明液相中的固相杂质质点就是现成的晶核，可以在杂质质点上直接结晶长大，这是一种极端情况。当完全不浸润时，$\theta = 180°$，$\Delta G_{k,异} = \Delta G_{k,均}$，此时异质形核与均质形核所需的形核功相同，这是另一种极端情况。接触角 θ 越小，异质形核的形核功 $\Delta G_{k,异}$ 越小，异质形核越容易，所需的过冷度也越小。一般的情况是接触角 θ 在 0° 与 180° 之间变化，异质形核的形核功低于均质形核所需的形核功，如图 3-7 所示。

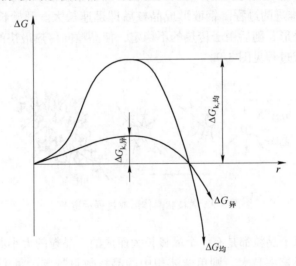

图 3-7 均质形核与异质形核的形核功对比

结晶相的晶格与杂质基底晶格的晶格结构越相似，它们之间的界面能越小，θ 越小，越有利于形核。杂质表面的粗糙度对非均质形核的影响是凹面杂质形核效率最高，平面次之，凸面最差，如图 3-8 所示。

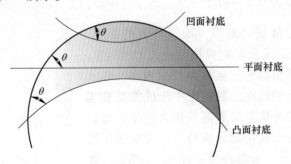

图 3-8 不同形状的杂质表面对异质形核的影响

在实际生产条件下，钢液是含有多种合金成分，其内部悬浮着许多高熔点的固态质点，可以成为自然的核心；而且异质形核不需要太大的过冷度，只要过冷度到 20℃ 左右就能形成稳定的晶核。因此，只要存在异质形核的条件就很难发生均质形核，纯金属的结晶只能依靠均质形核。

综上所述，钢液的结晶必须同时应满足的两个条件：

（1）一定的过冷度，此为热力学条件。只有过冷才能满足 $G_l > G_s$ 的条件，结晶才有推动力。过冷度越大，结晶的趋势也越大。

（2）必要的晶核，此为动力学条件。必须同时具备与一定的过冷度 ΔT 相适应的结构起伏和形核功。

B 晶核长大过程

稳定核心形成以后，晶核就可以继续长大而形成晶粒。系统总自由能随晶体体积的增加而下降是晶体长大的驱动力。晶体的长大过程可以看作液相中原子向晶核表面迁移、液-固界面向液相不断推进的过程。钢液形成晶核后即迅速长大。开始长大时具有与金属晶体结构相同的规则外形，随后由于传热的不稳定，使晶粒向传热最快的方向优先生长，于是形成树枝晶。形成过程见图3-9。

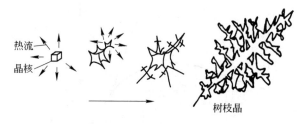

图 3-9 树枝状晶体形成过程示意图

钢液凝固时，每个晶粒都是有一个晶核长大而成的。晶粒的大小取决于成核率和长大速度的相对大小。成核率越大，则单位体积中的晶核数目越多，每个晶粒的长大余地越小，因而长成的晶粒越细小。同时长大速度越小，则在长大过程中将会形成更多的晶核，因而晶粒也将越细小。反之，成核率越小而长大速度越大，则会得到越粗大的晶粒。因此，设形核数量为 N，晶核长大速度为 v，根据分析计算，单位体积中的晶粒数目 Z 为：

$$Z = 0.9 \left(\frac{N}{v}\right)^{\frac{3}{4}} \qquad (3\text{-}23)$$

由此可见，凡是能促进成核，抑制长大的因素，都能细化晶粒；相反，凡是抑制成核促进长大的因素，都使晶粒粗化。根据结晶时的成核和长大规律，在实际生产过程中，希望钢液在结晶过程中形成细晶粒组织，因此这就要求在形核数量和晶粒长大速度上加以控制。钢的结晶速度以及由此形成的晶粒度取决于形核数量和晶核长大速度。设形核数量为 N，晶核长大速度为 v，N 和 v 与过冷度 ΔT 的关系见图3-10。由图可知，当 ΔT 增大时，形核数量的增加很快，而晶核长大的速度却增加较慢。由此可知过冷度 ΔT 较大时可形成

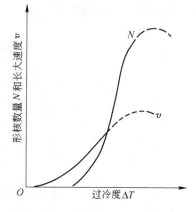

图 3-10 形核数量 N 和晶核长大
速度 v 与过冷度 ΔT 的关系

细晶粒组织；反之，当 ΔT 较小时，只能得到粗晶粒组织。可见过冷度的大小是影响晶粒度的因素。过冷度越大，则比值 N/v 越大，因而晶粒越细小。在工业生产中，增加过冷度的方法主要是提高液态金属的冷却速度。

另外，在浇注前向液态金属中加入形核剂，促进形成大量的异质晶核来细化晶粒。例如在铝合金中加入钛和锆，在钢中加入钛、锆或钒，在铸铁中加入硅铁或硅钙合金。

3.1.2 钢液凝固结晶的特点

因钢液中含有各种合金元素（如 C、Si、Mn 等），且无论是连铸还是模铸工艺，钢的凝固实际上都属于非平衡结晶，因此钢液的凝固结晶具有不同于纯金属结晶的特点。

3.1.2.1 结晶温度范围

钢液的结晶温度不是一"点"而是在一个温度区间内，如图 3-11 所示。钢水在 T_1 开始结晶，到达 T_s 结晶完毕。T_1 与 T_s 的差值即为结晶温度范围。结晶温度范围用 ΔT_c 表示：

$$\Delta T_c = T_1 - T_s \tag{3-24}$$

确定结晶温度范围的意义在于：

（1）T_1 是确定浇注温度乃至出钢温度的基础；

（2）结晶温度范围的大小对结晶组织有至关重要的影响。

由于钢液结晶是在一个温度区间内完成的，因此在这个温度区间里固相与液相并存，如图 3-12 所示。从结晶温度范围和两相区宽度的关系中可以看出 ΔT_c 对凝固组织的影响。钢液在 S 线左侧完全凝固，在 L 线右侧全部呈液相，在 S 线与 L 线之间固、液相并存，此区域称为两相区，S 线与 L 线之距离称为两相区宽度 Δx。

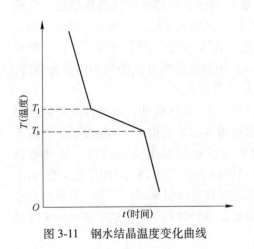

图 3-11 钢水结晶温度变化曲线

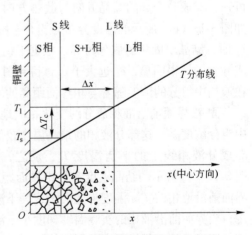

图 3-12 钢水结晶时两相区状态图

当 Δx 较大时，晶粒度较大，反之则较小。晶粒度大意味着树枝晶发达，发达的树枝晶使凝固组织致密性变差，易形成气孔，偏析也较严重。

由图 3-12 可见，两相区宽度与结晶温度范围和温度梯度的关系可用式（3-25）来表示：

$$\Delta x = \frac{1}{\mathrm{d}T/\mathrm{d}x}\Delta T_{c} \tag{3-25}$$

式中 $\mathrm{d}T/\mathrm{d}x$——温度梯度，℃/m。

可见，当冷却强度大时，温度在 x 方向变化急剧，温度梯度大，Δx 较小，反之则较大，即两相区宽度与冷却强度成反比关系。当 ΔT_{c} 较大时，Δx 较大，反之则较小，两相区宽度与结晶温度范围成正比关系。较宽的两相区对铸坯质量不利，因此应适当减少两相区宽度，具体的工艺措施从加强冷却强度入手。

3.1.2.2 产生成分过冷

A 选分结晶

合金元素在固、液相中的溶解度是有差异的，一般而言在固相中的溶解度小于在液相中溶解度。因此合金元素在固相钢中分配的浓度小，而在液相钢中分配的浓度大。所以在钢的结晶过程中，结晶前沿会有溶质大量析出并积聚，固相中溶质浓度就低于原始浓度，这种现象即为选分结晶。随母液溶质的不断富集而使浓度不断上升，随温度的不断下降，钢液最终会全部凝固，所以最后凝固部分的溶质含量会高于原始浓度。

B 成分过冷

对于钢液而言，由于选分结晶，钢液结晶还伴随成分的变化（即溶质再分配），液相成分的变化改变了相应的液相线温度（开始结晶的温度），这种关系由合金的平衡相图所规定。因此，由溶质再分配导致固-液界面前沿熔体的液相线温度发生变化而引起的过冷称为成分过冷。

下面以液相只有有限扩散的情况为例，分析固-液界面前方溶质再分配对凝固前沿温度的影响，现以图 3-13 中 c_0 浓度合金的结晶情况为例来说明成分过冷。从图 3-13 （b）可知，c_0 成分合金的结晶方向与散热方向相反。液相的热量通过已凝固晶体散出，得到如图 3-13 （c）所示的温度分布。当合金冷却至 T_1 时，从液相中结晶出固相；继续冷却至 T_s 时，结晶出固相的成分为 c_0。根据平衡关系，这时在液-固相界面上与固相平衡的液相成分为 c_1。很明显，c_1 远大于 c_0，得到图 3-13 （d）中的组分浓度在液相中的分布曲线，在液相中组分的浓度随着与相界面距离的增加，从 c_1 降至 c_0。

固-液界面前沿液相成分的变化相应地引起平衡结晶温度的改变，离相界面近的液相中组分浓度高，这部分液相的结晶温度较低，即贴近相界面处液相的结晶温度就是对应于 c_1 成分液相线上的平衡温度 T_s；反之，远离相界面液相结晶温度则较高，这就得到图 3-13 （e）所示的结晶温度和距相界面距离的关系曲线。从图 3-13 （e）看出，当固-液界面前沿液相的实际温度梯度大于或等于液相线温度在该处的斜率时，界面前沿不出现过冷；当界面前沿液相的实际温度梯度小于液相线温度在该处的斜率时，这时液相的实际温度低于该处的液相线温度，则液体处于过冷状态。

C 成分过冷判据

从图 3-13 （e）可见，此时液相内的温度实际分布与之有较大差别，这个差别就是阴影部分。在阴影区内合金的温度均低于液相的平衡结晶温度，即均处于过冷状态。当然，过冷度大小有区别，其数值可通过图 3-14 求出。做垂线 x，其被结晶温度分布曲线与实际温度分布曲线所截，得到线段 AB，AB 之长即为所求。假设液相线为直线，其斜率 m_1 为

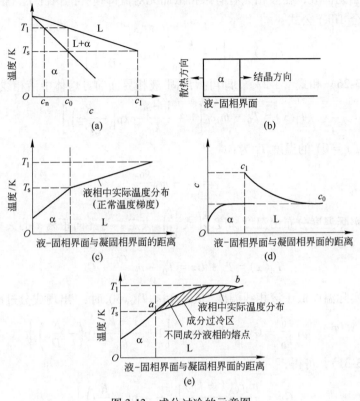

图 3-13 成分过冷的示意图

常数。因此液相线温度 $T_1(x)$ 与其相应成分 $c_1(x)$ 之间存在如下线性关系：

$$T_1(x) = T_0 - m_1 c_1(x) \tag{3-26}$$

式中 T_0——纯金属熔点，℃。

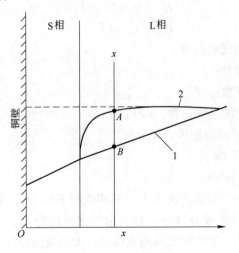

图 3-14 过冷度的求法

1—实际温度分布曲线；2—结晶温度分布曲线

假设在固相无扩散，在液相只有有限扩散而无对流即搅拌的情况下，距界面 x 处的液相溶质浓度符合 Tiller 公式：

$$c_1(x) = c_0\left[1 + \frac{1 - k_0}{k_0}\exp\left(-\frac{R}{D}x\right)\right] \tag{3-27}$$

结合式（3-26）和式（3-27），即可得出固-液相界面前方熔体中液相线温度的变化：

$$T_1(x) = T_0 - m_1 c_0\left[1 + \frac{1 - k_0}{k_0}\exp\left(-\frac{R}{D}x\right)\right] \tag{3-28}$$

在界面处（$x = 0$）的温度 T_i 为：

$$T_i = T_0 - m_1\frac{c_0}{k_0} \tag{3-29}$$

液相中的实际温度分布由温度梯度 $G\left(或 \dfrac{dT}{dx}\right)$ 决定，与界面距离 x 的关系为：

$$T_d(x) = T_i + Gx = T_0 - m_1\frac{c_0}{k_0} + Gx \tag{3-30}$$

当液相的实际温度低于液相线温度（$T_d(x) < T_1(x)$）时，出现成分过冷。即：

$$T_0 - m_1\frac{c_0}{k_0} + Gx < T_0 - m_1 c_0\left[1 + \frac{1 - k_0}{k_0}\exp\left(-\frac{R}{D}x\right)\right] \tag{3-31}$$

整理式（3-31），可得：

$$Gx < \frac{m_1 c_0(1 - k_0)}{k_0}\left[1 - \exp\left(-\frac{R}{D}x\right)\right] \tag{3-32}$$

根据微分近似计算，当 x 很小时，$\exp(x) \approx 1 + x$，即式（3-32）可得到：

$$Gx < \frac{m_1 c_0(1 - k_0)}{k_0}\cdot\frac{R}{D}x \tag{3-33}$$

故出现成分过冷的条件为：

$$\frac{G}{R} < \frac{m_1 c_0(1 - k_0)}{Dk_0} \tag{3-34}$$

式中　m_1——相图上液相线的斜率；

　　　c_0——合金原始成分；

　　　k_0——平衡分配系数；

　　　R——固相向液相的凝固速度，m/s；

　　　x——距离固-液界面的距离，m；

　　　G——温度梯度，℃/m；

　　　D——扩散系数，m²/s。

因此，温度梯度 G 小、凝固速度 R 大、液相线斜率 m_1 大、平衡分配系数 k_0 小、合金成分浓度 c_0 大等都容易产生成分过冷。对一定的钢液成分 c_0、m_1、k_0、D 为定值，有利于产生成分过冷的条件是，液相中低的温度梯度，大的凝固速度和高的溶质溶度。

D　成分过冷的过冷度

由于过冷度的定义是液相线（平衡结晶）温度与实际温度之差，故有：

$$\Delta T_c = T_1(x) - T_d(x) \tag{3-35}$$

把式（3-28）和式（3-30）代入式（3-35），即得固-液界面前沿熔体过冷度 ΔT_c 的分布：

$$\Delta T_c = \frac{m_1 c_0 (1 - k_0)}{k_0} \left[1 - \exp\left(-\frac{R}{D} x \right) \right] - Gx \tag{3-36}$$

对式（3-36）进行微分并令其等于零，即可求出最大相界面距离 $x = x_m$：

$$\frac{\mathrm{d}\Delta T_c}{\mathrm{d}x} = \frac{m_1 c_0 (1 - k_0)}{k_0} \exp\left(-\frac{R}{D} x_m \right) \frac{R}{D} - G = 0 \tag{3-37}$$

则：

$$\exp\left(-\frac{R}{D} x_m \right) = \frac{GDk_0}{m_1 c_0 (1 - k_0) R} \tag{3-38}$$

对式（3-38）两边同时取自然对数，可得：

$$-\frac{Rx_m}{D} = \ln \frac{GDk_0}{m_1 c_0 (1 - k_0) R}$$

或

$$x_m = \frac{D}{R} \ln \frac{m_1 c_0 (1 - k_0) R}{GDk_0} \tag{3-39}$$

将式（3-39）代入式（3-36），可求得成分过冷的过冷度最大值（$\Delta T_{c,\max}$），即：

$$\Delta T_{c,\ \max} = \frac{m_1 c_0 (1 - k_0)}{k_0} - \frac{GD}{R} \left[1 + \ln \frac{m_1 c_0 (1 - k_0) R}{GDk_0} \right] \tag{3-40}$$

若令式（3-36）等于零，即 $\Delta T_c = 0$，则可求出成分过冷区宽度 x_0：

$$\frac{m_1 c_0 (1 - k_0)}{k_0} \left[1 - \exp\left(-\frac{R}{D} x_0 \right) \right] = Gx_0 \tag{3-41}$$

将函数 $\exp\left(-\frac{R}{D} x_0 \right)$ 展开成泰勒级数并取其前三项，可得：

$$\exp\left(-\frac{R}{D} x_0 \right) \approx 1 - \frac{R}{D} x_0 + \frac{1}{2} \left(-\frac{R}{D} x_0 \right)^2 \tag{3-42}$$

将式（3-42）代入式（3-41），计算整理后可得：

$$x_0 = \frac{2D}{R} - \frac{2k_0 GD^2}{m_1 c_0 (1 - k_0) R^2} \tag{3-43}$$

由上述可见，成分过冷的产生以及成分过冷值 ΔT_c 与成分过冷区宽度 x_0 大小既取决于凝固过程中的工艺条件，如温度梯度 G、凝固速度 R，又与合金本身的性质相关，如和平衡分配系数 k_0、合金成分浓度 c_0 和扩散系数 D 等的大小有关。R、c_0 和 m_l 越大，G 和 D 越小，k_0 偏离 1 越远（$k_0 < 1$ 时，k_0 值越小；$k_0 > 1$ 时，k_0 值越大），则成分过冷值越大，成分过冷区越宽；反之亦然。

3.1.2.3 化学成分偏析

钢液凝固时，由于选分结晶，最先凝固的部分溶质含量较低，溶质集聚于母液，浓度逐渐增加，因而最后凝固的部分溶质含量则很高，特别是非金属元素（P、S、O、C、H 等）不断在钢液的凝固前沿的母液中富集，形成溶质浓度的不均匀分布。这种成分不均匀的现象称为偏析，偏析又分为宏观偏析和微观偏析。

A　微观偏析

a　微观偏析的形成

浇注过程中，钢液在快速强制冷却条件下结晶，因而属于非平衡结晶。图 3-15 说明在钢液凝固的非平衡结晶过程。成分为 c_0 的合金，从液相温度冷却到 T_1，出现了固相晶粒，其成分为 c_1，继续冷却到 T_2，固相成分应为 c_2，先结晶的 c_1 本应通过原子扩散，使晶粒中心与外围的成分发生了差异，其平均成分既不是 c_1，也不是 c_2，而是 c_2^r。当温度降至 T_s 时，固相的平均成分不是 c_s 而是 c_s^r。直到温度降至 T_n 时，如果是平衡结晶，此时的固相成分是 c_n，结晶完成；但实际上固相成分是 c_n^r，说明结晶尚未完成，只有当温度降至 T_s' 时液相才能完全消失，晶粒彼此连接，结晶完毕。这时固相的成分线是 $c_1^r c_2^r c_3^r c_4^r \cdots c_s^r$，偏离了平衡时的固相线，得到固体的各部分具有不同的溶质浓度，如图 3-16 所示。结晶开始形成的树枝晶较纯，随着冷却的进行，外层陆续形成溶质浓度为 c_2^r、c_3^r 和 c_4^r 的树枝晶，含有浓度较高的溶质元素。这就形成了晶粒内部溶质浓度的不均匀性，中心晶轴处浓度低，边缘晶界面处浓度高。这种呈树枝状分布的偏析称为微观偏析，也称为显微偏析。

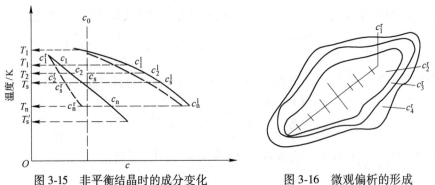

图 3-15　非平衡结晶时的成分变化　　　　图 3-16　微观偏析的形成

当钢液在凝固时，钢液内溶质通过对流、搅拌和扩散可充分混合使成分均匀化，溶质在固相内来不及扩散或没有扩散，如图 3-17 所示。为定量地描述这种不均匀的凝固规律和推导其数学表达式—凝固方程，假定凝固单元体试样（长度为 L，截面为单位面积）左端最先开始凝固，此时液相成分 c_l 为均匀的 c_0，则生成的固相成分 $c_s = k_0 c_0$。当固-液相界面推移至 Z 时，已凝固相的质量分数 $f_s = Z/L$（也称为固相分数），此时剩余液相的质量分数为 $1-f_s$，其液相浓度为 c_l，固相浓度为 c_s。若固相量增加了 df_s 时所排出的多余的进入液相中的溶质量为 $(c_l - c_s)df_s$，因而使剩余也向量 $(1-f_s-df_s)$ 的浓度升高 dc_l，根据溶质的质量守恒定律可得：

$$(c_l - c_s)df_s = (1 - f_s - df_s)dc_l \tag{3-44}$$

将式代入 $c_s = k_0 c_0$，并略去 $df_s \cdot dc_l$ 项，可得：

$$c_l(1 - k_0)df_s = (1 - f_s)dc_l \tag{3-45}$$

式（3-45）的定解条件是，当 $f_s = 0$ 时，$c_l = c_0$，从而可求出式（3-45）的解为：

$$c_l = c_0(1 - f_s)^{k_0 - 1} \tag{3-46}$$

$$c_s = k_0 c_0 (1 - f_s)^{k_0 - 1} \tag{3-47}$$

上式即为著名的微观偏析的西尔（Scheil）方程。它表示钢液凝固过程中液相与固相内溶质的浓度分布，其受平衡分配系数 k_0 和固相分数 f_s 的影响。钢液中某些元素的平衡分配系数 k_0 如表 3-1 所示。

为了研究钢液凝固过程中元素的微观偏析规律，定义微观偏析度 ε 来表征溶质元素微观偏析程度：

$$\varepsilon = \frac{c_{1,i}}{c_{0,i}} \tag{3-48}$$

式中　$c_{0,i}$——溶质 i 的初始浓度；

　　　$c_{1,i}$——溶质 i 在液相中的浓度。

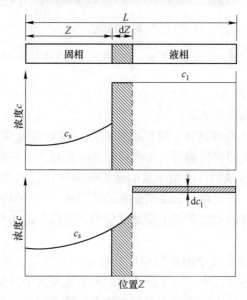

图 3-17　单元体试样凝固前后溶质的浓度分布

表 3-1　钢液中某些元素的平衡分配系数 k_0

元　素		Al	B	C	Co	Cr	Cu	H	Mn
k_0	δFe	0.92	0.95	0.17	0.90	0.95	0.60	0.27	0.68
	γFe	—	0.96	0.34	0.95	0.85	0.70	0.45	0.78
元　素		Ni	O	P	Si	S	Ti	W	V
k_0	δFe	0.75	0.02	0.13	0.65	0.05	0.40	0.95	0.96
	γFe	0.85	0.03	0.06	0.54	0.05	0.30	0.50	—

采用西尔方程计算了在凝固过程中钢中常见元素在奥氏体（γFe）中的微观偏析度情况，其结果如图 3-18 所示，可看出各元素在凝固后期出现明显的偏析倾向，尤其是 P 和 S。因此，在连铸工序之前应尽量控制易产生偏析的元素，以提高铸坯质量。值得一说的是西尔方程并没有考虑固相中元素或组分的扩散，有关其他的微观偏析模型可参考有关的论文和专著。

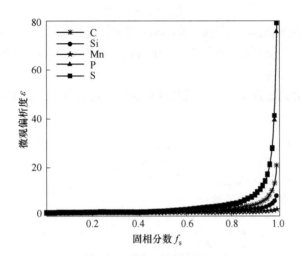

图 3-18　钢中常见元素在 γFe 中的微观偏析度随固相分数的变化

b　影响微观偏析的因素

微观偏析的主要影响因素如下：

（1）冷却速度。加大冷却速度，缩短凝固时间，使溶质元素没有足够时间析出，树枝晶间距小，可减轻合金的树枝偏析。二次树枝晶间距越大，偏析越难以消除。

（2）溶质元素的偏析倾向。溶质元素的偏析倾向可用元素在已凝固金属中的浓度与液相中的浓度之比表示，比值越小，说明偏析的倾向越大。其偏析的倾向性还与第三元素的存在有关。例如，所有的元素在铁中都形成偏析，但由于碳的存在，而使某些元素偏析更严重。

（3）溶质元素在固体金属中的扩散速度。在不同温度下，溶质元素在固体合金中的扩散速度不同。碳是强偏析元素，由于在铁中的扩散速度高于其他元素，在铸坯冷却过程中碳能较均匀分布于奥氏体中。而其他元素在铁中扩散速度慢，在铸坯的显微结构中存在着不均匀性。

B　宏观偏析

钢液在凝固过程中，由于选分结晶，使树枝晶枝间的液体富集了溶质元素，再加上凝固过程钢液的流动将富集了溶质元素的液体带到未凝固区域，使得铸坯横截面上最终凝固部分的溶质浓度远高于原始浓度。引起钢液流动的因素很多，注流的注入、温度差、密度差、铸坯鼓肚变形、凝固收缩，以及气体、夹杂物的上浮等均能引起未凝固钢液的流动，从而导致整体铸坯内部溶质元素分布的不均匀性，即宏观偏析，也称为低倍偏析。可通过化学分析或酸浸显示铸坯的宏观偏析。宏观偏析的大小可用宏观偏析量来表示：

$$B = \frac{c - c_0}{c_0} \times 100\% \tag{3-49}$$

式中　B——宏观偏析量；

　　　c——测量处的溶质浓度；

　　　c_0——钢水原始溶质浓度。

当 $B>0$ 时，称偏析为正；当 $B<0$ 时，称偏析为负。

C 偏析的控制

偏析对铸坯质量有较大的影响，轻则造成钢材各部分性能不一，重则可能降低钢的成材率甚至使钢报废，因此在生产工艺中可采取以下措施来控制偏析：

（1）增加钢液的冷凝速度。通过抑制选分结晶中溶质向母液深处的扩散来减小偏析。

（2）选择合适的铸坯断面。小断面可使凝固时间缩短，从而减轻偏析。

（3）采用各种方法控制钢液的流动。如适宜的浸入式水口，加入 Ti、B 等变性剂等。

（4）采用电磁搅拌。搅拌可打碎树枝晶，细化晶粒，减小偏析。

（5）合适的工艺因素。例如：适当降低注温和注速有利于减轻偏析；防止连铸坯鼓肚变形，可消除富集杂质母液流入中心空隙，以减小中心偏析等。

（6）降低钢液中 S、P 含量。S、P 是钢中偏析倾向最大的元素，对钢的危害也最大，因此通过减少钢液中 S、P 含量亦可减轻偏析对钢材质量的影响。

（7）凝固末端的轻压下技术。

3.1.2.4 凝固过程的夹杂物与气体

A 凝固夹杂物

钢液凝固时，由于合金元素和非合金元素，如氧、硫、氮等出现富集，当其浓度超过平衡浓度时，就会在生长的树枝晶间发生化学反应，形成氧化物、硫化物、氮化物等，被包在树枝晶间不能上浮析出，残留在凝固的钢中，成为对钢性能有害的夹杂物。具体形成过程如下：

（1）由于选分结晶，溶质在凝固前沿不断富集，富集的元素包括金属元素（以 Me 代表）和非金属元素（以 X 代表）；

（2）在凝固前沿浓度很高的元素之间发生反应形成化合物；

$$[Me] + [X] === (MeX)$$

（3）凝固前沿生成的化合物增多并聚集成为夹杂物；

$$n(MeX) === (MeX)_n$$

（4）夹杂物部分上浮，未上浮部分滞留在钢中而成为凝固夹杂物。

B 凝固气泡

凝固过程产生的气体主要是 CO、H_2 和 N_2。CO 的形成是由于钢液脱氧不良；物料潮湿所含水分溶入钢液，会增加钢中氢和氧含量。存在于钢中的气体未能上浮，于是残存于钢中而形成凝固气泡，若凝固气泡距铸坯表面很近，即形成所谓皮下气泡，皮下气泡在铸坯轧制时会形成爪裂。在钢液完全凝固以后，氢依然会形成很细小的气泡析出，即产生所谓的"白点"。白点内压力非常高，足以使白点附近产生细小裂纹而成为钢材的隐患。白点可通过高温扩散退火或缓冷来消除。

3.1.2.5 凝固收缩

热胀冷缩现象在钢液凝固过程中表现为凝固收缩。收缩量随成分、温降的不同而不同。钢液的收缩随温降和相变可分为三个阶段：

（1）液态收缩。钢液由浇注温度 T_c 降至液相线温度 T_l 过程中产生的收缩为液态收缩 V_l，即过热度消失时的体积收缩。这个阶段钢保持液态，收缩量为 1%。液态收缩危害并不大，尤其对于连铸坯而言，液态的收缩被连续注入的钢液所填补，对已凝固的外形尺寸影响极小。

（2）凝固收缩。钢液在结晶温度范围形成固相并伴有温降，这两个因素均会对凝固收缩有影响。结晶温度范围越宽，则收缩量也越大，其收缩量约是总量的4%。由于钢液的连续补充作用，凝固过程的收缩对铸坯的结构影响较小。

（3）固态收缩。钢由固相线温度降至室温，钢处于固态，此过程的收缩称固态收缩。由于收缩使铸坯的尺寸发生变化，故也称线收缩。其收缩量大约为总量的7%~8%。固态收缩量最大，在温降过程中产生热应力，在相变过程中产生组织应力，应力的产生是铸坯裂纹的根源。因此，固态收缩对铸坯质量影响较大。

3.2　连铸坯凝固传热的特点

钢液在连铸机中的凝固是一个热量释放和传递过程，也是把液态钢转变为固态钢的加工过程。在连铸机内，液态钢水转变为固态钢坯传输的热量包括钢水过热、凝固潜热和物理显热。

（1）钢水过热。钢水过热是指钢水由进入结晶器时的温度冷却到液相线温度所放出的热量。

（2）凝固潜热。凝固潜热是指钢水从液相线温度冷却到固相线温度所放出的热量。

（3）物理显热。物理显热是指凝固的高温铸坯从冷却至送出连铸机时所放出的热量。

在连铸机内，钢水热量的传输分别在一次冷却区、二次冷却区和三次冷却区进行。在一次冷却区，钢水在水冷结晶器中形成厚度足够且均匀的坯壳，以保证铸坯出结晶器不拉漏。在二次冷却区，喷（雾）水以加速连铸坯内部热量的传递，使铸坯完全凝固。在三次冷却区，铸坯向空中辐射传热，使铸坯内外温度均匀化。从结晶器到最后一个支承辊，带液芯的铸坯边运行、边放热、边凝固，直到完全凝固为止。铸坯中心热量向外传输包括三种传热机制：

（1）对流。中间包注流进入结晶器，在液相穴内引起强制对流运动而传递热量。

（2）传导。凝固前沿与坯壳外表面形成的温度梯度，把液相穴内的热量传导到表面。

（3）对流+辐射。铸坯表面的辐射传热以及铸坯表面与喷雾水滴的热交换，把热量传给外界。

在液相穴内，特别是在钢液由中间包流入结晶器的区域内，传热主要取决于钢液的流动状态以及凝固前沿与铸坯表面之间的温度梯度，且铸坯在铸机内的传热过程、拉坯速度、钢水过热度直接影响到液相穴的长短、铸机生产率、铸机尺寸及铸坯质量。

根据模拟的连铸坯温度变化曲线（见图3-19），铸坯凝固冷却过程可分为四个阶段：

（1）钢液在结晶器中快速冷却，形成薄的

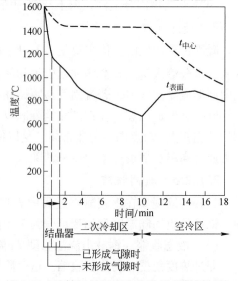

图 3-19　连铸坯的温度变化曲线（模拟结果）

坯壳。由于坯壳薄并具有塑性，在钢液静压力下坯壳产生蠕变，贴靠于结晶器内壁，坯壳与结晶器内壁紧密接触，此时冷却较快，铸坯表面温度明显下降。

（2）随着凝固坯壳的增厚，铸坯收缩，坯壳与结晶器内壁间产生气隙，铸坯冷却速度减慢。

（3）当坯壳具有足够的厚度时，铸坯从结晶器中拉出，在二冷区受到强烈的喷水冷却，中心逐渐凝固。但铸坯表面温度下降快，表面温度显著低于中心温度。

（4）铸坯在空气中较缓慢地冷却，铸坯中心的热量传导给外层，使铸坯外层变热，表面温度回升。不过，随着时间的推移，整个铸坯断面上温度逐渐趋于均匀。

实际生产中铸坯温度的变化趋势与图3-12所示相似，但是，由于结晶器内气隙的形成过程不稳定，二冷区内铸坯与夹辊和喷淋的冷却水交替接触，实际铸坯温度在一定范围内有波动。

与模铸钢锭凝固相比，连铸坯凝固采用强制冷却，其复杂性在于：

（1）连铸坯凝固是在铸坯运行过程中，沿液相穴在凝固区间逐渐将液体变为固体。液-固相界面的糊状区内，晶体的强度和塑性都很小，当凝固坯壳受到应力作用（如热应力、组织应力、机械应力等）时容易产生裂纹。

（2）铸坯在从上向下运行的过程中坯壳不断收缩，如冷却不均匀则会造成坯壳中温度分布不均匀，从而形成较大的热应力。

（3）液相穴中的液体处于不断流动中，这对铸坯凝固结构、夹杂物分布、溶质元素的偏析和坯壳的均匀生长都具有重要影响。

（4）从冶金方面来看，坯壳在冷却过程中，随着温度的下降发生 $\delta \rightarrow \gamma \rightarrow \alpha$ 的相变。特别是在二冷区，坯壳温度的反复下降和回升使铸坯组织发生变化，即相当于热处理过程。这影响到溶质偏析和硫化物、氮化物在晶界的析出，从而影响到钢的高温性能及铸坯质量。

综上所述，连铸坯具有如下凝固特征：

（1）连铸坯冷却强度大，连铸钢水凝固速度快，且连铸机上可安置电磁搅拌器，在相当大的程度上可控制铸坯结构。

（2）铸坯断面相对小，液相穴长，铸坯内钢水强制循环区小，自然对流也弱，夹杂物不易上浮，因而连铸钢水更洁净。

（3）由于铸坯不断向下运动，其每一部分通过铸机时的外界条件都基本相同。因此除了铸坯头尾，铸坯长度方向上的结构比较均匀。

3.3 结晶器的传热与凝固

3.3.1 结晶器内坯壳的形成

钢水浇入结晶器，在钢水表面张力的作用下，钢水与铜壁接触形成一个半径很小的弯月面，如图3-20所示。弯月面半径 r 可表示为：

$$r = 0.543 \sqrt{\frac{\sigma_m}{\rho_m}} \tag{3-50}$$

式中 σ_m——钢水表面张力，N/m^2；

ρ_m——钢水密度，kg/m^3。

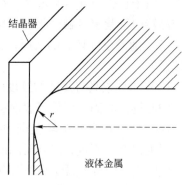

在弯月面根部附近，由于铜壁的冷却作用（冷却速度一般为100℃/s），初生坯壳很快形成。对于低碳钢，裸露钢液时，弯月面半径 r 一般为 0.71cm；钢液面覆盖保护渣时，r 一般为 0.92cm。r 值的大小表示弯月面弹性薄膜的变形能力（夹杂物增加将降低弯月面半径）。r 值越大，弯月面凝固壳受钢水静压力作用而贴上结晶器内壁越容易，坯壳裂纹越不容易发生。

图 3-20　弯月面的形成

随着冷却的不断进行，坯壳逐步增厚。已凝固的坯壳开始收缩，企图离开结晶器的内壁，但这时坯壳尚薄，在钢水的静压力作用下仍紧贴内壁。由于冷却不断地进行，坯壳进一步增厚且刚度增大，当其强度、刚度能承受钢水静压力时，坯壳开始脱离结晶器内壁，铜壁与坯壳之间形成气隙。随着坯壳下降，形成气隙区的坯壳在热流作用下温度回升，强度和刚度减小，钢水静压力使坯壳变形，形成皱纹或凹陷。同时，由于存在气隙，传热减慢，凝固速度减小，坯壳减薄，局部组织粗化，此处裂纹敏感性较大。上述过程反复进行，直到坯壳出结晶器。

结晶器坯壳厚度的生长取决于传热速率，而传热速率取决于结晶器内钢水热量传给冷却水所克服的热阻。结晶器热阻可分为：

（1）钢水与凝固坯壳界面对流传热的热阻；

（2）凝固坯壳传导传热的热阻；

（3）凝固坯壳与结晶器界面的热阻（包括气隙的辐射和对流传热）；

（4）结晶器铜壁传导传热的热阻；

（5）冷却水与铜壁对流传热的热阻。

钢水热量传给冷却水要克服上述五个方面的热阻，其中(1)、(4)、(5)项热阻较小，而(2)项是随坯壳厚度的增加而变化的。最大的热阻是来自坯壳与结晶器内壁之间的气隙，气隙热阻占总热阻的80%以上，对结晶器传热起着决定性作用。结晶器横断面气隙的形成是不均匀的。由于角部是二维传热，坯壳凝固最快、最早收缩，气隙首先在这里形成，传热减慢，凝固也减慢。随着坯壳下移，气隙从角部扩展到中部。由于钢水静压力作用，结晶器中间部位的气隙比角部小，因此角部坯壳最薄，是产生裂纹和拉漏的敏感部位，如图 3-21 所示。

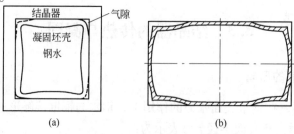

图 3-21　方坯和板坯横向气隙的形成

（a）方坯结晶器；（b）板坯结晶器

关于结晶器长度方向上坯壳增厚的规律，各种方法得出的结论是一致的，坯壳厚度的生长规律用下式表示：

$$e_m = K\sqrt{t} - c \qquad (3\text{-}51)$$

式中 e_m——凝固坯壳厚度，mm；

K——凝固系数，$mm/min^{1/2}$，代表了结晶器的冷却能力，K 受结晶器不同部位、钢种、铸坯断面大小及形状、工艺因素的影响波动较大，其波动范围一般为 $18 \sim 30mm/min^{1/2}$，所以应根据现场实际测定结果求得合适的 K 值；

t——凝固时间，min，$t = \dfrac{H}{v_c}$（v_c 为拉速，H 为结晶器有效高度）；

c——过热度大小的影响，mm，钢水过热度在 $20 \sim 30$℃时 c 值可以忽略。

除保证结晶器内钢液形成足够的坯壳厚度外，还应尽量减轻坯壳厚度的不均匀性。因此，结晶器设计合理（有合理的内腔形状和锥度）、冷却水槽中水流均匀分布、保护渣性能合理、坯壳与结晶器之间保护渣膜均匀、浇注温度低、水口设计合理并严格对中、结晶器液面稳定、防止结晶器变形等因素，对铸坯坯壳的均匀生长影响很大。

3.3.2 结晶器的传热机理

结晶器的传热问题是指如何将钢水的热量传递给冷却水。

3.3.2.1 结晶器中心钢液的传热

经水口流入结晶器的钢流会引起钢液在结晶器内做对流运动，这种对流运动把钢液的过热传给已凝固的坯壳，其热流密度可表示为：

$$q_1 = h_1 (T_c - T_1) \qquad (3\text{-}52)$$

式中 q_1——热流密度，W/m^2；

h_1——对流传热系数，$W/(m^2 \cdot K)$；

T_c——浇注温度，K；

T_1——液相线温度，K。

因为是强制对流运动，液态钢对固态钢的对流传热系数 h_1 可借助垂直于平板的对流传热关系式计算：

$$h_1 / \rho_m c_m \omega = 2/3 Pr^{-2/3} Re^{-1/2} \qquad (3\text{-}53)$$

式中 ρ_m——钢液密度，kg/m^3；

c_m——钢液比热容，$kJ/(kg \cdot K)$；

ω——钢液沿凝固前沿的运动速度，m/s；

Re——钢液流动的雷诺数；

Pr——钢液的普朗特数。

试验指出，在连铸结晶器内估计 $\omega = 0.3m/s$，代入式（3-53）得 $h_1 = 10kW/(m^2 \cdot K)$。假如液态钢过热 $T_c - T_1 = 30K$，则热流密度 $q_1 \approx 300kW/m^2$。与结晶器传走的热流密度（约 $2000kW/m^2$）相比，此对流热流密度是很小的，这说明过热的消失是很快的。对连铸来说，可认为在结晶器高度内过热几乎消失。因此一般认为，在一定限度内可忽略钢水过热度对结晶器传热的影响。

试验指出，对于不同的钢水过热度，结晶器热流差别不大。出结晶器时坯壳厚度基本相同，但注流冲击初生坯壳和铸坯角部坯壳，使其厚度减薄，故增加了拉漏、裂纹的危险，因此要把钢水的过热度限制在一个合适的范围内。

3.3.2.2　坯壳内的导热

在忽略沿拉坯方向传热的前提下，可以认为在凝固坯壳内的传热是单方向传导传热。坯壳靠近钢水一侧温度很高，靠近铜壁一侧温度较低，坯壳内的这种温度梯度可高达550℃/cm。这一传热过程中的热阻取决于坯壳的厚度和钢的导热系数。因此，坯壳对液芯的过热量，特别是两相区的凝固潜热向外传递构成了很大的热阻，热阻可表示为 e_m/λ_m（e_m 为凝固坯壳厚度，λ_m 为钢的导热系数）。若坯壳厚度为 1cm，就可以构成大约 $3.3cm^2 \cdot ℃/W$ 的热阻。传热速率取决于垂直于铸坯表面的温度梯度。当温度梯度为550℃/cm、坯壳厚度为 1cm 时，相对的传热系数为 $0.3W/(cm^2 \cdot ℃)$，热流密度为 $105W/cm^2$。

3.3.2.3　坯壳与结晶器铜壁间的传热

钢液进入结晶器时，除了在弯月面附近有很小面积的结晶器铜壁表面与钢液直接接触而进行热交换，其余部分钢液与结晶器铜壁接触形成了"钢液-凝固坯壳-铜壁"交界面，液-固相界面放出凝固潜热，放出的热量由凝固坯壳传导给铜壁。这种交界面分为以下三种情况，图 3-22 所示为结晶器铜壁与凝固坯壳的接触情况。

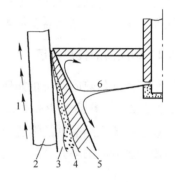

图 3-22　结晶器铜壁与凝固
坯壳的接触情况
1—冷却水；2—结晶器；3—气隙；
4—渣膜；5—坯壳；6—钢流

（1）弯月面区坯壳形成点。此处热流密度相当大，高达 $150 \sim 200W/cm^2$，可使钢液迅速凝固成坯壳，冷却速度达 100℃/s。

（2）凝固坯壳与铜壁紧密接触区。坯壳与铜壁紧密接触的高度约为 200mm，此时钢壳靠传导方式传热给铜壁。在这个区域里导热效果比较好，凝固坯壳传给铜壁的热流密度按下式计算：

$$q_m = -\lambda_m \left(\frac{\partial T}{\partial x}\right)_m = \lambda_{Cu}/e_{Cu}(T_b - T_w) = q_e \tag{3-54}$$

式中　q_m——凝固坯壳传给铜壁的热流，W/m^2；

$\quad\quad q_e$——铜壁传给冷却水的热流，W/m^2；

$\quad\quad \lambda_m$——钢的导热系数，$W/(m \cdot K)$；

$\quad\quad \lambda_{Cu}$——铜壁的导热系数，$W/(m \cdot K)$；

$\quad\quad e_{Cu}$——铜壁厚度，m；

$\quad\quad T_b$——铜壁内表面温度，K；

$\quad\quad T_w$——冷却水温度，K。

（3）坯壳收缩与铜壁产生气隙区。坯壳表面与铜壁的热交换是依靠辐射和对流传热（或气体层导热）进行的。该区域凝固坯壳传给铜壁的热流密度按下式计算：

$$q_m = -\lambda_m \left(\frac{\partial T}{\partial x}\right)_m = \varepsilon\sigma_0(T_0^4 - T_b^4) + h_0(T_0 - T_b) \tag{3-55}$$

式中 ε——钢坯的黑度；

$\quad\quad\sigma_0$——绝对黑体的辐射系数，$W/(m^2 \cdot K)$；

$\quad\quad h_0$——气隙对流传热系数，$W/(m^2 \cdot K)$；

$\quad\quad T_0$——环境温度，K；

$\quad\quad T_b$——铸坯表面温度，K。

如气隙很小，则对流传热项可视为气体层导热 $\lambda_0/\delta[T_0 - T_b]$（$\lambda_0$ 为气隙导热系数，$W/(m \cdot K)$；δ 为气层厚度，m）。

由于坯壳与铜壁紧密接触时结晶器角部冷却最快，首先在角部出现气隙，随后再向中部扩展。在气隙中，坯壳与铜壁之间的热交换以辐射和对流方式进行。由于气隙造成了很大的界面热阻，降低了热交换速率，所以坯壳在气隙处可出现回温膨胀，或因抵抗不住钢水静压力而重新紧贴到铜壁上，使气隙很快消失。气隙消失后，界面热阻也随之消失，导热量增加会使坯壳再次降温收缩而重新形成气隙，然后消失，再形成，如此重复。所以在结晶器内，坯壳与铜壁的接触表现为时断时续。实验表明，气隙一般都是以小面积而不连续的形式分散在铜壁与坯壳之间，气隙出现的位置具有随机性，并没有固定的空间位置。但统计结果表明，距弯月面越远，气隙出现得越多，厚度也越大。所以，使结晶器具有一定的锥度，对于减少气隙的存在和提高结晶器的冷却效果是行之有效的一个必要措施。

由于坯壳角部的刚度较大，出现在角部的气隙厚于出现在坯壳表面中部的气隙，因此角部气隙的界面热阻也比中部气隙的大。故当气隙存在时，从中部至角部的坯壳与铜壁间的热流密度是逐渐减小的，这说明沿结晶器截面上的冷却强度是不均匀的。由于气隙的存在和坯壳表面温度的变化，沿结晶器长度方向上坯壳与铜壁间的热流密度也是变化的。图 3-23 所示为小方坯连铸结晶器的热流密度随时间的变化关系。从图 3-23 可以看出，热流密度沿结晶器长度方向是逐渐降低的。

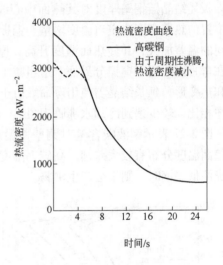

图 3-23 小方坯连铸结晶器的
热流密度随时间的变化关系

3.3.2.4 结晶器铜壁内的导热

铜壁的导热性能好，铜壁也普遍较薄，其热阻很小，一般传热系数为 $2W/(cm^2 \cdot ℃)$ 左右。热阻可表示为 e_{Cu}/λ_{Cu}（e_{Cu} 为铜壁厚度，λ_{Cu} 为铜的导热系数）。决定铜壁散热量大小的主要因素是铜壁两表面的温度分布。通常把铜壁面向坯壳的一面称为热面，把铜壁面向冷却水的一面称为冷面。图 3-24 示出沿结晶器长度方向上铜壁热面和冷面的温度分布情况。

影响铜壁面温度分布的主要因素是冷却水流速、结晶器壁厚和钢液碳含量。图 3-25 示出冷却水流速对铜壁面温度分布的影响。由图 3-25 可知，在冷却水流速为 5~8m/s 时，接近结晶器钢液面区域的水缝中的冷却水开始沸腾。冷却水流速较低时，在结晶器铜壁温度较低的条件下就可以产生冷却水沸腾。冷却水流速增高至 11m/s 时，可使冷面温度明显下降，沸腾完全消失，热面温度也相应降低。

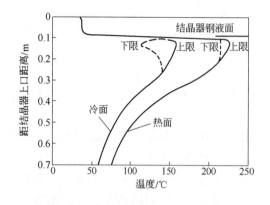

图 3-24　结晶器铜壁面的温度分布

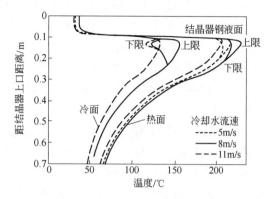

图 3-25　冷却水流速对铜壁面温度分布的影响
（钢中碳含量大于 0.2%，结晶器壁厚为 9.53mm）

板坯结晶器铜壁厚度对其热面中心线温度影响规律如图 3-26 所示。沿拉坯方向，不同位置的热流密度决定着温度增量。铜板加厚，热阻增大，则热流密度一定时热面与背板之间的温差加大，并使热面温度升高；厚度每增加 5mm，热面最大温升约为 30℃，且出现在弯月面附近和铜镍分界处。适当减小铜板厚度可降低热面温度，有助于降低铜板热应力和热变形，延长结晶器使用寿命。由于厚壁结晶器常用于浇注较大断面铸坯，与小断面浇注相比，较少遇到冷却水沸腾现象。

图 3-27 表示钢液碳含量对铜壁面温度分布的影响。浇注高碳钢与浇注低碳钢相比，铜壁面温度分布有较大差别。高碳钢温度较高，浇注时易产生冷却水沸腾；而在同样条件下浇注低碳钢时，则不会产生沸腾。

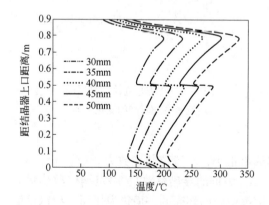

图 3-26　板坯结晶器铜壁厚度
对其热面中心线温度的影响规律

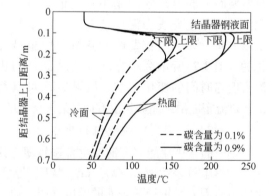

图 3-27　钢液碳含量对铜壁面温度分布的影响
（结晶器壁厚为 9.53mm，冷却水流速为 8m/s）

3.3.2.5　结晶器铜壁与冷却水的传热

在结晶器水缝中，冷却水通过强制对流迅速地将铜壁的热量带走，保证铜壁处于再结晶温度之下，不致使结晶器发生永久变形。

结晶器铜壁与冷却水之间的传热有以下三种情况，如图3-28所示。图3-28中的第一区为强制对流传热区，传热良好。热流密度与结晶器铜壁和冷却水的温差成线性关系，冷却水与壁面进行强制对流换热。两者间的传热系数受水缝的几何形状和冷却水的流速影响，可由下式进行计算：

$$h = 0.023 \frac{\lambda}{d} \left(\frac{dv}{\nu} \right)^{0.8} \left(\frac{\nu}{a} \right)^{0.4} \quad (3-56)$$

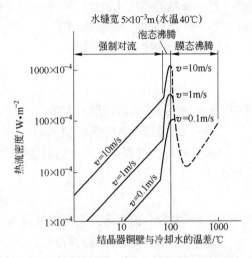

图 3-28　结晶器铜壁与冷却水的界面传热

式中　h——传热系数，$W/(cm^2 \cdot ℃)$；

λ——水的导热系数，$W/(cm^2 \cdot ℃)$；

d——水缝当量直径，cm；

v——冷却水流速，cm/s；

ν——水的黏度，cm^2/s；

a——水的导温系数，cm^2/s。

图3-28中的第二区（中部）为泡态沸腾区，可看到当结晶器铜壁与冷却水温差稍有增加时，热流密度会急剧增加，导致铜壁有过热现象。这是由于冷却水被汽化生成许多气泡，造成水流的强度扰动而形成了泡态沸腾传热。

图3-28中的第三区（右半部）为膜态沸腾区，可看到当热流密度由上升转为下降，而结晶器铜壁温度升高很快，此时会使结晶器产生永久变形，甚至烧坏结晶器，这是由于结晶器与冷却水的温差进一步加大时，冷却水汽化过于强烈，气泡富集成一层气膜，将冷却水与结晶器铜壁隔开，形成很大的热阻，传热学上称之为膜态沸腾。

因此对于结晶器来说，应力求避免在泡态沸腾区和膜态沸腾区内工作，尽量保持在强制对流传热区内工作，这对于延长结晶器使用寿命相当重要。为此，可采取如下措施：

（1）结晶器水缝中水的流速是保证冷却能力的最重要因素，通过理论计算和实践经验指出，若水缝中水的流速大于8m/s，就可以避免水的沸腾，保证良好的传热，如水的流速再增加则对传热影响不大；

（2）控制好结晶器进出水温度差，一般为3~8℃，不能超过10℃。

3.3.3　结晶器的散热量计算

铸坯和铜壁之间的传热情况比较复杂，从理论上对此做出准确的预测是相当困难的，曾经有各种各样根据经验关系函数和实测结果进行边界条件设定的方法。坯壳和结晶器之间的传热系数是结晶器内位置、拉速及保护渣特性参数的函数，而且还与钢的线性收缩性、钢的高温强度、结晶器锥度和长度以及坯壳的表面温度等有关。因此，一般采用热平衡方法来研究结晶器的传热速率，即结晶器导出的热量=冷却水带走的热量，得：

$$Q = Wc(T_1 - T_2) \quad (3-57)$$

式中　Q——结晶器总散热量，kJ/min；

W——结晶器冷却水的质量流量，kg/min；

c——水的比热容，$kJ/(kg \cdot K)$；

T_1——结晶器出水温度，K；

T_2——结晶器进水温度，K。

结晶器热流密度按下式计算：

$$q = \frac{Q}{S} \qquad (3\text{-}58)$$

式中　q——结晶器热流密度，W/m^2；

　　　S——结晶器有效受热面积，m^2。

连铸传热计算过程中，由于结晶器的设计参数及结构不同，一般采用下式计算平均热流密度 $\bar{q}$：

$$\bar{q} = 268 - \beta \sqrt{t_m} \qquad (3\text{-}59)$$

式中　β——常数，由实际测定的结晶器热平衡计算确定；

　　　t_m——钢水通过结晶器的时间。

Savage 和 Pritchard 给出了静止水冷铜结晶器的热流密度与钢水在结晶器中停留时间的关系式：

$$q = 268 - 33.5\sqrt{t} \qquad (3\text{-}60)$$

式中　q——静止水冷铜结晶器的热流密度，W/cm^2；

　　　t——钢水在结晶器中的停留时间，s。

用拉速 v_c 和结晶器内钢水高度 L 来代替 t，积分式（3-60）可得平均热流密度为：

$$\bar{q} = 1/t_m \int_0^{t_m} q \cdot dt = 268 - \frac{2}{3} \times 33.5\sqrt{t_m} = 268 - 22.3\sqrt{\frac{L}{v_c}} \qquad (3\text{-}61)$$

式中　t_m——钢水通过结晶器的时间，s；

　　　L——结晶器内钢水高度，cm；

　　　v_c——拉坯速度，cm/s。

Lait 等调查了不同浇注条件下（如不同的结晶器形状、润滑方式、浇注速度、铸坯尺寸等）实际测量得到的平均热流密度，为：

$$\bar{q} = 268 - 22.19\sqrt{t_m} \qquad (3\text{-}62)$$

蔡开科推荐了下面的公式：

$$\bar{q} = 268 - 27.6\sqrt{t_m} \qquad (3\text{-}63)$$

当拉速增加时，钢水在结晶器中的停留时间减少，坯壳与结晶器接触紧密，平均热流密度增加，但单位质量钢水的散热量减少。因此拉速增加时，虽然结晶器平均热流增加，但凝固坯壳厚度减小。拉速一定时，热流密度还受其他因素影响，如断面大小和形状、保护渣黏度、结晶器类型等。

实际工程中研究沿结晶器高度热流密度的变化，对分析结晶器局部散热的状况和坯壳生长的均匀性均非常重要。结晶器散热量波动与坯壳表面和铜壁之间的接触状况有关。在板坯结晶器铜板的不同高度装入热电偶，测定热面（靠近钢水面）和冷面（靠近冷却水）的铜板温度，计算沿结晶器高度热流密度的变化，如图 3-29 所示。由图 3-29 可知，在使用同一保护渣的条件下，提高拉速，热流密度增加；随结晶器高度的增加，在钢水弯月面下30~50mm 处（相当于钢水在结晶器中的停留时间约为 2.5s，坯壳厚度为 3.5mm）热流密度最大，然后热流密度逐渐下降，说明该处坯壳厚度达到能抵抗钢水静压力的程度；而后坯壳开始收缩并与铜壁脱离，气隙形成，热阻增加，热流密度明显减小。在弯月面处，热流密度也较小，这是因为钢水的表面张力作用使其与铜壁形成弯月面，钢水离开铜壁，热量向钢水面上部铜壁传递，减少了弯月面的热流密度。

结晶器最大热流密度的减少是由坯壳的急剧收缩所致，这是因为弯月面区域冷却强度太大，局部坯壳过冷引起过度收缩；随温度下降，坯壳发生 $\delta \to \gamma$ 转变，引起局部收缩最大（0.38%），S、P 的显微偏析最小，高温坯壳强度较高而能抵抗钢水静压力。

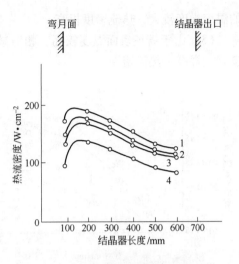

图 3-29 沿结晶器高度热流密度的变化

1—1.3m/min；2—1.1m/min；
3—1m/min；4—0.5m/min

3.3.4 影响结晶器传热的因素

结晶器的热传导是影响结晶器中坯壳的一个重要参数。随着高速浇注的发展，热流测量成为监视结晶器中凝固过程的一个重要工具，特别是在过程自动控制方面更为重要。只要较简单地处理结晶器热流数据，就可以找出其与坯壳生长特性之间的关系，这可使连铸操作及控制达到最佳化。结晶器热流对高速浇注特别重要，因为此时在结晶器出口处需要有足够厚的坯壳。

从前述结晶器传热的分析中可知，钢液把热量传给冷却水要经过坯壳与钢液间界面、坯壳、坯壳与铜壁界面、铜壁、铜壁与冷却水界面等。其中，气隙对结晶器内的热交换和钢液的凝固起决定性作用。因此，改善结晶器传热的主要措施应是减小气隙热阻。下面从操作工艺和结晶器设计参数两个方面来讨论影响结晶器传热的因素。

3.3.4.1 浇注速度

浇注速度及相应的钢水在结晶器中停留时间，是影响结晶器热流变化的最主要因素。拉速对结晶器热流的影响可用钢水在结晶器中停留时间表示，这样可以补偿不同结晶器长度的影响。拉速对结晶器平均热流密度的影响如图 3-30 所示。由图 3-30 可知，拉速增加，结晶器平均热流密度增加；但拉速增加，钢水在结晶器中的停留时间减少了，结晶器内单位质量钢水放出的凝固潜热是减少的，因而导致坯壳减薄。由图 3-31 可以看出，拉速增加 10%，结晶器出口坯壳厚度大约减少 5%，所以拉速是控制结晶器出口坯壳厚度最敏感的因素。操作时，应保证出结晶器下口铸坯坯壳不致被拉漏的安全厚度，通常小断面铸坯坯壳的安全厚度为 8~10mm，大断面板坯坯壳的安全厚度应不小于 15mm。在此前提下应尽可能采用高的拉速，以充分发挥铸机的生产能力。

浇注速度及相应的结晶器中钢水停留时间的影响，其解释如下：

（1）在极短的凝固时间内，坯壳相对较薄，坯壳被钢水静压力紧紧地压到结晶器铜壁上，因此增加了热流密度。

（2）在较短的停留时间内，铸坯的表面温度较高，因此铸坯表面与结晶器铜壁之间的温度梯度较大，热流密度提高。

（3）由于铸坯表面温度较高，相对减少了坯壳的收缩。由于坯壳与结晶器铜壁接触良好，提高了热流密度。

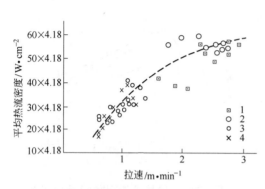

图 3-30　拉速对结晶器平均热流密度的影响
1—方坯；2—圆坯；3—板坯（弧形）；
4—板坯（立弯式）

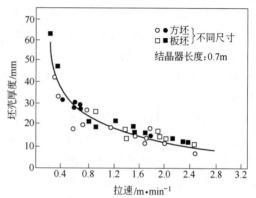

图 3-31　拉速与坯壳厚度的关系

3.3.4.2　结晶器冷却强度

结晶器铜壁温度是影响结晶器变形的主要因素。从防止结晶器变形的角度来讲，要求结晶器具有一定的冷却强度和合适的进出水温度，且冷却均匀。

若结晶器传热速率太高，则铜板冷面温度超过水的沸点，处于泡态沸腾的冷却状态。因此，若要保持高的传热效率，必须保持合适的水流速。若水流速低于此值，则不能把蒸汽泡冷凝带走，在铜板冷面形成蒸汽屏障，传热系数大大降低，会使弯月面区的铜板温度迅速升高而产生"过热"。因此，保持结晶器冷却强度对结晶器传热是非常重要的。

图 3-32 所示为冷却水流量（流速）对结晶器传热的影响。由图 3-32 可知，结晶器冷却水流速的增高可明显降低结

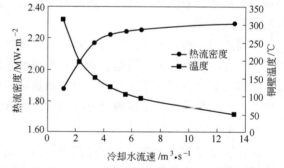

图 3-32　冷却水流量（流速）对结晶器传热的影响

晶器温度，导出热量增大；但水流速从 6.0m/s 增加到 13.2m/s 时，热流密度从 2.23MW/m² 增加到 2.29MW/m²，仅增加 1.8%，即再增加水量时热流密度基本保持不变。其原因是结晶器冷面传热的提高，被热面坯壳收缩量增加而引起的气隙厚度的增加所抵消。

冷却水温度在 20~40℃ 范围内波动时，结晶器总热流变化不大。结晶器进出水温度差一般控制在 6~8℃，出水温度为 45~50℃。若出水温度过高，则结晶器容易形成水垢，影响传热效果。冷却水压力是保证冷却水在结晶器水缝中流动的主要动力，冷却水压力必须控制在 0.5~0.66MPa 范围内，提高水压可以加大流速，也可减少铸坯菱变和角裂，还有利于提高拉坯速度。结晶器冷却水流速在 6~12m/s 内变化时，总热流量的变化不会超过 3%。因此，生产中要保持结晶器冷却水水量和进出温度差的稳定，以利于坯壳均匀生长。

另外，对结晶器冷却水的水质也有一定要求。结晶器热流往往比高压锅炉大一个数量

级，这样大的热流通过铜板传给冷却水时，铜板冷面温度很可能超过 100℃ 而使水产生沸腾，水垢沉积形成绝热层，导致热阻增加、热流下降。沉积的水垢导热系数很小，导致铜板温度升高，结晶器产生变形，因此结晶器必须使用软水。

3.3.4.3 结晶器设计参数

A 结晶器锥度

为了得到均匀的坯壳，随着铸坯向下运动，结晶器内部形状应符合坯壳冷却收缩，使坯壳与铜壁保持良好的接触。为此，冷态时铸坯断面尺寸（铸坯公称尺寸）加上坯壳收缩量即为结晶器上口空腔尺寸，而结晶器下口尺寸取决于结晶器内坯壳的平均收缩量。所以，结晶器内腔断面应做成沿整个高度上大下小的形状（常称为锥度），使其与坯壳冷却收缩相适应，以减少气隙，有利于增加热流和改善结晶器坯壳生长的均匀性。系统的研究表明，采用带锥度的结晶器可使结晶器热流显著提高，但同时摩擦力也随之明显地增大。因此，在实际操作时所采用的结晶器锥度必须是安全的，避免摩擦力过大。

锥度应按钢种和拉速来选择，结晶器断面尺寸的减小量应不大于铸坯的线收缩量。收缩量 Δl 可根据从弯月面到结晶器出口坯壳的温度变化 ΔT 和坯壳收缩系数 β 来确定，即：

$$\Delta l = \Delta T \cdot \beta \tag{3-64}$$

对于 δ-Fe，$\beta = 16.5 \times 10^{-6}/℃$；对于 γ-Fe，$\beta = 22.0 \times 10^{-6}/℃$。若锥度过大，则拉坯阻力大，易产生拉裂，导致拉坯困难，结晶器下口严重磨损。

对于不同的钢种和铸坯尺寸，推荐的结晶器倒锥度如下：80~110mm 方坯结晶器的锥度为 (0.3~0.4)%/m，110~140mm 方坯结晶器的锥度为 (0.4~0.6)%/m，140~200mm 方坯结晶器的锥度为 (0.6~0.9)%/m。

小方坯管式结晶器可做成单锥度，也可做成多锥度；尤其在高拉速情况下，做成抛物线形或自适应型更好。板坯结晶器的宽面锥度为 (0.9~1.1)%/m，而窄面锥度为 (0~0.6)%/m。采用保护渣的圆坯结晶器的倒锥度通常是 1.2%/m。

B 结晶器长度

作为一次冷却，结晶器长度是一个非常重要的参数。结晶器内钢将导出热量传递给铜壁主要是在结晶器上部进行，上半部传递的热量占 50% 以上。当气隙形成后，结晶器下部导出热量减少。确定结晶器长度的主要依据是铸坯出结晶器下口时的坯壳最小厚度。从传热的角度考虑，结晶器不宜过长，否则会影响传热效率。过去常把结晶器长度设计为 700mm 左右。近年来，结晶器设计的进步，如抛物线内腔形状、自适应锥度结晶器的研制成功，使高速连铸得以发展，这种设计的进步正克服了结晶器下部传热不良的不足。为提高拉速、增加坯壳厚度，高速连铸机的结晶器长度采用 900mm 更为合适，且国内外一些厂家的结晶器长度已超过 1000mm。

C 结晶器铜壁厚度

结晶器铜壁厚度对结晶器寿命和板坯表面质量都有重要影响。特别是在弯月面处的铜壁厚度，其影响该处铜壁热面温度，因而对渣圈厚度、振痕深度、结晶器热流都有影响。采用较厚的铜壁可以降低其冷面温度，因而可以在弯月面处的冷面上减少引起脱方的间歇沸腾。同时，壁厚还可以减少负锥度的形成，因而也可以减少负滑动时铜壁与铸坯的相互作用，使振痕变浅、抗鼓肚能力强。但铜壁也不能过厚，否则在弯月面处热面温度过高。

结晶器铜壁厚度的选择取决于结晶器热流和铜壁的工作温度。从铜壁承受的热流强度来看，在弯月面区铜壁热面壁温度不应超过铜再结晶温度，冷面温度不应超过100℃。因此，铜壁厚度的选择应与结晶器热流强度和铜壁温度相适应。同时，其受拉速的影响，拉速高，铜壁应随之减薄；反之，铜壁应随之增厚。

3.3.4.4　结晶器材质

一般结晶器热面使用温度为200~300℃，特殊情况下，最高处可达500℃。这就要求结晶器材质导热性好、抗热疲劳、强度高、高温下膨胀小、不易变形。纯铜导热性好，但弹性极限低，易产生永久变形，所以多采用强度高的铜合金，如Cu-Cr、Cu-Ag合金等。这些合金在高温下抗磨损能力强，使结晶器器壁寿命比纯铜高几倍，其性能比较见表3-2。

表 3-2　铜合金性能比较

铜合金类型	弹性极限 /$N \cdot cm^{-2}$	断裂强度 /$N \cdot cm^{-2}$	伸长率 /%	硬度 (HB)	抗拉强度(200℃) /$N \cdot mm^{-2}$	再结晶温度 /℃	导热系数 /$W \cdot (m \cdot K)^{-1}$
Cu-P 合金	>255	225.4	20	90~100	255	200	389
Cu-Ag 合金	>245	>294	17	90~100	245	350	376
Cu-Cr 合金	274.4~353	392~441	18~20	110~130	300~400	475	355
Cu-Zr-Cr 合金	480	509.6	20	130	400	>500	355

3.3.4.5　热顶结晶器

铸坯表面质量在很大程度上取决于弯月面处初生坯壳的均匀性，而初生坯壳的均匀性取决于弯月面处的热流密度和传热的均匀性。若热流密度大，则初生坯壳增长太快，会增加振痕深度，同时使坯壳提早收缩，增加了坯壳厚度的不均匀性；此外，局部产生凹陷，组织粗化，产生明显的裂纹敏感性。为此，在结晶器弯月面区域镶嵌低导热性材料，以减小热流密度，延缓坯壳收缩。

一般在结晶器热面弯月面区域镶嵌的材料有 Ni、C-Cr 化合物和不锈钢以及陶瓷材料插件，如图 3-33、图 3-34 所示。试验表明，浇注低碳钢，当拉速为 1.3m/min 时，弯月面处的热流密度为：普通结晶器 2MW/m^2，热顶结晶器 0.5MW/m^2。采用热顶结晶器使热流减少了 75%，振痕深度减少了 30%，表面质量得到了改善。

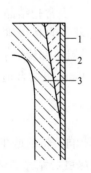

图 3-33　带不锈钢插件的热顶结晶器
1—镀镍层；2—不锈钢插件；3—铜基板

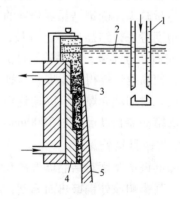

图 3-34　带陶瓷插件的热顶结晶器
1—浸入式水口；2—保护渣；3—陶瓷结晶器；
4—铜结晶器；5—坯壳

3.3.4.6 结晶器的形状及类型

高速连铸是当今连铸发展的方向，但仍需要解决一些提高凝固传热效率的难题，一种行之有效的方法是改进结晶器的形状及振动方式。对坯壳生长动态的研究可知，普通结晶器中有不利于坯壳生长的因素。凝固收缩力和钢水静压力的相互作用使坯壳生长不均匀，这种现象在小方坯角部极为明显，导致坯壳角部与结晶器角部分离而产生折曲，增加了小方坯角部产生纵向裂纹的概率。坯壳表面大的温差使坯壳内部产生大量热应力。在结晶器上部，坯壳抗菱变性较低，角部产生纵裂的可能性高，且坯壳温度变化大。为防止质量降低，只能用延长二冷区喷水时间（即降低拉速）的方法来补偿结晶器的不足。为了提高生产率，降低成本，冶金工作者不断探索，对结晶器进行优化，开发出凸形、凹形或其他形状的结晶器，使连铸速度不断提高，效果良好。图 3-35 所示为凸面结晶器与普通平面结晶器在内腔形状及凝固坯壳生长的比较。

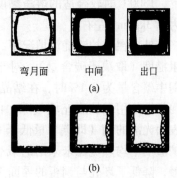

图 3-35 结晶器内腔形状及
凝固坯壳生长的比较
（a）凸面结晶器；（b）普通平面结晶器

3.3.4.7 结晶器润滑

结晶器润滑可以减小拉坯阻力，并可由于润滑剂充满气隙而改善传热。

用保护渣进行润滑时，保护渣在结晶器钢液面上形成液渣层，由于结晶器振动，液渣从弯月面渗漏到坯壳与铜壁之间的气隙处，形成均匀渣膜，起润滑作用。同时，据实测，渣膜的导热系数约为铜的 1/325，而比气隙中空气大 13 倍，从而明显改善了结晶器的传热，使坯壳均匀生长，形成足够厚的坯壳，防止热裂纹的产生。

一般来讲，油润滑的平均热流密度超过保护渣润滑的平均热流密度。而保护渣特性不同，平均热流密度也不同，如图 3-36 所示。

保护渣对结晶器热流密度的影响主要取决于渣膜厚度和黏度，而渣膜厚度是保护渣黏度和拉速的函数，即：

$$e = \sqrt{\frac{\eta v_c}{g(\rho_m - \rho_s)}} \qquad (3-65)$$

式中　e——渣膜厚度，mm；

η——保护渣黏度，Pa·s；

v_c——拉速，m/min；

g——重力加速度，cm/s²；

ρ_m——钢的密度，g/cm³；

ρ_s——保护渣密度，g/cm³。

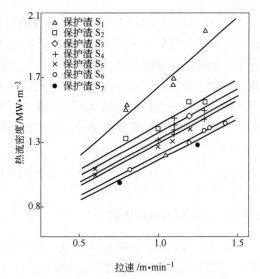

图 3-36 不同类型的结晶器保护渣与
热流密度的关系

当拉速一定时，保护渣膜厚度主要取决于渣的黏度。黏度太高，则渣的流动性不好，形成薄厚不均且不连续的渣膜；黏度太低，则渣膜厚度较薄。虽然这两种情况会得到较高的结晶器热流值，但热流不稳定，这就意味着坯壳厚度不均匀。因此，应有一个合适的黏度值，以便得到均匀的渣膜。结晶器热流稳定，就意味着坯壳均匀生长。

合适的熔渣黏度受到钢种和拉速的影响。经验指出，拉速提高，黏度应降低。一般情况下，1300℃时较合适的熔渣黏度是 0.2~0.6Pa·s，渣膜厚度为 0.15~0.3mm，渣消耗量为 0.3kg/m² 左右。

另外，在保护渣浇注情况下，对结晶器热流产生影响的不只是渣膜厚度，还有铸坯表面粗糙度（取决于碳含量）。对于坯壳表面有褶皱的钢（即碳含量为 0.07%~0.17%），当钢中碳含量为 0.1%时，在结晶器弯月面下早期形成的气隙使热流最低，导致坯壳生长不均匀。如用保护渣充填气隙，由于渣的导热率大于空气，平均热流增加 10%。对于坯壳表面光滑的钢（即碳含量低于 0.07%或高于 0.17%），当钢中碳含量为 0.4%时，采用保护渣的平均热流比未采用的减少 28%。这是由于钢水静压力作用使坯壳与结晶器均匀接触，降低了坯壳与铜板的界面热阻，热流较大；而使用保护渣时在坯壳周围形成一层绝热膜，导致结晶器热流降低。

因此，为改善结晶器的润滑和传热，保护渣应满足如下要求：控制熔化速率使钢液面上有充分的液渣供应，液渣层应保持一定厚度（如 10mm）和均匀性；渣的熔点应低于结晶器出口处坯壳的表面温度；应根据拉速选择合适的渣黏度。

3.3.4.8　钢水过热度

理论计算及实测表明，当拉速和其他工艺条件一定时，过热度每增加 10%，结晶器最大热流密度可增加 4%~7%，坯壳厚度可减小 3%，但过热度对平均热流密度的影响并不大。过热度过高时，因结晶器液相穴内钢液的搅动冲刷，使凝固的坯壳部分重熔，会增加拉漏的危险。

此外，浇注钢种的成分也对结晶器的传热产生影响。如当 $w[C]=0.12\%$ 时，发生包晶反应，坯壳发生 $\delta \rightarrow \gamma$ 的相变并伴随着最大的线收缩（0.38%）。由于收缩使坯壳向里弯曲，造成坯壳表面与结晶器铜壁间出现缝隙，从而引起热流显著减少，结晶器铜壁温度波动较大。观察漏钢坯壳得出，此时凝固坯壳最薄，坯壳内表面有褶皱，外表面粗糙甚至有凹陷。随着碳含量的增加（$w[C]>0.15\%$），结晶器导出热流增大，坯壳褶皱减轻。当 $w[C]>0.25\%$ 时，热流基本不变，坯壳表面趋于平滑，坯壳厚度均匀。

3.4　二冷区的传热与凝固

3.4.1　二冷区的冷却特点

从结晶器拉出来的铸坯凝固成一个薄的坯壳，而其中心仍为高温钢水。由于铸坯凝固速度比拉坯速度慢很多，随着浇注的进行，铸坯内形成一个很长的液相穴。铸坯带着液芯进入二冷区接受喷水冷却，目的是使铸坯完全凝固，且表面温度分布均匀、内外温度梯度小，然后进入拉矫机。铸坯在二冷区全部凝固还需散出 210~298kJ/kg 的热量。所以，为使铸坯继续凝固，在从结晶器出口到拉矫机的长度内设置一个喷水冷却区，称为二冷区。

在二冷区内向铸坯表面喷射雾化水滴，铸坯表面温度突然降低，铸坯表面和中心之间形成了较大的温度梯度，这是铸坯向外传热的动力。二冷区设有喷水系统和按弧线排列的夹辊，起支承铸坯和导向作用，使铸坯沿一定的弧形轨道运行而不产生鼓肚。

根据铸坯凝固热平衡的测定计算，设钢水总热量为100%，连铸机内各区散热的比例为：结晶器16%～20%，二冷区23%～28%，辐射区50%～60%。可见，结晶器带走的热量仅占钢水完全凝固热量的20%左右，所以只有使带液芯的坯壳进入二次冷却装置接受喷水冷却，铸坯才能完全凝固。

连铸坯凝固与模铸钢锭的不同之处在于，喷水冷却可使凝固速度提高20%。但并不是随着冷却速度的增加，传热量也成比例增加。因为钢的导热系数是一定的，由铸坯液芯向外传热的速度是随坯壳厚度增加而减慢的。因此，要尽可能改善喷雾水滴与铸坯表面的热交换，以提高二次冷却效率。

二冷区铸坯表面热量传递方式根据连铸机的类型和操作条件不同可能有很大区别，一般包括以下方式：辐射，25%；喷雾水滴蒸发，33%；喷淋水加热，25%；辊子与铸坯的接触传导，17%，如图3-37所示。

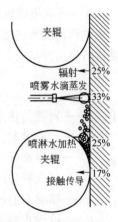

图 3-37　二冷区铸坯
表面传热方式

3.4.2　二冷区传热机理

二冷区内铸坯的冷却情况与结晶器内有很大的不同。在二冷区，铸坯除了向周围辐射和向支撑辊导热，主要的散热方式是表面喷水强制冷却。铸坯在二冷区每一个辊距之内都要周期性地通过四种不同的冷却区域，即图3-38所示的 AB、BC、CD 和 DA 区。

（1）AB 空冷区，是指喷淋水不能直接覆盖的区域。在该区域内坯壳主要以辐射形式向外散热，另外，还与空气和喷溅过来的小水滴或水汽进行对流换热。空冷区的热流密度可用下式计算：

$$q = \varepsilon C_0 \left[\left(\frac{T_b}{100} \right)^4 - \left(\frac{T_0}{100} \right)^4 \right] + h(T_b - T_0) \quad (3\text{-}66)$$

式中　q——坯壳表面热流密度，W/m^2；

　　　ε——坯壳表面黑度，一般取值为 0.7～0.8；

　　　C_0——黑体辐射系数，$W/(m^2 \cdot K^4)$，约为 5.675W/$(m^2 \cdot K^4)$；

　　　T_b——坯壳表面温度，K；

　　　T_0——周围空气温度，K；

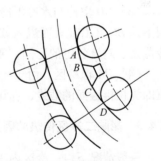

图 3-38　一个辊距之内的
不同冷却区域

　　　h——对流传热系数，$W/(m^2 \cdot K)$，当邻近铸坯表面的空气流速不大于 3m/s 时，h 一般取值为 20～23W/$(m^2 \cdot K)$。

（2）BC 水冷区，是指被喷淋水直接覆盖的区域。在该区内一部分冷却水被汽化，由于汽化吸热量很大，1kg 水可吸收 2200kJ 左右的热量，从而使铸坯表面大量散热。实测结果表明，当铸坯表面喷水冷却、铸坯表面温度保持在大约 1050℃ 时，若耗水量在0.56～

1.94L/（m² · s）内变化，则汽化水相对量为 8%~10%。铸坯消耗于冷却水的热流密度可按下式计算：

$$q_v = \eta C_e \rho_w W \qquad (3-67)$$

式中　q_v——消耗于冷却水汽化的热流密度，W/m²；

　　　　η——变为蒸汽的水的百分率，%；

　　　　C_e——水的汽化热，J/kg；

　　　　ρ_w——水的密度，kg/m³；

　　　　W——单位坯表面积耗水量，也称喷水密度，m³/（m² · s）。

未被汽化的水还要沿坯壳表面流动，与坯壳进行着强制对流换热。当坯壳水平放置而喷嘴进行纵向冲洗时，对流换热系数可由式（3-68）确定：

$$h = C \frac{\lambda}{d} \times \left(\frac{vd}{\nu} \right)^n \qquad (3-68)$$

式中　h——对流传热系数，W/（m² · ℃）；

　　　　C——经验常数，紊流下 C 取 0.032；

　　　　λ——喷淋水导热系数，W/（m² · ℃）；

　　　　d——坯壳特征尺寸，m；

　　　　v——喷淋水沿坯壳表面流速，m/s；

　　　　ν——喷淋水黏度，m²/s；

　　　　n——经验常数，紊流下 n 取 0.8。

事实上，二冷区铸坯表面热交换不完全符合式（3-68）的应用条件，因为水的沸腾以及汽膜的形成破坏了铸坯表面的边界层，而且喷嘴水流速度场不均匀等许多因素都使对流换热系数的确定变得十分困难和复杂。

（3）CD 空冷与水冷混冷区。该区虽不能被喷淋水直接覆盖，但有一部分水在重力作用下从 BC 区沿坯表面流入该区，所以该区兼有 AB 区和 BC 区的传热形式。空冷辐射与水冷蒸发、对流各占的比例，要根据坯的空间位置、喷嘴形式和辊列布置等影响因素而定。

（4）DA 辊冷区。由于坯壳的鼓肚变形，夹辊与坯壳表面不是线接触而是面接触，DA 弧即为该接触面的截线，在该区内坯壳以接触导热的形式向辊散热。

3.4.3　影响二冷区传热的因素

一般情况下，二冷区内辐射散热与夹辊冷却主要受连铸机设备类型与布置的制约，在生产中属于基本固定或不易调整的因素。而水冷是二冷区内主要的冷却手段，对喷淋水冷却效率有影响的很多因素在生产中是可变和可调整的，这些因素的变化直接影响着二冷区内的热交换。影响二冷区传热的因素如下。

3.4.3.1　喷嘴结构及其布置

理想的喷嘴结构应能使喷淋水雾化得很细且有较高的喷淋速度，使水滴在铸坯表面分布均匀。喷嘴的形式有许多种，目前常用的有扁平喷嘴、螺旋喷嘴、圆锥喷嘴和薄片喷嘴等。

喷嘴的布置直接影响铸坯冷却的均匀程度，应尽量保证铸坯表面喷雾覆盖的连续性。因此在布置喷嘴时，可以使两个相邻喷嘴喷雾面之间有一定的重叠。试验证明，当喷雾面重叠 10% 时，对重叠面上铸坯冷却的均匀性影响不大。

3.4.3.2 铸坯表面温度

图 3-39 所示为热流密度与表面温度的非直线关系。由图可知：

（1）铸坯表面温度低于 300℃ 时，水滴始终与铸坯表面保持湿润，热流密度随铸坯表面温度的增加而增加，此时为对流传热。

（2）铸坯表面温度为 300~800℃ 时，随铸坯表面温度的增加热流密度下降，是因为在高温表面有蒸汽膜，呈泡态沸腾状态。

（3）铸坯表面温度高于 800℃ 时，导出的热流密度几乎与铸坯表面温度无关，甚至呈下降趋势。这是因为高温铸坯表面形成稳定的蒸汽膜，阻止水滴与铸坯接触。

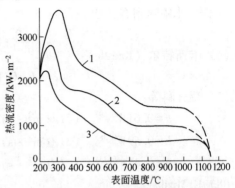

图 3-39　热流密度与表面温度的关系

1—15L/min，4.95L/(m² · s)；2—10L/min，3.33L/(m² · s)；3—5L/min，1.65L/(m² · s)

可是，实际二冷区内铸坯表面温度为 1000~1200℃，因此，主要通过改善喷雾水滴状况来提高传热效率。

3.4.3.3 水流密度

水流密度是指铸坯单位时间在单位面积上所接受的冷却水量。试验表明，水流密度增加，传热系数增大，从铸坯表面带走的热量也增多。传热系数 h 与水流密度 W 的关系可由经验公式表示：

$$h = AW^n \tag{3-69}$$

由于试验条件不同，不同研究者所得的公式有所差异，有的将 h 与 W 的关系表示为：

$$h = AW^n(1 - bt_w) \tag{3-70}$$

式中　h——传热系数，$W/(m^2 \cdot ℃)$；

A，n，b——不同的常数；

W——水流密度，$L/(m^2 \cdot s)$；

t_w——喷淋水温度，℃。

h 与 W 的经验公式有以下几种形式：

（1）菲格洛（M. Phiguro）：

$$h = 0.581W^{0.541}(1 - 0.0075t_w) \tag{3-71}$$

（2）佐佐木（K. Sasaki）：

$$h = 708W^{0.75}t_b^{-1.2} + 0.116 \quad (kcal/(m^2 \cdot h \cdot ℃))$$
$$(1.67 < W < 41.7L/(m^2 \cdot s), 700℃ < t_b < 1200℃) \tag{3-72}$$

（3）岛田（M. Shimada）：

$$h = 1.57W^{0.55}(1 - 0.0075t_w) \tag{3-73}$$

（4）穆勒（H. Müller）：

$$h = 82W^{0.75}v_w^{0.4} \quad (9L/(m^2 \cdot s) < W < 40L/(m^2 \cdot s)) \tag{3-74}$$

（5）波尔（E. Bolle）：

$$h = 0.423W^{0.556} \quad (1L/(m^2 \cdot s) < W < 7L/(m^2 \cdot s),\ 627℃ < t_b < 927℃) \tag{3-75}$$

$$h = 0.36W^{0.556} \quad (0.8L/(m^2 \cdot s) < W < 2.5L/(m^2 \cdot s),\ 727℃ < t_b < 1027℃) \tag{3-76}$$

对于气-水喷嘴则有：

$$h = 0.35W + 0.13 \tag{3-77}$$

（6）卡斯特尔（Kaestle）：

$$h = 0.165W^{0.75} \tag{3-78}$$

（7）蔡开科等：

$$h = 0.61W^{0.597} \quad (3L/(m^2 \cdot s) < W < 10L/(m^2 \cdot s),\ t_b = 800℃) \tag{3-79}$$

$$h = 0.59W^{0.385} \quad (3L/(m^2 \cdot s) < W < 20L/(m^2 \cdot s),\ t_b = 900℃) \tag{3-80}$$

$$h = 0.42W^{0.351} \quad (3L/(m^2 \cdot s) < W < 12L/(m^2 \cdot s),\ t_b = 1000℃) \tag{3-80}$$

（8）E. Mizikar：

$$h = 0.076 - 0.10W \quad (0 < W < 20.3L/(m^2 \cdot s)) \tag{3-81}$$

（9）T. Nozaki 等：

$$h = 1.57W^{0.57}(1 - 0.0075t_b)/\alpha \tag{3-82}$$

式中　h——传热系数，$kW/(m^2 \cdot ℃)$，以上各式中 h 的单位标明的除外；

　　　W——水流密度，$L/(m^2 \cdot s)$；

　　　v_w——喷淋水滴速度，m/s；

　　　t_w——喷淋水温，℃；

　　　t_b——铸坯表面温度，℃；

　　　α——与导辊冷却有关的系数。

　　二冷的传热系数与喷嘴形式、铸坯特征、铸坯表面氧化、冷却水的压力和流量都有关系，因此，其经验公式也各种各样。随着计算机模拟技术和测量技术的发展，目前也可采用传热计算与铸坯温度测量的校核来确定二冷区各段的传热系数。

3.4.3.4　水滴速度

　　水滴速度取决于喷水压力、喷嘴孔径和水的纯净度。喷淋水滴速度增加，穿透蒸汽膜而到达铸坯表面的水滴数增加，从而提高了传热效率。试验指出，水滴速度为 6m/s、8m/s、10m/s 时，冷却效率分别为 12%、17%、23%。

　　由伯努利理论导出水滴从喷嘴出口处喷出的速度 v_0：

$$v_0 = \sqrt{\frac{(p_1 - p_0)\dfrac{2}{\rho_w} + \dfrac{Q}{15\pi D^2}}{1 + \xi}} \tag{3-83}$$

式中　v_0——喷嘴出口处的水滴速度，m/s；

　　　p_1——喷水压力，Pa；

　　　p_0——大气压，Pa；

　　　ρ_w——水滴密度，kg/m^3；

　　　Q——水流量，m^3/s；

　　　D——喷嘴前水管直径，m；

ξ——阻力系数。

水滴在空气中的运动状态处于牛顿阻力区（$Re>500$），水滴喷到铸坯表面的速度由下式确定：

$$v_t = v_0 \exp\left(-0.33 \times \frac{\rho_a}{\rho_w} \frac{S}{d}\right) \tag{3-84}$$

式中　v_t——水滴喷到铸坯表面的速度，m/s；

　　　v_0——喷嘴出口处的水滴速度，m/s；

　　　ρ_a——空气密度，kg/m³；

　　　ρ_w——水滴密度，kg/m³；

　　　d——水滴直径，m；

　　　S——喷嘴出口至铸坯表面的距离，m。

3.4.3.5　水滴直径

水滴直径的大小是雾化程度的标志，水滴尺寸越小，则单位体积内水滴个数越多，雾化就越好，传热系数也越高，这有利于均匀地冷却铸坯，提高传热效率。水滴的平均直径为：采用压力水喷嘴，200～600μm；采用气-水喷嘴，20～60μm。水滴越细，传热系数越高。

3.4.3.6　喷嘴使用状态

由于管道壁脱落的锈蚀物和喷淋水内泥沙等杂质的不断堆积，喷嘴在使用一段时间后会出现不同程度的堵塞甚至堵死。这样不仅会加重铸坯冷却不均的程度，而且对传热效率有很大影响。因此，喷嘴堵塞、喷嘴新旧程度等对铸坯传热有重要影响，改善喷淋水的纯净度、定期并及时地检修或更换堵塞的喷嘴是极其必要的。

3.4.3.7　铸坯表面状态

对碳钢表面生成 FeO 的试验表明，采用氩气保护加热碳钢时，FeO 的生成量为 0.08kg/m²；而在空气中加热碳钢时，FeO 的生成量为 1.12kg/m²，表面有 FeO 的传热系数比无 FeO 的要低 13%。使用气-水喷嘴，由于吹入的空气使铁鳞容易剥落，提高了冷却效率。

3.4.4　二冷区坯壳的生长

二冷区的喷水冷却加快了铸坯的凝固速度，根据液相穴凝固前沿释放的凝固潜热等于凝固坯壳的传导传热这一原理，可得下式：

$$\frac{\lambda_m(T_a - T_b)}{e_m} = \rho_m L_f \frac{de_m}{dt} \tag{3-85}$$

积分得：

$$e_m = \sqrt{\frac{2\lambda_m(T_a - T_b)}{\rho_m L_f} t} \tag{3-86}$$

$$e_m = K\sqrt{t} \tag{3-87}$$

式中　λ_m——钢的导热系数，W/(m·K)；

　　　T_a——凝固前沿温度，K；

　　　T_b——铸坯表面温度，K；

e_m——坯壳厚度，mm；

ρ_m——钢的密度，kg/m^3；

L_f——凝固潜热，kJ/kg；

K——凝固系数，$mm/min^{1/2}$；

t——凝固时间，min。

由式（3-87）可知，二冷区坯壳的生长服从平方根定律。由于水直接喷射到铸坯表面上，冷却强度较大，凝固速度较快，所以坯壳生长厚度与二冷水量有关。

3.5　连铸坯凝固传热的数学模型

连铸过程实际是一个钢水凝固传热的过程。对于此传热过程的研究有多种方法，大体上可分为实验研究和数学模拟两类。实验研究方法是在现场或实验室条件下，利用物理和化学手段以及各种测量仪器仪表，对连铸坯的传热凝固过程进行实际验证。实验研究直观、准确、可信度高，但由于客观条件的限制，对凝固传热过程往往很难做出全面的了解，而且投入的人力和物力也很大。数学模拟方法适用范围广，不受现场条件的限制，可以获取实验无法获取的信息，可以说是对实验研究的补充和完善。两者互相验证与促进。在过去的几十年中开展了大量有关连铸凝固传热过程的数学模拟研究，其在优化连铸工艺、提高铸坯质量和连铸机的设计方面发挥了重要作用。

3.5.1　数学模型描述

目前广泛使用有效传热系数的概念来研究与铸坯有关的各种传热现象。即为了简化模型和计算，通过提高钢液的导热系数，使液芯内的导热量高于实际值，从而作为对流换热的等效补偿。

连铸坯自结晶器内钢水弯月面处以一定的拉速移动，热量从铸坯中心向坯壳表面传递，所传递热量的多少取决于金属的热物理性能和铸坯的边界条件。为了导出连铸坯凝固传热数学模型，首先建立坐标系。

以板坯为例，设板坯厚度方向为 x 轴，宽度方向为 y 轴，拉坯方向为 z 轴。考虑到铸坯及其冷却效果的对称性，这里取 1/4 断面为研究对象，假定板坯断面温度分布为 $T(x, y, t)$，t 表示时间。基于此建立的坐标系如图 3-40 所示。

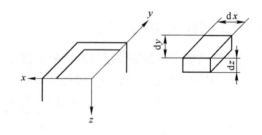

图 3-40　坐标系选择图

在建立铸坯凝固传热数学模型时，有必要忽略一些对模型影响不大的次要因素，并且根据连铸实际过程，对模型做出以下假设：

（1）弯月面处的复杂传热不做特殊处理；

（2）结晶器拉坯方向导热量很小，占总热量的 3%~6%，故主要考虑水平方向导热，即板坯厚度方向（x 轴）和宽度方向（y 轴）的导热；

（3）在稳定生产条件下，沿拉坯方向上铸坯某一空间点的温度不随时间变化（铸坯内

各点温度处于准稳态);

(4) 由于液相穴中钢液的对流运动,液相穴的导热系数大于固相区的导热系数,且随温度的变化而改变;

(5) 钢的热物理特性在液-固两相区以及固相区为分段常数,且各向同性,对于液-固两相区,依据固相分数确定有效导热系数,即 $\lambda_{eff} = \lambda_s + \dfrac{\lambda_1 - \lambda_s}{T_1 - T_s}$;

(6) 凝固过程中,比热容 c 的变化用转换焓法来处理,即 $c_{eff} = c + \dfrac{L_f}{T_1 - T_s}$;

(7) 结晶器钢水温度与浇注温度相同;

(8) 连铸机同一冷却段均匀冷却;

(9) 沿铸坯厚度方向分为内弧和外弧两个部分,以内弧部分为研究对象。

3.5.2 凝固传热微分方程

假想从结晶器的钢水弯月面处,沿铸坯中心取一高度为 dz、厚度为 dx、宽度为 dy 的微元体,与铸坯一起向下运动(如图 3-41 所示)。微元体的热平衡为:

微元体的热量=接收热量-支出热量

微元体接收和支出的热量为:

(1) 钢流由顶面代入微元体的热量(dxdy 面):

$$\rho vcT dxdy$$

(2) 铸坯宽面中心传给微元体的热量(dydz 面):

$$\lambda_{eff} \frac{\partial T}{\partial x} dydz$$

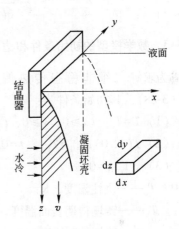

图 3-41 铸坯凝固示意图

(3) 铸坯窄面中心传给微元体的热量(dxdz 面):

$$\lambda_{eff} \frac{\partial T}{\partial y} dxdz$$

(4) 微元体内储存的热量:

$$-\rho c \frac{\partial T}{\partial t} dxdydz$$

(5) 微元体向下运动带走的热量(dxdy 面):

$$\rho vc \left(T + \frac{\partial T}{\partial z} dz \right) dxdy$$

(6) 微元体宽面传走的热量(dydz 面):

$$\left[\lambda_{eff} \frac{\partial T}{\partial x} + \frac{\partial}{\partial x} \left(\lambda_{eff} \frac{\partial T}{\partial x} \right) dx \right] dydz$$

(7) 微元体窄面传走的热量(dxdz 面):

$$\left[\lambda_{eff} \frac{\partial T}{\partial y} + \frac{\partial}{\partial y} \left(\lambda_{eff} \frac{\partial T}{\partial y} \right) dy \right] dxdz$$

(8) 内热源项,即凝固潜热项: S_0

式中　T——温度，℃；

　　　ρ——密度，kg/m^3；

　　　c——比热容，$kJ/(kg \cdot ℃)$；

　　λ_{eff}——有效导热系数，$W/(m \cdot ℃)$；

　　　S_0——内热源项。

将各项热量代入能量平衡方程，化简后得：

$$\rho c \frac{\partial T}{\partial t} - \rho vc \frac{\partial T}{\partial z} - \frac{\partial}{\partial x}\left(\lambda_{eff}\frac{\partial T}{\partial x}\right) - \frac{\partial}{\partial y}\left(\lambda_{eff}\frac{\partial T}{\partial y}\right) - S_0 = 0 \qquad (3-88)$$

若将坐标系置于铸坯上，微元体以相同拉速与铸坯一起向下运动，则微元体的相对速度为零，所以板坯凝固的二维传热微分方程为：

$$\rho c \frac{\partial T}{\partial t} = \frac{\partial}{\partial x}\left(\lambda_{eff}\frac{\partial T}{\partial x}\right) + \frac{\partial}{\partial y}\left(\lambda_{eff}\frac{\partial T}{\partial y}\right) + S_0 \qquad (3-89)$$

3.5.3　数学模型的初始条件和边界条件

为求解二维非稳态传热偏微分方程，需要给出初始条件和边界条件。对于式（3-88），其初始条件为：

（1）$T = T_c$　（$x \geq 0$，$y \geq 0$，$t \geq 0$，$z = 0$）

（2）$T(x, 0)|_{x=0} = T_b$　（$t = 0$）

（3）$x_s|_{t=0} = 0$

式中　T_c——浇注温度，K；

　　　T_b——铸坯初期表面温度，K；

　　　x_s——铸坯的凝固壳厚度，mm。

对于导热问题常见的边界条件可归纳为以下三大类。

第一类边界条件是已知任何时刻边界面上的温度分布。边界上的温度在任何时刻保持恒定不变，则 T 为常数；若 T 随时间变化，则 $T = f(t)$。

第二类边界条件是已知任何时刻边界面上的热流密度，即：

（1）给定热流密度：$-\lambda \frac{\partial T}{\partial x}\Big|_B = q_B$　（B 表示界面）

（2）绝热边界：$\frac{\partial T}{\partial x}\Big|_B = 0$

第三类边界条件是已知周围介质的温度 T_f 和边界面与周围介质之间的对流传热系数 h，即：

$$-\lambda \frac{\partial T}{\partial x}\Big|_B = h(T_f - T_B)$$

因此，描述板坯连铸过程的凝固传热微分方程式（见式（3-68））的边界条件为：

（1）铸坯中心。铸坯中心线两边为对称传热，断面温度分布也呈中心对称分布，即：

$$-\lambda \frac{\partial T}{\partial x} = -\lambda \frac{\partial T}{\partial y} = 0$$

（2）液-固界面。

$$T(x_s, t) = T_s$$

$$\lambda \frac{\partial T}{\partial x}\bigg|_{x=x_s} = \rho L_f^* \frac{\partial x_s}{\partial t}$$

式中 ρ——钢的密度，kg/m^3；

L_f^*——转换凝固潜热，kJ/kg，$L_f^* = C(T_1 - T_s) + L_f$（$C$ 为系数；T_1 为液相线温度，K；

L_f 为钢水凝固潜热，kJ/kg）；

T_s——固相线温度，K。

（3）铸坯表面。

$$\left(\lambda \frac{\partial T}{\partial x}\right)_{x=\pm\frac{a}{2}} = -q_S, \quad \left(\lambda \frac{\partial T}{\partial y}\right)_{y=\pm\frac{a}{2}} = -q_S$$

q_S 为表面热流密度，a 为铸坯的边长。铸坯的所有热量都是在连铸拉坯过程中依次经过结晶器、二冷区和空冷区表面传出的，各区的冷却特点不同，边界条件也各不相同。q_S 的表达式为：

结晶器：$\qquad\qquad\qquad q_S = A - B\sqrt{t}$

二冷区：$\qquad\qquad\qquad q_S = h(T_b - T_w)$

空冷区：$\qquad q_S = \varepsilon\sigma\left[(T_b + 273)^4 - (T_0 + 273)^4\right]$

式中 t——时间；

h——铸坯与冷却水之间的传热系数；

T_b——铸坯表面温度；

T_w——冷却水温度；

T_0——环境温度；

σ——斯忒藩-玻耳兹曼常数，其值为 $5.67\times10^8 W/(m^2 \cdot K^4)$；

ε——物体黑度；

A，B——实验常数，其取值可参考表 3-3。

表 3-3 不同碳含量条件下实验常数 A、B 的取值

$w[C]$ /%	0.05	0.08	0.10	0.14	0.16	0.18	0.50
A	3538	3112	2618	3188	3295	3338	3663
B	416	315	371	371	388	377	373

在实际的数值计算中，针对结晶器和二冷区的不同传热特点，传热条件的处理也有其特殊性。下面介绍目前通常采用的处理方法：

（1）结晶器内壁的传热边界条件。如前所述，连铸结晶器的传热机理复杂，其影响因素包括保护渣性质、钢种成分及过热度、结晶器锥度及形状、结晶器振动方式、浸入式水口参数、冷却水流量、冷却水温度、拉坯速度等。理论上可以将热量由钢液传递至冷却水的过程等效于串联电路，即钢液热阻、凝固坯壳热阻、保护渣热阻、气隙热阻、铜壁热阻以及冷却水热阻。其中，气隙热阻是结晶器传热的限制性环节。在模型计算过程中，通常根据结晶器冷却水流量和进出口水温差作出结晶器高度方向的热流密度分布曲线。早在

1954 年，Savage 和 Pritchard 就根据 Krainer 和 Tarmann 的结果和自己的研究，针对不同浇注条件下结晶器平均热流密度的计算，给出了热流密度与铸坯停留时间的关系（见式（3-60））；Lait 等在此基础上进行了修正，给出了类似的方程式（见式（3-62））；Samarasekera 和 Brimacombe 还给出了距离结晶器边角不同位置处（2.5~37.5mm）的热流密度分布规律，并研究认为方坯连铸结晶器的传热系数在弯月面下方不远处达到峰值 1500W/($m^2 \cdot$ K)，而在结晶器较下方至弯月面距离 400mm 处则达到最低值 750W/($m^2 \cdot$ K)，其平均传热系数约为 1000W/($m^2 \cdot$ K)；刘旭东等根据实际连铸机结晶器铜板热电偶的实测值和进出口水温差，得到了热流密度 $q(MW/m^2)$ 与结晶器高度的关系，即：

$$\text{宽面：} \quad -\lambda \frac{\partial T}{\partial y} = q = 2.53 - 1.745\sqrt{0.8 - z} \qquad (0 < z < 0.8\text{m})$$

$$-\lambda \frac{\partial T}{\partial y} = q = 2.53 - 25.23(z - 0.8) \qquad (0.8\text{m} < z < 0.9\text{m})$$

$$\text{窄面：} \quad -\lambda \frac{\partial T}{\partial x} = q = 2.558 - 1.543\sqrt{0.8 - z} \qquad (0 < z < 0.8\text{m})$$

$$-\lambda \frac{\partial T}{\partial x} = q = 2.558 - 25.5(z - 0.8) \qquad (0.8\text{m} < z < 0.9\text{m})$$

（2）二冷区的传热边界条件。对二冷区边界条件的确定，是建立准确凝固传热数学模型的前提。二冷区的热交换涉及三种传热形式：

1）夹辊接触铸坯表面和喷淋水接触铸坯表面的热传导换热；

2）高温铸坯辐射散热；

3）由气雾喷淋引起的空气和水蒸气扰动的对流散热。

一般采用上文已给出的表示式，式中唯一的可控量为 h，即采用一个与水流密度相关联的综合传热系数 h 来表示冷却水与铸坯表面的热交换效率。h 的经验式很多，见 3.4.3 节。

3.5.4　数学模型的求解

传热的数学模型可将微分方程转化为差分方程，然后采用数值方法求解。

二维传热数学模型对应的差分方程如下：

$$T_{i,j}^{n+1} = T_i^n + \frac{\lambda \Delta t}{\rho c}\left[\frac{T_{i+1,j}^n - 2T_{i,j}^n + T_{i-1,j}^n}{(\Delta x)^2} + \frac{T_{i,j+1}^n - 2T_{i,j}^n + T_{i,j-1}^n}{(\Delta y)^2}\right] \qquad (3\text{-}90)$$

若选取 $\Delta x = \Delta y$，则式（3-90）化为：

$$T_{i,j}^{n+1} = T_{i,j}^n + \frac{\lambda \Delta t}{\rho c (\Delta x)^2}(T_{i+1,j}^n + T_{i-1,j}^n + T_{i,j+1}^n + T_{i,j-1}^n - 4T_{i,j}^n) \qquad (3\text{-}91)$$

将式（3-90）化为铸坯断面中间及边界点的对应差分方程，并在边界点的差分方程引入边界条件，这样就构成了求解差分格式。

选择合适的时间步长（Δt）、空间步长（Δx）以及计算方法，就可以在计算机上求得二维传热数学模型的数值解。

3.5.5　计算中物性参数的处理

（1）钢的液、固相温度。钢的液、固相温度取决于化学成分，根据钢中元素含量采

用经验公式计算。液相线温度的计算公式为:

$$t_1 = t_{Fe} - \Sigma \Delta t w[i]_\%$$ (3-92)

式中　t_1——液相线温度;

　　　t_{Fe}——纯铁熔点;

　　　Δt——铁液中每加入1%元素i使熔点降低的值;

　$w[i]_\%$——元素i的质量百分数。

常用的液相线温度计算公式如下:

$$t_1 = 1536 - [78w(C)_\% + 7.6w(Si)_\% + 4.9w(Mn)_\% + 34w(P)_\% + 30w(S)_\% +$$
$$5.0w(Cu)_\% + 3.1w(Ni)_\% + 1.3w(Cr)_\% + 3.6w(Al)_\% +$$
$$2.0w(Mo)_\% + 2.0w(V)_\% + 18w(Ti)_\%]$$ (3-93)

$$t_1 = 1536 - [90w(C)_\% + 6.2w(Si)_\% + 1.7w(Mn)_\% + 28w(P)_\% + 40w(S)_\% +$$
$$2.6w(Cu)_\% + 2.9w(Ni)_\% + 1.8w(Cr)_\% + 5.1w(Al)_\%]$$ (3-94)

常用的固相线温度计算公式如下:

$$t_s = 1471 - [25.2w(C)_\% + 12w(Si)_\% + 7.6w(Mn)_\% + 34w(P)_\% + 30w(S)_\% +$$
$$5.0w(Cu)_\% + 3.1w(Ni)_\% + 1.3w(Cr)_\% + 3.6w(Al)_\% +$$
$$2.0w(Mo)_\% + 2.0w(V)_\% + 18w(Ti)_\%]$$ (3-95)

$$t_s = 1536 - [415.5w(C)_\% + 12.3w(Si)_\% + 6.8w(Mn)_\% + 124.5w(P)_\% +$$
$$183.9w(S)_\% + 4.3w(Ni)_\% + 1.4w(Cr)_\% + 4.1w(Al)_\%]$$ (3-96)

$$t_s = t_{sc} - [20w(Si)_\% + 6.5w(Mn)_\% + 500w(P)_\% + 700w(S)_\% +$$
$$11w(Ni)_\% + 2w(Cr)_\% + 6w(Al)_\%]$$ (3-97)

式中　t_{sc}——铁碳合金系的固相线温度。

(2) 凝固潜热 L_f。凝固潜热是指从液相线温度冷却到固相线温度所释放出的热量。在液-固相界面放出的潜热用数学模型计算时,采用等效比热容法消除以S_0形式表达的传热方程中的凝固潜热,即在两相区比热容为:

$$c_{eff} = c + \frac{L_f}{T_1 - T_s}$$

处理后的传热方程形式变为:

$$\rho c_{eff} \frac{\partial T}{\partial t} = \frac{\partial}{\partial x}\left(\lambda \frac{\partial T}{\partial x}\right) + \frac{\partial}{\partial y}\left(\lambda \frac{\partial T}{\partial y}\right)$$ (3-98)

(3) 导热系数 λ。导热系数与温度和钢种有关。固相区的导热系数 λ_s 一般视为常数或为温度的线性函数,可以查阅相关的手册;对于液相区的导热系数 λ_1,由于流动引起钢水强制对流运动,会加速钢水过热度的消除,一般以相当于固相区导热系数的4~7倍来综合考虑对流传热的作用(方坯取下限,板坯取中上限);对于液-固两相区,树枝晶的生长减弱了对流运动,所以两相区的等效导热系数应处于固相与液相之间,可依据固相分数确定有效导热系数,即 $\lambda_{eff} = \lambda_s + \frac{\lambda_1 - \lambda_s}{T_1 - T_s}$。

(4) 比热容 c。钢的比热容 c 与钢种和温度等因素有关。一般来讲,比热容随温度的升高而增大;但在高温下比热容变化不大,故可将其作为常数处理。$c_1 = 0.80 \sim 0.86kJ/(kg \cdot K)$;$c_s = 0.5 \sim 0.7kJ/(kg \cdot K)$,也可将其处理为与温度成线性关系,$c_s = a + bT$。

（5）密度 ρ。铸坯在凝固冷却过程中体积会发生变化，其密度与钢种、温度和相变有关。对于低碳钢，液相密度 $\rho_l = 7000\text{kg/m}^3$，高温固相密度 $\rho_s = 7400\text{kg/m}^3$。在一定温度下，钢中碳含量增加时，密度仅有轻微变化。

（6）二冷区传热系数 h。二冷区传热系数与水流密度有关，其详细论述见 3.4.3 节。

3.5.6 数学模型的验证与应用

应将数学模型的模拟结果与实际检验数据进行对比。为检验数学模型，曾采用过一些方法来测定铸坯凝固厚度和液相穴深度，如射钉法、测温法等。

连铸数学模型已经成为连铸设计、工艺分析和过程控制的重要手段，受到国内外的广泛重视，并在生产上得到了应用。连铸数学模型可以应用于以下方面：

（1）预报液相穴深度；

（2）计算具体位置的凝固层厚度，为凝固末端电磁搅拌及铸坯轻压下装置的安装位置提供指导；

（3）计算具体部位的铸坯表面温度；

（4）模拟工艺参数对铸坯温度场及相关应力场的影响，以提高连铸机的生产率，改善铸坯质量；

（5）为设计新连铸机及开发连铸新产品提供参考数据。

3.6 连铸坯的凝固结构控制

3.6.1 连铸坯的凝固结构

铸坯的凝固过程分为三个阶段：第一阶段，进入结晶器的钢液在结晶器内凝固，形成坯壳，出结晶器下口的坯壳厚度应足以承受钢液静压力的作用；第二阶段，带液芯的铸坯进入二次冷却区继续冷却，坯壳均匀、稳定生长；第三阶段为凝固末期，坯壳加速生长。根据凝固条件计算得出三个阶段的凝固系数分别为 $20\text{mm/min}^{1/2}$、$25\text{mm/min}^{1/2}$、$27\sim30\text{mm/min}^{1/2}$。

一般情况下，连铸坯从边缘到中心是由细小等轴晶带、柱状晶带和中心等轴晶带组成的，如图 3-42 所示。

（1）细小等轴晶带。此区域铸坯表皮由细小等轴晶组成，也称为激冷层。细小等轴晶带的宽度一般为 $2\sim5\text{mm}$，它是在结晶器弯月面处冷却速度最高的条件下形成的。其厚度主要取决于钢水过热度，浇注温度越高，激冷层越薄。由于连铸冷却强度大，连铸坯的激冷层往往比模铸钢锭要厚些。

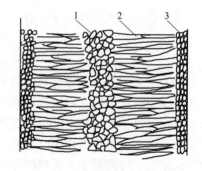

图 3-42 铸坯结构示意图
1—中心等轴晶带；2—柱状晶带；
3—细小等轴晶带

（2）柱状晶带。铸坯激冷层形成过程中的收缩使结晶器弯月面以下 $100\sim150\text{mm}$ 器壁处产生了气隙，降低了传热速度。同时，钢液内部向外散热使激冷层温度升高，不再产生新的晶核。在钢液定向传热得到发展的条件下，柱状晶带开始形成。靠近激冷层的柱状晶很细，基本上不分叉。从纵断面来看，柱状晶并不完全垂直于表面而是向上倾斜一定角度（约10°），从外缘向中心柱状晶个数由多变少，呈竹林状。柱状晶的发展是不规则的，在某些部位可能会贯穿铸坯中心形成穿晶结构。对于弧形连铸机，铸坯低倍结构具有不对称性。由于重力作用，晶体下沉，抑制了外弧侧柱状晶生长，故内弧侧柱状晶比外弧侧柱状晶要长些，且铸坯内裂纹也常常集中在内弧侧。连铸坯柱状晶较发达，但不如钢锭那样粗大。

（3）中心等轴晶带。随着凝固前沿的推移，凝固层和凝固前沿的温度梯度逐渐减小，两相区宽度不断扩大，铸坯中心部位钢水温度降至液相线温度后，大量等轴晶产生并迅速长大，形成无规则排列的等轴晶带。中心区有可见的不致密的疏松和缩孔，并伴随元素的偏析（如S、P、C、Mn）。与钢锭相比，由于连铸坯柱状晶的发展，中心等轴晶带要窄得多，晶粒也细一些。

出结晶器的铸坯，其液相穴很长。进入二次冷却区后，由于冷却的不均匀，致使铸坯在传热快的局部区域柱状晶优先发展，当两边的柱状晶相连或由于等轴晶下落被柱状晶捕捉时，就会出现"搭桥"现象，见图3-43。这时液相穴的钢水被"凝固桥"隔开，桥下残余钢液因凝固产生的收缩而得不到桥上钢液的补充，形成疏松和缩孔，并伴随严重的偏析。

从铸坯纵断面中心来看，这种搭桥是有规律的，每隔5~10cm就会出现一个凝固桥及伴随的疏松和缩孔，如同小钢锭的凝固结构，因此称之为"小钢锭"结构。

从钢的性能角度来看，希望得到等轴晶的凝固结构。等轴晶组织致密，强度、塑性、韧性较高，加工性能良好，成分、结构均匀，无明显的方向异性，而柱状晶的过分发展则影响加工性能和力学性能。柱状晶有如下特点：

（1）柱状晶的主干较纯，而枝间偏析严重。

（2）由于杂质（S、P夹杂物）的沉积，在柱状晶交界面构成了薄弱面，是裂纹易扩展的部位，加工时易开裂。

（3）柱状晶充分发展时形成穿晶结构，出现中心疏松，降低了钢的致密度。

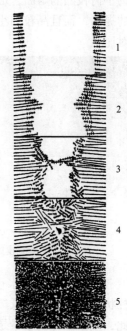

图3-43 "小钢锭"结构示意图
1—柱状晶均匀生长；2—某些柱状晶
优先生长；3—柱状晶搭接成"桥"；
4—小钢锭凝固并产生缩孔；
5—铸坯的实际宏观结构

因此，除某些特殊用途钢（如电工钢、汽轮机叶片等）为改善其导磁性、耐磨性和耐蚀性而要求有柱状晶结构外，绝大多数钢种都应尽量控制柱状晶的发展，扩大等轴晶宽度。

3.6.2 连铸坯凝固结构的控制

连铸坯中柱状晶区和等轴晶区的相对大小主要取决于浇注温度。过热度高，柱状晶区就宽；但过热度过低则在操作上有较大困难，易使水口冻结。因此在保持一定过热度浇注时，为扩大等轴晶区采取以下措施：

（1）电磁搅拌技术。电磁搅拌技术是最具实际应用价值的促进等轴晶生长、抑制柱状晶生长的措施。其作用主要包括三方面，即改变柱状晶生长方向、促进柱状晶向等轴晶转变、细化宏观晶粒组织。其作用机理为：电磁搅拌所引起的旋转运动对钢液凝固过程的影响主要体现在对凝固界面前沿的冲刷，通过驱动钢液做旋转运动，加速了钢液中过热热量的耗散，使结晶器的平均热流量增加，有利于降低过热度，从而一方面使铸坯内部的温度分布趋于均匀，降低了凝固前沿的温度梯度，使凝固前沿的成分过冷增加（满足等轴晶生长条件），抑制了柱状晶的发展；另一方面使凝固前沿的树枝晶产生局部的温度起伏，有助于树枝晶的熔断，形成游离的晶核并增殖，增加了形核率，这不仅有利于铸坯等轴晶率的提高，而且晶粒细小均匀。图 3-44 所示为奥氏体不锈钢电磁搅拌前后铸坯凝固结构的对比。

图 3-44　奥氏体不锈钢电磁搅拌前后铸坯凝固结构的对比
（a）电磁搅拌前的铸坯低倍结构；（b）电磁搅拌后的铸坯低倍结构

（2）控制二冷区冷却水量。二冷区水量大，则铸坯表面温度低，横断面温度梯度大，有利于柱状晶生长；而降低二冷区水量可使柱状晶区的宽度减小，等轴晶区的宽度有所增加。因此，减小二冷区水量是抑制柱状晶生长的一个积极因素。

（3）低温浇注技术。控制柱状晶和等轴晶比例的关键是减小过热度。过热度大于25℃时易出现柱状晶发达，甚至形成穿晶（凝固桥）结构，且中心偏析严重；过热度小于15℃时水口易冻，难操作。生产中一般控制中间包钢水的过热度为30℃，但应设法降低结晶器的钢水过热度。

（4）加入形核剂。在结晶器内加入形核剂，可以增加结晶核心数量，扩大等轴晶区。对形核剂的要求有：

1）在钢液温度下为固体；
2）在钢液温度下不会分解为元素进入钢中；
3）不会上浮存在于凝固前沿；
4）尽可能与钢水润湿，晶格彼此接近，使形核剂与钢液间有黏附作用。

常用来作为形核剂的物质有 Al_2O_3、ZrO_2、TiO_2、V_2O_5、AlN、ZrN 等。

（5）结晶器加入微型冷却剂。在结晶器内加入钢带或微型钢块，可以消除钢水过热度，使其迅速地在液相线温度凝固。

复习思考题

3-1 钢液凝固的实质是什么，钢液的凝固理论研究的内容有哪些？

3-2 什么是过冷度，为什么说结晶必须过冷？

3-3 均质形核与异质形核有什么异同点？

3-4 什么是选分结晶，什么是成分过冷？

3-5 钢液凝固过程中为什么会产生偏析，生产中如何控制偏析？

3-6 钢液凝固与纯金属结晶比较有何异同点？

3-7 连铸钢液凝固过程的收缩包括哪几部分？

3-8 影响结晶器传热的因素有哪些？

3-9 影响二冷区传热的因素有哪些？

3-10 连铸坯凝固结构有何特点，促进等轴晶生长的措施有哪些？

4 连铸工艺与操作

4.1 连铸钢液质量控制

连续铸钢是在钢水处于运动状态下，采用强制冷却的措施成型并连续生产铸坯的过程。连铸的工艺特点决定了其对钢水质量，即温度、成分、脱氧程度和洁净度等都有极为严格的要求。提供合乎连铸要求的钢液，既可保证连铸工艺操作的顺行，又可确保铸坯的质量。为此，本节就连铸对钢水的成分、洁净度、脱氧程度和温度等方面的质量控制加以讨论。

4.1.1 连铸钢液成分的控制

为了获得质量优良的铸坯并能顺利浇注，不仅要求连铸用钢水的化学成分符合钢种规定并在较窄的范围内变化，而且还要根据不同钢种，对连铸过程影响铸坯质量的主要成分进行控制。下面简述钢中主要元素的控制要求。

4.1.1.1 碳的控制

碳是钢中对钢组织性能影响最大的最基本的元素，特别是其直接影响铸坯的热裂倾向性，因此钢液碳含量必须精确控制。多炉连浇时，要求各炉、包次之间钢水碳含量的差别小于 0.02%。当 $w[C] = 0.10\% \sim 0.12\%$ 时，铸坯裂纹敏感性大大增加。这是因为在凝固过程中，当 δ-Fe 向 γ-Fe 转变时会发生体积的突然缩小，使凝固壳纵向厚薄不均匀，从而产生内应力，导致裂纹的形成，这也是通常所说的包晶反应。减少这种钢裂纹的主要途径是降低拉速，调整好保护渣，在符合标准的前提下对碳含量进行微调，尽量避开裂纹敏感区。

4.1.1.2 硅、锰的控制

硅、锰既能控制脱氧程度，又会影响钢的力学性能和钢水的可浇性。连铸的多炉连浇首先要求钢水硅、锰含量相对稳定，并能控制在较窄的范围内，炉与炉之间的成分波动要求为：$w[Si] = \pm 0.10\% \sim 0.12\%$，$w[Mn] = \pm 0.10\%$。从提高连铸钢水的可浇性角度出发，要求尽量提高 $w[Mn]/w[Si]$ 值，一般要求 $w[Mn]/w[Si] > 3.0$，以减少脱氧产物 SiO_2 并得到液态的硅酸锰脱氧产物，使钢水有较好的流动性。

4.1.1.3 硫、磷的控制

硫和磷是影响钢的裂纹敏感性的重要元素。这主要是由于硫、磷在结晶过程中偏析倾向大，使钢的晶界脆化；特别是在连铸坯成型过程中，一方面受到强制冷却产生的热应力，另一方面又受到拉坯和矫直产生的机械应力，从而使硫、磷的有害作用更加突出。连铸工艺要求杂质元素硫、磷的含量应控制在下限，尽量提高 $w[Mn]/w[S]$ 值，一般 $w[Mn]/w[S]$ 值至少要大于 25。

4.1.1.4　残留元素的控制

钢中的 Cu、Sn、As 、Sb 等元素不是有意加入的，而是随炼钢原材料带入的，且在炼钢过程中不能去除，成为残留元素。若这些元素控制不好，会在连铸或热轧时造成表面或内部裂纹。残留元素中影响最大的是铜和锡。由于这些元素的综合作用较为复杂，通常以铜当量来计算：

$$w[Cu]'_\% = w[Cu]_\% + 10w[Sn]_\% - w[Ni]_\% - 2w[S]_\% \leqslant 0.2 \qquad (4-1)$$

式中　$w[Cu]'_\%$——铜当量。

残留元素的控制方法主要是严格要求原材料准备工序，通过精选废钢以及配料（用较高纯度的配料，如生铁等），采用稀释的方法控制残留元素。

4.1.1.5　钢液洁净度的控制

钢液的洁净度主要是指钢中气体氮、氢、氧的含量和非金属夹杂物的数量、形态、分布。夹杂物的存在不仅影响钢液的可浇性，使连铸操作难以顺行，而且夹杂物还破坏了钢基体的连续性、致密性，危害钢的质量。钢水中非金属夹杂物按生成方式可分为两大类：第一类是内生夹杂物，主要是指脱氧产物，以氧化物为主；第二类是外来夹杂物，主要是指浇注过程中钢水发生二次氧化所产生的非金属夹杂物，钢水与钢包耐水材料、中包耐火材料及塞棒、水口等连铸耐火材料发生物理和化学变化所生成的各种夹杂物，还有卷入的钢包渣、中间包渣、结晶器保护渣。在尺寸上，外来夹杂物一般颗粒粗大，内生夹杂物一般颗粒细小。按夹杂物的组成，其又可分为氧化铝系、硅酸盐系、铝酸盐系和硫化物四大类。为了确保最终产品质量，根据钢种和产品质量，应把钢中的氧含量及非金属夹杂物含量降到所要求的水平。

A　脱氧的控制

连铸工艺对脱氧控制的要求是：把钢中的氧脱除到尽可能低的程度，同时尽可能地将脱氧产物从钢水中去除，以保证良好的铸坯质量；尽可能把脱氧产物控制为液态，以改善钢水的流动性，保证浇注顺利进行。

a　硅和锰脱氧

硅和锰是钢中常见元素，在炼钢脱氧过程中被广泛地采用，但脱氧产物的形态与 $w[Mn]/w[Si]$ 值有关。当 $w[Mn]/w[Si]>3$ 时，脱氧产物是液态硅酸锰；当 $w[Mn]/w[Si]<3$ 时，脱氧产物为固态的二氧化硅，SiO_2 的析出会增加钢水的黏度而恶化钢水的可浇性。此外，通过平衡计算得到，在硅含量相同的情况下，随着 $w[Mn]/w[Si]$ 的提高，Al 的脱氧能力明显提高。所以在生产实践中，应根据不同钢种的情况尽量提高 $w[Mn]/w[Si]$ 值。

b　铝脱氧

铝是脱氧能力很强的脱氧剂，用铝终脱氧，在1600℃时与0.005%铝平衡的氧含量仅为0.0023%。但实际炼钢生产中很少单独用铝脱氧，主要是因为用铝脱氧生成固体的脱氧产物 Al_2O_3，使钢水流动性变差，并且极易造成水口的堵塞，导致成品钢被 Al_2O_3 夹杂物污染的程度增加。为此，采用 Si-Al-Ba、Si-Ca-Ba 和 Si-Ca-Ba-Al 合金代替纯 Al 脱氧，使脱氧产物的活度和熔点降低，有利于提高钢的洁净度。在连铸生产洁净钢时，一般应控制酸溶铝含量占总铝量的95%以上，这就要求必须优化脱氧工艺并在浇注过程中做好保护浇注措施。

　　c　钙脱氧

钙与氧和硫有很强的亲和力，但金属钙在铁液中的溶解度小且沸点很低（仅为1240℃），在炼钢温度下钙的蒸气压大于 0.1MPa。因此，其不能有效地作为脱硫剂和脱氧剂单独使用，而是与其他元素（如碳、硅等）形成合金用于钢的脱氧。目前，钙合金在炼钢中得到越来越广泛的应用，主要用于使钢中 Al_2O_3 夹杂物变性，将其变为易于上浮的液态夹杂物，从而避免水口结瘤和堵塞，钙合金已经成为小方坯连铸改善钢水可浇性、防止水口堵塞的重要措施。同时，钙合金还可以使钢中氧化物和硫化物夹杂球化，起到变性处理作用。但用钙脱氧时必须注意控制钢中的 $w[Ca]/w[Al]$ 值，当 $0.07 < w[Ca]/w[Al] < 0.1$ 时，生成的夹杂物主要为 $CaO \cdot 6Al_2O_3$，水口会产生结瘤现象；当 $w[Ca]/w[Al] = 0.1 \sim 0.15$ 时，生成的夹杂物主要为 $12CaO \cdot 7Al_2O_3$ 或 $CaO \cdot 2Al_2O_3$，大大改善了钢水流动性，可完全避免水口结瘤。

　　B　少渣或无渣出钢

少渣或无渣出钢工艺是改善钢水质量、提高和稳定合金收得率、减轻炉外精炼负担的有效措施。为此，转炉采用挡渣球，电炉采用偏心炉底出钢，以防止钢渣大量流到钢包中。

此外，为了充分降低钢中的氧含量，提高钢水洁净度，除上述措施外，还需采用无氧化保护浇注、搅拌、减压或真空以及合成渣等技术。

　　C　炉渣改性

炉渣改性的目的是提高其溶解吸收 Al_2O_3 夹杂物的能力，或在脱氧和精炼中控制钢中 Al 和渣中 Al_2O_3 的含量，从而有效控制钢中夹杂物的成分，使脆性夹杂物转变为塑性夹杂物。

　　D　吹氩搅拌

钢包吹氩搅拌可降低钢中气体和非金属夹杂物的含量，提高钢水的洁净度。因此，出钢后以及精炼过程中采用合理的搅拌既有利于提高钢水的可浇性，也有利于改善铸坯质量（洁净度）。

4.1.2　连铸钢液温度的控制

4.1.2.1　连铸对钢液温度的要求

钢水温度是决定连铸顺利与否的首要因素，同时它又在很大程度上决定了连铸坯的质量。连铸对钢水温度的要求远比模铸严格，主要原因在于：

（1）合适的浇注温度是顺利连铸的前提。如果连铸时钢水浇注温度过低，将会引起中间包水口堵塞，迫使浇注中断；如果温度过高，则会加剧水口耐火材料的熔损，导致铸流失控，增加浇注不安全性，同时会使出结晶器坯壳减薄和厚度不均匀，造成漏钢。此外，温度过高时只能采用低速浇注，这将降低铸机的生产率。

（2）合适的浇注温度是获得良好坯壳质量的基础。浇注温度偏高，会加剧钢水的二次氧化及钢水对包衬耐火材料的侵蚀，从而增加铸坯中的非金属夹杂物，且使铸坯柱状晶发达、中心偏析、中心疏松及中心缩孔加重；浇注温度偏低，易使结晶器内钢液面处形成冷壳，恶化铸坯的表面质量，并且会给钢的洁净度带来不良影响。

由此看来，连铸钢水温度对连铸操作的顺利进行十分重要，钢水必须具备稳定而合适的温度，不得过高或过低。一般来讲，连铸连浇时第一包钢水温度比第二包高 10~15℃。在整个浇注过程中，钢水温度必须均匀，其波动范围应小于 10~20℃，每炉钢温度在钢包内的波动范围一般在±5℃之内，在中间包内则应控制在目标值的±5℃范围内。

4.1.2.2 钢液温度的控制方法

连铸钢水温度控制的目的是，使中间包钢水的浇注温度在目标温度范围内。然而在实际生产中，由于影响因素较多，钢水温度往往波动较大，偏离预定的目标温度，所以必须对钢水温度进行调整。为此，可采用如下方法：

（1）稳定出钢温度。稳定出钢温度是钢水温度控制的基础，这要求炉内温度分布控制均匀；提高终点出钢温度的命中率；维护好出钢口，缩短出钢时间；根据各厂的生产实际，建立出钢温度控制模式等。

（2）减小运输过程及出钢过程的温降。降低浇注过程温降的关键在于降低出钢过程温降和中间包温降。为此，可加强如下操作：红包出钢，缩短钢包出钢前的等待时间，钢包液面加覆盖剂，钢包加绝热层和钢包加盖，加速钢包周转，强化钢包的清理，加强中间包烘烤及中间包保温等。

（3）钢包吹氩调温。钢包内的钢水受到包衬材料的吸热、散热以及表面的热辐射散热作用，出钢结束之后钢包中立即产生温度分层现象（钢包内底层及四周钢水的温度比中心部位低），这种温度分层现象在浇注开始和结束时会引起明显的中间包温度波动。因此，连铸生产中已普遍采用向钢包中吹入氩气的方法来搅拌钢水，使钢包内温度均匀。

（4）加废钢调温。当钢水温度偏高时，可在吹氩搅拌的同时向钢包内加入洁净的轻型废钢，以降低钢水温度。生产实践表明，加入占钢水质量 1% 的废钢可使钢包内钢水温度降低 14℃ 左右。这相当于欲使钢水温度下降 1℃，每吨钢水需加废钢 0.7kg。

（5）采用钢包钢水加热技术。常见的钢包钢水加热方式有电弧加热（如 LF 炉）和化学加热（如 CAS-OB、IR-UT 等），其中 LF 炉在工程中作为温度控制的一个重要组成部分被广泛采用。采用钢包加热可以精确控制每种钢在炉内的目标温度，同时也可以挽救生产事故造成的低温钢水。

4.1.3 中间包冶金

当前对钢产品质量的要求变得更加严格。中间包不仅是生产中的一个容器，而且在洁净钢的生产中发挥着重要作用。在现代连铸的应用和发展过程中，中间包的作用显得越来越重要，其内涵在被不断扩大，从而形成一个独特的领域——中间包冶金。一般中间包的附加冶金功能主要包括：

（1）净化功能，如防止钢水二次氧化；改善钢水流动形态，延长钢水在中间包内停留的时间，从而促进钢水中夹杂物的上浮分离。

（2）采用附加的冶金工艺完成中间包精炼的功能，如夹杂物形态控制、钢水成分微调、钢水温度的精确控制等。

为完成上述功能，开发了多项中间包冶金技术，图 4-1 所示为应用于中间包冶金的各种方法。下面对相关技术进行简要介绍。

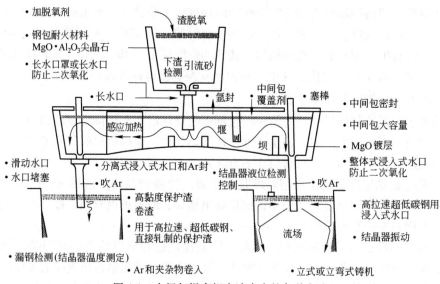

图 4-1　中间包提高钢水洁净度的各种方法

4.1.3.1　使用大容量中间包

采用大容量中间包是为了提高连浇时钢水的洁净度，使换包时保持稳定状态，不卷渣且不必降低拉速，这在生产表面质量和内部质量要求高的产品，如深冲钢和汽车板时尤为重要。为了不使钢包中发生涡流卷渣，保证中间包操作最小深度是必要的。

4.1.3.2　中间包过滤技术

中间包采用多孔的耐火材料作过滤器以去除钢中的夹杂物，得到了广泛的重视。特别是一些在夹杂物方面要求高的钢种（如 82B 钢、轴承钢等），中间包采用过滤技术尤为重要。过滤器为带有微孔结构材料的隔墙，它横跨整个中间包宽度，从钢水液面上方一直延伸到中间包底部，钢水从微孔流过。图 4-2 是带过滤器中间包的结构示意图。常用过滤器的形式主要有直通孔形和泡沫形。

直通孔形过滤器的形状如图 4-3 所示。采用 CaO 材质做成厚度为 100mm 的过滤器，两层叠加合成砌筑在厚 200mm 的挡墙之内，形成上游直径为 $\phi50mm$、下游直径为 $\phi40mm$ 的带锥度的直通流道。直通孔形过滤器的孔径一般为 $\phi10\sim50mm$，孔径较大对钢水流动阻力的影响小，但去除夹杂物效率不高。

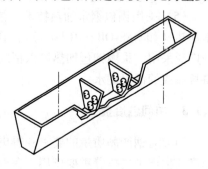

图 4-2　带过滤器中间包的
结构示意图

泡沫形过滤器为深层过滤器，是由陶瓷材料制成的微孔结构，比表面积大。过滤时细小的钢流加大了钢水与过滤介质的接触面积和几率，夹杂物与过滤介质表面的润湿性超过了钢水与夹杂物的润湿作用以及过滤介质微孔表面凹凸不平对夹杂物的吸附和截留作用，钢水得到净化。泡沫形过滤器对钢水流动阻力的影响较大，但过滤效果较好。

过滤器的试验表明，Al_2O_3、TiN、铝酸钙、硅酸锰等夹杂物都可以有效地从钢水中被过滤掉；而且不仅能去除大颗粒夹杂物，还能去除小于 $50\mu m$ 的夹杂物，这为生产高洁净

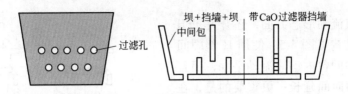

图 4-3　直通孔形过滤器示意图

钢种提供了一个有效手段。过滤器材质常用的有 CaO 质、Al_2O_3-C 质、莫来石质等。

4.1.3.3　中间包流动特征的控制

控制中间包内钢液流动的主要目的是：消除包底铺展的流动，使下层钢液的流动有向上的趋势；延长由注入口到出口的时间，增加熔池深度以减轻旋涡等。

在中间包设计中，应增大有效容积，减小死区体积。可通过改进内部结构（如加设挡墙或导流隔墙并采用过滤器等）和改变钢液流动的途径，延长钢液停留时间。小方坯连铸使用的多水口中间包，各流钢液的停留时间分布曲线差别较大，外侧各流钢液停留时间长，导致温度不均。因此，应设法尽可能地使各流钢液的停留时间分布均匀化，以利于均匀温度和成分。目前改进中间包内钢液流动特征的途径主要有包型的改进、挡墙和挡坝的合理设置等。中间包内应用挡墙和挡坝后的钢液流动特征如图 4-4 所示。图中的 $a \sim d$ 是确定挡墙和挡坝合理位置的 4 个参数，对钢水流动模式有重要影响。

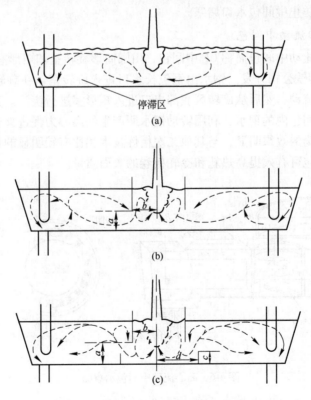

图 4-4　中间包内钢液流动特征的对比

（a）中间包内钢液无控制；（b）中间包内砌有挡墙；（c）中间包内联合使用挡墙和挡坝

在控制钢液流动形态方面，还开发了 H
型中间包，其结构见图 4-5。使用 H 型中间
包不但可以使中间包内钢液流动平稳，而且
使钢水平均停留时间延长；更重要的是，在
更换钢包时可以避免钢液面波动及卷渣
现象。

为了充分发挥中间包的各种冶金功能，
必须对其流场进行控制。生产中一般通过物
理和数值模拟方法，了解中间包内钢液流动
特征，优化其设计参数，改进中间包内部结
构，以提高铸坯质量。

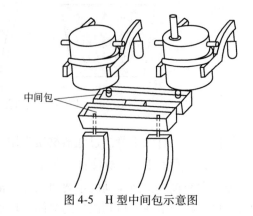

图 4-5　H 型中间包示意图

4.1.3.4　中间包内吹惰性气体

从中间包底部通过透气砖吹入惰性气体的主要作用有：

（1）有效改变中间包内钢液流动状态。

（2）促进夹杂物上浮。其机理是：气泡与夹杂物通过碰撞吸附在一起，粒径增大，
上浮速度增大，易于被钢液表面的渣层吸收。工业试验表明，中间包内用 $\phi200\mu m$ 小孔的
多孔透气砖吹氩，可改善管线钢的抗氢脆裂纹敏感性（即 *HIC* 值）。此外，中间包采用塞
棒吹氩技术可有效防止中间包水口堵塞。

4.1.3.5　离心流动中间包

电磁驱动离心流动中间包简称 CF 中间包，由圆筒形旋转室和矩形室组成（如图 4-6 所
示），由日本川崎钢铁公司开发。钢水由钢包长水口进入旋转室，在旋转区内的钢水受电
磁力驱动产生离心流动，然后从旋转区底部出口进入矩形室进行浇注。其原理是：利用电
磁力旋转圆筒状中间包内的钢水，利用转动钢水所产生的离心力促进夹杂物分离。离心流
动中间包减少夹杂物的效果明显，与其他二次精炼技术相比有较明显的优势。连铸实践表
明，离心流动中间包可有效提高热轧和冷轧板卷的表面质量。

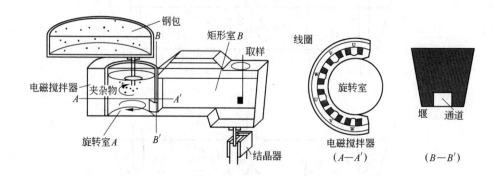

图 4-6　离心流动中间包示意图

4.1.3.6　中间包加热技术

在连铸生产过程中，中间包开浇、换钢包和浇注结束时，钢水温度还是处于不稳定状

态。这种不稳定状态给连铸带来下列不利影响：

（1）温度降低过大，开浇时会出现水口凝钢甚至使开浇失败。为顺利开浇且相对提高中间包钢水目标温度值，必须提高出钢温度。

（2）中间包钢水温度不稳定加重了结晶器坯壳生长的不均匀性，严重时会导致漏钢。

（3）不利于中间包钢水中夹杂物的上浮分离。

为此，应在开浇初期、换钢包时、浇注末期对中间包加热，以补偿钢水温度的降低，使中间包钢水温度保持在目标值附近。这有利于浇注操作，提高铸坯质量。在正常浇注期间，适当加热可以补偿钢水温度的自然温降。

目前应用在中间包上的加热方法主要有电磁感应加热法及等离子加热法。电磁感应加热分有芯感应加热和无芯感应加热，热效率高达 80%~90%，不仅可以传递热量，还可搅拌钢水而促进夹杂物上浮，目前有芯感应加热法应用得较多。等离子加热分为转移型和非转移型，前者加热效率高；后者正负极都装在等离子枪内，使用方便，等离子加热速度快，还可单独给一流加热，等离子枪可用直流和交流电源。图 4-7 是新日铁中间包双通道感应加热装置示意图，图 4-8 是新日铁采用的中间包等离子加热示意图。

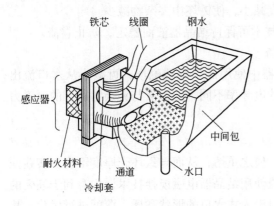

图 4-7 新日铁中间包双通道感应加热装置示意图

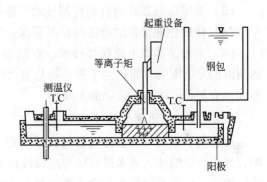

图 4-8 新日铁中间包等离子加热示意图

4.1.3.7 中间包加钢水覆盖剂

中间包覆盖剂的作用是绝热保温、吸收上浮夹杂物、隔绝空气。目前普遍采用双层覆盖剂，即高碱度覆盖剂+碳化稻壳，其同时具有保温和吸收夹杂物的功能。

4.1.4 结晶器冶金

结晶器冶金主要是通过控制液相穴内钢水的流动状态，为夹杂物上浮创造最后的条件，同时减少保护渣的卷入。下面介绍结晶器冶金采用的技术。

4.1.4.1 促进夹杂物上浮与排除

进入结晶器的钢液中总会含有一些夹杂物，而且钢液在结晶器中凝固时还会有新的夹杂物析出，所以采取一些措施促使结晶器中夹杂物上浮是必要的，是保证连铸坯洁净度的最后一关。但在结晶器中促使夹杂物上浮是比较困难的，这主要是因为结晶器中钢水不仅处于剧烈的搅动状态，还受钢流流动与拉速的影响。因此，应创造钢水的合理流动状态，使夹杂物不被生长的凝固界面所捕捉，并能顺利地从液相穴上浮分离出去。目前采取的主要措施有：

（1）控制结晶器钢水流动特征。中间包注流动能引起钢水在结晶器内强制对流运动，对结晶器钢水流动提出如下要求：

1）不会把结晶器保护渣卷入钢液内部；

2）注流的穿透深度应有利于夹杂物上浮；

3）钢流运动不会对凝固坯壳产生冲刷作用。

为达到以上要求，必须选择合适的浸入式水口形状、出口倾角，合理控制水口浸入深度。从浸入式水口喷射出的流股冲击到结晶器窄面后分成两个流股：一股是向上的流股，回流到达表面；另一股是向下的流股，达到最大穿透深度后向上回流。这两股流动对满足上述三个要求有重要的影响。流股最大冲击深度与注流出口速度、水口侧孔夹角和铸坯尺寸等有关。当铸坯尺寸一定时，主要是通过调节水口出口直径、出口夹角来降低注流冲击深度，以促进夹杂物上浮。

对于板坯，采用电磁制动技术可以施加与流股反向的制动力，以抵消或削弱从水口射出流股的冲击力，从而使注流速度降低、深度减小，使铸坯中夹杂物减少。

（2）采用结晶器液面自动控制技术。该技术可保持结晶器液面稳定，防止卷渣。

（3）使用性能优良的合适的结晶器保护渣。

（4）采用结晶器电磁搅拌技术。在结晶器中使用低频旋转磁场，可减小从水口流出的钢液的穿透深度，而且由于夹杂物与钢水的电导率不同，使钢液与夹杂物所受的电磁力不同，有利于气体和夹杂物的上浮。

4.1.4.2　促进凝固坯壳均匀生长

过热钢水强制对流会冲刷已凝固的坯壳，使之重熔，从而导致坯壳厚度不均。实践证明，采用合适的浸入式水口形状与出口倾角或使用结晶器电磁搅拌技术，均有利于坯壳的均匀生长。可以采用物理和数值模拟的方法对浸入式水口的形状和插入深度进行优化，从而优化结晶器内钢液的流动。

4.1.4.3　控制凝固组织

在结晶器内加微型冷却剂可降低钢水过热度，使结晶器内钢水在液相线温度凝固。采用结晶器电磁搅拌技术可使结晶器的平均热流量增加，铸坯内部的温度分布趋于均匀，并可降低凝固前沿的温度梯度，增加铸坯等轴晶，改善铸态组织，减轻中心疏松。

4.1.4.4　结晶器微合金化

通过中间包塞棒和浸入式水口向结晶器喂入 Al、Ti、Ba 等包芯线，进行微合金化，可防止 Al_2O_3、TiO_2、TiN 堵塞水口。结晶器喂入稀土丝可以减少稀土合金的烧损，预防稀土引起的浸入式水口下部结瘤，改善铸坯凝固组织，提高等轴晶率，改善铸坯中硫化物夹杂物的形态和分布。

4.1.5　无氧化保护浇注

精炼后成分、温度都合格的洁净钢液，连铸时在从钢包到中间包再到结晶器的过程中，与空气、耐火材料和熔渣接触，仍发生物理化学作用，钢液会被二次氧化而再次污染，使精炼前功尽弃。为此，钢液在各传递阶段均应严格加以控制，减少重新污染，以保证钢液的洁净度。

钢包→中间包→结晶器采用全程保护浇注是避免钢水二次氧化的有效措施。全程保护浇注即指浇注时钢包和中间包加盖；钢包和中间包使用钢水覆盖剂，结晶器使用保护渣；钢包使用长水口保护套管，中间包使用浸入式水口及对注流气体保护浇注。全程保护浇注也称为无氧化保护浇注，如图4-9所示。

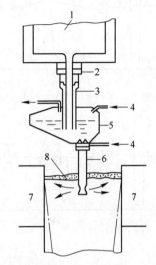

图4-9 无氧化保护浇注示意图
1—钢包；2—滑动水口；3—长水口；
4—氩气；5—中间包；6—浸入式水口；
7—结晶器；8—保护渣

4.1.5.1 钢包到中间包的注流保护

连铸敞开浇注时，钢液从水口流出，在具有一定速度的注流的周围形成一个负压区，将四周的空气卷入中间包和结晶器熔池，造成钢液的二次氧化。其二次氧化的程度与注流比表面积和注流形态有关。如钢包水口直径为 $50\sim60mm$，小方坯中间包水口直径为 $14\sim15mm$，那么中间包注流的二次氧化比钢包注流更严重。当注流圆滑、致密、连续时，具有最小的比表面积，因而与空气接触面积小，从空气中吸氧的量约为 0.7×10^{-6}；当注流呈波浪形或散流状且不连续时，比表面积大大增加，因而吸氧量也相应增多，估计为 $(20\sim40)\times10^{-6}$。

注流冲击引起中间包液面不断地更新，此时钢液的吸氧量比静止状态时要严重得多。例如，中间包的液面面积为 $1000mm\times5000mm$（即 $5m^2$），熔池深度为 $700mm$，由于注流的冲击引起中间包钢液的运动，使表面裸露更新；据理论计算，每隔 $1.15s$ 表面就更新一次，$1min$ 内液面更新达 52 次之多，液面裸露更新总面积约为 $260m^2$。由此可见，因被注流冲击而引起液面裸露更新会造成严重的二次氧化。

敞开浇注时，由于注流的冲击，沿中间包钢渣界面产生剪切力，将渣卷入钢液内部（如图4-10(a)所示），而且注流冲击引起波浪运动。尤其是当液位降低至 $200mm$ 时，这种剪切力和波浪运动造成的卷渣更为严重。

生产中，钢包到中间包的注流保护通常采用长水口保护浇注。

A 长水口

长水口上口与钢包滑动水口相连，长水口下部插入中间包液面下 $100mm$ 左右。这样钢包到中间包的注流处于密封状态，并改善了中间包内钢液的流动状态，大大减轻了卷渣现象，如图4-10（b）所示。

长水口有两种结构类型，如图4-11所示。

（1）带沟槽吹 Ar 气的长水口。在长水口与钢包下水口的连接部位有一条环沟槽，见图4-11(a)。通入的 Ar 气在沟槽处形成正压 Ar 气幕，防止空气的吸入。

（2）带弥散式透气环吹 Ar 气的长水口，见图4-11(b)。在水口上端镶嵌弥散式透气环，Ar 气通过透气环形成气幕，保持正压密封，防止空气吸入。

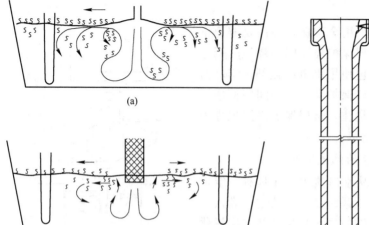

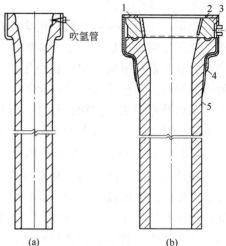

图 4-10 中间包运动状况示意图
（a）敞开式浇注；（b）长水口保护浇注

图 4-11 带吹 Ar 气装置的长水口结构示意图
（a）带沟槽吹 Ar 气的长水口；
（b）带弥散式透气环吹 Ar 气的长水口
1—钢压环；2—纤维环；3—透气环；
4—铁套；5—本体

B 长水口-钢包水口接缝密封与注流气体保护

长水口与钢包滑动水口下水口的接缝如密封不严，同样会吸入空气而污染钢液。由于长水口内孔的孔径比滑动水口内径大，钢流不能充满水口内孔通道，就好像一个抽气泵，空气从缝隙中被不断地吸入。生产中应用密封材料和通惰性气体 Ar 气或中性气体 N_2 气的方法对注流密封保护，将注流与空气隔绝，避免了二次氧化。但必须注意，只有当保护气氛中 $\varphi(O_2) < 0.2\%$ 时，才能有效保护注流。

4.1.5.2 中间包到结晶器的注流保护

A 浸入式水口

中间包到结晶器的注流保护采用浸入式水口，可保证注流圆整不散开，使注流与空气完全隔绝，还起到保温和防止吸入空气的作用。浸入式水口的基本结构形式可见图 2-13和图 2-14。

浸入式水口的出口位置及倾角，与钢液注流在结晶器内形成的冲击深度和流动状态有直接关系。单孔直筒形水口的注流冲击深度最大；而箱形双侧孔结构的水口注流冲击深度最小，当拉速达到一定值后若继续提高拉速，冲击深度不再加大。因此，单孔直筒形水口一般适用于较小断面的方坯和矩形坯的浇注，大方坯和板坯的浇注普遍采用双侧孔箱形浸入式水口。

由图 4-12 可见，结晶器内从浸入式水口两侧孔流出的流股冲击到结晶的窄面后，形成两个分流股：一股向上回流到达液面；另一股则向下到达最大冲击深度后，再向上回流。流股的最大冲击深度与注流出口速度、侧孔倾角和铸坯尺寸等因素有关。当铸坯尺寸一定时，可通过调节水口出口直径、侧孔倾角来降低注流的冲击深度，以促进夹杂物上浮，提高钢液洁净度。

浸入式水口结构还影响结晶器内温度的分布。水口外壁四周区域温度最低，保护渣易结壳甚至凝结。直筒形浸入式水口的注流在结晶器内的冲击深度可达 2.5~3.7m，因而钢液的高温区下移，液相穴内产生旋涡，夹杂物难以上浮，所以这种水口只能用于浇注小断面的方坯和矩形坯。

侧孔型浸入式水口可分为双孔、四孔、六孔等形式，应用最广的是双侧孔浸入式水口。浸入式水口中的孔径、倾角根据所浇钢种和生产条件而定。例如，浇注不锈钢时为避免结晶器液面结壳，浸入式水口的侧孔倾角以向上倾斜 10° 为宜；

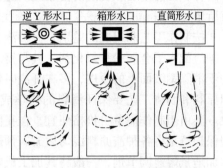

图 4-12　各种水口注流在结晶器内的流动状态示意图
实线—对称流；虚线—非对称流

浇注碳素钢时，浸入式水口的侧孔倾角一般以向下倾斜 15°~35° 为宜。再如，浇注含铝钢种时为防止氧化铝析出物堵塞水口，浸入式水口的中孔孔径可选择大一些，如有的厂家将中孔孔径由 ϕ55mm 扩大到 ϕ70mm；或者在中间包塞棒、浸入式水口内壁吹入 Ar 气，也可以避免氧化铝析出物的沉积堵塞。还有的厂家在浇注不锈钢时，浸入式水口的中孔孔径由原来的 ϕ42mm 扩大到 ϕ48mm，使用效果也很好。

浇注小方坯时可用薄壁浸入式水口，浇注薄板坯时可用扁形浸入式水口。浸入式水口的向上倾角一般为 10°~15°，向下倾角为 15°~35°。

浸入式水口插入过深或过浅均对铸坯质量不利，一般以 100~150mm 为宜。

浸入式水口的安装要精确对中，否则结晶器内钢流不对称，对坯壳凝固层形成不均匀冲刷，影响坯壳的均匀生长。

B　中间包水口-浸入式水口接缝密封与注流气体保护

浸入式水口与中间包水口的接缝，与钢包的长水口一样必须密封。用铝碳质、镁碳质、锆碳质等材料制作的密封环密封，并吹 Ar 气和涂抹耐火泥，注流保护效果较好。

4.1.6　保护渣

浸入式水口加保护渣的保护浇注技术是保证连铸坯质量和操作正常的重要条件。近年来国内相继建立了保护渣系列，高速连铸和特殊钢连铸的保护渣研制也取得了重大突破。连铸保护渣的优良功能极大地促进了连铸钢品种、连铸断面种类、铸坯质量以及连铸生产率的大幅提高。

4.1.6.1　保护渣的类型和功能

A　保护渣的类型

连铸保护渣按外形可分为粉状保护渣和颗粒状保护渣。粉状保护渣是多种粉状物料的机械混合物，具有比表面积大、熔化速度快、绝热性能好的优点。其缺点是：在长时间运输过程中，因受震动而使不同密度的物料发生偏析，渣的均匀状态受到破坏，影响使用效果的稳定性；粉渣的铺展性、流动性较差；此外，向结晶器添加渣粉时粉尘飞扬且易产生火焰，对环境污染较大。颗粒渣的成分较均匀，有较好的均匀熔化性。其又分为空心和实心两种，目前空心颗粒渣的使用最广泛，效果最佳。但颗粒渣的制作工艺相对复杂，成本有所增加。

按制作工艺和组成的差别，保护渣又分为发热型、混合型、预熔型和烧结型。发热型保护渣配入了金属粉和氧化剂，其与钢液接触时依靠粉渣中的铝粉和硅钙粉氧化发热，有助于消除钢液面上的冷皮，多在开浇时使用。混合型保护渣是多种原材料的机械混合物，但原料和制渣工艺要保证渣料的化学成分稳定，否则会在结晶器内钢液面上出现分熔现象。其由于制作简单、价格便宜，在我国普碳钢和一般合金钢中曾一度被广泛应用。预熔型保护渣是将各种渣原料混匀后放入预熔炉，在高温下预先熔化成一体，冷却后破碎磨细并加适量熔速调节剂，一般将其加工成颗粒状。预熔型保护渣具有成渣快、成分均匀、形成稳定的熔渣层和渣膜、适应性强、储存期较长等优点。目前国内使用的保护渣基本都是预熔型保护渣。烧结型保护渣是将粉状原料拌入水和焦末，经烧结磨细后造球。其具有熔化均匀的优点，但生产工艺较复杂，使用范围受到限制。

此外，保护渣还可按连铸特点和钢种进行分类，如高速连铸用保护渣、特殊钢用保护渣等。

B　保护渣的功能

连铸保护渣具有如下功能：

（1）绝热保温。在结晶器内高温钢液面上加入保护渣，覆盖其表面，可减少钢液热损失。由于保护渣的三层或多层结构，钢液通过保护渣的散热量比裸露状态下的散热量要小90%左右，从而避免了钢液面的冷凝结壳。尤其是浸入式水口外壁四周覆盖了一层渣膜，减少了相应位置冷钢的聚集。

（2）隔绝空气，防止钢液的二次氧化。保护渣加入结晶器钢液面上，熔化后形成一定厚度的液渣层，并均匀地覆盖钢液面，阻止了空气与钢液直接接触。而且，保护渣中碳粉的氧化产物和碳酸盐受热分解逸出气体，可驱赶弯月面处的空气，有效地避免了钢液的二次氧化。

（3）吸收非金属夹杂物，净化钢液。保护渣在钢液面上形成的液渣层可以良好地吸附和溶解从钢液中上浮的夹杂物，起到净化钢液的作用。

（4）在铸坯凝固坯壳与结晶器内壁之间形成润滑渣膜，充填气隙，改善传热。在结晶器的弯月面处有保护渣的液渣存在，由于结晶器的振动和结晶器铜壁与坯壳间气隙的毛细管作用，将液渣吸入并填充于气隙之中，形成渣膜。在正常情况下，与坯壳接触的一侧由于温度高，渣膜仍保持足够的流动性，在结晶器铜壁与坯壳之间起着良好的润滑作用，防止了铸坯与结晶器的黏结，减小了拉坯阻力。渣膜厚度一般为 $50 \sim 200 \mu m$。

在结晶器内由于钢液的凝固收缩，铸坯凝固壳脱离结晶器铜壁而产生气隙，使热阻增加，影响铸坯的散热。保护渣的液渣均匀地充满气隙，减小了气隙的热阻。据实测，气隙中充满空气时的导热系数仅为 $0.09W/(m \cdot K)$，而充满渣膜时的导热系数为 $1.2W/(m \cdot K)$。由此可见，渣膜的导热系数是充满空气时的13倍。由于气隙充满渣膜明显地改善了结晶器的传热，使坯壳得以均匀生长。

4.1.6.2　保护渣的结构

图4-13是保护渣熔化过程的结构示意图。保护渣由4层结构组成，即液渣层（也称熔渣层）、半熔融层、烧结层（也称过渡层）和原渣层（也称粉渣层）。有的也将半熔融

层和烧结层归为一层，称为烧结层。即通常所说的保护渣三层结构包括液渣层、烧结层和原渣层。保护渣全部渣层厚度为30~50mm，薄板坯浇注时的全部渣层厚度可达100~150mm。

固体粉状或粒状保护渣加入结晶器后与约1530℃的钢液面接触，由于保护渣的熔点只有1050~1150℃，因而依靠钢液提供的热量使部分保护渣熔化，形成液渣覆盖层（也称熔渣层）。这个液渣覆盖层厚10~15mm，它既保护钢液不被氧化，又减缓了沿保护渣厚度方向的传热。在拉坯过程中，结晶器上下振动，铸坯向下移动，由于存在负滑脱，钢液表面形成的液渣被吸入结晶器铜壁与铸坯坯壳之间的气隙，形成渣膜，起到润滑和均匀传热的作用。

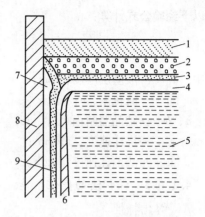

图4-13　保护渣熔化过程的结构示意图
1—原渣层；2—烧结层；3—半熔融层；
4—液渣层；5—钢液；6—凝固坯壳；
7—渣圈；8—结晶器；9—渣膜

液渣层上面的保护渣温度可达1000℃，保护渣虽然不能熔化，但部分熔点低的组分熔化，呈软化半熔融状态。与其相邻的是呈糨糊状的烧结层。倘若液渣层厚度低于一定数值，烧结层又过分发达，则沿结晶器内壁周边就会形成渣圈，弯月面液渣下流的通道就被堵塞，液渣难以进入器壁与坯壳间的气隙中，影响铸坯的润滑和传热，铸坯表面还可能产生纵裂纹。此外，形成渣圈也说明保护渣的性能欠佳。操作上必须及时挑出渣圈，保持渣流入通道畅通，确保铸坯的正常润滑和传热。

在烧结层上面是固态粉状或粒状的原渣层，其沿保护渣厚度方向存在着较大的温度梯度，原渣层的温度为400~500℃。该层保护渣的粒度细小，粉状保护渣的粒度小于0.147mm（100目），其中0.074mm（200目）的占绝大部分；粒状保护渣的粒度一般为0.5~1mm。这些保护渣细小松散，与烧结层共同起到隔热保温作用。

随着液渣层不断被消耗，烧结层下降并受热熔化形成液渣，与烧结层相邻的原渣又形成烧结层。因此，生产中要连续、均匀地补充添加新的保护渣，以保持原渣层的厚度为25~35mm，这样才能维持液渣层的正常厚度。若结晶器液面为自动控制，适合用颗粒保护渣，原渣层可适当厚些。在保护渣总厚度不变的情况下，各层厚度处于动平衡状态，达到生产上要求的层状结构。

结晶器铜壁与凝固坯壳之间的渣膜也为三层结构，结晶器铜壁侧为玻璃态或极细晶粒的固体层，某些情况下为极薄的结晶层；中间为液体-晶体共存层；凝固坯壳侧为液态层，冷凝时呈玻璃态。可以说，渣膜的结构及厚度直接关系到结晶器与凝固坯壳间的润滑状态及传热。渣膜厚度与保护渣自身的性质、拉速、结晶器的振动参数有关，而且在结晶器上下不同部位其厚度分布也各不相同。渣膜总厚度一般为1~3mm，其中液相厚度为0.1~0.2mm。

生产上可以直接测定液渣层的厚度，其方法是：将镍-铜电偶丝插入结晶器钢液面以下约2s，取出后量出两电偶丝长度之差即为液渣层厚度；也可用钢-铝电偶丝或钢-铜电偶丝插入，测出其电偶丝长度差。板坯结晶器较宽，其边缘和中心浸入式水口区域的温度不一样，可测不同位置的液渣层厚度，以便控制保护渣处于正常层状结构。液渣层厚度也可用以下经验公式计算：

$$d_L = \frac{0.02 S_R}{abv_c w} \tag{4-2}$$

式中　d_L——液渣层厚度，mm；

　　　S_R——渣化率，%；

　　　a，b——结晶器断面尺寸，m；

　　　v_c——浇注速度，m/min；

　　　w——渣消耗速度，kg/t。

4.1.6.3　保护渣的理化性能

A　熔化特性

熔化特性包括熔化温度、熔化速度和熔化的均匀性等。

a　熔化温度

保护渣是多组元的混合物，无固定的熔点，熔化过程有一定的温度范围。通常将熔渣具有一定流动性时的温度称为熔化温度。保护渣的液渣形成渣膜，起润滑作用，因此保护渣的熔化温度应低于坯壳温度；结晶器下口铸坯温度一般为 1250℃ 左右，与结晶器的长度、拉坯速度、冷却水的耗量等有关，因此，保护渣的熔化温度应低于 1200℃，一般为 1050~1150℃。熔化温度的测定方法有热分析法、淬火法、差热分析法以及半球点法和三角锥法等。

保护渣的熔化温度与保护渣基料的组成和化学成分、配加助熔剂的种类和成分以及渣料的粒度等有关。表 4-1 所示为保护渣成分在一定条件下对熔化温度的影响。

表 4-1　保护渣成分在一定条件下对熔化温度的影响

成　分	CaO	SiO$_2$	Al$_2$O$_3$	MgO	Na$_2$O+K$_2$O	CaF$_2$	MnO	B$_2$O$_3$	ZrO$_2$	Li$_2$O	TiO$_2$	BaO
熔化温度	↑	↓	↑	↓	↓	↓	↓	↓	↑	↓	↑	↓

b　熔化速度

保护渣的熔化速度关系到液渣层的厚度及保护渣的消耗量。熔化速度过快，则粉渣层不易保持，影响保温，液渣会结壳，很可能造成铸坯夹渣；熔化速度过慢，则液渣层过薄。熔化速度过快或过慢都会导致液渣层的厚薄不均匀，影响铸坯坯壳生长的均匀性。

一般采用一定重量的保护渣试棒，在一定温度下完全熔化所需的时间来表示熔化速度。熔化速度的测定方法有渣柱法、塞格锥法、熔化率法和熔滴法。

熔化速度主要依靠保护渣中配入的碳成分来调节。配入的碳质材料有炭黑和石墨，材料不同则效果也不一样。

（1）保护渣中配加炭黑。炭黑为无定型结构，碳含量高，颗粒细，在保护渣中分散度大，吸附力强，对熔体流动和聚合的阻滞力强；但是炭黑的氧化温度低，氧化速度快，因此炭黑在温度较低的区域内能有效控制保护渣的熔化速度，而在高温区其控制效率大大降低（即使增加炭黑的配入量，对熔化速度的改善也有限）。由于炭黑的燃烧性好，可使渣面活跃，改善保护渣的铺展性。炭黑的配加量一般小于 1.5%。

（2）保护渣中配加石墨。石墨为晶体结构，呈片状，颗粒比较粗大，阻滞作用稍差些；可是石墨的熔点高，氧化速度慢，有明显的骨架作用，在高温区控制保护渣熔化速度的能力较强。保护渣中配入 2%~5%的石墨就可以使保护渣形成三层结构。

（3）保护渣中复合配碳。当配加 2%~5%的石墨和 0.5%~1.0%的炭黑时，保护渣将形成粉渣层、烧结层、半熔融层和液渣层的多层结构；由于半熔融层的存在，其补充液渣能力较强，有利于保持液渣层的稳定，可适应高速连铸。

不同的配碳量和配碳类型对结晶器保护渣熔化结构的影响不同，研究得到的配碳量和配碳类型与保护渣熔化结构的关系见表 4-2。

表 4-2　配碳类型和配碳量与保护渣熔化结构的关系

配碳类型和配碳量	保护渣熔化结构
炭黑大于 2%	原渣层、液渣层
炭黑或石墨小于 1.5%	原渣层、烧结层、液渣层
炭黑和石墨同时使用，炭黑小于 2%	原渣层、烧结层、半熔融层、液渣层

c　熔化的均匀性

保护渣加入后能够铺展到整个结晶器液面上，形成的液渣沿四周均匀地流入结晶器与坯壳之间。由于保护渣是机械混合物，各组元的熔化速度有差异。为此，对保护渣基料的化学成分要选择得当，最好选用接近液渣矿相共晶线的成分；渣料的粒度要细；应充分搅拌或有足够的研磨时间，达到混合均匀。当然，预熔型保护渣的成渣均匀性优于机械混合物。

B　黏度

黏度是反映保护渣形成液渣后流动性好坏的重要参数，单位是 Pa·s。液渣黏度过大或过小都会造成坯壳表面渣膜的厚薄不均匀，致使润滑和传热不良，由此导致铸坯的裂纹。为此，保护渣应保持合适的黏度值，其随浇注的钢种、断面、拉速、注温而定。通常在 1300℃时，液渣黏度小于 0.14Pa·s。目前国内所用保护渣的黏度在 1300℃时一般都小于 1Pa·s，大多在 0.1~0.5Pa·s 范围内。测定保护渣黏度常采用圆柱体旋转法。

保护渣的黏度取决于化学成分及液渣的温度，一般通过改变碱度（$w(CaO)/w(SiO_2)$）来调节黏度。连铸用保护渣的碱度通常为 0.85~1.10。酸性渣具有较大的硅氧复合离子团，能够形成"长渣"或"稳定性渣"。这种渣在冷却到液相线温度时，其流动性变化较为缓和，所以连铸用保护渣为酸性或中性偏酸性渣。

保护渣中适当地增加 CaF_2 或 Na_2O+K_2O 的含量，可以在不改变碱度的情况下改善保护渣的流动性。但其数量不能过多，否则也会影响液渣的流动性。此外，还要注意保护渣中 Al_2O_3 的含量，当 $w(Al_2O_3)>20\%$ 时就会析出高熔点化合物，导致不均匀相的出现，影响保护渣的流动性。由于结晶器内液渣还要吸收从钢液中上浮的 Al_2O_3 等夹杂物，对保护渣中 Al_2O_3 的原始含量要倍加注意。表 4-3 所示为保护渣成分对黏度的影响。

表 4-3　保护渣成分对黏度的影响

成　分	CaO	SiO$_2$	Al$_2$O$_3$	MgO	Na$_2$O+K$_2$O	CaF$_2$	MnO	B$_2$O$_3$	ZrO$_2$	Li$_2$O	TiO$_2$	BaO
黏　度	↓	↑	↑	↓	↓	↓	↓	↓	—	↓	—	↓

C 结晶特性

结晶特性代表保护渣液渣在冷凝过程中析出晶体的能力，通常用结晶温度和结晶率表示。结晶温度是指保护渣液渣冷却过程中开始析出晶体的温度。结晶率是指液渣冷却过程析出晶体所占的比例。目前析晶温度的测试及评价方法主要有差热法（DTA）、示差扫描量热法（DSC）、热丝法、黏度-温度曲线法、X 衍射法等，析晶率的测试及评价方法主要有观察法、X 衍射法、热分析法、热膨胀系数法等。

D 界面特性

敞开浇注或保护浇注时，钢液与空气、钢液与液渣都存在着界面张力差别，对结晶器弯月面曲率半径的大小、钢渣的分离、夹杂物的吸收、渣膜的厚薄都有不同程度的影响。熔渣的表面张力和钢渣界面张力是研究钢渣界面现象和界面反应的重要参数。保护渣的表面张力 σ 可由实验测定，也可用经验公式计算得出。一般要求保护渣的表面张力不大于 0.35N/m。

保护渣中 CaF_2、SiO_2、Na_2O、K_2O、FeO 等组元为表面活性物质，可降低熔渣的表面张力；而随着 CaO、Al_2O_3、MgO 含量的增加，熔渣的表面张力增大。降低熔渣表面张力可以增大钢渣界面张力，有利于钢渣的分离，也有利于夹杂物从钢液中上浮排除。结晶器内钢液由于表面张力的作用形成弯月面，有保护渣覆盖时弯月面的曲率半径比敞开浇注时要大，曲率半径大有利于弯月面坯壳向结晶器铜壁铺展变形，也不易产生裂纹。

E 吸收溶解夹杂物的能力

保护渣应具有良好地吸收夹杂物的能力，特别是在浇注铝镇静钢种时，其溶解吸收 Al_2O_3 的能力更为重要。保护渣一般为酸性渣系或偏中性渣系，这种渣系在钢渣界面处有吸收 Al_2O_3、MgO、MnO、FeO 等夹杂物的能力。生产试验表明，随碱度 $w(CaO)/w(SiO_2)$ 的增加，保护渣吸收溶解 Al_2O_3 的能力增大；当 $w(CaO)/w(SiO_2)>1.1$ 时，保护渣吸收溶解 Al_2O_3 的能力又有所下降；当保护渣 Al_2O_3 的原始含量大于10%时，液渣吸收溶解 Al_2O_3 的能力迅速下降。为此，当保护渣碱度 $w(CaO)/w(SiO_2)=0.6\sim1.1$ 时，Al_2O_3 的原始含量要尽量低。

F 保护渣的水分

保护渣的水分包括吸附水和结晶水两种。保护渣的基料中有苏打、固体水玻璃等，这些材料吸附水的能力极强，颗粒越细，吸附的水分越多。吸附水分的保护渣很容易结团，质量变坏，也给连铸操作带来麻烦。因此，要求保护渣的水分含量要小于0.5%；配制保护渣的原料需经烘烤，温度不低于110℃，以去除吸附水；对于浇注质量要求高的钢种，保护渣的原料烘烤温度应达200~600℃，以脱除结晶水。烘烤后的原料应及时配料混匀，配制好的保护渣粉要及时封装以备使用。

4.1.6.4 保护渣的配制

保护渣的基本成分是由 CaO-SiO$_2$-Al$_2$O$_3$ 系组成的。由图 4-14 可知，以硅灰石（CaO·SiO$_2$）形态存在的低熔点区组成范围较宽，大致是 $w(CaO)=30\%\sim50\%$、$w(SiO_2)=40\%\sim65\%$、$w(Al_2O_3)\leqslant20\%$，其熔点为 1300~1500℃。1400℃时的黏度最低为 0.6Pa·s。保护渣的基本化学成分确定之后就是选择配制的原材料，包括以下三部分：

（1）基础渣料。基础渣料一般采用人工合成的方法配制。基础渣料选择的原则是：

原料的化学成分尽量稳定并接近保护渣的成分，材料的种类不宜过多，便于调整渣的性能，原料来源广泛、价格便宜。常用的原料有天然矿物、工业原料和工业废料。工业原料有硅灰石、珍珠岩、石灰石、石英石等。工业废料包括玻璃、烟道灰、高炉渣、电炉白渣、石墨尾矿等。

（2）助熔剂。为调节熔渣的熔化温度及黏度，应提供含有 Na_2O、CaF_2 等成分或 K_2O、BaO、NaF、B_2O_3 等成分的物料。常用的助熔剂有苏打、萤石、冰晶石、硼砂、固体水玻璃等。其加入量根据渣的熔点而定，一般不超过 10%。

（3）熔速调节剂。熔速调节剂主要是石墨和炭黑两种，也有用焦炭和木炭的。其用以调节保护渣的熔化速度，改善保护渣的隔热保温作用及其铺展性。熔速调节剂加入的数量一般为 3%~7%。

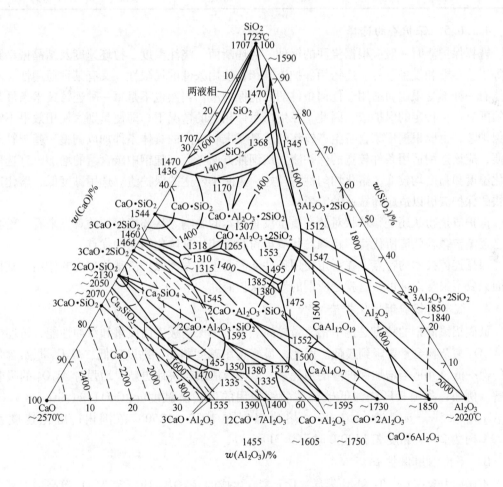

图 4-14　CaO-SiO_2-Al_2O_3 三元系状态图

保护渣的化学成分主要包括 CaO、SiO_2 和 Al_2O_3 以及少量的 Na_2O（或 Li_2O）、K_2O、B_2O_3、BaO、SrO、FeO、CaF_2 和碳粒，还包括很少的有害成分 P、S，其中 CaO 和 SiO_2 占 60%~70%。Al_2O_3、SiO_2、B_2O_3 是玻璃体形成物，可增加保护渣的黏度，降低析晶温度；CaO、CaF_2、Na_2O+K_2O、MgO、Li_2O、BaO 可降低黏度，调节熔点和结晶温度；C 是

熔速调节剂,起骨架作用。表4-4所示为典型的连铸保护渣化学成分范围,各种保护渣的化学成分基本都在此范围内。

表4-4　典型的保护渣化学成分范围

化学成分	含量 (质量分数)/%	化学成分	含量 (质量分数)/%	化学成分	含量 (质量分数)/%
CaO	20~45	SiO_2	20~50	Al_2O_3	0~13
Na_2O	0~20	MgO	0~10	Li_2O	0~5
MnO	0~10	K_2O	0~5	Fe_2O_3	0~6
B_2O_3	0~10	BaO	0~10	TiO_2	0~5
F^-	2~15	C	0~25	SrO	0~5

4.1.6.5　保护渣的选择

选择保护渣时一般应根据浇注的钢种、铸坯断面、浇注温度、拉坯速度及结晶振动频率等工艺参数和设备条件。连铸用保护渣既存在使用条件的局限性,又有某种通用性。不可能有一种不受限制而适用于任何条件的万能保护渣,当然也不是每一种连铸技术条件都必须配有一种特定的保护渣。因此,在生产条件相当的情况下,即使是别家使用效果不错的保护渣,也要根据厂家自身生产铸坯的质量要求和生产的具体条件加以调整。基于管理方便,应该选用适用条件较宽的保护渣。从钢种方面考虑,随钢中碳含量的增加,宜选用熔化温度和黏度均较低、熔化均匀性均较好、渣圈不发达的保护渣。选用黏度低、熔化速度快的保护渣可以适应高拉速的需要。

保护渣是粉状还是颗粒状对铸坯质量没有根本的影响。从环境保护的观点来看,粉状渣已逐渐被颗粒状渣所代替,且颗粒状渣与粉状渣相比有熔化均匀的优点。

根据连铸技术的特点,在一定使用条件下需要重点发挥保护渣某些方面的作用,其他方面只要不失常态即可,这就是所谓的专用保护渣。

A　低碳铝镇静钢用保护渣

低碳铝镇静钢的特点是钢中铝含量较高。为了确保钢板表面质量和深冲性能,铸坯中的 Al_2O_3 夹杂物含量要降到最低。因此,最好选用碱度稍高、黏度较低、Al_2O_3 原始含量低的保护渣,并适当增加保护渣的消耗量,以使液渣层较快地更新,增强对 Al_2O_3 的吸收溶解。例如,我国某厂浇注低碳铝镇静钢使用的保护渣碱度 $w(CaO)/w(SiO_2)=1.0$,$w(Al_2O_3) \leqslant 5\%$,$w(FeO) \leqslant 3.0\%$;熔化温度在 $1030 \sim 1250℃$ 范围内;熔化速度在 $1400℃$ 时为 20s;黏度在 $1400℃$ 时为 $0.3Pa \cdot s$。

B　不锈钢用保护渣

不锈钢中含有 Cr、Ti 和 Al 等易氧化元素,生成的 Cr_2O_3、TiO_2 和 Al_2O_3 等高熔点氧化物使钢水发黏。当保护渣吸收溶解这些夹杂物达到一定程度后,就会析出硅灰石(CaO·SiO_2)和铬酸钙($CaCrO_4$)等高熔点晶体,破坏了液渣的玻璃态,导致保护渣熔点明显升高,液渣随之变稠、结壳,影响铸坯的表面质量。TiO_2 对保护渣的影响不像 Cr_2O_3 那么明显。为此,用于不锈钢浇注的保护渣应具有净化钢中 Cr_2O_3 和 TiO_2 等夹杂物的能力,在吸收溶解这些夹杂物后仍能保持其性能的稳定。

浇注含铬不锈钢时可采用 CaO-SiO_2-Al_2O_3-Na_2O-CaF_2 系保护渣，并配入适量的 B_2O_3，其可以降低液渣的黏度，并能使凝渣呈玻璃态，不再析晶；消除了 Cr_2O_3 的不利影响，保持了保护渣的良好性能。若保护渣中 $w(Cr_2O_3) = 4\%$，配入 4% 的 B_2O_3 与未配加 B_2O_3 相比，在 1300℃ 时熔渣黏度降低了 40%。

含钛不锈钢连铸最大的问题是结晶器钢渣界面有结块，主要是由高熔点夹杂物 TiN 和 $TiN \cdot TiC$ 的聚集所致，容易引起铸坯表面夹渣。对于含钛不锈钢生成的夹杂物 TiN 和 $TiN \cdot TiC$，现有的保护渣很难吸收溶解，只能最大限度地降低钢中氮含量，采用有效的保护浇注，减少 TiN 等夹杂物的生成。因此，当前含钛不锈钢是难以连铸的钢种。有的厂家也曾使用如下成分的保护渣：$w(CaO) = 34.9\% \sim 36.9\%$，$w(SiO_2) = 30.4\% \sim 32.4\%$，$w(MgO) = 0.5\% \sim 1.0\%$，$w(Al_2O_3) = 6.7\% \sim 7.7\%$，$w(Na_2O) = 7.0\% \sim 8.0\%$，$w(K_2O) = 0.3\% \sim 0.9\%$，$w(Fe_2O_3) = 0.8\% \sim 1.4\%$，$w(CO_2) = 3.6\% \sim 4.6\%$，$w(C) = 3.6\% \sim 4.6\%$，$w(F) = 7.0\% \sim 8.0\%$，碱度 $w(CaO)/w(SiO_2) = 1.09 \sim 1.19$；熔化温度约为 1097℃；1400℃ 时的黏度为 $0.4Pa \cdot s$。

C 超低碳钢用保护渣

超低碳钢种的碳含量均小于 0.03%。当保护渣中配入碳质材料的种类和数量不当时，会使铸坯表面增碳。因此，用于超低碳钢的保护渣应配入易氧化的活性碳质材料，并严格控制其加入量；也可以在保护渣中配入适量的 MnO_2，它是氧化剂，可以抑制富碳层的形成，并能降低其碳含量，还可以起到助熔剂的作用，促进液渣形成，保持液渣层厚度；此外，还可以配入 BN 粒子取代碳粒子，成为控制保护渣结构的骨架材料。

4.1.6.6 高速连铸用保护渣

A 高速连铸的特点

高速连铸的特点如下：

（1）高速连铸时，高拉速使结晶器中的热流及摩擦力增大；

（2）浸入式水口出口处钢液流速加快，结晶器中钢液面波动加剧；

（3）钢液在结晶器中的停留时间短，坯壳厚度减薄，渣耗急剧下降，易出现润滑不良和传热不均等现象。

因此，高速连铸与常速连铸相比，发生黏结漏钢和铸坯表面质量差的现象要多得多。因此对于高速连铸，除改进连铸工艺和设备外，选择合适的结晶器保护渣也非常重要。

B 高速连铸对保护渣的要求

高速连铸与常速连铸保护渣在化学成分及理化性能上差别较大，高速连铸对保护渣的要求如下：

（1）高速连铸要求保护渣在高拉速及拉速变化较大的情况下仍能维持足够大的消耗量，否则会造成黏结漏钢或引起铸坯纵裂等表面缺陷；

（2）结晶器铜壁与坯壳间的渣膜厚度应适宜且分布均匀，以降低结晶器摩擦力和均匀导热；

（3）保护渣应具有适宜的液渣层厚度，以防止高拉速时液渣供应不足而导致固态渣流入结晶器铜壁与坯壳间的缝隙；

（4）保护渣要有良好的溶解吸收夹杂物的能力，且在吸收夹杂物后其物性应保持稳定。

因此，高速连铸保护渣应具有较低的黏度、结晶体析出温度和较低的软化熔融温度，合适的碱度以及较快的熔化速度等理化性能。

C　高速连铸保护渣的化学成分

近年来，国内外冶金工作者根据高速连铸对结晶器保护渣的特定要求，进行了大量的研制和现场试验。研究认为，高速连铸保护渣几乎都具有 Al_2O_3 含量低和金属氧化物含量高的特点；要限制 Na_2O、CaF_2 的用量，以改善渣的玻璃特性；加入一定量的 BaO、B_2O_3、Li_2O、K_2O、MgO、MnO 等助熔剂，能有效地降低黏度和熔点，提高熔化速度，抑制晶体析出。

由于常速连铸保护渣基本上都采用 CaF_2 和 Na_2O 等助熔剂来降低保护渣的黏度和熔化温度，实践证明此法效果明显。但高速连铸保护渣需要有更低的黏度和熔化温度，这势必需要加入更多的 CaF_2 和 Na_2O。但 CaF_2 含量过高会引起枪晶石、钙黄长石等高熔点物质的析出，从而破坏熔渣的玻璃特性，使润滑条件严重恶化；氟离子还会降低部分连铸耐火材料的寿命，对环境、人体健康和连铸设备等造成污染、伤害和腐蚀。Na_2O 含量过高同样会生成高熔点物质，恶化结晶器润滑效果。保护渣中的 CaO 虽能降低黏度，但碱度同时提高，而碱性渣的黏度随温度变化较大，当冷却至液相线温度时由于结晶能力强，不断有晶体析出，严重破坏了熔渣的玻璃特性。

因此，目前高速连铸保护渣广泛采用 BaO、B_2O_3、Li_2O、K_2O、MgO、MnO 等作为助熔剂，其有效降低了保护渣的熔融温度、熔渣黏度，抑制了晶体析出。研究表明，用 BaO 或 MgO 取代部分 CaO，能降低熔渣的黏度和保护渣的熔融温度；B_2O_3 能有效促进熔渣的玻璃态化，减轻熔渣的分熔倾向；MnO 能迅速降低熔渣的晶体析出温度和黏度，并对凝固温度有轻微的降低作用；Li_2O 能很好地抑制结晶器中熔渣结晶相的析出，改善保护渣的玻璃性能，对降低黏度和软化点有显著效果。高速连铸保护渣还普遍采用复合配碳，以形成原渣层、烧结层、半熔融层、液渣层的多层结构，适应高拉速对保护渣熔融特性的要求。

高速连铸保护渣具有四层结构，即原渣层、烧结层、半熔融层和液渣层。半熔融层应该具有足够的厚度，这样可以提高保护渣的绝热保温性能，并用以保证向液渣层不断提供液态渣滴。当拉速高或拉速变化较大时，液渣层应仍能维持足够的厚度，以保证不断流和防止固态渣粒流入。

高速连铸保护渣复合配碳使熔化速率随渣中炭黑的变化平缓地改变，使其在相对较宽的温度范围内保持较稳定的熔融特性，从而满足高拉速及拉速变化较大的连铸工艺的需要。

D　高速连铸保护渣的理化性能

根据高速连铸对结晶器保护渣的要求，结合大量的生产实践，合适的保护渣理化性能参数见表4-5。

a　黏度

研究表明，为了获得稳定的传热，渣的黏度 η 与拉速 v_c 之间有着相匹配的关系。采用常规拉速时，满足 $\eta v_c = 0.1 \sim 0.35$ 的条件，使结晶器导热量及渣膜厚度的变化量最小。高速连铸为了改善渣的润滑性能以适应高拉速的需要，保护渣的黏度值应比常规拉速时低，温度-黏度曲线在析晶温度前应变化平缓且析晶温度要低。这样在高速浇注时，由于浇钢温度或其他原因引起弯月面处钢液温度的波动，均不会使渣的润滑性能产生大的变化。因此，$\eta v_c = 0.2 \sim 0.3$ 更为合适，当拉速大于 1.8m/min 时，1300℃时的黏度值应为 0.10~0.15Pa·s。

表 4-5 高速连铸保护渣的理化性能参数

项 目	范 围	项 目	范 围
半球点温度/℃	980~1100	熔化速度/s	10~13
黏度（1300℃）/Pa·s	0.1~0.15	自由碳含量（w）/%	1.3~3.8
析晶温度/℃	<1100	熔渣层厚度/mm	10~20

b 半球点温度与析晶温度

高速浇注下钢液更新快，结晶器内钢液面的温度可比常规浇注时增加7~8℃，因此保护渣受钢液表面加热而开始熔化的温度可与常规浇注时的温度（1100~1180℃）相当或比其略高，以达到钢液表面热流与保护渣熔化温度相匹配。同时，为满足高速连铸提高熔化速度的要求，熔化温度应降低一些；为减少渣圈的形成，应在允许的范围内尽量提高渣的熔化温度。所以，熔化温度的取值为980~1100℃。

析晶温度对保护渣膜的形成影响很大。高拉速时，结晶器和铸坯的相对运动速度较快，由于晶体析出而存在的液、固共存区会增加相对运动物体之间的摩擦，渣膜易被拉断。降低析晶温度可增加渣膜的厚度，从而达到增加渣的消耗量、改善润滑性能、减小摩擦力的目的。此外，由于冷凝析晶会促使渣圈发展，降低析晶温度对减少渣圈也十分有利。因此，选择的析晶温度应低于1100℃。

c 熔化速度与熔渣层厚度

高拉速时，结晶器内钢液面波动可达到8~10mm或更大，为了使液态渣能均匀地渗入结晶器铜壁与铸坯间的缝隙中或不将固态渣卷入液渣内，应将钢液面上的熔渣层厚度控制在10~20mm。而熔渣层厚度又是渣的实际熔化速度与消耗速度相平衡的结果。为保证在高拉速下仍能维持足够大的消耗量，保护渣必须具有较快的熔化速度，以保证足够的熔渣层厚度。但熔化速度太快势必影响其保温性能，容易形成冷皮、皮下夹渣多、深振痕等缺陷。保护渣的熔化速度以保持适宜的熔渣层厚度为宜。10~20mm的熔渣层厚度对应的熔化速度应为10~13s。

高速连铸应采用喷雾成型的空心颗粒保护渣，以保证其成分均匀、稳定，粒度分布适宜，铺展性好，减少环境污染，要求其含水量小于0.5%。

E 薄板坯连铸用保护渣

通常薄板坯连铸拉速高（3~6m/min），拉速变化范围较大；薄板坯的宽厚比大，吨钢钢液与结晶器铜壁的接触面积大，散热快。因此，薄板坯连铸保护渣应具有高的熔化速度、低的熔化温度和低的黏度。保护渣消耗量一般为0.4~0.6kg/t。

西马克公司开发的薄板坯连铸保护渣的化学成分及物理性能如表4-6所示。

唐钢自主开发并推广应用适于FTSC工艺薄板坯连铸钢种特点的中、低碳钢类保护渣产品，取得了良好效果。其保护渣的化学成分及物理性能见表4-7。

表 4-6　西马克公司薄板坯连铸保护渣的化学成分及物理性能

渣号	$w(C)/\%$	$w(K_2O)/\%$	$w(Na_2O)/\%$	$w(CaO)/\%$	$w(SiO_2)/\%$	$w(Al_2O_3)/\%$	$w(MgO)/\%$	$w(F^-)/\%$	$w(MnO)/\%$
RFG	4.9	0.6	5.4	34.9	28.1	3.5	0.3	9.9	6.2
RFG-1	4.8	0.6	5.3	34.0	27.7	3.5	0.3	9.7	6.1
RFG-4	5.3	0.3	4.8	31.8	34.7	7.6	0.4	5.0	0.3

渣号	$w(Fe_2O_3)/\%$	$w(Li_2O)/\%$	黏度$(1300℃)/Pa·s$	软化温度/℃	熔化温度/℃	流动温度/℃
RFG	4.9		0.015	1105	1160	1170
RFG-1	4.1	1.0	0.013	1040	1120	1130
RFG-4	0.7		0.050	1080	1120	1130

表 4-7　唐钢 FTSC 工艺国产薄板坯连铸保护渣的化学成分及物理性能

钢种	$w(SiO_2)/\%$	$w(CaO)/\%$	$w(MgO)/\%$	$w(Fe_2O_3)/\%$	$w(Al_2O_3)/\%$	$w(F^-)/\%$	$w(Na_2O+K_2O+Li_2O)/\%$	$w(C)/\%$
低碳钢	29.19	29.48	1.08	0.56	3.82	7.82	10.68	7.60
中碳钢	27.77	28.47	1.85	0.77	5.95	6.47	10.13	7.44

钢种	$w(H_2O)/\%$	碱度	黏度$(1300℃)/Pa·s$	半球点/℃	熔化温度/℃	体积密度/$g·cm^{-3}$	熔化速度$(1300℃)/s$
低碳钢	0.33	1.01	0.135	1085	1145	0.55	32
中碳钢	0.35	1.03	0.150	1097	1147	0.51	31

4.1.6.7　连铸保护渣的发展方向

A　适应大断面、高拉速和近终形断面的保护渣

提高连铸拉坯速度可在不增加大量投资的情况下，大幅度提高生产效率。在国外，适用于大板坯 2m/min 以上拉速和薄板坯 3~6m/min 拉速的新型保护渣品种已不断投入使用。

B　低氟、少钠等环保功能型的保护渣

氟的化合物绝大多数有毒，含氟保护渣在使用过程中，一部分以气体形式挥发，另一部分以"渣衣"形式进入二冷水和轧钢系统，腐蚀设备，并对人体造成伤害，最终污染空气和水源，破坏臭氧层，成为地球环境的一个污染源。无氟保护渣生产时，由于保护渣中无氟，使得配料的熔化流动性变差，易出现熔化不均的现象。所以，要在生产方法及合理的氟化物替代物方面进一步探讨。

C　保护渣系列细化研究

对于钢种性质相近的品种，尽可能采用通用型保护渣，以利于生产组织和质量的稳定；但对于具有特殊要求的钢种的连铸，应采用专用保护渣。国外对于同机型保护渣品种的使用更加细化，钢种的针对性更强，低、中、高碳钢，低碳含铝钢，低合金钢等都采用不同品种的保护渣。

4.1.7　钢水覆盖剂

4.1.7.1　钢水覆盖剂的发展与分类

钢水覆盖剂主要应用于钢包、中间包。

钢水覆盖剂的最初功能只是保温，用来防止浇注过程中温降过大。但现在随着钢质量

要求的逐步提高，覆盖剂的冶金功能趋于广泛，具有保温、防止二次氧化、吸收钢水中上浮的夹杂物等作用，其功能与结晶器用保护渣有些相近。随着连铸生产洁净钢的发展，要充分利用钢包、中间包的冶金潜力，特别是利用其促进非金属夹杂物上浮的特性，这就要求覆盖剂具有一定的碱度以吸收上浮的夹杂物，因此钢水覆盖剂多为碱性材质。此外，碱性覆盖剂也减轻了对包衬的侵蚀。

钢包和中间包用钢水覆盖剂应在较长时间内不更换，属于不消耗型保护渣；在吸收溶解夹杂物后，覆盖剂应仍然能够保持性能稳定。除此之外，覆盖剂对包衬、水口、塞棒等耐火材料的侵蚀量要最小，蚀损物不会进入结晶器。

目前，钢水覆盖剂根据其化学成分的性质主要分为以下四种类型：

（1）酸性覆盖剂。典型的酸性覆盖剂为碳化稻壳，其绝热性能好，成本低；但不利于吸收夹杂物，同时由于其容重小，易造成对环境的污染。

（2）中性覆盖剂。典型的中性覆盖剂为 Al_2O_3-SiO_2，有一定的绝热保温性能，成本较低。

（3）碱性覆盖剂。碱性覆盖剂是以氧化镁或氧化钙为基体的材料，辅之一定的保温材料。其熔点较低，能够形成一定厚度的熔渣层，吸附钢中 Al_2O_3 的能力强，对包衬无侵蚀。

（4）双层渣。与钢水接触的一层一般为碱性渣，使用时形成液渣层以吸附夹杂物；其上层一般为碳化稻壳，用以保温。

V. Ludlow 等研究了上述几种类型覆盖剂对钢水洁净度的影响，发现高 MgO 质（$w(CaO) < 40\%$，$w(MgO) = 25\% \sim 26\%$）碱性覆盖剂的使用效果比酸性、中性覆盖剂要好。川崎钢铁公司生产高洁净超低碳钢时，使用高碱度覆盖剂（$w(CaO)/w(SiO_2) = 6$），钢中氧含量明显低于使用低碱度覆盖剂的情况。研究人员还探讨了覆盖剂对钢水脱硫的影响及其防止大气吸入的效果，均发现碱性渣优于酸性渣。美国阿姆科钢铁公司研究了双层渣的使用效果，结果表明，单独使用高碱度渣（$w(CaO)/w(SiO_2) = 10.5$）时，渣中 Al_2O_3 含量平均增加 1.5%，钢中总氧量为 24.4×10^{-6}；使用双层渣（顶层为碳化稻壳，底层为 $w(CaO)/w(SiO_2) = 10.5$ 的碱性渣）时，渣中 Al_2O_3 含量平均增加 8.7%，钢中总氧量为 16.4×10^{-6}。

钢水覆盖剂按配制方法，大体可分为单一型和复合型两类。

A　单一型覆盖剂

目前国内外广泛使用的、保温效果优异的单一型钢水覆盖剂是碳化稻壳或稻壳灰。碳化稻壳是稻壳经过充分碳化处理后的产物，稻壳灰就是稻壳燃烧后的残体，它们的碳含量大多在 30% ~ 60% 之间，容重为 $0.06 g/cm^3$ 左右，导热系数为 $0.0267 \sim 0.045 W/(m \cdot K)$。碳化稻壳和稻壳灰都具有相同的结构，其外表是排列整齐、互不相通的蜂窝状组织结构。因此，碳化稻壳和稻壳灰都具有重量轻、导热性差的特性，将其覆盖在金属液面之后能有效减少液态金属的热损失。但是，由于碳化稻壳和稻壳灰的熔点高，在钢液面上不能形成液态熔融层，因此其只能起到绝热保温的作用，而不具有防止钢液二次氧化和吸收上浮夹杂物的功能。另外，由于碳化稻壳和稻壳灰的碳含量较高，钢液直接与这些碳相接触极易污染钢液。因此，浇注碳含量要求严格的钢种（如超低碳钢、高磁性硅钢等）时，不能采用碳化稻壳或稻壳灰作覆盖剂。碳化稻壳和稻壳灰非常轻，在使用过程中常常引起粉尘飞扬，采用植物性有机结合剂（如淀粉、米粉、面粉等）将其制成颗粒状渣，可以大大减轻对环境的污染。

B　复合型覆盖剂

以天然矿物或工业副产品（如硅灰石、电厂灰、高炉水渣等）为基体，再配以适当的助熔剂和碳质材料的机械混合物，一般称为复合型钢水覆盖剂。其可制成粉状或颗粒状。当复合型覆盖剂加在钢液面上时，会迅速形成熔融层、过渡层（包括半熔融层和烧结层）和粉状层的三层结构。过渡层呈蜂窝状，疏松多孔，其和粉状层一同像"棉被"一样盖在钢液面上，大大提高了覆盖剂的保温性能。液渣层可防止二次氧化，吸收上浮夹杂物。因此，一般复合型覆盖剂具有较多的冶金功能。

包钢研究表明，碱性覆盖剂温降速度较小，保温性能好，同时可防止钢水二次氧化及[N]、[O]增加；铺展性好，不污染钢水；具有较强的吸收非金属夹杂物的能力；对长水口、中间包内衬的侵蚀较少；并且随着浇注时间的延长，渣面不结壳。

钢水覆盖剂的成分应控制为能够形成足够厚的熔融层，这样可以防止渣中的碳污染钢液。减少配入碳的总量，选用适当种类的碳质材料，使用黏度较高的渣，形成理想的三层结构对防止钢液增碳是有效的。

钢水覆盖剂多以工业废料为基体，成本低，加工易，因而得以广泛应用。但这些工业废料（例如电厂灰、高炉水渣）化学成分波动较大，如果管理操作不严，易造成覆盖剂性能不稳定。因此，必须重视每批料的化学成分分析，根据覆盖剂控制成分范围不断调整配料比例。若不顾原材料的变化而长期按一固定比例配制，必将造成化学成分和性能发生较大波动。为了减轻运输中震动引起的偏析和粉尘对环境的污染，粉状覆盖剂逐渐被颗粒状覆盖剂代替。

由于复合型和单一型中间包覆盖剂各有优缺点，目前一般将两者联合使用，先加入复合型中间包覆盖剂，再加入碳化稻壳保温，冶金效果更好。

4.1.7.2　钢水覆盖剂的理化性能分析

A　化学成分

同结晶器保护渣一样，复合型覆盖剂化学成分的确定也是以硅酸盐相图为理论基础，其成分大都落在以硅灰石（$CaO \cdot SiO_2$）形态存在的低熔点区域附近。确定 CaO-Al_2O_3-SiO_2 三元系成分后，还应配以适当的 Na_2O、CaF_2 等熔剂调整熔点和黏度，并加入一定量的碳质材料调整熔化速度，增强隔热保温作用。表4-8列出了国内外一些厂家使用的钢水覆盖剂的化学成分及熔点。

表4-8　国内外一些厂家使用的钢水覆盖剂的化学成分及熔点

厂家名称	化学成分（质量分数）/%														熔点/℃
	C	CaO	Al_2O_3	MgO	SiO_2	Na_2O	K_2O	FeO	CaF_2	MnO	Ti	P	S	其他	
Dofasoo 公司	8	40	24	18	5	1.5		0.5							
荷兰 Hogovens	52.8	29.1	1	6.9	0.2		0.8		0.1	1.4	0.1			16	
IMXSA 公司		62.5	20.7		5.7										1300
中国宝钢	13	13	<1		38	13	0.5	1.5	<12.2						1500

厂家名称	化学成分（质量分数）/%													熔点/℃
	C	CaO	Al_2O_3	MgO	SiO_2	Na_2O	K_2O	FeO	CaF_2	MnO	Ti	P	S	其他	
中国武钢	4.8	36.5	2.8		35	4.9	0.45	1.5						11	1230
中国舞阳	15	30	<8	15	15										1300
天津钢管		12.1	1.8	79.3	3.6			12							

钢水覆盖剂的碱度一般大于 1，这样覆盖剂对耐火材料基本不侵蚀。如果中间包内衬、塞棒或绝热板为酸性或高铝质耐火材料，则覆盖剂的碱度应小于 1，这样覆盖剂就不会与包衬形成低熔点化合物，对耐火材料基本不侵蚀。

为了降低液渣的氧化势和传氧速率，应控制粉渣中 FeO 和 MnO 的含量，一般 $w(FeO)<5\%$，最好小于 3%。由表 4-8 可以看出，各种覆盖剂中 $w(FeO)$ 大多数小于 3%，满足要求。另外，为了提高液渣吸收钢中上浮 Al_2O_3 的能力，粉渣中 Al_2O_3 的含量要尽量低。

B 熔化温度

钢包、中间包内钢液面的温度比结晶器内钢液面的温度要高，故钢水覆盖剂的半球点温度比结晶器保护渣要高，从熔化开始到熔化终了整个温度区间范围也较宽。一般钢水覆盖剂的熔化温度控制在 1200~1450℃。如果覆盖剂熔化温度过低，则其保温效果不理想；如果过高，则不能形成液渣层或液渣层太薄，会降低其防止二次氧化、吸收夹杂物的能力，并增加钢液增碳的危险性。

覆盖剂的熔化温度与基料、助熔剂的种类和用量以及粉末原料的分散度有关。目前，国内外使用的覆盖剂的助熔剂主要有纯碱（Na_2CO_3）、长石（$w(SiO_2)=60\%~70\%$，$w(Al_2O_3)=15\%~20\%$，$w(Na_2O)=3\%~5\%$，$w(K_2O)=4\%~7\%$）及含氟的材料（如含 NaF、CaF_2 等）。助熔剂降低熔化温度的次序为：$NaF>Na_2CO_3>CaF_2>$长石。覆盖剂中最常用的助熔剂为 CaF_2。据研究，在 SiO_2-CaO-Al_2O_3-CaF_2 复合渣系中，碱度 $w(CaO)/w(SiO_2)$ 较大的渣，CaF_2 影响较大。例如，$w(CaO)/w(SiO_2)=1.0$ 的渣中加入 10% 的 CaF_2 能降低熔化温度约 100℃。对同一种渣，CaF_2 含量低时影响较大，当其含量超过 20% 以上时降低熔化温度的影响就小得多。但这个结论仅指四元系的情况，对于多组元的覆盖剂，由于渣已含有一定数量的其他助熔剂，而且 $w(CaO)/w(SiO_2)$ 在偏弱酸性的范围内，CaF_2 降低其熔化温度的作用就会更小。从表 4-8 中荷兰 Hogovens 公司、中国宝钢和武钢的数据也可得出以上结论。为了使覆盖剂具有合适的熔化温度，正确使用助熔剂的种类和数量是很有必要的。

碱性中间包覆盖剂的熔化温度和结晶温度都较高，容易结壳，最好通过适当调整成分，将熔化温度控制在 1400℃ 以下。实践表明，控制初始渣的 $w(CaO)/w(SiO_2)\approx1.4$，$w(SiO_2)<1\%$，$w(MgO)>20\%$，适当增加 Li_2O+TiO_2 含量，可以降低覆盖剂的熔化温度和结晶温度，减少覆盖剂结壳现象。

C 熔化速度

合适的熔化速度可使钢液面上较长时间保持三层结构，特别是对于多炉连浇，可以减少后续炉次追加覆盖剂的数量。在 1450℃ 温度下测定，钢水覆盖剂的熔化时间多为 20s 以上，这主要取决于温度以及其中碳质材料的含量和类型。

（1）温度对熔化速度的影响。一般当温度升至1200℃以上时，覆盖剂的熔化速度随温度升高而加快，温升的快慢、覆盖剂碳含量及碳的形态都对其有较大的影响。

（2）基料粒度对熔化速度的影响。基料粒度越小，熔化速度越快。

（3）不同碳质材料对熔化速度的影响。碳质材料种类繁多，因此其对熔化速度的影响有很大差异。碳质材料对熔化速度的影响规律是：碳量越多，碳的粒径越小、比表面积越大，其降低熔化速度的作用越明显。常用碳质材料降低熔化速度的顺序是：炭黑类>高、中碳石墨类>土状石墨类。

D　黏度

钢水覆盖剂对黏度的要求不严格，钢水覆盖剂的黏度在1450℃时一般为1Pa·s左右。黏度较大的液渣层覆盖在钢液面上，如同密封盖子一样，起到良好的防止钢液二次氧化的作用。

E　水分

钢水覆盖剂的吸水率有严格的要求，一般控制在0.5%以下，以便提高粉剂的铺展性，避免由于渣中水分含量高而造成钢液增氢、增氧。

目前钢水覆盖剂的生产工艺主要有喷雾造粒、挤压造粒、圆盘造粒等。

4.2　连铸工艺参数的确定与控制

在连铸生产过程中，工艺参数对铸坯的表面质量、内部质量及生产效率产生巨大的影响，但连铸的工艺参数包括的内容很多，本章仅就浇注温度、拉速、结晶器一次冷却、二冷区二次冷却等主要工艺参数的确定与控制做简要介绍。

4.2.1　浇注温度的确定

连铸浇注温度是指中间包内的钢水温度。通常一炉钢水需要在中间包内测3~4次温度，即在开浇5min、浇注过程中期和浇注结束前5min各测一次温度，所测温度的平均值为平均浇注温度。浇注温度可由下式确定：

$$t = t_1 + \Delta t \tag{4-3}$$

式中　t——浇注温度，℃；

　　　t_1——液相线温度，℃；

　　　Δt——钢水过热度，℃。

A　液相线温度的计算

液相线温度在浇注操作中是一个关键参数，是确定浇注温度的基础，它取决于钢水中所含元素的含量。根据钢中元素含量可计算出该钢种的液相线温度，其经验计算公式很多，常用的有3.5.5节中的式（3-93）、式（3-94）。

B　钢水过热度的确定

钢水过热度根据浇注的钢种、铸坯的断面、中间包的容量和材质、烘烤温度、浇注过程中的热损失情况、浇注时间等因素综合考虑确定，主要是根据铸坯的质量要求和浇注性能来确定的，其对连铸机产量和铸坯质量有重要影响。对于碳、硅、锰等含量高的钢种，如高碳钢、高硅钢、轴承钢等，钢液流动性好、导热性较差、凝固时体积收缩较大，若选用较高的过热度，会促使柱状晶生长，加重中心偏析和疏松，所以应控制较低的过热度；对于低碳钢，尤其是 Al、Cr、Ti 含量较高的一些钢种，钢液黏度大，过热度应相应地高一些。铸坯断面大，过热度可取低值；铸坯断面小，过热度可取高值。

对于某一钢种来说，将液相线温度加上合适的过热度数值确定为该钢种的目标浇注温度。表 4-9 所示为中间包钢液过热度的参考值。

表 4-9 中间包钢液过热度的参考值 （℃）

浇注钢种	板坯和大方坯	小方坯
高碳钢、高锰钢	10	10~20
合金结构钢	5~15	5~15
铝镇静钢、低合金钢	15~20	25~30
不锈钢	15~20	20~30
硅钢	10	15~20

C 钢液在传递过程中的温度变化

钢液自出钢后进入钢包直到注入结晶器的整个传递过程中的温度变化，如图 4-15 所示。

过程总温降可用 $\Delta t_{总}$ 表示：

$$\Delta t_{总} = \Delta t_1 + \Delta t_2 + \Delta t_3 + \Delta t_4 + \Delta t_5$$

（4-4）

式中，Δt_1 为出钢过程的温降，℃。其主要是由钢流的辐射散热、对流散热和钢包内衬吸热所形成的温降。Δt_1 取决于出钢温度的高低、出钢时间的长短、钢包容量的大小、内衬的材质和温度状况、加入合金的种类和数量等因素，尤其是出钢时间和包衬温度的波动对 Δt_1 影响较大。

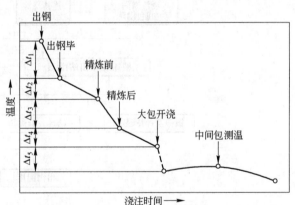

图 4-15 钢液在传递过程中的温度变化示意图

经验数据表明，大容量钢包出钢温降为 20~40℃，中等容量钢包出钢温降为 30~60℃，小容量钢包出钢温降为 40~80℃。尽可能减少出钢时间、维护好出钢口、采用"红包周转"、保持包底干净、包内衬以绝热保温材料等，可以降低出钢过程的温降。

Δt_2 为从出钢完毕到钢液精炼开始之前的温降，℃，温降速度为 0.5~1.5℃/min。其主要是指钢包包衬的继续吸热、钢液面通过渣层的散热、运输路途和等待时间的热损失。采用钢水覆盖剂和钢包加盖均可以减少热损失，也能稳定浇注温度，由此能够使出钢温度降低 10~20℃。钢包烘烤、充分预热以及减少钢水在钢包内的停留时间，也可以减少过程的温降。

Δt_3 为钢液精炼过程的温降，℃。其主要依据钢液炉外精炼方式和处理时间而定。

Δt_4 为钢液处理完毕至开浇之前的温降，℃。其主要取决于钢包开浇之前的等待时间，

通常温降速度为 $0.5 \sim 1.2 \, ℃/\min$。

Δt_5 为钢液从钢包注入中间包的温降，$℃$。这一过程的温降与出钢过程相似，包括注流的散热、中间包内衬的吸热及钢液面的散热等。钢包注流的散热温降与注流的保护状况有关，即与中间包容量、内衬材质、是否烘烤、烘烤温度、浇注时间以及液面有无覆盖剂和覆盖材料等因素有关。试验测定表明，中间包液面无覆盖剂时，表面散热约占热量损失总量的90%，因而采用中间包液面覆盖保温措施是必要的。中间包覆盖材料不同，散热也不同，如表4-10所示。

表 4-10 各种保温剂对钢液面热损失的影响

保温剂种类	无保温剂	覆盖渣	绝热板+保温剂	碳化稻壳
热损失/kJ·(m²·min)⁻¹	11328 ~ 17263	6897 ~ 10450	7520	627

D 钢液目标温度的计算

钢液目标温度的计算如图4-16所示。

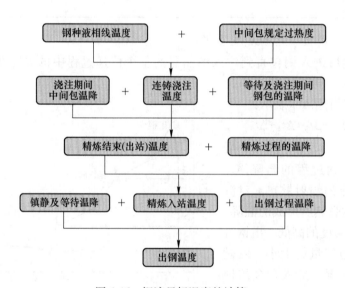

图 4-16 钢液目标温度的计算

4.2.2 连铸拉速的确定与控制

拉坯速度通常指连铸机每一流单位时间拉出铸坯的长度，单位为 m/min。连铸浇注速度一般用拉坯速度表示，它是连铸机的重要工艺参数之一，其大小决定了连铸机的生产能力，同时又直接影响钢水的凝固速度、铸坯的冶金质量以及连铸过程的安全性。拉速过高会造成结晶器出口处坯壳厚度不足，从而不足以承受拉坯力和钢水静压力，以致坯壳被拉裂而发生漏钢事故。即使不漏钢，当钢水静压力和拉坯力产生的应力超过钢产生裂纹的临界应力时，也会造成铸坯形成裂纹。因此，拉坯速度应以获得良好的冶金质量、保证连铸过程的安全性和连铸机的高生产能力为前提。通常在一定工艺条件下拉坯速度有一最佳值，过大或过小都是不利的。

4.2.2.1 连铸拉速的确定

确定拉速时应考虑以下因素：

(1) 保证出结晶器下口坯壳不漏钢；

(2) 液芯长度小于冶金长度；

(3) 浇注周期与炼钢、精炼生产能力相匹配；

(4) 保证铸坯质量。

拉速是根据铸坯断面尺寸、浇注温度和浇注钢种来确定的。计算得出的拉速为理论最大拉速，应由理论最大拉速再确定最大工作拉速。拉速的计算选取方法和经验公式较多，见 2.1.2 节。连铸理论最大拉速通常采用以下方法确定。

A 确保结晶器出口坯壳安全厚度的理论最大拉速的确定

确保铸坯出结晶器时有一个足够的坯壳厚度，以防止漏钢并能承受钢水静压力和拉坯力产生的应力，这个厚度称为安全厚度。根据经验，方坯最小安全厚度与断面的关系见表 4-11。对于板坯连铸来说，安全厚度应大于或等于 15mm（板坯宽度中间部位）。

由凝固平方根定律可知：

$$\delta = k_m \sqrt{t_m} \tag{4-5}$$

式中 δ——结晶器出口处坯壳厚度，mm；

k_m——结晶器内凝固系数，$mm/min^{1/2}$，它主要取决于结晶器的冷却条件、断面尺寸、浇注钢种及温度，小方坯 k_m 值取 $28 \sim 31 mm/min^{1/2}$，大方坯 k_m 值取 $24 \sim 26 mm/min^{1/2}$，板坯随宽度比的增大 k_m 值取小一些；

t_m——铸坯在结晶器内停留时间，min。

若在结晶器出口处要求的最小坯壳厚度为 δ_{min}，当结晶器有效长度为 L_m 时，则理论最大拉速 $v_{c,max}$ 为：

$$v_{c,max} = \left(\frac{k_m}{\delta_{min}}\right)^2 L_m \tag{4-6}$$

表 4-11 不同断面尺寸方坯坯壳要求的最小安全厚度

断面尺寸/mm×mm	137×137	158×158	184×184	217×217	238×238	263×263	296×296
最小安全厚度/mm	11	13	15	17	19	22	25

B 按铸机冶金长度计算的理论最大拉速

铸坯出拉矫机后即按定尺要求切割，故铸坯的液相长度不能超过冶金长度。由凝固平方根定律，铸坯完全凝固时可得：

$$\frac{D}{2} = k_凝 \sqrt{t} = k_凝 \sqrt{\frac{l}{v_{c,max}}} \tag{4-7}$$

式中 D——铸坯厚度，mm；

$k_凝$——综合凝固系数，$mm/min^{1/2}$，$k_凝 = 24 \sim 30 mm/min^{1/2}$，它是铸坯在结晶器和二冷区的凝固系数的平均值，主要取决于钢种、铸坯断面大小和冷却凝固条件，对于方坯、矩形坯和圆坯取上限，对于板坯取下限；

　　　　t——铸坯在结晶器和二冷区的停留时间，min；

　　　　l——冶金长度或液芯长度，m；

　$v_{c, max}$——最大理论拉速，m/min。

　　由式(4-7)得：

$$v_{c, max} = 4l\left(\frac{k_{凝}}{D}\right)^2 \tag{4-8}$$

　　在实际生产中不存在使用理论最大拉速的必要。因此，在编制技术标准、设定工艺参数时，将可能使用的最大拉速称为最大工作拉速。根据经验，最大工作拉速与理论最大拉速之间存在如下关系：理论最大拉速是最大工作拉速的1.1倍。

　　浇注的钢种、铸坯的断面、中间包的容量和液面高度、钢水温度等因素均影响拉坯速度。在生产中浇注的钢种和铸坯断面确定后，拉速是随浇注温度的变化而调节的。为了调节方便，设定拉速每0.1m/min为一档。当浇注温度低于目标温度下限时，拉速可以提高1~2档，即拉速提高0.1~0.2m/min；当浇注温度高于目标温度6~10℃时，拉速降低2~3档。表4-12~表4-14所示为钢种、铸坯断面、结晶器长度与拉速关系的参考值。

表 4-12　钢种与拉速的关系

钢　　　种	断面尺寸/mm×mm 或 mm	拉坯速度/m·min⁻¹
不锈钢：Cr18Ni9、0Cr18Ni、0Cr18Ni9N、	方坯 127×127	2.65~2.80
0Cr17Ni2Mo2、1Cr13、0Cr18NiTi、1Cr18Ni9Ti、	方坯 178×178	1.40~1.65
1Cr18、8Cr17	方坯 222×222	0.9~1.5
工具钢：T15Cr12V、18CrW8Mo5V2	圆坯 ϕ248	0.75~1.40
高镍钢：Ni36、Ni42	矩形坯 305×365	0.6~0.7
	板坯 102×(178~358)	0.80~1.10

表 4-13　铸坯断面与拉坯速度的关系　　　　　　　　　　（m/min）

断面尺寸（长×宽）/mm×mm	浇注温度/℃			
	1500~1530	1531~1540	1541~1550	1551~1560
150×1050	1.2~1.3	1.1~1.2	1.0~1.1	0.9~1.0
150×700	1.3~1.4	1.2~1.3	1.1~1.2	1.0~1.1
180×1000	0.9~1.0	0.8~0.9	0.7~0.8	0.6~0.7
180×1200	0.9~1.0	0.8~0.9	0.7~0.8	0.6~0.7

注：表中拉速数值的下限对应的钢种为Q235，上限对应的钢种为16Mn。

表 4-14　结晶器长度与拉速的关系

结晶器种类	拉坯速度/m·min⁻¹	
	普通炼钢法	二次精炼法
普通结晶器（含足辊 900mm）	2.7	3.5
多级结晶器（二级全长 1100mm）	3.7	4.5

　　在实际计算拉速时，拉坯速度主要根据经验确定，常用的经验公式是：

$$v_c = SL/F \tag{4-9}$$

式中　v_c——拉坯速度，m/min；

S——与钢种、结晶器长度、冷却强度、铸坯断面有关的速度系数，$m \cdot mm/min$；

L——铸坯断面周长，mm；

F——铸坯断面面积，mm^2。

根据实际拉坯速度换算而得到的 S 值参见表 4-15。

表 4-15 铸坯断面形状与 S 值的关系

断面形状	方 坯	板 坯	圆 坯
$S/m \cdot mm \cdot min^{-1}$	$45 \sim 75$	$45 \sim 60$	$35 \sim 45$

一般小断面和合金钢铸坯的 S 值可取大些，大断面和宽厚比大的铸坯的 S 值可取小一些。

4.2.2.2 连铸拉速的控制

连铸生产中，拉速应与中间包向结晶器中浇注钢水的速度相适应。为此，除了中间包水口直径应与钢水的流量相适应，中间包内的钢水还应保持合适的高度（即钢水量稳定）。若包内液面过高，则钢水动压头过大，不易保持注流圆整，而且冲击力较大，造成钢流在结晶器中飞溅和冲击初生坯壳，影响凝固坯壳的均匀性；若包内液面过低，则注流不易稳定，当液面低于临界高度时，在水口上方的液面会出现漏斗旋涡，从而会将钢水面上覆盖的渣层卷入结晶器，严重影响铸坯的质量。因此，为了保证铸坯的质量和顺利地进行连铸操作，各工厂根据铸坯断面、钢种、中间包容量、浇注温度等因素使中间包钢水高度保持稳定，以获得稳定的拉速。为此，现代连铸机都有自动控制中间包钢水面高度的装置，当浇注参数发生波动时，可自动控制钢包滑动水口的开启程度，使中间包钢水量始终不变，为稳定拉速创造条件。

另外，拉速的控制还与中间包钢流控制装置（即塞棒、滑动水口）有密切的关系。现从工艺角度分析这两种方式的工艺特点。

（1）塞棒式。塞棒控制是通过塞棒的升降来控制钢流的大小。其结构有组合式和整体式两种。组合式塞棒由多节袖砖和塞头组合而成，其在使用过程中，钢水易从接缝处浸入而引起塞棒断裂和掉塞头事故。因而使用铝碳质、由等静压成型的整体塞棒，其效果较好。塞棒控制的优点是：开浇时控制方便，常能做到一次开浇成功；此外，能够有效地防止钢水发生旋涡，从而可避免把渣带入结晶器。

（2）滑动水口式。滑动水口通过滑板的滑动来控制钢流的大小。其优点是：行程较长，能精确调节钢水流量，且易于实现自动控制。

也有采用塞棒和滑动水口双重控制的，开浇用塞棒有利于稳定，浇注过程用滑动水口便于自控。

4.2.3 结晶器一次冷却控制

结晶器冷却的作用是保证坯壳在结晶器出口有足够的厚度，以承受钢水的静压力，防止拉漏；同时使坯壳在结晶器内冷却均匀，防止表面缺陷的发生。而一次冷却能否满足这些要求，主要取决于结晶器的冷却能力、热流分布、结晶器参数（长度、锥度、材质、厚度等）以及冷却水的质量、流速、流量等因素。钢液在结晶器内形成具有足够厚度、均匀的坯壳，是铸坯凝固的基础，也是铸坯质量的关键所在。

4.2.3.1 冷却水流量

结晶器用冷却水是经过处理的软水，其用量是根据铸坯尺寸而定的。

冷却水流量越大，冷却强度也越大。但当冷却水的流量增加到一定数值后，冷却强度就不再增加。一般来讲，结晶器冷却水流量有如下三种计算方法：

（1）热平衡法。假定结晶器钢水热量全部由冷却水带走，则结晶器钢水凝固时放出来的热量和冷却水带走的热量应该是平衡的，即：

$$Q = Wc\Delta T$$

$$W = \frac{Q}{c\Delta T} \tag{4-10}$$

式中 Q——结晶器内钢水凝固放出的热量，kJ/min；

   W——结晶器冷却水流量，L/min；

   c——水的比热容，kJ/(kg·K)；

   ΔT——结晶器进出水温度差，K。

（2）以保证结晶器水缝内冷却水流速大于 6m/s 来计算结晶器冷却水流量。计算如下：

$$W = \frac{36Sv}{10000} \tag{4-11}$$

式中 W——结晶器冷却水流量，m^3/h；

   S——水缝面积，mm^2；

   v——冷却水流速，m/s。

（3）按经验公式计算结晶器冷却水流量。

对于方坯连铸机，经验公式为：

$$W = 4aQ_k \tag{4-12}$$

对于板坯连铸机，经验公式为：

$$W = 2(L+D)Q_k \tag{4-13}$$

式中 W——结晶器冷却水流量，L/min；

   a——方坯连铸断面的边长，mm；

   Q_k——单位长度单位时间水流量，L/(min·mm)；

   L——板坯宽面尺寸，mm；

   D——板坯窄面尺寸，mm。

小方坯结晶器是按结晶器周边长度供应冷却水，每毫米的供水量为 2.0~2.5L/min。在生产中实际供水量一般为 2.5~3.0L/(min·mm)，比参考值稍高些。

板坯结晶器的宽面与窄面分别供给冷却水，供水量在每毫米 1.4L/min 左右，其经验数据如表 4-16 所示。

4.2.3.2 冷却水压力

冷却水压力是保证冷却水在结晶器水缝之中流动的主要动力，结晶器冷却水流速为 6~12m/s。冷却水压力必须控制在 0.5~0.66MPa 范围内，提高水压可以加大流速，也可减少铸坯菱变和角裂，还有利于提高拉坯速度。

表 4-16 板坯结晶器宽面与窄面供水量

板坯尺寸	厚度/mm	250	210	170	250	210	170
	宽度/mm	1000~1600	1000~1600	1000~1600	700~1000	700~1000	700~1000
冷却水流量 /L·min^{-1}	宽面	2150	2150	2150	1750	1750	1750
	窄面	340	285	230	340	285	230
	总量	4980	4870	4760	4180	4070	3960

4.2.3.3 冷却水温度

结晶器进出水温度差一般控制为 8~9℃，出水温度为 45~50℃。若出水温度过高，则结晶器容易形成水垢，影响传热效果。因此，生产中要保持结晶器冷却水流量和进出水温度差的稳定，以利于坯壳均匀生长。

4.2.4 二冷区二次冷却控制

铸坯从结晶器拉出后，其芯部仍为液体，为使铸坯在进入矫直点之前或者在切割机之前完全凝固，必须在二冷区对铸坯进一步冷却。为此，在连铸机的二冷区设置铸坯冷却系统。前已述及，铸坯在二冷区的散热量为总散热量的 23%~28%，因而在连铸坯凝固过程中控制二次冷却是重要环节，这不仅影响到铸坯质量，也影响到铸机的生产率。

二次冷却控制的主要内容是冷却强度的确定、二次冷却方式的选择、二次冷却水量的分配以及二次冷却控制方式的选择等。

4.2.4.1 二冷强度的确定

A 确定冷却强度的原则

（1）冷却强度由强到弱的原则。由结晶器拉出的铸坯进入二冷区上段时，内部液芯量大，坯壳薄，热阻小，坯壳凝固收缩产生的应力也小。此时加大冷却强度可使坯壳迅速增厚，并且在较高的拉速下也不会发生拉漏。当坯壳厚度增加到一定程度以后，随着坯壳热阻的增加则应逐渐减小冷却强度，以免铸坯表面热应力过大而产生裂纹。因此，在整个二冷区应当采取自上而下、冷却强度由强到弱的原则。

（2）最大液芯长度准则。从铸坯质量要求和安全因素考虑，应限制铸坯液芯长度。质量要求较高的钢种一般要求铸坯在矫直点前完全凝固，从而避免形成内裂纹；当需要增加铸机产量、提高拉速而采用液芯矫直时，液芯长度也必须小于铸机切割点长度。

（3）表面温度最大冷却速率和回温速率准则。为了提高铸机生产率，应当采取高拉速和高冷却效率。但在提高冷却效率的同时，要避免铸坯表面温度局部剧烈降低而产生裂纹，故应使铸坯表面横向及纵向都能均匀降温。表面回热在凝固前沿产生拉应力，从而产生内裂纹。表面快速冷却在铸坯表面产生拉应力，从而产生表面裂纹和扩展已产生的裂纹。因此，应避免铸坯从一区到另一区时表面温度过大地回升和大幅度地下降，通常铸坯表面冷却速率应小于 200℃/m，铸坯表面温度回升速率应小于 100℃/m。铸坯断面越大，其表面冷却速率及表面温度回升速率应越小。

（4）矫直点最低或最高表面温度准则。为避免产生横裂纹，矫直时铸坯表面温度应避开钢种脆性温度区（700~900℃的温度区间是铸坯的脆性温度区），二冷弱冷时高于脆性温度，强冷时低于脆性温度，从而保证铸坯在钢延展性较高的温度区内矫直。对于低碳钢，矫直时铸坯表面温度应高于 900℃。对于含 Nb 的钢，矫直时铸坯表面温度应高于 980℃。此外，为了保证铸坯在二冷区支承辊之间形成的鼓肚量最小，在整个二冷区应限定铸坯表面温度，铸坯表面温度通常控制在 1100℃ 以下。在铸坯进行热送和直接轧制时，还要控制切割后铸坯表面温度高于 1000℃。

（5）在确定冷却强度时必须根据不同钢种的需要，裂纹敏感性强的钢种要采用弱冷。

（6）二冷区铸坯表面最高或最低温度准则。如果角部区冷却强度过大，则出二冷区后角部温度回升大于表面中部，从而形成裂纹和菱变缺陷，所以应控制铸坯在二冷区表面温度高于某一温度值。普碳钢或低合金钢的高温力学性能主要与钢的碳含量有关，因此通过不同钢种的高温热力学特性曲线，找出铸坯碳含量与塑性温度的对应关系，此温度即是铸坯在二冷区终点处的表面控制温度。可参考下面两个公式计算塑性温度：

$$t = 886 + 466.5 \times w[C]_\% \qquad (0.08 < w[C]_\% < 0.16) \qquad (4\text{-}14)$$
$$t = 1026 - 224.9 \times w[C]_\% \qquad (0.16 < w[C]_\% < 0.8) \qquad (4\text{-}15)$$

B   二冷比水量的确定

二次冷却强度常用"比水量"来表示，它是指通过二冷区单位质量铸坯所接受的水量，单位为 L/kg；其还可用单位时间单位铸坯表面接受的冷却水量（即水流密度）来度量，单位为 $L/(m^2 \cdot min)$。对某一冷却区来说，其冷却（喷淋）面积是该区长度和喷淋宽度的乘积。需要特别指出的是，这里所说的宽度是指喷淋宽度，而不是实际浇注的铸坯的宽度。当喷嘴的角度和安装高度确定后，喷淋宽度即确定。提高水流密度时，由喷嘴喷出的水量增加，水滴射到铸坯表面时大部分被蒸发而将热量带走，使综合传热系数 h 增大，从而改善了冷却效果。但是，过分提高水流密度将会使单位体积内的水滴过多，以致射到铸坯表面的水滴与从铸坯表面返回的水滴发生碰撞，从而损失部分动能；同时，大量水滴在铸坯表面形成蒸汽膜，阻止了其余水滴与铸坯表面的接触，反而降低了冷却效果。

二冷水的比水量及其在二冷各区的分配比，对于铸坯的内部晶体结构是关键的工艺参数。在同成分、同过热度的情况下，二冷水的比水量及其分配比是铸坯内部晶体结构的决定因素。二次冷却强度随着钢种、铸坯断面尺寸、铸机形式、拉坯速度等参数的不同而变化，通常在 0.3~1.5L/kg 之间波动。表 4-17 示出不同类别钢种冷却强度的参考值。

表 4-17   不同类别钢种冷却强度的参考值

钢 种 类 别	冷却强度/L·kg⁻¹
低碳深冲薄板	0.8~1.1
低、中碳结构钢	0.7~0.9
船用中厚板	0.7~0.8
管线、低合金钢($w[C] > 0.25\%$)	0.5~0.7
高合金钢、裂纹敏感性强的钢种	0.2~0.6

具体选择二冷强度时，除考虑钢种、拉速等因素外，还要考虑铸坯矫直温度以及是否热送、直接轧制等。目前一般采用"热行"，也称软冷却。在整个二冷区内铸坯表面温度缓慢下降，在保证铸坯不鼓肚的情况下尽可能提高出坯温度，以便热送或直接轧制，至少应做到铸坯矫直以前的表面温度不低于 900℃。

4.2.4.2　二次冷却方式

二冷区喷水应满足如下要求：

（1）均匀冷却整个铸坯表面，形成坚实的坯壳，在铸坯表面和内部不产生缺陷；

（2）对于钢种、拉坯速度和铸坯断面等的变化，其冷却强度有较大适应性；

（3）冷却效率高，冷却水在铸坯表面的停留时间短。

连铸工艺中，主要有如下三种二次冷却方式。

A　气-水雾化冷却

气-水雾化冷却方式采用一种特殊的气-水混合喷嘴，即将压缩空气引入喷嘴与水混合，从而使这种混合介质在出喷嘴后能形成高速"气雾"，而此气雾中包含大量颗粒小、速度快、动能大的水滴。水冷却铸坯的效率取决于小水滴穿透蒸汽膜的能力，只有具有穿透能力的小水滴才具有强的冷却效应。目前，气-水雾化冷却主要在特殊钢方坯连铸机及对铸坯质量要求高的板坯连铸机上广泛使用。气-水喷嘴可按气与水相交的方式不同，分为外混式和内混式两种结构。外混式气-水喷嘴是气与水在喷口处混合，内混式气-水喷嘴是气与水在喷口以前的混合管内混合。

气-水雾化冷却的优点是：

（1）气-水喷嘴的喷孔口径较大，堵塞事故发生率低，可降低对水质的要求。

（2）流量控制范围大，因此仅一个喷嘴就可适应多钢种和所有拉速的需要。

（3）气-水喷嘴冷却的覆盖面大，铸坯表面冷却均匀；而且横向吹扫力的增大使未汽化的水能更快离开铸坯表面，因此铸坯表面不会滞留多余的积水，从而使铸坯表面温度的波动范围缩小到 50~80℃，而水喷雾冷却中铸坯表面温度在 200~300℃范围内波动。

（4）水滴细小、冲击力大，被蒸发的水量大，冷却效率高，未蒸发的水相对减少，对改善铸坯边角过冷有明显效果。

B　水喷雾冷却

水喷雾冷却也称喷淋冷却，是采用专门的喷嘴将冷却水雾化，然后喷向铸坯表面对铸坯进行冷却，水的雾化仅靠所施加的压力和喷嘴的特性。常用压力喷嘴的喷雾形状有圆锥形、扁平形和矩形等。

喷淋冷却具有供水管路简单、维修方便、操作成本低等优点。目前我国普钢方坯连铸机广泛采用喷淋冷却。但是喷淋冷却存在以下缺点：

（1）调节流量的范围不大。喷嘴的流量（Q）大致与喷嘴内外压差（p）的平方根成正比，即 $Q = K\sqrt{p}$（K 为比例常数）。因此，通过增加水压来提高冷却强度的效果很差，只能更换大流量的喷嘴才能达到目的。

（2）冷却不均匀，冷却水利用率不高。喷射到铸坯表面的水小部分被蒸发，大部分积存在铸坯表面与辊子接触处的尖角内并向两边横流，而后通过铸坯两侧边缘下流，使铸坯边角部区域过冷。特别是弧形连铸机，其内弧面导辊处容易积存水，造成内外弧冷却不均匀。

（3）喷孔节流部分（缩颈部分）的直径很小，在水不洁净时易被其中的杂质和污物堵塞，如果喷嘴前的配管不采用不锈钢管，管路中的铁锈也易堵塞喷嘴。

C　干式冷却

热装和连铸连轧工艺要求生产良好的无缺陷高温铸坯，上述两种冷却方式都不能完全满足要求。为此，开发出在二冷区不向铸坯表面喷水，而是依靠导辊（其中通水）间接冷却的一种弱冷方式，即干式冷却。在水冷方式中，导辊对铸坯的冷却作用很小；但在干式冷却中，其导辊为螺旋焊辊，冷却水从辊身与辊套之间流过，间接冷却铸坯。干式冷却的冷却能力比上述两种冷却方式差，使用时由于冶金长度的限制，要相应降低拉坯速度。由于铸坯表面温度高，为避免鼓肚量增加，要选用较小的辊距和采用多支点的导辊。

曼内斯曼公司对 4 点矫直的超低头板坯连铸机采用不同的二冷方式，研究表明，与喷水冷却相比，干式冷却能使铸坯表面温度从 960℃ 提高到 1050℃，铸坯显热增加，有利于浇注具有裂纹敏感性的钢种。

目前干式冷却技术已成功地用于超低头板坯连铸机。它的优点是：可获得良好的铸坯表面质量，适于浇注裂纹敏感性强的钢种；铸坯温度高，适于热送与直接轧制；省去了水喷雾系统，使二冷区的管路设施得以简化，降低了操作成本。

4.2.4.3　二次冷却水量的分配

二次冷却区的耗水量可按下式计算：

$$Q = fQ_{时} \tag{4-16}$$

式中　Q——二次冷却耗水量，m^3/h；

　　　f——吨钢冷却强度，m^3/t；

　　　$Q_{时}$——铸机理论小时产量，t/h。

在凝固过程中，铸坯中心的热量是通过坯壳传到铸坯表面的，因此冷却水在二冷区整个长度上的分配要与铸坯凝固相适应。沿铸坯长度方向，随着距结晶器距离的增加，坯壳厚度增大。当凝固坯壳达到一定厚度时，坯壳传热成为坯壳增长的限制环节，坯壳厚度越大，传热阻力越大，温差也越大，同时通过铸坯表面散失的热量越少，因而冷却水量应随坯壳厚度的增加而降低。铸坯在二冷区凝固时，由公式 $\dfrac{\lambda(T_1-T_s)}{K\sqrt{t}}=h(T_s-T_w)$ 可知，$h \propto \dfrac{1}{\sqrt{t}}$（$h$ 为二冷区传热系数，t 为凝固时间），而 h 是随冷却耗水量的增加而增大的，即 h 与冷却耗水量成正比，从而得到 $Q \propto \dfrac{1}{\sqrt{t}}$。

由于二次冷却水量是分段控制的，如分为 n 段，则总水量为 n 段之和，即：

$$Q = Q_1 + Q_2 + Q_3 + \cdots + Q_n = \sum Q_i \tag{4-17}$$

而任意一段的水量均符合 $Q \propto \dfrac{1}{\sqrt{t}}$。又因 $t = \dfrac{H}{v_c}$（H 为结晶器中弯月面到二冷区某一点的距离，v_c 为拉速），由此可得：

$$Q \propto \frac{1}{\sqrt{H/v_c}} \tag{4-18}$$

由式（4-18）可以确定二冷区不同位置的供水量，即：

$$Q_1 : Q_2 : Q_3 : \cdots : Q_n = \frac{1}{\sqrt{H_1}} : \frac{1}{\sqrt{H_2}} : \frac{1}{\sqrt{H_3}} : \cdots : \frac{1}{\sqrt{H_n}}$$

由 $Q = \sum Q_i$ 可得：

$$\sum \frac{1}{\sqrt{H_i}} = \frac{1}{\sqrt{H_1}} + \frac{1}{\sqrt{H_2}} + \frac{1}{\sqrt{H_3}} + \cdots + \frac{1}{\sqrt{H_n}}$$

因此　　　$Q_1 = Q \dfrac{1}{\sqrt{H_1} \cdot \sum \dfrac{1}{\sqrt{H_i}}}$，$Q_2 = Q \dfrac{1}{\sqrt{H_2} \cdot \sum \dfrac{1}{\sqrt{H_i}}}$，$Q_3 = Q \dfrac{1}{\sqrt{H_3} \cdot \sum \dfrac{1}{\sqrt{H_i}}}$，$\cdots$

式中　　Q_1，Q_2，Q_3，$\cdots\cdots$——二冷区第 1 段、第 2 段、第 3 段、$\cdots\cdots$的冷却水量；

$\quad\quad\quad H_1$，H_2，H_3，$\cdots\cdots$——结晶器液面到第 1 段、第 2 段、第 3 段、$\cdots\cdots$冷却中心点的距离，见图 4-17（二次冷却区分段）。

　　以上关系式说明，整个二冷区自上至下的喷水量是递减的。实际生产中对二冷水量的分配有以下三种方案：

　　（1）等表面温度变负荷给水。铸坯一进入二冷区，即加大冷却强度以加快铸坯的凝固速度，使铸坯表面温度迅速降至出拉矫机的温度，即 900～1100℃。然后逐渐减少给水量，使铸坯表面温度不变。这种方案的优点是：上部冷却强度大，铸坯凝固快，收缩也均匀，有利于减少铸坯的内部缺陷及形状缺陷。但是为了保持铸坯

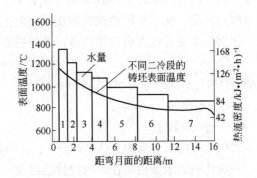

图 4-17　二冷区分段供水示意图

表面的等温度，必须及时获得表面温度的反馈信息，以便及时调整给水量。这一方案仅靠仪表检测和人工控制是难以实现的。

　　（2）分段按比例递减给水。将二冷区分成若干段（小方坯分成 2~3 个冷却段，大方坯、板坯分成 5~9 个冷却段），各段有自己的给水系统，可分别控制给水量，按照水量由上至下递减的原则进行控制。这种方案的优点是：冷却水的利用率高，操作方便，并能有效控制铸坯表面温度的回升，从而防止铸坯鼓肚和出现内部裂纹。目前我国多数连铸机采用这一配水方案。板坯连铸机二冷区各冷却段范围示意图见图 4-18。

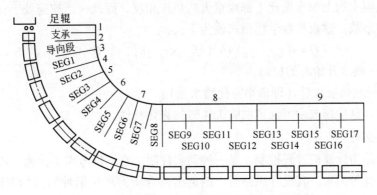

图 4-18　板坯连铸机二冷区各冷却段范围示意图

　　（3）等负荷（等传热系数）给水。在二冷区各段采用相同的给水量，保持传热系

不变。这种方法配水简单、操作方便。目前国内有部分小方坯连铸机采用这种方案。此方案的缺点是：上段冷却强度不够而下段又过大，造成上段凝固时间延长而下段铸坯表面温度又偏低，使大量冷却水未得到有效利用。

4.2.4.4　二次冷却的控制方式

二次冷却的控制方式大致可分为以下几种。

A　比例控制

比例控制是指二次冷却的水量按拉速成一定比例的控制。此法实际上与早期使用的人工配水控制的计算方法相同，仅用 PLC 或计算机指令来控制水阀门的开度，使水流量接近设定值。此时流量计会将流量信号反馈到 PLC，经过 PLC 对信号的处理及比较，再调整水阀门开度，使水量精确地控制在设定值上。

比例控制是方坯连铸机使用最广泛的控制方法，它的数学模型通常表示为：

$$Q = av_c + b \tag{4-19}$$

式中　Q——二次冷却总水量，L/min；

　　　v_c——拉速，m/min；

　a，b——系数。

式(4-19)可再分解为：$Q_i = a_i v_c + b_i$，Q_i 为各段分水量。其中，$Q = \sum Q_i$。

一般比例法水量自动控制的设计思路是：在拉坯矫直机入口处装有红外光学测温仪，用于测量铸坯进入拉矫机前的表面温度；将这个温度测量值送入 PLC（或计算机），与工艺设定的温度值进行比较；然后将该比较值反馈到最后一段（即离拉矫机最近的一段）的水量控制系统，用以补偿调节该段的水量，最大调节量占该段分水量的 20%~30%，以使铸坯表面温度达到设定值。

这种设计思路在方坯连铸机中应用十分广泛，但也发现存在以下问题：比例控制法水量与拉速的关系曲线一般是经过原点的带有斜率的直线，而所有雾化喷嘴按其特性都有一个最小雾化流量（或雾化压力），因此在实际使用过程中，当与拉速对应的流量小于最小雾化流量时，喷嘴没有雾化水喷出；加之有些铸机的喷水段设计得较大，一根喷水管上装有十多个喷嘴，往往出现只有下部喷嘴有水而上部喷嘴没有水的现象，其实际水量分配正好与连铸工艺要求的上部水量比下部水量大的规律相反，因此，当拉速处于这个临界速度时就容易发生事故。建议将数学模型修改为下式：

$$Q = a(v_c - v_{c,0}) + b \quad (当 v_c < v_{c,0} 时，令 Q = 0)$$

式中　$v_{c,0}$——喷水开始时的拉速；

　　　b——起始喷水量（即最小雾化喷水量）。

实践证明，这样修改后可保证喷嘴工作时的雾化特性。

B　参数控制

参数控制是指计算机过程控制，是一种动态控制。它不仅考虑了拉速，还考虑了浇注温度、铸坯宽度等因素。其设计思路是：制定出适合所需浇注钢种的目标表面温度曲线，根据钢种建立符合一元二次方程式 $Q = Av_c^2 + Bv_c + C$ 的数学模型；当拉速变化时，适时选用预先储存在智能仪表或控制计算机中的相应控制参数 A、B、C，然后自动配置各回路冷却水量。

C 目标表面温度动态控制

目标表面温度动态控制是考虑到钢种、拉速及浇注状态，由计算机对二次冷却配水的控制数学模型。其设计思路是：每隔一段时间计算一次铸坯表面温度，并与考虑了二冷配水原则所预先设定的目标表面温度进行比较，根据比较的差值结果给出各段冷却水量，以使铸坯的表面温度与目标表面温度相吻合。但在实际浇注过程中，因为铸坯表面存在着大量不规则的氧化铁皮以及变化莫测的蒸汽等问题，该法作为铸坯表面高温检测技术至今尚未完全过关。因此，真正意义上的目标表面温度动态控制的二次冷却，目前在实施过程中还有一定的难度。

4.3 浇 钢 操 作

4.3.1 浇注前的准备

浇注前的准备包括钢包的准备、中间包的准备、结晶器的检查、二冷区的检查、拉矫和剪切装置的检查、堵引锭头操作等。

4.3.1.1 钢包的准备

钢包的准备工作包括：清理钢包内的残钢、残渣，保证包内干净；安装和检查滑动水口，在水口内装好引流砂；烘烤钢包至1000℃以上；已装钢水的钢包坐到回转台上以后，在开浇前安装长水口，长水口与钢包水口的接缝要密封。

4.3.1.2 中间包的准备

中间包的准备工作包括中间包工作层以及控流装置的砌筑、水口的安装、塞棒的安装以及中间包的烘烤等。

安装浸入式水口时，必须注意：接口处应密封，以防吸入空气而污染钢液；水口与座砖的缝隙应用胶泥填平；浸入式水口不得有裂纹和缺损，不得弯曲变形；根据所浇断面与拉速确定水口直径；浸入式水口一定要装平、装正，伸出部分一定要与中间包包底相垂直，并与结晶器准确对中；外装浸入式水口时，应对托架进行仔细检查。对于吹气防塞型浸入式水口，安装后应先接好喷嘴接头，再装入托架内；在水口接口处应均匀涂抹胶泥，然后送气；浸入式水口装好后，要确保水口内孔畅通无堵塞，使用前最好在外壁包一层耐火纤维毡。

塞棒是控制钢水流量和防止中间包内卷渣的一个重要部件。当前使用的塞棒均预留了吹气通道，以免水口堵塞。安装前要检查塞棒，确保其不弯曲、不变形，表面无涂层以及镶嵌件有残损、松动或不到位的塞棒均不得使用；安装时，塞头顶点应偏向开闭器方向，留有2~3mm的哨头；安装完毕要试开闭几次，检查开闭器是否灵活，开启量应在60~80mm之间。并且预留一定下行行程，一般在20~30mm，防止塞棒侵蚀以后关闭不到位，造成注流失控。

中间包的烘烤应注意：中间包的包盖盖好后，中间包小车必须开至结晶器上方，保证浸入式水口与结晶器正确对中定位，然后返回至烘烤位置；塞棒必须处于关闭位置，避免运送过程发生跳动或振动而导致断裂；塞棒和水口需要烘烤，烘烤时塞棒应开启30mm以上，并在其周围沿长度方向加设导烟罩，以使塞棒、水口烘烤均匀，烘烤温度控制在

1100℃左右；浸入式水口的伸出部分应在烘烤箱内烘烤；对于工作层为耐火涂层的中间包，在干燥 2~4h 后烘烤，以 35~60℃/min 的速度升温，达到 1000~1200℃时即可投入使用；内衬为砌砖的中间包要充分加热，烘烤 1~2h，使表面温度达到 1000℃以上。

4.3.1.3 结晶器的检查

上浇次浇铸结束后，要用水或压缩空气清洗结晶器盖板，并清除存留的残渣残钢，然后进行下列检查工作：

（1）铜壁磨损情况检查。如发现铜壁划伤、磨损超过规定公差，则必须更换结晶器；如情况轻微，则可用手砂轮机进行打磨（尤其在结晶器钢液面附近区域）。

结晶器在距上口 200mm 范围内不允许出现结晶器镀层剥落、龟裂以及深度超过 0.5mm 的划痕；在 200mm 范围以下也不允许出现镀层剥落、龟裂以及深度超过 1.0mm 的划痕。

（2）板坯结晶器将内弧宽面打开，检查结晶器铜板缝隙是否有残渣异物，必须清除干净。

（3）将结晶器铜板夹紧，用塞尺插入结晶器铜板角隙，不准超过 0.5mm，若超过此尺寸，必须处理或更换新结晶器。

（4）冷却水检查。只要发现与结晶器连接的冷却水管、软管、接头等任何地方有漏水现象，必须立即彻底处理好或更换结晶器。

（5）足辊检查。检查足辊是否弯曲，转动是否自如，与铜板对中是否在规定公差之内。

4.3.1.4 二冷区的检查

二冷区的检查工作包括：检查二冷区供水系统是否正常、水质是否符合要求；检查二冷区喷嘴是否齐全、各个喷嘴是否畅通；根据所浇钢种、铸坯断面设定喷淋水量；气-水喷嘴用压缩空气的压力应为 0.4~0.6MPa，雾化气压应在 0.2MPa 以上。

4.3.1.5 拉矫和剪切装置的检查

根据拉坯辊压下动力检查气压或液压系统，并调节给定的冷热坯的冷压紧力；将主控室内选择开关置于浇注位置，检查结晶器振动装置、结晶器润滑送油装置、二冷区水闸阀、蒸汽抽风机等设备是否能随拉坯矫直辊同步运行；确认引锭头尺寸与所浇注铸坯的断面尺寸是否一致，确保引锭头无严重变形、洁净无油脂等；检查上装式或刚性引锭杆的存放装置是否正常运行。

剪切装置及其他设备的检查内容为：检查火焰切割装置及剪切机械的运行是否正常，并校验切割枪；启动各组辊道，检查升降挡板、横移机、翻钢机、推钢机、冷床等设备的运行是否正常。

4.3.1.6 堵引锭头操作

当确认一切正常后，按要求将引锭头送入结晶器。当结晶器长 700mm 时，引锭头应距顶面 550~600mm；当结晶器长 900mm 时，引锭头应距顶面 400~500mm。堵引锭头时应注意：确保引锭头干燥、干净，否则可用压缩空气吹扫；在引锭头与结晶器四壁的缝隙内，用石棉绳或纸绳填满、填实、填平；在引锭头的沟槽内添加洁净的废钢屑、铝粒和适量微型冷却钢片，以使引锭头处的钢液充分冷却，避免拉漏。

4.3.2 浇钢操作

4.3.2.1 钢包浇注

钢包浇注的具体操作为：

（1）当钢包到达回转台时，转至浇注位置并锁定。停止中间包的烘烤，并关闭塞棒或滑板。

（2）将中间包小车由烘烤位开到浇注位，并将水口与结晶器对中，偏差不得大于1.5mm。

（3）下降中间包，将浸入式水口伸入结晶器至设定位置（水口距引锭头50～150mm），然后要多次启闭塞棒或滑板，确认正常后再次关闭（尽量缩短从中间包停止烘烤到钢包开浇的等待时间）。

（4）采用保护浇注时，在钢包就位后安装保护套管。开启滑动水口，若水口不能自开，应取下保护套管，烧氧引流。在水口全开的情况下钢液流出一定数量，即滑动水口吸收了足够的热量后，关闭水口，再将保护套管重新装上。立即开启滑板，调节到适当开度，控制中间包钢液达到预定位置，并将接口重新密封好。

（5）当中间包钢液面达到预定高度并浸没保护套管时，可向中间包内加覆盖剂（如碳化稻壳）。

（6）对于采用保护套管浇注的钢包连浇，关键在于使引流砂留在中间包渣面上，不能让其随钢流冲入钢液内部而污染钢水。可利用钢包回转台升降装置将钢包升起，使保护套管出口距离渣面50～100mm。打开滑动水口，使引流砂留在渣面上，待钢流冲出后再将钢包下降至设定位置，调节好水口的开度，继续浇注。当第一包浇注结束、第二包开浇时，待中间包液面下降至保护套管端露出时再打开滑动水口，使引流砂留在渣面上。当液面上升至保护套管设定的浸入高度时，调整好水口开度，继续浇注。

4.3.2.2 中间包浇注

当注入中间包的钢液达到1/2高度时，中间包可以开浇。当钢液温度较低时，可以提前开浇。

用塞棒进行中间包开浇通常采用手动方式（也有自动开浇的方式），开浇步骤如下：

（1）开启塞棒，钢水流入结晶器。其中要特别注意控制钢流，不能过大、过猛，以免引锭头密封材料被冲离原来位置或钢液飞溅造成挂钢、重皮。

（2）钢液注入结晶器后，当液面未淹没浸入式水口侧孔时，塞棒应开启1～2次，确认塞棒控制正常。

（3）当钢水淹没浸入式水口侧孔时，向钢液面添加保护渣。浇注板坯时，可加入开浇专用保护渣或常规保护渣。

（4）当液面距结晶器上口80～100mm时，拉坯矫直机构、结晶器振动装置及二冷区水阀门同时启动。

（5）若塞棒有吹氩功能，开浇时氩气流量应控制在较低范围内，当结晶器液面稳定之后再调整氩气流量，以防止结晶器内钢液面翻动。

4.3.2.3 连铸机的启动

拉矫机构的起步就是连铸机的启动。从钢液注入结晶器开始到启动拉矫机构的时间称为起步时间（也称"出苗"时间）。小方坯的起步时间为 20~35s，大方坯一般为 35~50s，板坯为 1min 左右。对于多流连铸机来说，各流开浇时间不同，所以起步时间也有差异。

起步拉速板坯为 0.3~0.4m/min，方坯为 0.4~0.8m/min，应保持 30s 以上；然后缓慢增加拉速，1min 以后达到正常拉速的 50%，2min 后达到正常拉速的 90%；再根据中间包内钢液温度设定拉速。

总之，开浇操作的要求有：

（1）好。中间包烘烤好，水口烘烤好。

（2）快。钢包、中间包就位快，钢包开浇快。

（3）稳。中间包开浇稳，拉矫机启动稳。

4.3.2.4　正常浇注

中间包开浇 5min 后，在离钢包注流最远的水口处测量钢液温度，根据钢液温度调整拉速。当拉速与铸温达到相应值时，即可转入正常浇注。正常浇注操作应注意以下几点：

（1）通过中间包内钢液重量或液面高度来控制钢包注流的流量，操作过程中要注意保护套管的密封性和中间包的保温，并按规定测量中间包温度。

（2）控制结晶器液面距铜管（板）上沿的距离，以 75~100mm 为宜，并保持结晶器液面的稳定，通常其波动控制在 ±3mm 以内，采用液面自动控制。

（3）添加保护渣必须均匀，要勤加、少加，均匀覆盖，不能局部透红，渣条、渣圈应及时捞出。

（4）注意调整浸入式水口的插入深度，使结晶器内热流分布均匀，不产生结晶器卷渣。

（5）正常浇注后，结晶器内的保护渣由开浇渣改为常规渣，要保证其均匀覆盖，不得有局部透红，液渣层厚度保持在 10~15mm，要及时捞出渣条和渣圈。吨钢保护渣的消耗量一般为 0.3~0.5kg/t。

（6）在主控室监视各设备的运行情况及各参数的变化。

4.3.2.5　更换钢包

当转入正常浇注后，通过更换钢包操作和快速更换中间包操作实现多炉连浇。更换钢包时原则上不降低拉速，更不能停机或中间包下渣。更换钢包操作的要点如下：

（1）借助钢包下渣检测装置或称重设备、根据操作人员的经验或浇注铸坯的长度等估算钢包中钢水的重量，接近结束时适时关闭滑动水口，以防止下渣。

（2）钢包更换前要提高中间包液面高度，储存足够量的钢液，这对小容量中间包尤为重要。这样在不降低拉速的情况下，可给第二包钢液的衔接留有充足的时间。

（3）卸下保护套管，清理衔接的部位。第二包钢液到位后，按程序装好保护套管，并保持良好的密封性，然后即可开浇。

4.3.2.6　快速更换中间包

快速更换中间包是实现多炉连浇的关键。由于该项操作通常在停机状况下进行，操作难度大，故要求设备稳定、操作娴熟。快速更换中间包的基本操作步骤如下：

（1）将下一炉钢包旋转到浇注位置。

（2）当上一个中间包内钢水剩40%~50%（小中间包取上限，大中间包取下限）时，降低拉速。

（3）停止下一个中间包的烘烤，并将其开到还在浇注的中间包的旁边。

（4）关闭上一个中间包，停止拉矫机。然后升起上一个中间包，同时同向开动两个中间包，使下一个中间包到达浇注位置。

（5）打开钢包，使钢水注入新的中间包，并根据中间包内钢水的情况开始下降中间包。

（6）清除结晶器旧保护渣，当浸入式水口插入结晶器后打开塞棒或滑板，并启动拉矫机，拉速一般为正常拉速的30%~40%。

（7）当接痕拉出结晶器后，按开浇程序逐步调整拉速直至正常拉速，同时依据开浇程序加入保护渣。

更换中间包操作的要点在于控制时间，通常要求在2min内完成，最长时间不得超过4min，否则会因为新旧铸坯连接不好而漏钢。另外，起步拉速及提速必须更加小心，否则会因接痕拉脱而发生漏钢。

4.3.2.7　异钢种的连浇

为了提高连铸机的生产率，提出了不同钢种的连浇技术。异钢种连浇的钢包和中间包的更换与常规多炉连浇没什么本质区别，关键是不同钢种的钢液不能混合。因此，当上一炉钢液浇注完毕之后，在结晶器内插入金属连接件并投入隔热材料，使其形成隔层，防止钢液成分的混合；但隔层上下的钢液必须各自凝固成一体，可继续浇注，如图4-19所示。

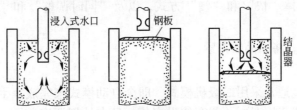

图4-19　异钢种连浇操作示意图

这种方法浇注的铸坯大约经过3m的混合过渡区之后，其成分可达到均匀。需注意的问题有：

（1）更换中间包的停机时间不得超过3min，否则二冷区铸坯温度偏低而难以矫直，或者新旧铸坯接痕处连接不牢而漏钢。

（2）当前一炉钢液浇注完毕，换包前待结晶器旧保护渣捞净后，加一薄层新渣，千万不能将旧水口碎片卷入坯壳。

（3）原中间包车开走后，马上将金属连接件插入结晶器内一定深度，安放平稳，并在液面上撒一层铁钉屑。

（4）开浇的起步时间和拉速的升速要求与第一炉开浇相同。

4.3.2.8　结晶器在线调宽操作

A　冷态调宽操作

（1）清理干净盖板和结晶器铜板上的保护渣及杂物。

（2）按下相应开关，把结晶器宽面打开。

（3）清理角缝内的保护渣、硅胶及杂物。

（4）按下相应开关，把结晶器打开至最大值（可进行上装或辊缝检测）。

（5）结晶器冷态自动调整，步骤如下：

1）调出设定画面；

2）选择"自动"模式；

3）输入设定的结晶器下口宽度和锥度值；

4）确认无误后，按确认键；

5）按相应开关，结晶器自动调宽开始，观察调整过程，直至调整结束。

（6）调整过程中，如发现异常，可按相应开关中止调节。

（7）测量上口尺寸和锥度无误后，插好结晶器锁定挡板。

（8）自动校正，具体步骤如下：

1）调出校正画面；

2）输入实际测量的结晶器上口宽度和两侧锥度值；

3）按相应开关，结晶器校正开始；按相应开关，调出纵览画面观察调整过程；

4）如测量值与设定值仍有误差，可重复上述过程进行校正，直到测量值达到要求值。

（9）冷态手动调整，具体步骤如下：

1）选择"手动"模式；

2）将结晶器宽面打开；

3）根据需要选择"快"和"慢"方式，以及"同时调整"和"单面调整"的模式进行手动调整；

4）调整结束后，将结晶器夹紧。

B 在线热调宽

（1）在线热调宽通常采用二级机模式，即全自动模式来完成。生产管理系统决定何时进行调宽（根据浇铸长度）及调宽的设定值，且在计划调宽前 4m 时开始"倒计时"，在画面上显示相关信息；同时，自动将拉速降至 $1\sim1.3m/min$（如原拉速低于 $1\sim1.3m/min$，则保持原拉速不变）。

（2）操作工也可选择一级机模式进行调宽，但需手动降低拉速，并按下启动开关，调宽过程仍是自动完成的。

（3）调宽操作结束（即拉速为 $1\sim1.3m/min$）时，不要立即升拉速，应对结晶器液面及渣况等进行确认，发现渣况不良，如结团等异常情况时，要进行换渣操作。

（4）为了防止热调宽过程出现漏钢等异常情况，通常选择由"宽"变"窄"的方式进行调宽。

（5）根据轧制要求，通常一块长坯（$8\sim10m$）一次调宽量控制为不超过 150mm 为宜。

4.3.2.9 浇注结束

浇注结束的具体操作有：

（1）钢包浇注完毕后，中间包继续维持浇注。当中间包内钢液面降低到 1/2 高度时，开始逐步降低拉速直至铸坯出结晶器。

（2）当中间包内钢液面降低到最低限度时，迅速将结晶器内的保护渣捞净，之后立即关闭塞棒或滑板，并开走中间包车，浇注结束。

（3）捞净结晶器内保护渣之后，用钢棒或氧气管轻轻地均匀搅动钢液面，然后用水喷淋铸坯尾端，加快凝固封顶。

（4）确认尾坯凝固后，将铸机模式切换到"尾坯输出"，拉速逐步缓慢提高，尾坯输出的最高拉速仅是正常拉速的 $20\% \sim 30\%$，拉出尾坯后浇注结束。

某厂 $R9m$ 四机四流全弧形圆坯连铸机的操作台箱位置及操作控制内容，见表 4-18。

表 4-18　某厂 $R9m$ 四机四流全弧形圆坯连铸机的操作台箱位置及操作控制内容

编号	名　称	主要操作控制内容	位　置
P1A	主操作站（工控机 2 台）	指挥监控浇注过程	主控室内
P1B	报警及紧急操作台	控制重要声光报警及回转台中包车等的紧急操作	主控室内
P2	钢包回转台操作箱	控制钢包回转、钢包滑动水口	钢包操作平台
P2-S1	受包位滑动水口按钮盒	控制钢包滑动水口	浇注平台（3.495m）
P3	结晶器旁悬挂操作箱（每流 1 个）	控制浇注过程	浇注平台结晶器前
P4	拉矫、引锭操作箱（每流 1 个）	控制送引锭、拉矫、脱坯、引锭杆存放	-0.115m 引锭存放平台
P4S	引锭杆就地操作按钮盒（每流 1 个）	点动控制送引锭杆	浇注平台结晶器前
P5-1	1 号中间包车操作箱	控制 1 号中间包车走行/升降/对中	浇注平台
P5-2	2 号中间包车操作箱	控制 2 号中间包车走行/升降/对中	浇注平台
P6-1	1 号烘烤装置操作箱	控制 1 号中间包烘烤	浇注平台
P6-2	2 号烘烤装置操作箱	控制 2 号中间包烘烤	浇注平台
P7	切割操作台	控制辅助拉矫机、火切机、试样收集装置、输送辊道一、输送辊道二、升降挡板	切割/出坯操作室
P8	出坯操作台	控制翻钢机、出坯辊道、移坯车、翻转冷床	切割/出坯操作室
P9	二冷蒸汽排放风机就地按钮盒	控制二冷蒸汽排放风机	-1.0m 平台
P10	中间包干燥装置操作箱	控制中间包干燥	中间包维修区
P11	中间包倾翻装置操作箱	控制中间包倾翻	中间包维修区
P12A	主机液压站操作箱	控制主机液压站	主机液压站内
P12B	出坯液压站操作箱	控制出坯液压站	出坯液压站内
P12C	中间包倾翻液压站操作箱	控制中间包倾翻液压站	中间包维修区

续表 4-18

编号	名　　称	主要操作控制内容	位　　置
P13	润滑站控制箱（共 4 个）	控制润滑站（导向段/拉矫机干油润滑站、振动装置干油润滑站、辊道干油润滑站）	−1.0m 平台及辊道旁
P14	结晶器维修台操作箱	控制结晶器维修台	结晶器维修区

4.3.3　浇注事故分析与处理

连铸生产过程中，经常会出现因设备、耐火材料及操作本身原因而引起的一些操作异常情况或事故，下面介绍一些常见的操作故障及其发生的原因和应采取的措施。

4.3.3.1　钢包滑动水口故障

A　滑动水口不能自动开浇

滑动水口不能自动开浇的原因有：引流砂填充松散；引流砂潮湿，接触钢液后水分蒸发，钢液渗入烧结；填砂过于密实，钢液接触表面烧结；钢液温度偏析，水口处冷凝等。

滑动水口不能自动开浇的应急办法是烧氧引流，但烧氧引流易损坏水口内孔，影响注流形状。所以应采取的措施是：选择配料合适的引流砂，烘烤干燥，填充适当；钢包烘烤达到规定要求，"红包"受钢；选用质量良好的透气砖，采用包底吹氩等方法来提高钢包的自动开浇率。

B　钢包注流失控

钢包注流失控（漏钢或无法控流）的故障主要表现为：钢水从滑动水口某处漏出，或者滑板打开后无法控制或关闭。其主要原因在于：耐材质量差，安装时滑板间隙过大，结合部泥料未填实，电气、弹簧、液压发生故障。

通常采取如下措施：如果漏钢不严重，可维持浇钢或以中间包溢流来平衡拉速，但都是以不损坏设备为前提；反之，应立即将钢包开离浇注位置。

4.3.3.2　中间包故障

A　开浇自动浇钢

开浇自动浇钢事故主要表现为：钢包开浇后，钢水立即从中间包流出。

开浇自动浇钢的原因有：由于塞棒安装时塞棒头与水口碗配合不严或有异物，或者开闭机构失灵，或者钢液温度偏低及中间包水口碗烘烤不良，导致水口附近有凝钢；使用滑板时，其安装质量不好、滑动水口机构发生故障或耐火材料有质量问题等。

预防措施有：瞬时提高拉速，反复开关塞棒，试行关闭；使用滑板时则应检查电气、液压故障。如都不起作用，则开走中间包，防止溢钢。

B　中间包开浇后控制失灵

中间包开浇后控制失灵事故表现为：中间包开浇后 1min 内钢流控制失灵，结晶器内钢水迅速上涨。

中间包开浇后控制失灵的原因有：使用塞棒浇注时，钢水温度过低，塞头结冷钢，塞棒与水口之间有异物；使用滑板时，发生电气或液压故障。

可采取的措施有：瞬时提高拉速，关闭钢包，减少中间包铸入结晶器的钢流，在此期间反复开关塞棒，试行关闭；使用滑板时，则应检查电气、液压故障。如都不起作用，则立即开走中间包，防止溢钢。

C 水口结瘤堵塞

水口结瘤堵塞也称缩径，即指水口可能有结瘤或凝钢，影响注流的形状。通常结瘤的部位有两处：一是浸入式水口出口的上方；二是塞棒塞头座砖的周围。

水口结瘤堵塞有如下两种情况：

（1）由于钢水温度过低或中间包预热不良，造成水口附近钢液温度低，水口内因有冷钢凝结而被堵。此时可降低拉速，迅速开闭塞棒以冲洗水口内的冷钢。

（2）钢液中铝或夹杂物的含量高，使夹杂物（主要是氧化物夹杂，其中大部分是 Al_2O_3）沉积于水口内壁，随浇注的进行，水口内壁聚集物越来越多，最终将水口堵塞。

Al_2O_3 来自脱氧产物或二次氧化产物，生产中要合理控制钢中铝含量。对于硅锰镇静钢，当 $w[C] < 0.2\%$ 时，应控制 $w[Al_2O_3] \leqslant 0.007\%$；当 $w[C] > 0.2\%$ 时，应控制 $w[Al_2O_3] \leqslant 0.004\%$。对于铝镇静钢，钢水需要进行钙处理，喂入硅钙线，控制 $w[CaO]/w[Al_2O_3] = 0.1 \sim 0.15$，使串簇状 Al_2O_3 变性为 $12CaO \cdot 7Al_2O_3$（即 $C_{12}A_7$，熔点在 1400℃ 左右）或接近于 $C_{12}A_7$ 的熔点较低的铝酸钙，其在浇注过程中呈液态，可以避免水口堵塞。如果钙加入量不足，则 Al_2O_3 不能转化为 $12CaO \cdot 7Al_2O_3$；如果钙加入量过多且钢水又含有一定量的硫，则会形成高熔点的 CaS（熔点在 2450℃ 左右），同样会出现水口结瘤堵塞。

为避免水口结瘤堵塞，可采取以下措施：

（1）最根本的措施是选择合理的脱氧制度，加强钢水精炼，提高钢水洁净度。对于铝镇静钢，需控制钢中的铝含量并相应进行钙处理。

（2）采用吹氩塞棒。

（3）采用中间包过滤技术。

（4）控制钢水有合适的过热度。

4.3.3.3 漏钢

在连铸生产过程中，漏钢是一种灾难性事故，会损坏设备，降低作业率，破坏生产组织的均衡。产生漏钢的根本原因是结晶器内坯壳薄且生长不均匀，当铸坯出结晶器下口后，承受不住钢液静压力及其他应力的综合作用，坯壳的薄弱处被撕裂，钢液流出，造成漏钢。

A 开浇漏钢

开浇漏钢的原因有：引锭杆密封不良，冷却废钢数量加入不足，撒入的铁屑未能覆盖住石棉绳；开浇前引锭杆下滑；开浇起步过早，起步拉速过大；保护渣加入过早，一次加入量过多导致堆积，造成坯壳卷渣；结晶器没有振动等。

发生开浇漏钢的处置措施：关闭中间包塞棒或者滑板，停止结晶器振动，尽量想办法将引锭杆拉出铸机。如果这样做仍没有效，则只能移走钢包、中间包，吊走结晶器，消除引锭头与辊子的残钢，再将引锭杆拉走。如仍不能拉动，则将引锭杆往上返送，用吊车吊走，如果双流铸机，则可由另一流继续维持浇铸，待浇铸结束后再做处理。

为避免开浇漏钢，应充分做好开浇前的设备检查和准备工作，根据所浇钢种与断面控制好开浇的起步时间、起步拉速，并按要求增加拉速，保持结晶器液面稳定、坯壳生长均匀。

B　黏结漏钢

黏结漏钢是浇注过程中主要的漏钢事故。据统计，在诸多漏钢事故中黏结漏钢占50%以上。

发生黏结漏钢的原因主要是使用不适当的保护渣或结晶器液面控制不好，造成液面波动，使结晶器润滑不良，凝固坯壳与结晶器铜板黏结，拉坯摩擦阻力增大，黏结处被拉裂。这种漏钢的一个明显特征是在坯壳上留下一条斜向的裂纹。此外，钢中合金元素含量高，坯壳的高温强度较低；或者结晶器冷却强度不足；或者结晶器内壁不平滑等，均能诱发黏结漏钢。

板坯宽面内弧侧发生黏结漏钢的概率比外弧侧高。对于大断面板坯，黏结漏钢容易发生在宽面中部；对于小断面板坯，黏结漏钢则发生在靠近窄面的区域。铝镇静钢发生黏结漏钢的概率比铝硅镇静钢高。

发生黏结漏钢的处置措施：浇铸过程中发生漏钢，必须迅速关闭中间包塞棒或者滑板，如果漏钢时拉速在 1.0m/min 以上，则维持原拉速迅速将铸坯拉出流线，如果拉速低于 1.0m/min，则需要将拉速快速升到 1.0m/min 以上。尽量想办法将铸坯拉出铸机。如果这样做仍没有效果，则只能移走钢包、中间包，吊走结晶器，按照滞坯处理模式处理流线内残留铸坯。

为避免黏结漏钢应采取以下措施：

（1）保证润滑，选用性能良好的保护渣，并保持足够的液渣层厚度。目前许多研究表明，不良的保护渣行为直接与钢液的洁净度有关，比如保护渣过多吸附钢液中夹杂物，尤其是 Al_2O_3，就会恶化保护渣的性能。

（2）定期检测振动参数，确保合适的负滑脱率。

（3）保持结晶器液面平稳，安装液面自动控制装置。

（4）安装漏钢监测预报设施，及时预报。

当操作中发现有漏钢预兆时，可降低拉速或停机 30s 左右，待形成的新坯壳具有一定厚度后再起步拉坯，这样可避免拉漏。

4.4　连铸技术经济指标

连铸技术经济指标直接反映了钢厂连铸机的设计性能，反映了该企业的生产、技术、管理水平。根据有关规定，现将主要技术经济指标的统计计算方法介绍如下。

（1）连铸坯产量。连铸坯产量是指在某一规定时间内（一般以月、季、年统计）合格铸坯的产量。可按下式计算：

$$连铸坯产量(t) = 生产铸坯总量 - 检验废品量 - 轧后或用户退回废品量 \qquad (4-20)$$

（2）连铸比。连铸比是反映一个地区或企业连铸生产工艺水平、管理及发展状况的重要标志。计算公式为：

$$连铸比(\%)=\frac{合格连铸坯产量(t)}{合格连铸坯产量(t)+合格钢锭产量(t)}\times100\% \tag{4-21}$$

（3）连铸坯合格率。连铸坯合格率又称产品的质量指标（一般以月、年统计）。计算公式为：

$$连铸坯合格率(\%)=\frac{合格连铸坯产量(t)}{连铸坯总检验量(t)}\times100\% \tag{4-22}$$

连铸坯总检验量＝连铸坯合格产量+浇铸废品量+现场检验废品量+轧后或用户退回废品量

【例4-1】 某炼钢厂2011年钢产量为200万吨，连铸坯产量为185万吨，连铸坯废品量为2.5万吨，求2011年该厂的连铸比和连铸坯合格率。

解：
$$连铸比=\frac{185}{200}\times100\%=92.5\%$$

$$连铸坯合格率=\frac{185}{185+2.5}\times100\%=98.7\%$$

（4）溢漏率。溢漏率是指在某一时间内（一般以月、季、年统计），连铸机发生溢漏钢的流数占该段时间内浇注总流数的百分比。它直接反映了连铸机的设备、操作、工艺及管理水平。计算公式为：

$$溢漏率(\%)=\frac{溢漏钢流数之和}{浇注总炉数\times铸机拥有流数}\times100\% \tag{4-23}$$

（5）连铸坯收得率。连铸坯收得率是指合格连铸坯产量占连铸浇注钢水量的百分比。它比较精确地反映了连铸生产的消耗及钢水收得状况。计算公式为：

$$连铸坯收得率(\%)=\frac{合格连铸坯产量(t)}{连铸浇注钢水量(t)}\times100\% \tag{4-24}$$

连铸浇注钢水量＝合格连铸坯产量+中间包及钢包的注余钢量+废品量+切头切尾总量
（即等于被连铸接收的钢水总量−因连铸故障退回到炼钢炉的钢水量）

（6）平均连浇炉数。平均连浇炉数是指浇注钢水炉数与连铸机开浇次数之比。它反映了连铸机连续作业能力及该企业的生产组织和协调能力。计算公式为：

$$平均连浇炉数(炉/次)=\frac{浇注钢水炉数}{连铸机开浇次数} \tag{4-25}$$

（7）连铸机达产率。连铸机达产率是反映连铸机生产管理水平、经济效益以及连铸机设备发挥能力的综合指标，是指在某一时间内（一般以年统计）连铸机实际产量（合格连铸坯产量）占该台连铸机设计产量的百分比。计算公式为：

$$连铸机达产率(\%)=\frac{合格连铸坯产量(t)}{连铸机设计产量(t)}\times100\% \tag{4-26}$$

（8）连铸机作业率。连铸机作业率是指铸机实际作业时间占总日历时间的百分比（一般以月、季、年统计）。它反映了连铸机的开动作业及生产能力。计算公式为：

$$连铸机作业率(\%)=\frac{铸机实际作业时间(h)}{总日历时间(h)}\times100\% \tag{4-27}$$

铸机实际作业时间＝钢包开浇至切割完毕的时间+上引锭杆时间+正常的开浇准备等待时间

复习思考题

4-1 连铸对钢水质量的要求包括哪几个方面?

4-2 连铸浇注温度如何表示和确定,浇注温度如何控制?

4-3 中间包冶金技术包括哪几个方面?

4-4 结晶器冶金技术包括哪几个方面?

4-5 全程无氧化保护浇注包括哪几个方面? 简述保护渣的类型和冶金功能。

4-6 保护渣的基本成分和结构如何,浇注过程中为什么要及时捞出渣圈?

4-7 高速连铸保护渣的熔化温度和黏度要求与普通连铸保护渣有何区别?

4-8 钢水覆盖剂的冶金功能有哪些,主要类型及特点如何?

4-9 连铸工艺参数的确定与控制主要包括哪几个方面?

4-10 连铸浇注速度如何表示和确定,拉速如何控制?

4-11 结晶器一次冷却控制包括哪几个方面?

4-12 什么是比水量,确定二冷冷却强度的原则是什么? 简述二次冷却的方式及特点。

4-13 实际生产中连铸二冷水量的分配方案及特点如何?

4-14 连铸开浇操作有何要求?

4-15 怎样实现多炉连浇操作和异钢种连浇操作?

4-16 简述停浇操作的要点。

4-17 钢包滑动水口注流失控应如何处理?

4-18 简述中间包水口堵塞的原因及预防和处理措施。

4-19 什么是黏结漏钢,怎样避免黏结漏钢的发生?

5 连铸坯质量

连铸坯质量是指合格产品所允许的铸坯缺陷程度。其含义包括铸坯的洁净度（夹杂物的数量、形态、分布）、铸坯的表面缺陷（裂纹、夹渣、气孔等）、铸坯的内部缺陷（裂纹、偏析、夹杂等）和铸坯的形状缺陷（鼓肚、脱方等）。连铸坯质量决定最终产品钢材的质量。

5.1 连铸坯质量标志与控制原则

5.1.1 连铸坯质量特征

与传统模铸-开坯方式生产的产品相比，连铸产品更接近于最终产品的尺寸和形状，因此，在轧制之前不可能有更多的精整工序（如表面清理等）。此外，虽然连铸坯内部组织的均匀性和致密性比钢锭好，但不如初轧坯。连铸坯在凝固过程中受到冷却、弯曲、压延，故薄弱的坯壳要经受热应力和机械应力作用，易产生各种裂纹缺陷。在内部质量方面，连铸坯的凝固特点决定了其易形成中心偏析和缩孔等缺陷。而且钢液中夹杂物在结晶器内上浮分离的条件不如模铸好，夹杂物上浮去除不充分，特别是连铸操作过程中引起钢质污染的因素也比模铸复杂得多，因此夹杂物，特别是大型夹杂物是影响铸坯质量的重要问题。但是，连铸的突出特点是过程可以控制，生产中可以直接采取某些保证产品质量的有效方法，以取得改善质量的效果。另外，连铸坯是在一个基本相同的条件下凝固的，铸坯在整个长度方向上的质量较均匀。

5.1.2 连铸坯质量标志与控制原则

通常把连铸坯的洁净度、连铸坯的表面质量、连铸坯的内部质量以及连铸坯的外观质量（铸坯断面形状、尺寸误差是否符合规定）作为判定连铸坯质量的标志。

这些质量要求与连铸工艺过程有一定的关系，如图 5-1 所示。连铸钢液的洁净度是由结晶器之上的液态钢所决定的。由于铸坯表面（坯壳）是在结晶器中形成的，铸坯的表面质量主要受结晶器内钢水凝固过程的影响。而铸坯的内部致密度则是由结晶器以下（二冷区液相穴）的凝固过程所决定的。铸坯的断面形状尺寸则与铸坯冷却以及设备状态有关。

从生产工艺流程来看，铸坯质量的控制原则是：

（1）铸坯的洁净度通过钢水注入结晶器之前的各工序（炼钢、精炼、浇注、中间包冶金等）控制；

（2）铸坯的表面质量通过钢水在结晶器内的凝固进程（结晶器冷却、振动、浸入式水口、保护渣等）控制；

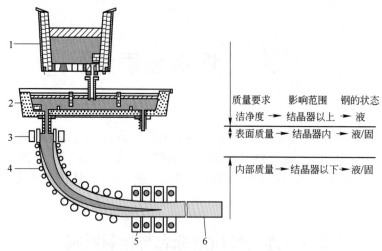

图 5-1   连铸坯质量与连铸工艺过程的关系

1—钢包；2—中间包；3—结晶器；4—二冷区；5—拉矫机；6—切割

（3）铸坯的内部质量通过带液芯铸坯在二冷区的凝固过程（二冷水、支承系统、弯曲、矫直等）控制；

（4）铸坯的外观质量通过铸坯冷却（强度大小、是否均匀）以及设备状态（如结晶器是否变形等）控制。

5.2   连铸坯的洁净度

连铸坯的洁净度是指钢中非金属夹杂物的数量、类型、尺寸和分布。生产中要根据钢种和产品的要求，把钢中夹杂物含量降低到所要求的水平。

5.2.1   连铸过程夹杂物的形成特征

在钢的冶炼和浇注过程中，由于钢液要进行脱氧和合金化，其在高温下与熔渣、大气以及耐火材料接触，在钢液中生成一定数量的夹杂物。若不设法将这些夹杂物从钢液中去除，它们就有可能使中间包水口堵塞或遗留在铸坯中而恶化铸坯质量。

连铸与模铸相比，钢中夹杂物的形成具有如下特征：

（1）连铸时由于钢液凝固速度快，其中夹杂物集聚长大的机会少，因而尺寸较小，不易从钢液中上浮。

（2）连铸过程中多了一个中间包装置，钢液与大气、熔渣、耐火材料的接触时间长，易被污染；同时在钢液进入结晶器后，在钢液流股的影响下，夹杂物难以从钢中分离。

（3）模铸钢锭的夹杂物多集中在钢锭头部和尾部，通过切头切尾可使夹杂物危害减轻，而连铸坯仅靠切头切尾则难以解决问题。

因此，连铸坯中的夹杂物问题比起模铸要严峻得多。

5.2.2   连铸坯中夹杂物的类型及来源

连铸坯中的夹杂物按来源可分为内生夹杂物和外来夹杂物。内生夹杂物主要是脱氧产物，其特点是：

（1）钢中溶解氧含量 $w[O]$ 增加，脱氧产物增加。生成夹杂物的数量取决于钢中溶解氧含量、脱氧元素的化学反应能力和夹杂物上浮条件。理论计算表明，铝脱氧钢生成 $2\mu m$ Al_2O_3 夹杂物的数量达 10^{10} 个/t。

（2）夹杂物的尺寸取决于脱氧产物的形核长大。炼钢条件下，脱氧产物的尺寸为 $1\sim5\mu m$，碰撞长大后可达 $5\sim30\mu m$。

（3）在钢包精炼时搅拌，可使大部分夹杂物上浮，有试验指出，85%的脱氧产物上浮进入渣相。

（4）钢液成分和温度变化时，有新的夹杂物（小于 $5\mu m$）沉淀。

铝镇静（Al-K）钢连铸坯中常见的内生夹杂物是 Al_2O_3，硅镇静（Si-K）钢连铸坯中常见的内生夹杂物是硅酸锰（$MnO\cdot SiO_2$）或 $MnO\cdot SiO_2\cdot Al_2O_3$。钙处理 Al-K 钢连铸坯中常见的内生夹杂物是铝酸钙，钛处理 Al-K 钢连铸坯中常见的内生夹杂物是 Al_2O_3、TiO_2、TiN，镁处理 Al-K 钢连铸坯中常见的内生夹杂物是铝酸镁、$MgO\cdot Al_2O_3$。所有钢种连铸坯中常见的内生夹杂物是 MnS，它在凝固时形成，以氧化物夹杂为核心，外周有硫化物（Mn,Ca）S 析出。

外来夹杂物主要包括钢水与环境（空气、包衬、炉渣、水口等）的二次氧化产物、下渣和卷渣形成的夹渣。其特点是：

（1）夹杂物粒径大，大于 $50\mu m$ 甚至达几百微米；

（2）组成复杂，多为复合夹杂物，如由耐火材料、炉渣形成的夹杂物；

（3）来源广泛，包括二次氧化产物、卷渣、耐火材料侵蚀物；

（4）偶然性分布；

（5）对产品性能危害最大。

从连铸坯中夹杂物的类型和组成可知，它们主要是由氧化物组成的。连铸过程中氧化物夹杂的来源如图 5-2 所示。通常将尺寸小于 $50\mu m$ 的夹杂物称为显微夹杂物，将尺寸大于 $50\mu m$ 的夹杂物称为宏观夹杂物。显微夹杂物多为脱氧产物，而宏观夹杂物（如图5-3所示）除来源于耐火材料熔损外，主要是由钢液的二次氧化所形成。生产洁净钢的目的就是要减少钢中夹杂物，尤其是为减少大颗粒夹杂物而努力。

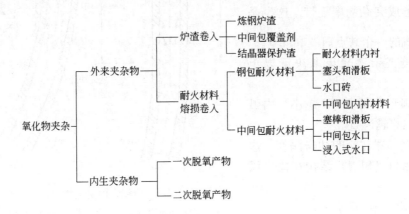

图 5-2　连铸过程中氧化物夹杂的来源

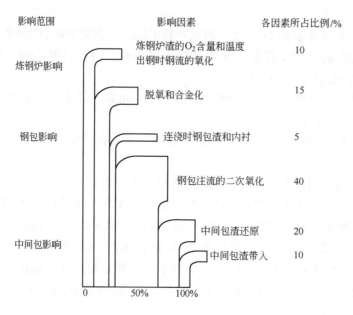

图 5-3　影响连铸坯中宏观夹杂物的因素

5.2.3　连铸坯中夹杂物的分布特征

通过从连铸坯横断面取样分析可知，铸坯中夹杂物的分布具有如下特征。

5.2.3.1　内弧侧铸坯$\frac{1}{4}$厚度处夹杂物聚集

在一定工艺条件下，铸坯中夹杂物的数量和分布主要取决于铸机机型。如图 5-4（b）所示，对采用弧形结晶器的弧形连铸机，注流对坯壳的冲击是不对称的，在内弧侧弯曲区的液-固界面容易捕捉上浮的夹杂物，在内弧侧铸坯$\frac{1}{5}$~$\frac{1}{4}$厚度处形成夹杂物聚集带，这也是弧形连铸机的一个缺点。

内弧侧夹杂物聚集取决于以下因素：

（1）弧形半径 R。R 越小，内弧侧夹杂物聚集越严重。

（2）结晶器注流的冲击深度。这与浸入式水口（SEN）结构和插入深度有关。

（3）钢的洁净度水平。

对夹杂物非常敏感的产品（如深

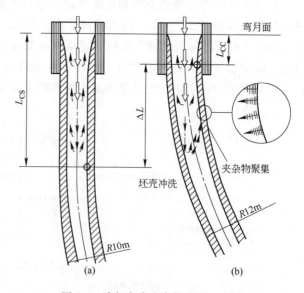

图 5-4　液相穴内夹杂物上浮示意图
（a）带垂直段立弯式连铸机；（b）弧形连铸机
L_{CC}—弧形结晶器直线临界高度；L_{CS}—垂直段临界高度

冲薄板、DI罐），为提高产品表面质量，采用带垂直段的立弯式连铸机（见图5-4（a））。结晶器注流冲击深度的影响区在直线部分，夹杂物在液相穴内容易上浮，铸坯中夹杂物分布均匀，可减轻或消除夹杂物聚集带(见图5-5)。

如图5-6所示，对液相穴夹杂物聚集机理的研究指出，为了消除弧形连铸机铸坯内弧侧夹杂物的聚集，$100\mu m$夹杂物的上浮速度为2.31m/min，拉速为0.8m/min时，流股冲击深度为2.02m；拉速为1.4m/min时，流股冲击深度为2.6m。所以连铸机垂直段应为2~2.6m，夹杂物上浮进入渣相。因此，一般有利于夹杂物上浮的有效垂直长度不小于2m。为消除铸坯内夹杂物聚集，建设带垂直段（2~3m）立弯式连铸机有新的发展趋势，有的钢厂把弧形连铸机改造成立弯式连铸机。

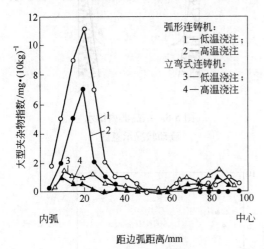

图5-5 铸坯内夹杂物的分布

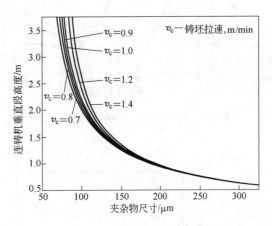

图5-6 不同拉速下连铸机垂直段
高度与夹杂物尺寸的关系

5.2.3.2 铸坯皮下夹杂物聚集

张立峰等试验发现，拉速为1.2m/min时，250mm×1300mm板坯表层下15mm内的夹杂物数量比铸坯平均夹杂物数量高21%~40%，说明存在夹杂物聚集现象。如图5-7所示，板坯表层下有两个夹杂物聚集区：一个是表层下2~4mm；另一个是9~10mm（图中符号代表不同的样号）。其形成与浸入式水口流股流动状态有关。

结晶器内钢水流动状况如图5-8所示。图5-8中A点相当于表层2~4mm夹杂物聚集区，其成因是：浸入式水口向上流股太强，液面波动大，卷入了保护渣；弯月面初生凝固坯壳捕捉上浮的夹杂物。图5-8中B点相当于表层下9~10mm夹杂物聚集区。其成因是：从浸入式水口出来的向下流股中的夹杂物被凝固坯壳捕捉。探针分析表明，2~4mm处夹杂物含有Na、K成分，说明是保护渣卷入；而9~10mm处夹杂物主要是Al_2O_3或含Al_2O_3的复合夹杂物，可能是由水口堵塞物脱落所致。

采用逐步切削法研究IF钢板坯内夹杂物与气泡缺陷的数量和尺寸（210mm×120mm，0.7~0.8m/min，试样尺寸210mm×1200mm×300mm，每次切削3mm），结果如图5-9所示。由图可知：

（1）观察到95%的缺陷为圆形或椭圆形缺陷，尺寸为1~4mm；线性针孔（小于

0.5mm）占 5%。

（2）沿板坯厚度方向缺陷的尺寸在 0.5~2.5mm 范围内，很少有大于 3mm 的缺陷。

（3）沿板坯厚方向，小于 5mm 处缺陷增加，大于 5mm 处缺陷减少。因此，在板坯表层下 10mm 范围内的夹杂物和气泡会遗传到冷轧板表面，产生条状缺陷和起皮缺陷。

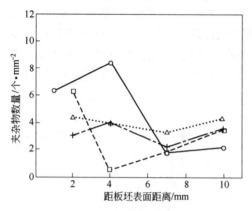

图 5-7　铸坯表层下 15mm 内的夹杂物分布

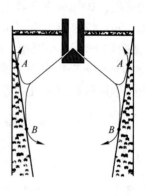

图 5-8　结晶器内钢水流动状况示意图

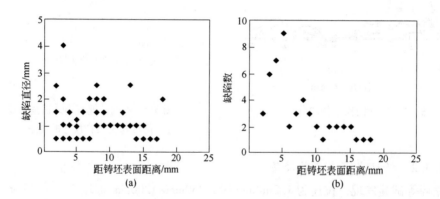

图 5-9　IF 钢板坯内夹杂物与气泡缺陷的数量和尺寸

5.2.3.3　铸坯中偶然性夹杂物

某厂立弯式连铸机浇注 Al-K 钢，采用硫印法检验，发现有的铸坯内弧侧 45~75mm 厚度范围内有夹杂物聚集现象（如图 5-10 所示），金相法统计结果也证实了这一点（如图 5-11 所示）。

板坯中夹杂物的成分与浸入式水口堵塞物的成分十分接近（见表 5-1），可判断板坯中夹杂物来源于浸入式水口脱落的堵塞物。铸坯内弧侧夹杂物的聚集与注流冲击深度有关。研究认为，板坯中偶然性夹杂物聚集的成因是：

（1）浸入式水口壁堵塞物被注流冲入液相穴或随注流运动的夹杂物未能上浮，被凝固前沿捕捉，成为铸坯中偶然性夹杂物的来源。

（2）流股冲击深度大于结晶器垂直段，这也说明对于弧形连铸机，铸坯内弧侧夹杂物的聚集更为严重。

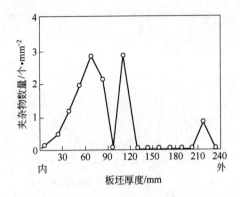

图 5-10 实验室硫印法检验板坯
厚度方向夹杂物的分布

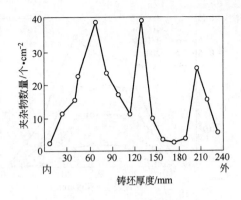

图 5-11 金相法检验铸坯厚度
方向夹杂物的分布

表 5-1 堵塞物与夹杂物的成分(质量分数)比较 (%)

名 称	Al_2O_3	SiO_2	S	FeO	Na_2O	ZrO_2
堵塞物	92.26	3.65	0.03	3.54	0.16	0.62
夹杂物	90.93	2.24	0.74	3.92	0	0.38

　　实践表明,连浇换钢包时钢包下渣、中间包卷渣、包衬侵蚀物等外来夹杂物随注流经浸入式水口冲入液相穴,都会形成铸坯中偶然性分布的外来夹杂物。如图 5-12 所示,钢包渣中加 BaO、中间包渣中加 SrO 作示踪剂,在浇注换钢包时,结晶器保护渣中 BaO、SrO 的含量均有所升高,说明有钢包渣和中间包渣流入液相穴,可能因不能上浮而被凝固前沿捕捉。

5.2.3.4 铸坯中 Ar 气泡与夹杂物

　　浇注过程中,中间包水口和浸入式水口吹 Ar 气具有防止夹杂物堵水口、利于夹杂

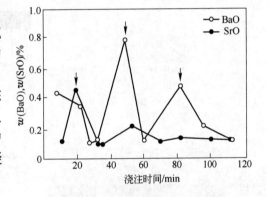

图 5-12 结晶器保护渣中 BaO、SrO
含量的变化("↓"表示换钢包)

物上浮的作用。但从水口流出的 Ar 气泡随流股进入液相穴深处,有一部分不能上浮到结晶器弯月面而被凝固前沿捕捉,轧制后会成为冷轧产品的表面缺陷。对于低碳钢和超低碳钢,Ar 气泡或 Ar 气泡+夹杂物会引起冷轧产品表面条状结疤(pencil pipe blister)或起皮缺陷,Al_2O_3、铝酸钙夹杂物和夹渣会引起表面条状缺陷(sliver)。

　　采用定量图像(QIA)和 X 射线分析表明:

　　(1)弧形连铸机板坯厚度方向不同尺寸 Ar 气泡的分布如图 5-13 所示,可见,留在板坯中的大气泡少而小气泡多。

　　(2)板坯宽度方向 Ar 气泡的分布如图 5-14 所示。Ar 气泡主要是在板坯窄面附近被卷入液相穴。

　　低碳钢 Ar 气泡的尺寸为 30~50μm,在液相穴内有 55% 的 Ar 气泡携带 Al_2O_3 夹杂物

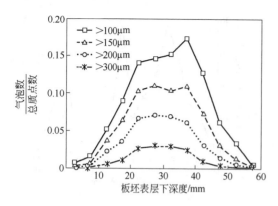

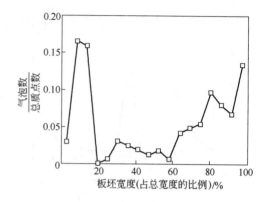

图 5-13　弧形连铸机板坯厚度
方向不同尺寸 Ar 气泡的分布

图 5-14　板坯宽度方向 Ar 气泡的分布

并聚合成大于 $100\mu m$ 的夹杂物（如图 5-15 所示），上浮到结晶器弯月面，这样使结晶器钢水中的夹杂物进一步减少，这也解释了从中间包到铸坯钢中 $w[TO]$ 降低 20%～30% 的原因。而对于被凝固前沿捕捉的位于板坯表层下（10～30mm）的 Ar 气泡+夹杂物，在板坯轧成薄板后退火时，氢原子聚集在气泡内引起气泡膨胀，附着在气泡上的 Al_2O_3 在冷轧板上形成线状起皮缺陷（blister defect），如图 5-16 所示。

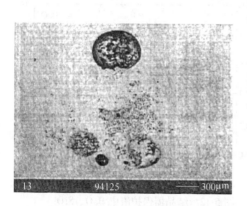

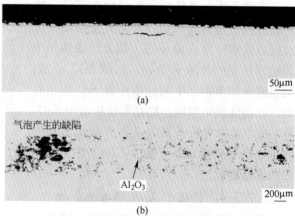

图 5-15　伴随着大 Ar 气泡的
小气泡和夹杂物

图 5-16　冷轧板表面的起皮缺陷
(a) 横断面；(b) 表面下 $50\mu m$

因此，铸坯中存在的气泡和夹杂物都可能会在热轧、冷轧板中造成气体夹杂和夹层类缺陷等，见表 5-2。

表 5-2　热轧、冷轧板缺陷

缺陷分类	缺陷名称	主要产生原因	缺陷特征
气体夹杂	气泡和针孔	发生在连铸过程中，由于大量气体在凝固过程中不能逸出，形成气体夹杂	产品表面出现圆顶状的凸起，暴露后为不连续塌陷
	气孔	发生在连铸过程中，气孔可被氧化并充满氧化铁皮	以凸透镜形的气泡出现或以亮条纹的形式出现

缺陷分类	缺陷名称	主要产生原因	缺陷特征
夹层类缺陷	表面夹层	轧制表层含有大量非金属夹杂物的坯料	材料搭叠，形状和大小不一，缺陷不规则地分布在表面上
	带状表面夹层（翘皮）	变形时表皮下的带状夹杂物强烈延伸、破裂，然后过压	类似于表面夹层，呈带状或线状不规则地沿轧向分布，以点状或舌状消失
	飞翅	因加热、轧制时的氧化且渗透到晶界，导致撕裂或产生裂缝	不同尺寸箭形的微小折叠，主要出现在边部
裂纹		在凝固或轧制过程中，局部产生超出材料强度极限的应力	表面为不规则裂纹，其长度和深度各异
孔洞		材料撕裂产生孔洞，在轧制过程中，带钢断面局部疏松，该处的应力超过材料的变形极限	非连续的、贯穿于带钢上下表面的缺陷
氧化铁皮压入		轧制除鳞高压水应力不够，氧化铁皮轧入带钢	麻点、线状或大面积的压痕
压入类缺陷		在轧制过程中产生	

5.2.4 影响连铸坯洁净度的因素

5.2.4.1 连铸机机型对铸坯中夹杂物的影响

连铸机机型对铸坯中夹杂物的影响主要表现为铸坯中宏观夹杂物的分布。就弧形结晶器而言，在连铸坯内弧侧距表面约 10mm 处有一夹杂物聚集带，大型夹杂物多集中于连铸坯内弧侧 1/5~1/4 厚度的部位。若是直结晶器，液相穴内部分夹杂物得以上浮，夹杂物的分布也较均匀。连铸机机型的影响如图 5-4、图 5-5 所示。目前有些连铸机采用直结晶器或者在结晶器下部设有 2~3m 的直线，目的是减少夹杂物在内弧侧的聚集。在浇注 AP1-X65 钢的对比试验中，铸坯内弧侧大于 100μm 的夹杂物含量，全弧形连铸机是直结晶器弧形连铸机的 8 倍。拉速增加，夹杂物含量也随之增多，当拉速提高到 1.4m/min 时，弧形连铸机的板坯中大于 250μm 的大型夹杂物含量急剧增多。

5.2.4.2 连铸操作对铸坯中夹杂物的影响

连铸操作有正常浇注和非正常浇注两种情况。在正常浇注情况下，浇注过程比较稳定，铸坯中夹杂物的多少主要是由钢水洁净度所决定的。而在非正常浇注情况下，如在浇注初期、浇注末期和多炉连浇的换包期间，铸坯中夹杂物往往有所增加。这是因为在浇注初期，钢水被耐火材料污染得较严重；在浇注末期随着中间包液面的降低，因涡流作用会把中间包渣吸入结晶器中；在换包期间由于上述原因，也常使钢中夹杂物增多。因此，采取相应措施（如提高耐火材料质量、避免下渣等）对于提高铸坯洁净度是必要的。

在连铸操作中，注温和拉速对铸坯中的夹杂物也有一定影响（见图 5-17 和图 5-18）。由图 5-17 可以看出，当中间包钢水温度降低时，夹杂物指数升高。显然这是由于在低温状态下，钢水黏度增加，夹杂物不易上浮。近年来国外开发了中间包钢水加热技术，有助于这个问题的解决。由图 5-18 可见，随着拉速的提高，铸坯中夹杂物有增多趋势。这是因为当增大拉速时，一方面水口熔损加剧，另一方面钢水浸入深度增加，钢中夹杂物难以上浮。

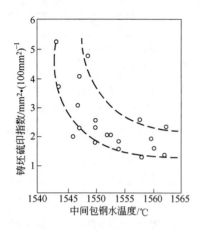

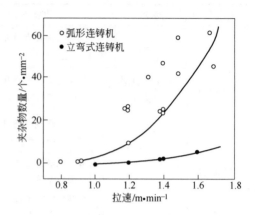

图 5-17　中间包钢水温度对
铸坯硫印指数的影响

图 5-18　拉速对铸坯中夹杂物数量的影响

5.2.4.3　耐火材料质量对铸坯中夹杂物的影响

在连铸过程中，由于钢液与耐火材料接触，钢液中的元素（Mn、Al 等）会与耐火材料中的氧化物发生作用，反应为：$2[Mn]+(SiO_2)=2(MnO)+[Si]$，$4[Al]+3(SiO_2)=2(Al_2O_3)+3[Si]$。所生成的 MnO 可在耐火材料表面形成 $MnO \cdot SiO_2$ 的低熔点渣层，随后进入钢液中，当其不能上浮时就遗留在铸坯中。当生成 Al_2O_3 时，其可与 MnO 和 SiO_2 结合生成 Mn-Al 硅酸盐夹杂物。为了避免上述反应的发生，连铸用钢包耐火材料应选用 SiO_2 含量低、耐熔蚀性好、致密性高的碱性或中性材料。

中间包内衬的熔损是铸坯中大型夹杂物的主要来源之一。理想的中间包内衬应可避免耐火材料表面残留渣（富氧相）的影响。中间包使用后，内表面要及时更新。用绝热板代替中间包涂料以减少铸坯中的夹杂物已取得明显效果。浸入式水口材质对铸坯中大颗粒夹杂物的影响早被人们所熟知。由于熔融石英水口易被钢中的锰所熔蚀，使用这种水口浇注高锰钢时，将使钢中夹杂物增多；反之，当使用氧化铝-石墨质水口时，则钢中夹杂物较少。值得注意的是，使用氧化铝-石墨质水口时，因夹杂物聚集易使水口堵塞，同时其在水口和保护渣接触部分易被熔蚀。为了防止这些情况的发生，可采用塞棒吹氩或气洗水口，也可在渣线部分使用锆质材料的复合水口。

5.2.5　转炉—精炼—连铸过程钢中夹杂物的控制技术

对连铸坯中夹杂物的研究形成一个基本认识，即铸坯中夹杂物来源于脱氧产物（20%）、二次氧化产物（30%）以及非稳态浇注时下渣、卷渣形成的外来夹杂物（50%）。因此，连铸坯夹杂物控制技术也主要集中在如下三个方面：

（1）减少脱氧夹杂物的生成，促进钢水中原生夹杂物的去除；

（2）防止浇注过程中钢水二次氧化产物的形成；

（3）防止非稳态浇注钢水中的外来夹杂物。

根据钢种用途和级别不同，在生产中分别侧重不同的控制点。下面结合转炉—精炼—

连铸洁净钢生产工艺简要评述各工序钢中夹杂物的控制技术。

5.2.5.1 转炉终点控制

从控制钢中夹杂物的角度来讲，转炉终点应考虑两个因素，即终点钢水氧含量和终渣氧化性（渣中 FeO+MnO 含量）。钢水中的氧（$w[O]$）是产生内生夹杂物（脱氧产物）的源头。为此，在生产中常采用以下方法来降低钢水氧含量和炉渣氧化性。

（1）铁水预脱磷处理。铁水预脱磷减轻了转炉后期的脱磷负担，防止炉渣中 FeO+MnO 含量过高。

（2）采用复合吹炼技术。复合吹炼更有利于熔池中钢-渣反应接近平衡，有利于降低终点钢水氧含量和炉渣氧化性。

（3）采用动态吹炼控制模型。该模型可提高终点双命中率，杜绝后吹。

5.2.5.2 挡渣出钢或无渣出钢

出钢过程钢包下渣的危害有：降低合金收得率，合金化后钢水二次氧化，钢水回磷，降低钢包精炼效果。因此，采用以下方法防止出钢下渣：

（1）提高转炉终渣碱度和（MgO）含量，使炉渣稠化，减少下渣。据报道，当渣中碱度大于 5、$w(MgO) \approx 10\%$ 时，可使下渣量控制在 3kg/t。

（2）采用各种挡渣技术，转炉常用的有挡渣球、挡渣锥、滑板法、气动挡渣法等。挡渣效果取决于所采用的方法、人工操作和出钢口维护等。先进水平是钢包渣厚度小于50mm，渣量小于 3kg/t。电炉采用偏心炉底出钢，可防止出钢过程下渣。

5.2.5.3 炉渣改性

转炉出钢时完全挡住终渣是很困难的，因此在提高挡渣效果的同时，应降低流入钢包渣的氧化性以减少对钢水的污染，所以采用炉渣改性技术。

（1）渣稀释法。出钢时添加石灰、萤石或铝矾土等，如添加 CaO（4~5kg/t）+CaF$_2$（1kg/t）或 CaO（2.5~2.8kg/t）+铝矾土（0.8~1.2kg/t）。

（2）渣还原处理。出钢快结束时，添加含 Al 渣改性剂（如 CaCO$_3$+Al 粉、CaO+Al 粉或含 Al+CaO+MgO 渣）或含 CaC$_2$ 渣改性剂（如 CaC$_2$+CaO 等），可脱除渣中 FeO 和 MnO。改性后钢包炉渣中 $w(FeO)+w(MnO)=5\%~8\%$。

（3）出钢后先扒除钢包高氧化性炉渣，再造新渣。

5.2.5.4 脱氧夹杂物控制

根据钢种采用不同的脱氧方法，其目的是控制脱氧产物呈液态球形，有利于从钢液中上浮去除。如硅镇静钢控制 $w[Mn]/w[Si]=2.5~3.0$，使其生成液相的 MnO·SiO$_2$；铝镇静钢经钙处理，把 Al$_2$O$_3$ 转变为球形液相的 12CaO·7Al$_2$O$_3$ 等。

5.2.5.5 炉外精炼净化处理

钢包精炼（吹氩、LF、RH）钢中总氧量，取决于吹气搅拌夹杂物上浮的速度以及渣和耐火材料向钢水供氧的速度之间的平衡。即使强化搅拌提高了夹杂物上浮速率，但由于渣和耐火材料的污染也不能提高钢水洁净度。因此，控制合适的钢包精炼渣组成是获得洁净钢的基础。为此，得到高碱度（$w(CaO)/w(SiO_2)=8~13$）、低熔点（$w(CaO)/w(Al_2O_3)=1.5~1.8$）、低氧化性（$w(FeO)+w(MnO)=5\%~2\%$）、富 CaO 的钙铝酸精炼渣，其能有效吸收夹杂物，降低钢水的总氧含量，同时也可有效地脱硫。

生产实践表明，经 LF 或 RH 精炼，钢水中脱氧产物大部分已上浮到钢包顶渣（85%），钢水中总氧含量可达到小于 0.0030%，甚至达 0.0010%，钢水得到了充分净化。

5.2.5.6 保护浇注

浇注过程中，精炼净化后的钢水要防止与空气、耐火材料、炉渣、覆盖剂发生二次氧化而生成二次氧化产物重新污染钢水。为此，采用如下保护浇注方法：

（1）钢包至中间包注流采用长水口保护浇注，吸氮量控制要求为：$\Delta w[N] = w[N]_{中间包} - w[N]_{钢包} \leq 0.0003\%$，最好是零吸氮。

（2）中间包至结晶器采用浸入式水口，要求 $\Delta w[N] < 0.0001\%$。

（3）中间包盖密封充 Ar 可解决开浇头坯中夹杂物的问题，可使头坯中 $w[TO]$ 减少 0.0010% ~ 0.0015%，酸溶铝（$[Al]_s$）损失减少 0.0070%，吸氮量减少 0.0005% ~ 0.0010%。

（4）中间包覆盖剂采用碱性覆盖渣，$[w(CaO)+w(MgO)]/w(SiO_2)>3$。其吸收夹杂物能力强，可防止渣中（$SiO_2$）与钢水中［Al］的反应。

（5）中间包衬使用 MgO-CaO 涂料，有利于吸附钢水中夹杂物（包衬中 Al_2O_3 含量由 1% 增加到 6% ~ 7%），防止包衬中（SiO_2）与钢水中 $[Al]_s$ 发生化学反应。

5.2.5.7 中间包冶金

浇注过程中，炉外精炼净化后的钢液还要控制其在中间包内的流动，以进一步促进夹杂物上浮，使流入结晶器的钢水更加洁净。采用的措施如下：

（1）采用大容量的中间包，以延长钢水在中间包内的停留时间，促进夹杂物上浮。钢水在中间包内的平均停留时间应在 8min 以上。

（2）合理设置流动控制元件（如挡墙、挡坝、阻流器等），改进钢水的流动轨迹和形态，缩短夹杂物上浮时间。

（3）中间包安置过滤器，除去小于 $50\mu m$ 的夹杂物。

（4）中间包底部吹 Ar 或安置气幕挡墙，以促进夹杂物上浮。

（5）中间包加热技术。双通道感应加热装置的热效率高达 90% 以上。加热速率稳定在 2℃/min。由于通道钢水的热对流和电磁力的箍缩效应，形成有利于夹杂物去除的上升流，提高了钢水洁净度。中间包等离子加热技术，中间包钢水温度可以控制在目标温度 ±5℃ 范围内，板坯夹杂物减少了 45%，同时减少了水口冻结和堵塞。

（6）中间包电磁离心旋转装置。在注流冲击区安装电磁搅拌装置，由于电磁力产生的离心力作用，使夹杂物和渣粒相互碰撞而聚合长大，向中心聚集，促进了夹杂物分离。

5.2.5.8 非稳态浇注过程中防止下渣、卷渣

示踪试验证明，非稳态浇注过程中钢包→中间包→结晶器的下渣、卷渣是铸坯中外来夹杂物的重要来源。防止下渣、卷渣的技术措施有：

（1）连浇换钢包，防止钢包下渣。

1）采用钢包电子秤称量，当达到临界液面高度的钢水重量（约为钢水量的 4%）时，关闭水口停浇，防止旋涡下渣。

2）采用电磁涡流钢渣探测系统（AMEPA）有效监测注流中钢渣，直接关闭滑动水

口，最大限度地减少钢包下渣。

3）采用振动检测技术，传感器安装在长水口的操纵臂上，利用洁净钢水与钢渣混合物引起长水口振动的特性差别进行下渣检测。

（2）连铸换钢包时，防止中间包液位波动扰动钢-渣界面而卷渣。

1）缩短换钢包时间。

2）适当降低拉速。

3）采用中间包恒重、恒液位操作。

5.2.5.9　结晶器冶金

结晶器冶金主要是通过控制液相穴钢水流动为夹杂物上浮创造最后的条件，同时减少保护渣的卷入。所采用的技术有：

（1）结晶器钢水流动的控制。控制合适的浸入式水口结构和插入深度、吹 Ar 量、拉速和铸坯断面，以优化结晶器流场，得到对称的双辊流动。

（2）结晶器液面控制。恒拉速浇注，使液面波动在 ±3mm 范围内，防止卷渣。

（3）板坯结晶器采用电磁制动技术（EMBR）。电磁制动器产生的水平直流磁场覆盖在板坯宽面上产生了制动力，减轻了从浸入式水口出来的流股的动能，使结晶器弯月面流动平稳，减少了结晶器卷渣，流股冲击深度减小了 50%，有利于夹杂物上浮。

（4）板坯结晶器采用 FC（电磁流动控制）结晶器。其上磁场减少了弯月面的紊流，防止保护渣卷入凝固坯壳；其下磁场可减小流股冲击深度，有利于夹杂物和气泡上浮。

（5）方坯结晶器采用电磁搅拌（EMS）。结晶器电磁搅拌在小方坯、大方坯、圆坯上广泛应用。除改善铸坯内部质量（疏松、中心、偏析等）外，其对促进结晶器液相穴内夹杂物和气体上浮、改善铸坯表面质量和提高钢的洁净度有重要作用。

（6）改善保护渣的性能，使其吸附液相穴上浮夹杂物。

5.2.5.10　合理的连铸机机型设计

20 世纪 80 年代，弧形连铸机占 60% 以上。90 年代，由于汽车工业和食品包装业的发展，对深冲薄板的洁净度要求更为苛刻了。目前，对生产薄板和中厚板的板坯都采用带垂直段直结晶器立弯式连铸机（从结晶器弯月面到弯曲点的距离为 2.5~3.0m），以消除弧形连铸机铸坯内弧侧夹杂物聚集的缺点，提高铸坯的洁净度。据统计，2008 年世界上新建板坯连铸机中立弯式占 83%，弧形占 17%。

此外，连铸系统应选用优质耐火材料，以减少钢中外来夹杂物。

总之，要根据钢种、用途和产品质量对夹杂物的敏感程度，在生产流程中选择不同的夹杂物控制技术，把钢中夹杂物含量降到所要求的水平，提高连铸坯的洁净度和产品质量。

5.3　连铸坯的表面质量

连铸坯表面质量与钢液在结晶器中的凝固密切相关。连铸坯表面缺陷形成的原因较为复杂，但主要是受结晶器内钢液凝固所控制。从根本上来讲，控制铸坯表面质量就是控制结晶器中坯壳的形成问题。

5.3.1　连铸坯表面缺陷的类型

连铸坯常见的表面缺陷如图 5-19 所示。连铸坯的主要表面缺陷有：

（1）表面裂纹，如表面纵裂纹、表面横裂纹、角部纵裂纹、角部横裂纹和星状裂纹；

（2）深振痕；

（3）表面夹渣以及皮下夹渣；

（4）皮下气泡与气孔；

（5）表面凹坑和重皮。

5.3.2　连铸坯裂纹形成机理

5.3.2.1　钢在高温下的脆化理论

连铸坯裂纹是最常见和数量最多的一种缺陷。从根本上来讲，裂纹的形成

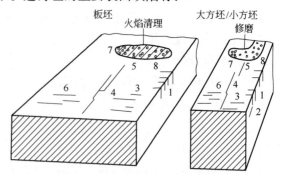

图 5-19　连铸坯的表面缺陷

1—角部横裂纹；2—角部纵裂纹；3—横裂纹；4—纵裂纹；
5—星状裂纹；6—深振痕；7—针孔；8—宏观夹杂物

一方面取决于连铸坯形成过程中，坯壳和液-固界面的受力状况（类型、方向和大小）；另一方面取决于钢在高温下的力学性能（塑性和强度）。为便于讨论各种裂纹形成的具体原因，首先介绍钢在高温下的脆化理论。

研究工作证实，碳钢从凝固温度冷却到 600℃ 时有三个延展性很差的脆性区，如图 5-20所示。

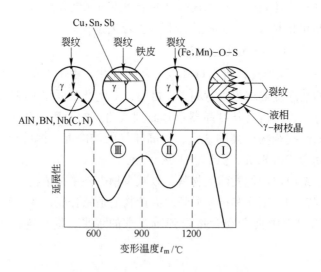

图 5-20　碳钢在高温下的脆性区与凝固组织的关系

（1）高温脆性区，从液相线以下50℃到1300℃。在此区域内，钢的延伸率为0.2%~0.4%，强度为 1~4MPa，塑性与强度都很低，尤其是当磷、硫偏析存在时更加剧了钢的脆性，这也是液-固界面容易产生裂纹的原因。

（2）中温脆性区，从1300℃到900℃。钢在这个温度范围内处于奥氏体相区，它的强度取决于晶界析出的硫化物、氧化物的数量和形状。若其由串状改为球状分布，则可明显提高强度。

（3）低温脆性区，从900℃到700℃。此区域是钢发生 $\gamma \rightarrow \alpha$ 相变的温度区，若再有AlN、Nb(C,N)的质点沉淀于晶界处，则钢的延展性大大降低，容易形成裂纹并加剧扩展。

5.3.2.2 连铸坯裂纹形成机理

连铸坯裂纹的形成是一个非常复杂的过程，是传热、传质和应力相互作用的结果。带液芯的高温铸坯在连铸机内运行过程中，各种力作用于高温坯壳上产生的变形超过了钢的允许强度和应变，这是产生裂纹的外因，钢的裂纹敏感性是产生裂纹的内因，而连铸机设备和工艺因素是产生裂纹的条件。

如图5-21所示，高温带液芯铸坯在连铸机内运行过程中是否产生裂纹，主要取决于如下因素：

（1）凝固坯壳所承受的外力作用；

（2）钢的高温力学行为；

（3）凝固冶金行为；

（4）连铸机设备状况。

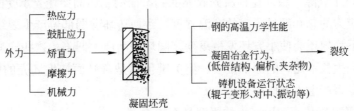

图5-21 铸坯产生裂纹因素示意图

5.3.3 表面裂纹

表面裂纹就其出现的方向和部位，可以分为表面纵裂纹与表面横裂纹、角部纵裂纹与角部横裂纹、星状裂纹等。连铸坯的表面缺陷主要是表面裂纹。

表面裂纹是在结晶器弯月面区域，由于钢水、坯壳、铜板、保护渣之间的不均衡凝固而产生的。它取决于钢水在结晶器中的凝固过程，在二冷区铸坯表面裂纹会继续扩展。它会导致轧材表面的微细裂纹，影响产品表面质量。

5.3.3.1 表面纵裂纹

表面纵裂纹在板坯中多出现于宽面的中间部位，如图5-22所示，在方坯中多出现于棱角处。纵裂纹常与纵向表面凹陷共生，发生凹陷谷底，如图5-23所示。粗大的表面纵裂纹可长达数米，深度达20~30mm，宽度达10~20mm，严重时会贯穿板坯。微细的表面纵裂纹长3~25mm，有的可达100mm；宽度一般为1~2mm，有的小于1mm；深度为3~4mm。如果表面纵裂纹的长度小于10mm，深度小于0.7mm，铸坯轧制前加热过程表面氧化1mm左右，则有可能不造成钢材缺陷；如果铸坯表面存在深度为2.5mm、长度为300mm的裂纹，轧成板材后就会形成1125mm的分层缺陷。严重的裂纹深度达10mm以上，将造成漏钢事故或废品。

图 5-22　连铸坯的表面纵裂纹

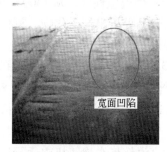

图 5-23　连铸坯的表面凹陷缺陷

其实早在结晶器内坯壳表面就存在微小裂纹，铸坯进入二冷区后，微小裂纹继续扩展形成明显裂纹。由于结晶器弯月面区初生坯壳的厚度不均匀，其承受的应力超过了坯壳高温强度，在薄弱处产生应力集中，致使形成纵裂纹。坯壳承受的应力包括：

（1）由于坯壳内外、上下存在温度差而产生的热应力；

（2）钢水静压力阻碍坯壳凝固收缩而产生的应力；

（3）坯壳与结晶器内壁不均匀接触而产生的摩擦力；

（4）由于产生气隙，板坯宽面凝固收缩受到窄面的制约而使坯壳承受的应力。

以上这些应力的总和超过了钢的高温强度，致使铸坯薄弱部位产生裂纹。

坯壳厚度不均匀还会使小方坯发生菱变，圆坯表面产生凹陷，这些均是形成纵裂纹的因素。导致坯壳生长不均匀的原因很多，但关键仍然是弯月面初生坯壳的生长是否均匀。因此，纵裂纹是否产生主要取决于：

（1）结晶器内弯月面初生坯壳的厚度是否均匀；

（2）坯壳高温力学强度；

（3）坯壳所受应力的大小；

（4）出结晶器后坯壳所受机械应力与热应力的大小。

导致表面纵裂纹的最为关键的因素是初生坯壳生长的均匀性。

含碳 0.09%~0.17% 的亚包晶成分的铸坯容易产生表面纵裂纹的主要原因是：（1）由于凝固过程发生的包晶转变。γ 奥氏体的密度大于 δ 铁素体，凝固过程中坯壳发生约 0.38% 的收缩，坯壳体积收缩大，产生较大的体积应力。（2）若结晶器冷却不均匀，就会发生同一高度初生坯壳进入包晶转变的时间不一致的情况，即在冷却较弱处坯壳尚未进入包晶转变，而在冷却较强处则已进入包晶转变。（3）已开始包晶转变处的坯壳由于相变收缩而脱离结晶器内壁，气隙增大，传热减慢，坯壳变得较薄；而尚未转变的坯壳则生长较快，最终造成初生坯壳生长的不均匀性，较薄的坯壳处出现应力集中，从而导致裂纹的产生。图 5-24 是亚包晶成分钢和其他成分钢在结晶器内的凝固特征示意图。图 5-25 示出碳含量对钢凝固收缩和坯壳均匀性的影响。由图 5-24、图 5-25 可以看出，亚包晶成分钢连铸过程的确是很容易产生表面裂纹。

防止表面纵裂纹产生的根本措施是使弯月面区坯壳生长厚度均匀，具体措施介绍如下。

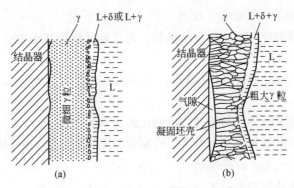

图 5-24 亚包晶成分钢和其他成分钢在结晶器内的凝固特征示意图
(a) 低碳钢和高碳钢；(b) 亚包晶成分钢

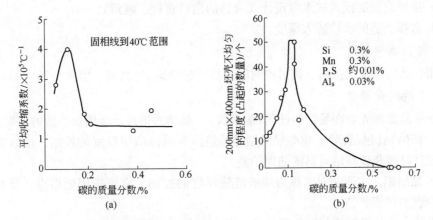

图 5-25 碳含量对钢凝固收缩和坯壳均匀性的影响

A 调整钢水成分

(1) 钢中碳含量应避开包晶区（通常普碳钢包晶区的碳含量为 0.09% ~ 0.17%），$w[C]$ 控制在下限或者上限。板坯大量生产统计表明，$w[C] = 0.1\% \sim 0.14\%$ 的亚包晶钢，表面纵裂纹发生率高（见图 5-26）。而当 $w[C] = 0.1\% \sim 0.14\%$ 时，发生包晶反应是由 Fe-C 相图决定的，是无法改变的。为了防止亚包晶钢板坯产生纵裂纹，提出在保证钢的力学性能的前提下，钢中 $w[C]$ 控制在下限（$w[C] < 0.1\%$）或中上限（$w[C] > 0.15\%$）。生产试验（15 万吨钢）证明，Q235B 钢中

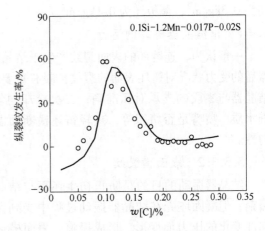

图 5-26 纵裂纹发生频率与 [C] 的关系

$w[C] > 0.15\% \sim 0.18\%$ 时与 $w[C] < 0.1\% \sim 0.14\%$ 时相比，板坯初始合格率提高 30%。

(2) 控制钢中 $w[S] < 0.015\%$，$w[Mn]/w[S] > 30$，提高钢的强度与塑性。

(3) 控制钢中的残余元素含量 $w[Cu] + w[As] + w[Sn] < 0.1\%$，减轻热裂纹的形成。

B 结晶器内初始坯壳的均匀生长

(1) 采用结晶器弱冷。对于热顶结晶器,弯月面区热流减小 50%~60%;对于波浪结晶器,弯月面区热流减小 17%~25%。

(2) 采用合适的结晶器锥度(结晶器长 900mm,锥度为 1.10%/m),使坯壳表面与器壁接触良好,冷却均匀。

(3) 控制结晶器窄面热流与宽面热流的比值为 0.8~0.9。

(4) 提高结晶器水量和进出水温度,控制弯月面铜板温度为恒定值。

C 结晶器内钢水流动的合理性

(1) 控制液面波动范围为 ±(3~5)mm;

(2) 确保浸入式水口对中,防止偏流,冲刷铸坯坯壳;

(3) 选择合理的浸入式水口设计(合适的出口直径、倾角);

(4) 选择合适的水口插入深度。

D 结晶器振动

采用合适的频率、振幅、负滑脱时间,防止振动偏差(纵向、横向小于 0.2mm)。

E 合适的保护渣

对于结晶器坯壳表面易产生凹陷(纵裂纹)、黏结的钢种,选用保护渣的原则是:

(1) 凹陷钢(包晶钢)。主要是对结晶器热流和固体渣层厚度的控制,应该选用较高碱度、较高黏度和较高结晶温度的保护渣。

(2) 黏结钢。主要是对摩擦力和液渣膜厚度的控制,应该选用低熔点、低黏度、低碱度(玻璃性)的保护渣。

除设计合适的保护渣和熔化性能外,在生产上还必须根据浇注钢种和拉速控制好下列参数:$\eta \cdot v_c$(黏度×拉速)= 0.3~0.5Pa·s·m/min;结晶器钢液面上液渣层厚度维持稳定,厚板坯为 10~15mm,薄板坯为 6~10mm;渣膜厚度均匀;保护渣消耗量适当,厚板坯为 0.3kg/m²,薄板坯为 0.1kg/m²。

F 出结晶器铸坯的运行

一般认为,连铸坯的表面裂纹产生于结晶器内而在二冷段扩展。因此,连铸坯出结晶器后的受力状况对铸坯表面的裂纹扩展有重要影响。为此要做到:足辊段有良好的支承;结晶器与零段的支承对弧准确;二次冷却均匀;定期检查水质、喷嘴是否堵塞等,减轻铸坯横断面温度的不均匀性。

5.3.3.2 表面横裂纹

结晶器振动的目的是防止初生坯壳与结晶器黏结而漏钢,但凝固坯壳在结晶器振动过程中受到保护渣道周期性变化的压力而变形,形成振痕。表面横裂纹多出现在铸坯的内弧侧振痕波谷处,振痕越深,横裂纹越严重。经金相检查表明,横裂纹深 2~7mm,宽 0.2mm,长度一般为 10~100mm,如图 5-27 所示,在铸坯表面通常较难发现。裂纹部分氧化,但在裂纹内端则少有脱碳和氧化

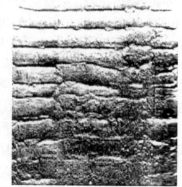

图 5-27 连铸坯表面的
振痕与横裂纹

现象。裂纹处于铁素体网状区，正好是初生奥氏体晶界。晶界处还有 AlN 或 Nb(C,N) 的质点沉淀，降低了晶界的结合力，从而诱发了横裂纹的产生。当奥氏体晶界沉淀质点粗大、呈稀疏分布时，板坯横裂纹产生的废品减少。

A　表面横裂纹的产生机理

在振痕波谷处产生横裂纹的原因如下：

（1）亚包晶钢收缩大，坯壳不均匀程度高（见图 5-25）。坯壳与铜板形成气隙（见图 5-24(b)），振痕波谷处传热减慢，坯壳温度高，奥氏体晶粒粗大，降低了钢的高温塑性。尤其是亚包晶钢，其比低碳钢和高碳钢表现得更明显（见图 5-24(a)）。

（2）在 $\gamma \rightarrow \alpha$ 相变过程中，第二相质点（AlN、Nb(C,N)、VN 等）在奥氏体晶界析出，增加了晶界脆性（见图 5-28）。在受到应力作用时产生应力集中，形成孔洞，随后孔洞生长，汇合成裂纹。

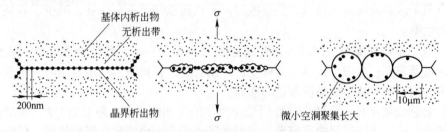

图 5-28　晶界析出物形成晶界开裂示意图

（3）沿振痕波谷处 S、P 呈正偏析，降低了钢的高温强度。

（4）铸坯在运行过程中受到弯曲（内弧受压力，外弧受张力）、矫直（内弧受张力，外弧受压力）以及鼓肚作用，且铸坯刚好处于低温脆性区（低于 900℃），再加上相当于应力集中"缺口效应"的振痕，如果受到拉伸应力作用的应变量超过 1.3%，则在振痕波谷处就产生横裂纹。裂纹沿奥氏体晶界扩展，直至达到具有良好塑性的温度为止。

（5）因拉坯阻力过大或结晶器锥度过大而致使铸坯拉裂，也是形成横裂纹的原因。

B　减少表面横裂纹的技术措施

减少表面横裂纹的技术措施如下：

（1）控制钢成分。目前管线、船板等高级别钢的碳含量为 0.08%～0.12%，在结晶器内凝固时发生亚包晶反应，使铸坯对裂纹非常敏感。在保证钢材力学性能的前提下，碳含量的控制应避开 0.1%～0.13% 的裂纹敏感区；应控制 $w[S]<0.015\%$，$w[Mn]/w[S]>40$，钢中残余元素含量 $w[Cu]+w[As]+w[Sn]<0.1\%$；采用结晶器镀层（Ni、Cr），减少铸坯表面 Cu 的富集。

（2）控制钢中 Al、N 的含量。为了避免钢中 AlN 形成引起铸坯矫直时的横裂纹和轧制时的热脆性，应控制钢中酸溶铝和氮的含量。为减少钢中 N 含量，应控制：出钢 $w[N]<1.5\times10^{-5}$；LF 精炼吸氮量小于 0.0005%；浇注过程钢包到中间包的吸氮量不超过 0.0003%，中间包到结晶器的吸氮量小于 0.0001%，使钢中 $w[N]\leqslant0.0030\%$，$w[Al]+w[N]=(3\sim5)\times10^{-4}$，这样就可避免或减轻 AlN 析出。

（3）控制钢中 Nb、V、Ti 的含量。钢中 Nb、V、Ti 等微合金元素的存在，使得钢材的强度明显提高。为了避免因钢中各种碳氮化物析出而使铸坯热塑性降低、铸坯表面裂纹敏感性增强，可采用如下措施：

1）对于含 Nb 的钢种，加入 0.01%~0.02%的 Ti 使钢中 $w[Ti]/w[N]>3.4$，以促使钢中形成粗大的 TiN 析出物，并且 Nb(C,N)、VC 等以 TiN 为核心形成粗大的析出物，减轻了铸坯横裂纹的形成。

2）钢中加入 B、Zr 形成粗的 BN、ZrN 等析出物，以减少 AlN、Nb(C,N)等细小质点的析出量。

（4）采用合适的二冷强度。二冷区宜采用弱冷（0.6~0.8L/kg），使矫直时板坯表面温度在 900℃ 以上的单相奥氏体区。采用板坯喷水宽度可调系统，保持铸坯横向温度的均匀性，防止铸坯局部过冷。这是防止板坯产生横裂纹的主要措施。

（5）优化结晶器振动。众所周知，采用高频率和小振幅的、振动曲线可调的液压振动系统，是减轻振痕、减少表面横裂纹的有效措施。目前已采用非正弦振动来增加正滑脱时间，有利于保护渣的流入和减少负滑脱时间，从而减轻了振痕深度，减少了铸坯表面横裂纹的发生率。

（6）规范结晶器操作。控制液面波动范围为±(3~5)mm，稳定液面操作；避免浸入式水口堵塞及偏流；合理调整结晶器锥度；控制合适的保护渣消耗量及结晶器铜板表面镀层处理等，均有利于减轻板坯横裂纹的形成。

（7）加强设备维护。为减少铸坯所受应力作用（如热应力、鼓肚力等），使带液芯的高温铸坯在铸机内运行过程中不变形，应把连铸机作为一台精密机器来维护，使铸机处于良好的热工作状态，这是防止或减轻铸坯产生裂纹的基础。

5.3.3.3 星状裂纹

星状裂纹（也称网状裂纹）是发生在晶间的细小裂纹，呈星状或网状。其通常隐藏在氧化铁皮下而难以发现，经酸洗或喷丸后才出现在铸坯表面，分布无方向性。星状裂纹深度可达 1~4mm，宽度为 0.3~1.5mm。未经清理的 C-Mn 钢连铸板坯星状裂纹的原始形貌如图 5-29(a) 所示。星状裂纹被氧化铁皮覆盖，往往不易被发现，把铸坯表面刨掉 3mm 即可清晰见到星状裂纹（见图 5-29(b)）。铸坯表面经酸洗后，也可见到星状裂纹（见图 5-29(c)）。金相观察发现，裂纹沿初生奥氏体晶界扩展，裂纹中富集氧化物。轧成钢材后，裂纹走向不规则，细如发丝，深浅不一，最深可达 1mm，必须人工修复。铸坯表面星状裂纹在加热和轧制过程中大部分不能消除，成为成品钢板表面的微裂纹缺陷。

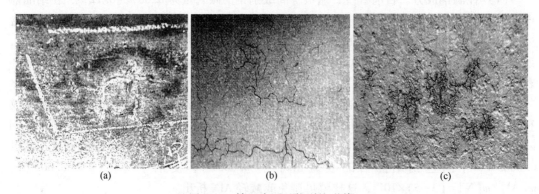

(a) (b) (c)

图 5-29 铸坯表面星状裂纹形貌
(a) 原始形貌；(b) 表面刨掉 3mm 后形貌；(c) 酸洗后形貌

铜向铸坯表面层晶界的渗透和富集，AlN、BN 或硫化物在晶界的沉淀析出以及氢的过饱和析出，均降低了晶界的强度，引起晶界的脆化，从而导致裂纹的形成。

减少铸坯表面星状裂纹的措施如下：

（1）结晶器铜板表面应镀铬或镀镍，减少铜的渗透；

（2）精选原料，降低 Cu、Sn 等元素的原始含量，以控制钢中残余成分 $w[Cu]<0.20\%$；

（3）降低钢中硫含量，并控制 $w[Mn]/w[S]>40$；

（4）控制钢中的 Al、N 含量；

（5）选择合适的二冷制度。

5.3.4 深振痕

结晶器上下振动，在铸坯表面上形成周期性的沿整个周边分布的横纹状痕迹，称为振动痕迹。它被认为是由周期性的坯壳拉破和重新焊合过程造成的。若振痕很浅且很规则，则在进一步加工时不会引起缺陷；但若结晶器振动状况不佳、钢液面波动剧烈和保护渣选择不当等使振痕加深，或在振痕处潜伏横裂纹、夹渣和针孔等缺陷时，这种振痕实际上就会对后续加工及成品造成危害。深的振痕有时也称为横沟。为了减小振痕深度，现在很多连铸机上采用"小幅高频"振动模式。此外，对于裂纹敏感性强的钢种，可在结晶器液面附近加设由导热性差的材料制作的插件，这就是所谓的"热顶结晶器"，其对减轻振痕深度也有效果。

振痕深度与钢中碳含量有很大关系。一般来讲，低碳钢振痕较深，而高碳钢振痕较浅。

5.3.5 表面夹渣

表面夹渣是指在铸坯表皮下 2~10mm 处镶嵌有大块的渣子，因而也称为皮下夹渣。从夹渣的组成来看，锰-硅酸盐系夹杂物颗粒大而位置浅，Al_2O_3 系夹杂物颗粒细小而位置深。表面夹渣若不清除，会造成成品表面缺陷，增加制品的废品率。夹渣的导热性低于钢，致使夹渣处坯壳生长缓慢，凝固坯壳薄弱，这往往是拉漏的起因。

形成表面夹渣的原因如下：

（1）敞开浇注时钢水裸露，二次氧化严重，结晶器液面浮渣多，操作不当容易造成表面夹渣。

（2）一般高熔点的浮渣易形成表面夹渣。浮渣的熔点、流动性及其与钢液的浸润性，都与浮渣的组成有直接关系。对于硅铝镇静钢，浮渣的组成与钢中 $w[Mn]/w[Si]$ 有关。当 $w[Mn]/w[Si]$ 低时，形成浮渣的熔点高，容易在弯月面处冷凝结壳，产生夹渣的几率较高。因此，钢中 $w[Mn]/w[Si]$ 宜大于 3。对于用铝脱氧的钢，铝线喂入数量也影响夹渣的性质。当钢液加铝量大于 200g/t 时，浮渣中 Al_2O_3 增多，熔点升高，致使铸坯表面夹渣数量猛增。因此，$w[C]=0.15\%~0.3\%$ 的低锰钢，加铝量应控制在 70~120g/t；当 $w[C]<0.2\%$ 时，最佳加铝量为 50~100g/t。此外，可以加入能够软化和吸收浮渣的材料，改善浮渣的流动性，以减少铸坯的表面夹渣。

（3）采用保护渣浇注时，产生夹渣的根本原因是结晶器液面不稳定。水口出孔形状和尺寸、插入深度、吹 Ar 量的变化，塞棒失控以及拉速突然变化等，均会引起结晶器液面的波动，严重时导致夹渣。就夹渣的来源来看，有未熔的粉状保护渣，也有上浮后未来

得及被液渣吸收的 Al_2O_3 夹杂物，还有吸收溶解了的过量高熔点 Al_2O_3 等。结晶器液面波动对卷渣的影响是：

　　1）液面波动范围为±20mm 时，皮下夹渣深度小于 2mm；

　　2）液面波动范围为±40mm 时，皮下夹渣深度小于 4mm；

　　3）液面波动范围大于 40mm 时，皮下夹渣深度小于 7mm。

　　皮下夹渣深度小于 2mm 时，铸坯在加热过程中可以消除；皮下夹渣深度在 2~5mm 时，热加工前铸坯必须进行表面精整。

　　消除铸坯表面夹渣采取的措施有：

　　（1）控制结晶器液面波动±5mm 以内；

　　（2）浸入式水口的插入深度应控制在最佳位置；

　　（3）浸入式水口出孔的倾角要选择得当，尤其是向上倾角不能过大，以出口流股不搅动弯月面渣层为原则；

　　（4）中间包塞棒吹 Ar 量要控制合适，防止气泡上浮时对钢-渣界面强烈搅动和翻动；

　　（5）选用性能良好的保护渣，并且 Al_2O_3 的原始含量应小于 10%，同时液渣层的厚度应控制在合适的范围内。

5.3.6　皮下气泡与气孔

　　在铸坯表皮以下存在直径约 1mm、长度在 10mm 左右、沿柱状晶生长方向分布的气泡，称为皮下气泡。裸露于铸坯表面的气泡称为表面气泡；小而密集的小孔称为皮下气孔，也称皮下针孔。

　　存在上述缺陷的铸坯在加热炉内，其皮下气泡表面被氧化，轧制过程不能焊合，产品形成裂纹；即使是埋藏较深的气泡，也会使轧后产品形成细小裂纹。钢液中氧、氢含量高，也是形成气泡的原因。为此，要采取以下措施：

　　（1）强化脱氧，如钢中 $w[Al]>0.008\%$，可以消除 CO 气泡的生成。

　　（2）凡是入炉的一切材料以及与钢液直接接触的所有耐火材料，如钢包衬、中间包衬及保护渣和覆盖剂等，必须干燥，以减少氢的来源。

　　（3）采用全程保护浇注。

　　（4）选用合适的精炼方式降低钢中含气量。

　　（5）控制合适的中间包塞棒吹 Ar 量，不要过大。

5.3.7　表面凹坑和重皮

5.3.7.1　表面凹坑

　　表面凹坑常出现在初生凝固坯壳收缩较大的钢种中。在结晶器内钢液开始凝固时，坯壳厚度的增长是不均匀的，一般坯壳与结晶器内壁之间是周期性接触和收缩。观察铸坯表面可以发现，其实际上是很粗糙的，轻者有皱纹，严重者出现呈山谷状的凹陷，这种凹陷也称为凹坑。在形成严重凹坑的部位，其冷却速度较低且凝固组织粗化，很容易造成显微偏析和裂纹。

　　凹坑有横向和纵向之分。在横向凹坑的情况下，由于沿拉坯方向的结晶器摩擦力的作用，很容易产生横裂纹。这时钢液可能渗漏出来，一直到在结晶器内壁上重新凝固为止，这就是所谓的"重皮"。若钢液渗漏出来又止不住，则将造成漏钢。因此，在有凹坑产生的情况下，长的结晶器对弥合这种漏钢可能是有利的。从这个意义上来讲，振痕也可看作具有潜伏裂纹和渗漏的一种横向小型凹坑。

沿纵向分布的凹坑，如带菱形变形的方坯靠近钝角附近的纵向凹沟以及板坯宽面两端的纵向凹坑，两者都是由于铸坯在结晶器内冷却不均匀而造成的。纵向凹坑往往导致裂纹及漏钢，在实际生产中不容忽视。

凹坑是由于不均匀冷却引起局部收缩而造成的，因此降低结晶器冷却强度，即采用弱冷方式可滞缓坯壳的生长和收缩，从而抑制凹坑形成。但在实际生产中，降低结晶器冷却水流速可能会造成结晶器变形，于是采用降低结晶器热面的冷却强度，即用保护渣作润滑剂，有益于改善坯壳生长的均匀性。提高坯壳生长均匀性的其他办法是采用结晶器内壁镀层或热顶结晶器等。

5.3.7.2 重皮

重皮是浇注易氧化钢时，由注温、注速偏低引起的。注温偏低时，钢液面上易形成半凝固状态的冷皮，随铸坯下降冷皮便留在铸坯表面而形成重皮。采用浸入式水口和保护渣浇注，可减少钢液的二次氧化，有助于消除重皮缺陷。

5.3.8 提高连铸坯表面质量的主要措施

连铸坯表面质量主要受结晶器内钢水凝固过程控制。综上所述，提高连铸坯表面质量的主要措施可以从以下几个方面着手：

（1）结晶器液面的稳定性。钢液面波动会引起坯壳生长的不均匀，渣子也会被卷入坯壳而形成皮下夹渣。钢液面波动在±5mm 范围内时，可消除皮下夹渣。因此，恒拉速浇注选择灵敏可靠的液面控制系统，保证液面波动在允许的范围内是非常重要的。

（2）结晶器振动。铸坯表面薄弱点是弯月面坯壳形成的振动痕迹，易在其波谷处形成横裂纹、气泡。采用高频、小振幅的结晶器振动机构，可以减小振痕深度。

（3）初生坯壳的均匀性。结晶器弯月面初生坯壳不均匀会造成纵裂纹和凹陷，导致拉漏。坯壳生成的均匀性取决于钢的成分、结晶器冷却条件、钢液面稳定性和保护渣润滑性能。

（4）结晶器钢液的流动。结晶器内由注流引起的强制流动、浸入式水口的插入深度小于50mm 或大于170mm，都易导致卷渣而形成皮下夹渣。因此，浸入式水口的插入深度和出口倾角是非常重要的参数。

（5）保护渣的性能。保护渣应有良好的吸收夹杂物能力和渣膜润滑能力。

5.4 连铸坯的内部质量

连铸坯的内部质量主要取决于连铸坯中心致密度。而影响连铸坯中心致密度的缺陷主要有各种内部裂纹、中心偏析、中心疏松以及铸坯内部的宏观非金属夹杂物等。关于非金属夹杂物问题，已在5.2 节加以讨论，这里只讨论连铸坯的内部裂纹、中心偏析和中心疏松问题。这些内部缺陷的产生，在很大程度上与铸坯的二次冷却以及自二冷区至拉矫机的设备状态有关。铸坯的内部缺陷如图 5-30 所示。下面讨论几种典型的内部缺陷。

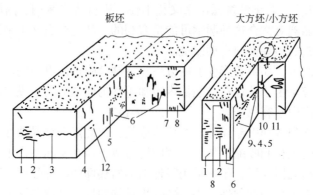

图 5-30　铸坯内部缺陷示意图

1—内部角裂；2—侧面中间裂纹；3—中心线裂纹；4—中心线偏析；5—疏松；
6—中间裂纹；7—非金属夹杂物；8—皮下裂纹；9—缩孔；
10—中心星状裂纹、对角线裂纹；11—针孔；12—宏观偏析

5.4.1　内部裂纹

带液芯的铸坯在铸机二冷区的运行过程中，外力（包括热应力、机械应力等）作用在脆弱的液-固界面，当其超过钢的允许强度和应变时，即产生内部裂纹。内部裂纹在硫印图上表现为长短不一的黑线，它会影响轧材的力学性能和使用性能。

铸坯从皮下到中心出现的裂纹都是内部裂纹，由于是在凝固过程中产生的，其也称为凝固裂纹。从结晶器下口拉出的带液芯的铸坯，在弯曲、矫直和夹辊的压力作用下，于凝固前沿薄弱的液-固界面上沿一次树枝晶或等轴晶界裂开，富集溶质元素的母液流入缝隙中，因此这种裂纹往往伴有偏析线，也称为"偏析条纹"。在热加工过程中偏析条纹是不能消除的，形成条状缺陷，影响钢材的横向力学性能。

铸坯内部裂纹的特征是：

（1）裂纹位于铸坯皮下和中心区的任一位置；

（2）裂纹沿柱状晶界面扩展，裂纹内被树枝晶间富集溶质的液体充满，硫印图上表现为黑线；

（3）裂纹内部主要是硫化物夹杂（Fe,Mn）S。

带液芯的铸坯在连铸机内的运行过程中，液相穴凝固前沿承受的应力和应变超过其临界值是产生内部裂纹的根本原因。带液芯的铸坯在铸机内运行过程中所承受的力主要包括钢水静压力、弯曲应力、矫直应力、热应力、导辊不对中产生的附加应力等，这些应力产生的应变相互叠加，当超过钢种的临界应变值时则在液-固界面产生裂纹。

下面介绍几种常见的内部裂纹：

（1）皮下裂纹。在板坯的宽面、窄面和角部都有可能产生细小的裂纹，一般宽面距铸坯表面 3~10mm、窄面距铸坯表面 20~30mm、与表面相垂直的细小裂纹，都称为皮下裂纹。皮下裂纹大都靠近角部，也有菱变后沿断面对角线走向形成的。其主要是由于铸坯表面层温度反复变化导致相变，沿两相组织的交界面扩展而形成的。

（2）矫直（弯曲）裂纹。带液芯的铸坯进入弯曲区，其外弧侧受拉应力作用；进入

矫直区后，铸坯的内弧侧表面也受拉应力作用，支承辊压力过大，铸坯受压面垂直方向上的变形率超过了凝固前沿液-固界面的临界允许值，从晶间裂开形成裂纹，称其为矫直（弯曲）裂纹。这种裂纹多集中在内弧侧（外弧侧）柱状晶区。

（3）压下裂纹。由于铸坯带液芯矫直压下力过大，在凝固前沿产生的与拉辊压下方向相平行的裂纹称为压下裂纹，并伴有偏析线。拉速太快或者矫直温度不当时，容易产生压下裂纹。如果压下力过大，即使铸坯完全凝固也有可能形成裂纹。

（4）中间裂纹。在铸坯表面与中心线之间部位出现的裂纹称为中间裂纹。其产生原因主要是二冷区冷却不均匀，坯壳温度反复回升且回升过大；夹辊对弧不准、夹辊变形使铸坯鼓肚变形，其凝固前沿受到的张应力超过了坯壳的高温强度极限，在液-固界面出现裂纹，并沿柱状晶薄弱处扩展，直到坯壳的高温强度能够承受应力的作用为止。在裂纹中吸入富集 P、S 的母液，故在低倍检验硫印图上出现黑线裂纹。黑线裂纹内有链状硫化物夹杂，对钢材危害很大。

（5）中心星状裂纹。在方坯横断面中心出现呈放射状的裂纹，称为中心星状裂纹。凝固末期液相穴内的残余钢液凝固收缩，而周围的固体阻碍其收缩产生拉应力；同时中心钢液凝固放出潜热，加热周围的固体而使其膨胀，在两者综合作用下，中心区受到破坏而导致产生放射性裂纹。

减少铸坯内部裂纹应采取以下措施：

（1）板坯连铸机可采用压缩浇注技术，或者应用多点矫直、连续矫直技术，均能避免铸坯内部裂纹发生。

（2）二冷区夹辊的辊距要合适，对弧要准确，支承辊间隙误差要符合技术要求。

（3）二冷区冷却水的分配要适当，保持铸坯表面温度均匀。

（4）矫直温度要避开钢的脆性"口袋"区，拉辊压下量要合适，最好采用液压控制机构。

5.4.2 中心偏析

钢液的凝固过程中，由于溶质元素在固、液相中的再分配，形成了铸坯化学成分的不均匀性，中心部位［C］、［P］、［S］的含量明显高于其他部位，这就是中心偏析，如图 5-31 所示。中心偏析往往与中心疏松和缩孔相伴存在，从而恶化了钢的力学性能，降低了钢的韧性和耐腐蚀性，严重影响了产品质量。

中心偏析是在铸坯凝固末期，由尚未凝固的富集偏析元素的钢液流动所造成的。按照凝固桥理论，二冷区由于冷却不均匀，铸坯在传热快的局部区域柱状晶优先发展，两边的柱状晶相连形成"搭桥"现象。方坯的凝固末端液相穴窄且尖，液相穴钢水被"凝固晶桥"隔开，桥下残余钢液因凝固产生收缩而得不到桥上钢液补充，形成疏松、缩孔及中心偏析。铸坯纵断面中心有规律地每隔 5~10cm 周期性出现凝固桥，形成"小钢锭"结构。板坯的凝固末端液相穴宽且平，尽管有柱状晶搭桥，但钢液仍能进行补充；当板坯发生鼓肚变形

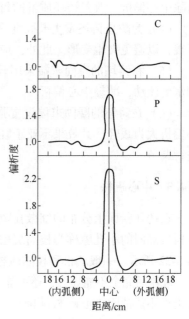

图 5-31 铸坯中心偏析

时，也会引起液相穴内富集溶质元素的钢液流动，从而形成中心偏析。铸坯鼓肚偏析和凝固桥偏析见表 5-3，可见，富集溶质元素的母液流动是加剧中心偏析的重要原因。

表 5-3　铸坯鼓肚偏析和凝固桥偏析

取样位置	鼓肚偏析		凝固桥偏析	
	无鼓肚	有鼓肚	无凝固桥	有凝固桥
板坯边缘 $w[C]/\%$	0.203	0.203	0.138	0.002
板坯中心 $w[C]/\%$	0.194	0.269	0.138	0.013

在铸坯的纵剖面的中心等轴区偏析呈 V 形分布，板坯凝固过程中心偏析与中心疏松形成示意图如图 5-32 所示。

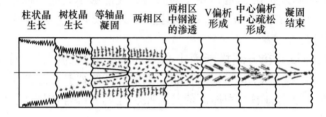

柱状晶生长　树枝晶生长　等轴晶凝固　两相区　两相区中钢液的渗透　V偏析形成　中心偏析中心疏松形成　凝固结束

图 5-32　连铸坯凝固过程中心偏析与中心疏松形成示意图

为减小铸坯的中心偏析，可采取以下措施：

（1）降低钢中易偏析元素 [S]、[P] 的含量。应采用铁水预处理工艺以及渣洗、精炼深脱硫技术，将 $w[S]$ 降到 0.01% 以下。

（2）低过热度浇注可减小柱状晶带的宽度，从而控制铸坯的凝固结构，减轻中心偏析。

（3）采用电磁搅拌技术可消除柱状晶搭桥，增大中心等轴晶区的宽度，达到减轻或消除中心偏析、改善铸坯质量的目的。

（4）为防止铸坯发生鼓肚变形，二冷区夹辊要严格对弧。宽板坯的夹辊最好采用多节辊，以避免夹辊变形。此外，应及时更换二冷区变形的夹辊。

（5）在铸坯的凝固末端采用轻压下技术来补偿铸坯最后凝固的收缩，从而抑制残余钢水的流动，减轻中心偏析。

（6）在铸坯的凝固末端设置强制冷却区，可以防止鼓肚，增加中心等轴晶区，使中心偏析大为减轻，其效果不亚于轻压下技术。强制冷却区的长度与供水量可根据浇注需要进行调节。

5.4.3　中心疏松

在铸坯断面上分布的细微孔隙称为疏松。分散分布于整个断面的孔隙称为一般疏松，在树枝晶间的小孔隙称为枝晶疏松，铸坯最终凝固的中心线部位的疏松称为中心疏松，如图 5-32 所示。一般疏松和枝晶疏松在轧制过程中均能焊合，唯有中心疏松伴有明显的偏析，轧制后完全不能焊合，还可能使板材产生分层。如不锈钢的断面压缩比虽然达 16∶1，但仍然不能消除中心疏松缺陷；若中心疏松和中心偏析严重，还会导致中心线裂纹；此外，在方坯上还会产生中心星状裂纹。中心疏松还影响着铸坯的致密度。图 5-33 为大方坯纵向和板坯中剖面的照片，可以清楚地看出各种类型偏析和中心疏松的形貌。

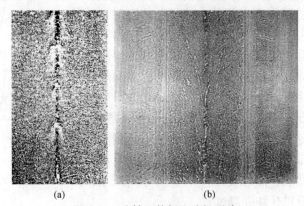

(a)　　　　　　　　　(b)

图 5-33　连铸坯偏析和疏松照片

（a）大方坯（240mm×240mm）；（b）板坯（厚 245mm）

根据钢种的需要控制合适的过热度和拉坯速度，二冷区采用弱冷却制度和电磁搅拌技术，可以促进柱状晶向等轴晶转化，是减少中心疏松和改善铸坯致密度的有效措施，从而可提高铸坯质量。

5.4.4　提高连铸坯内部质量的主要措施

连铸坯内部质量主要受二冷区铸坯液芯部位钢水的凝固过程控制。综上所述，提高连铸坯内部质量的主要措施有：

（1）控制铸坯结构。首要的是应扩大铸坯中心等轴晶区，抑制柱状晶生长，以减轻中心偏析和中心疏松。为此，可采用钢水低过热度浇注、电磁搅拌技术等。

（2）采用合理的二次冷却制度。在二次冷却区应保证铸坯表面温度分布均匀，在矫直点表面温度高于 900℃ 时尽可能不带液芯矫直。为此，可采用计算机控制二次冷却水量分布、气-水喷雾冷却等。

（3）控制二次冷却区铸坯的受力与变形。二次冷却区凝固坯壳的受力与变形是产生裂纹的根源，可采用多点弯曲矫直、对弧准确、辊缝对中、压缩浇注等技术加以控制。

（4）控制液相穴内钢水的流动，以促进夹杂物上浮和改善其分布。为此，可在二冷区采用电磁搅拌、改进浸入式水口的设计等。

5.5　连铸坯的形状缺陷

正常浇注时，连铸坯的几何形状和尺寸是比较精确的；但当连铸设备或工艺操作不正常时，铸坯形状将发生变化，如鼓肚变形、菱形变形、椭圆变形等，即构成了连铸坯形状缺陷。轻微的形状缺陷只要不超过允许误差，对轧制产品质量影响不大；但严重的形状缺陷通常伴有其他缺陷，不仅影响了连铸和轧制的正常生产，而且严重危害了产品质量。

5.5.1　鼓肚变形

带液芯的铸坯在运行过程中，于两个支承辊之间，高温坯壳在钢液静压力作用下鼓胀成凸面的现象，称为鼓肚变形。这种缺陷主要发生在板坯中，如图5-34所示。高碳钢在浇注大方坯时，有时在结晶器下口侧面也会产生鼓肚变形，同时还可能引起角部附近的皮下晶间裂纹。板坯鼓肚会引起液相穴内富集溶质元素的钢液流动，从而加重铸坯的中心偏析；也有可能形成内部裂纹，给铸坯质量带来危害。

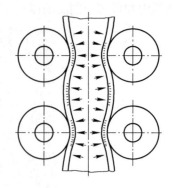

图 5-34 铸坯鼓肚变形示意图

板坯宽面中心凸起的厚度与边缘厚度之差称为鼓肚量，用以衡量铸坯鼓肚变形的程度。鼓肚量的大小与钢液静压力、夹辊间距、冷却强度等因素有密切关系。鼓肚量随夹辊间距的 4 次方而增加，随坯壳厚度的 3 次方而减小，即鼓肚量 $\propto$ （夹辊间距）^{4}/（坯壳厚度）^{3}。

A 鼓肚变形产生的原因

鼓肚变形产生的原因有：

（1）铸坯液相穴高度过高，钢水的静压力过大；

（2）结晶器倒锥度过小或结晶器下口磨损严重，铸坯过早脱离结晶器内壁；

（3）保护渣流动性过好，冷却强度过低；

（4）二冷夹辊间距过大，或刚度不够，或辊径中心调节不准；

（5）拉速过快，二冷控制不当。

B 减轻和防止鼓肚变形的措施

减轻和防止鼓肚变形的措施如下：

（1）降低连铸机的高度，即降低了液相穴高度，减小了钢液对坯壳的静压力；

（2）二冷区采用小辊距密排列，铸机从上到下辊距应由密到疏布置；

（3）支承辊要严格对中；

（4）加大二冷区冷却强度，以增加坯壳厚度和坯壳的高温强度；

（5）防止支承辊变形，板坯的支承辊最好选用多节辊。

5.5.2 菱形变形

菱形变形又称脱方，是方坯特有的缺陷。菱形变形是指铸坯断面上两对角度大于或小于90°，即断面上两条对角线不相等，如图5-35所示。两条对角线长度之差称为脱方量，用 $\dfrac{\text{两条对角线长度之差}}{\text{对角线平均长度}} \times 100\%$ 来衡量菱形变形的程度。当脱方量小于 3% 时，方坯钝角处导出的热量少，角部温度高，坯壳较薄，在拉力的作用下会引起角部裂纹；当脱方量大于 6% 时，铸坯在加热炉内推钢时会发生堆钢现象，或者在轧制时咬入孔型困难，易产生折叠缺陷。因此，铸坯的脱方量应控制在 3% 以下。

从结晶器到二冷区，铸坯的菱形变形还会定期轮换方向，即在一定周期内由原来的钝角转换成锐角。

由于结晶器四壁的冷却不均匀，形成的坯壳厚度不均匀，从而引起收缩的不均匀，这一系列的不均匀导致发生铸坯的菱形变形。在结晶器内由于四壁的限制，铸坯仍能保持方形。可一旦出了结晶器，如果二次冷却仍然不够均匀，支承又不充分，那么铸坯的菱形变

图 5-35　方坯菱形硫印图(120mm×120mm)

形会进一步发展,更为严重;即便是二冷能够均匀冷却,由于坯壳厚度的不均匀造成温度的不一致,坯壳的收缩仍然是不均匀的,菱形变形也会有所发展。

引起结晶器冷却不均匀的因素较多,包括冷却水水质的好坏、流速的大小、进出水温度差、结晶器的几何形状和锥度等。

在实际生产中要注意以下几个问题:

(1) 选用锥度合适的结晶器,并应考虑钢种、拉坯速度等参数的不同。高碳钢用结晶器的锥度可大一些,低碳钢则可小一些。小方坯结晶器的锥度以 0.4%~0.6% 为宜。采用多级结晶器最为理想。

(2) 结晶器最好用软水冷却。如果冷却水水质好,结晶器水缝冷却水流速在 5~6m/s 时,可以抑制间歇沸腾,而且出水温度还可以高一些,进出水温度差以不大于 10℃ 为宜;倘若冷却水水质差,水流速大于 10m/s 时才能抑制间歇沸腾,但出水温度不能高。

(3) 保持结晶器内腔呈正方形,以使凝固坯壳为规规正正的形状。根据技术要求及时更换不合格的结晶器。

(4) 结晶器以下 600mm 的距离要严格对弧,并确保二冷区的均匀冷却。

(5) 控制好钢液成分。试验指出,$w[C]=0.08\%~0.12\%$、菱变达 2%~3% 时,随钢中 $w[C]$ 的增加,菱变趋于缓和,并且 $w[Mn]/w[S]>30$ 时有利于减少菱变。

5.5.3　圆坯变形

圆坯变形包括圆坯变形成椭圆形或不规则多边形。圆坯直径越大,变成椭圆形的倾向越严重。圆坯变形成椭圆形的原因有:

(1) 圆形结晶器内腔变形;

(2) 二冷区冷却不均匀;

(3) 连铸机下部对弧不准;

(4) 拉矫辊的夹紧力调整不当,过分压下。

针对以上形成原因可采取相应措施,如及时更换变形的结晶器,连铸机严格对弧,二冷区均匀冷却;也可适当降低拉速,以增加坯壳强度,避免变形。

圆坯变形成不规则多边形的原因有:

(1) 结晶器变形使凝固坯壳与铜壁不均匀接触,造成优先冷却;

（2）二次冷却区喷水冷却不均匀。

生产中可通过保持结晶器锥度、检查结晶器磨损状态、保证二次冷却喷嘴布置和喷水的均匀性，来防止圆坯变形成不规则多边形。

复习思考题

5-1 简述连铸坯质量标志与控制原则。

5-2 简述连铸坯中夹杂物的类型及来源。

5-3 简述连铸坯中夹杂物的分布特征。

5-4 分析转炉—精炼—连铸过程钢中夹杂物的控制技术。

5-5 连铸坯裂纹的产生机理是什么？简述防止表面纵裂纹的措施。

5-6 包晶钢的凝固特点是什么，为什么包晶钢是难连铸的钢种之一？

5-7 表面横裂纹的产生机理是什么，减少表面横裂纹的技术措施有哪些？

5-8 连铸坯表面缺陷有哪些？分析说明提高连铸坯表面质量的主要措施。

5-9 中心偏析的形成原因是什么，减小铸坯中心偏析的措施有哪些？

5-10 连铸坯的内部缺陷有哪些？分析说明提高连铸坯内部质量的主要措施。

5-11 简述铸坯鼓肚变形的原因及防止措施。

5-12 简述脱方形成的原因及防止措施。

6 连铸工艺实践与新技术应用

6.1 合金钢连铸

合金钢通常含有较多的合金元素，有的还含有贵重元素。采用连铸工艺生产合金钢，成材率高，合金元素的损耗减少，且连铸坯均匀性好，有利于提高合金钢的深加工性能与使用性能。

由于合金钢中合金元素含量较高，钢的导热性降低，线收缩量增大。钢液凝固时，合金元素容易聚集于结晶的前沿，形成成分偏析、固-液相线温度区间加宽、柱状晶发达、柱状晶间强度低，容易出现晶间脆性区，这是导致铸坯内裂的重要原因。线收缩量增大是导致铸坯表面热裂倾向增加的主要原因。合金钢冷却时，其内部相变产生的组织应力一般大于碳素钢。合金钢属于优质钢，再加上多用于重要部件的制造，质量要求极为严格。合金钢的凝固特性、凝固结构、热物理性能、高温力学性能等与普通钢种有所不同。

由于合金钢钢种复杂、性能各异，不同钢种发生质量问题的关键也不相同，因而给连铸工艺及设备带来了一定的特殊要求，所以早期合金钢连铸技术的开发应用进展较慢。自20世纪60年代以来，从开发应用浸入式水口加保护渣的保护浇注技术开始，到形成一整套无氧化浇注技术以及多种钢液炉外精炼技术、电磁搅拌技术等的成功应用，为大多数合金钢，包括一些难浇的合金钢以及对洁净度、表面质量和内部质量要求都特别严格的高质量钢的连铸生产提供了技术基础。目前几乎所有常用的钢种，如高牌号硅钢、不锈钢、工具钢、合金结构钢、重轨钢、超洁净度的 IF 钢、Z 向钢等，都可以采用连铸生产。

6.1.1 合金钢的凝固特性

合金钢中加入了较多的合金元素，其凝固特性与普碳钢有所不同。

6.1.1.1 钢中含有活泼元素

如不锈钢中含有 Al、Ti 等元素，极易与氧和氮反应，生成 Al_2O_3、TiO_2、TiN、$Ti(C,N)$、$(Cr,Al)_2O_3$、$(Mn,Ti)_2O_4$ 等高熔点复杂化合物，影响了钢液的可浇性和铸坯质量。另外，合金钢一般是用铝脱氧的细晶粒钢，钢液中有较高含量的 Al_2O_3，影响钢液的流动性，易造成水口堵塞；而且，形成的 AlN 沉淀于晶界处，铸坯矫直时易产生横向裂纹。

6.1.1.2 凝固温度区间变化大

合金元素含量较高时，钢的固-液相线温度区间变化较大。例如，奥氏体不锈钢（$w[Cr]=18\%\sim20\%$，$w[Ni]=8\%\sim10\%$）的液相线温度 $t_1=1449℃$，固相线温度 $t_s=1393℃$，其固-液相线温度区间 $t_1-t_s=56℃$。再如，铁素体不锈钢（$w[Cr]=10\%\sim11\%$）的 $t_1=1507℃$，$t_s=1482℃$，$t_1-t_s=25℃$；当钢中碳含量由 0.20% 增加到 0.50% 时，t_1-t_s 由

30℃增加到60℃。可见，随着钢中碳和合金元素含量的不同，其相应的凝固温度区间变化也较大。因此，在选择钢液过热度、二冷区的给水量和水量分配时必须考虑这些特点。

6.1.1.3 凝固组织

铸坯的凝固组织对产品质量有直接影响，而钢中合金元素种类及含量的不同会形成不同的凝固组织，具体可分为以下三类：

（1）钢液凝固形成稳定的 δ 相或 γ 相，初生树枝晶和二次枝晶的晶界完全重合，如铁素体铬钢和奥氏体铬-镍钢就是这类单相组织；

（2）钢液首先凝固形成 δ 相，然后转变为 γ 相，初生树枝晶和二次枝晶的晶界分明，这类组织如含有 δ 相的镍-铬奥氏体钢；

（3）钢液首先凝固成 δ 相，然后发生 δ→γ→α 相变，这类组织如 $w[C]<0.53\%$ 的低合金钢等。

初生晶为 δ 相与 γ 相的铸坯，其显微偏析差别很大。溶质元素在 δ 相中的扩散速度比在 γ 相中快100倍，因此在 γ 相中显微偏析严重（如硫在 γ 相晶界的偏析），这就增强了钢的裂纹敏感性。树枝晶二次枝晶间的距离是显微偏析程度的量度。在冷却条件相同的情况下，随着钢中合金元素含量的增加，二次枝晶间的距离减小，显微偏析减轻。

6.1.1.4 热物理性能

合金钢的热物理性能（如导热系数 λ、热膨胀系数 α）变化较大。由表6-1可知，不锈钢的导热系数比碳钢要小，而凝固收缩量比碳钢大。这些特点对钢的凝固速度、凝固组织、裂纹敏感性等有直接的影响。

表 6-1 合金钢的热物理性能

钢 种	凝固收缩量/%	0~500℃线膨胀系数 α/℃$^{-1}$	导热系数 λ/W·(m·K)$^{-1}$	
			800℃	1000℃
不锈钢（Cr-Ni）	7.5	1.836×10^{-5}	22.8	25.4
碳钢	3~4	1.170×10^{-5}	39.2	30.0
纯铁	—	—	43.3	32.8

由于钢种不同，导热系数也不同，致使钢的凝固速度存在明显的差异。如厚度为152mm的不锈钢板坯完全凝固约需18min，而相同厚度的碳素钢板坯仅需6min。可见，钢凝固速度与导热系数是成正比的，所以合金钢连铸二冷区冷却方式及工艺参数的选取必须考虑这一特点。由于钢的导热系数不同，铸坯的凝固组织也有区别。如铁素体不锈钢的导热系数比奥氏体不锈钢大20%~50%，因而铁素体不锈钢的典型凝固组织是柱状晶+等轴晶，而奥氏体不锈钢的凝固组织则是贯穿的柱状晶，在热加工时容易出现裂纹缺陷。

6.1.1.5 钢的高温力学性能

钢的高温力学性能（伸长率和强度）对钢的裂纹敏感性有直接影响，钢的高温力学性能好，裂纹敏感性就差些。如奥氏体不锈钢的高温强度较高，1300℃时的抗拉强度为0.12MPa；而铁素体不锈钢（$w[Cr]=16\%~18\%$）和马氏体不锈钢（$w[Cr]=12\%~14\%$）的高温强度较低，1300℃时的抗拉强度只有0.0245MPa，极易产生裂纹。因此，连铸工艺必须适应这一特点。

合金元素对钢的热延性曲线脆性"口袋"区的温度有重要影响，因而必须根据所浇钢种实际测定的脆性温度范围来确定二冷区合理的冷却强度和配水制度。

6.1.1.6 裂纹敏感性

裂纹敏感性主要取决于钢种，同时也受钢液质量、冷却制度、凝固结构、铸坯所承受应力等因素的影响。如镍-铬不锈钢的最终组织为奥氏体，显微偏析严重，裂纹敏感性就强；而铬不锈钢的凝固组织为铁素体，显微偏析程度比奥氏体轻，裂纹敏感性就差些。

上述特性对不同钢种所表现的程度各有差异。在浇注合金钢时必须考虑这些特性，这样才能保证连铸工艺操作顺行，获得优质的铸坯。

6.1.2 合金钢连铸工艺的特点

合金钢连铸时，钢种不同，浇注工艺的特点及要求也不同。为了保证连铸坯质量，通常应注意以下几个方面：

(1) 精确控制钢液成分和温度。炉外精炼是合金钢连铸顺行和质量保证的关键环节。应根据所浇钢种的需要选择相应的精炼路线，以实现钢液温度、成分精确控制，提高钢液的洁净度。

(2) 采用大容量、深熔池并砌有挡渣墙、挡渣坝的中间包，促进钢液中夹杂物充分上浮。

(3) 钢包→中间包→结晶器采用全程无氧化保护浇注，这一点对含有易氧化元素合金的钢种的浇注至关重要。

(4) 选用适合于连铸合金钢钢种的专用保护渣和低压水口浇注，以改善铸坯的表面质量和内部质量。

(5) 采用较低的浇注速度和较弱的二次冷却强度，以利于夹杂物上浮和减少铸坯的中心偏析和中心疏松。一般合金钢的浇注速度比碳素钢低 20%~30%，而不同钢种采用的二次冷却强度分别为：普碳钢、低合金钢，$1.0 \sim 1.2L/kg$；中碳钢、高碳钢、合金钢，$0.6 \sim 0.8L/kg$；某些热裂敏感性强的钢种，$0.4 \sim 0.6L/kg$；高速钢，$0.1 \sim 0.3L/kg$。

(6) 采用结晶器液面自动控制和漏钢预报技术。应精确控制结晶器的钢液面，将其波动范围由普通连铸要求的 $\pm(5 \sim 10)mm$ 减小到 $\pm(2 \sim 4)mm$，以稳定拉坯速度，为提高铸坯质量和减少漏钢事故创造条件。

(7) 采用高质量耐火材料。连铸设备应选用适合于合金钢浇注的优质耐火材料。

(8) 切割后的铸坯采用不同的缓冷制度。这主要是为了防止在冷却过程中由于热应力及相变应力的作用，造成铸坯的裂纹缺陷。如 $w[C]<0.35\%$ 的碳素钢和低合金钢，应采用堆垛空冷；$w[C]>0.35\%$、$w[Ni]>2.5\%$、$w[Cr]>1\%$ 的合金钢，需用坑冷；裂纹敏感性较强的钢（如 17CrNiMo6），则需在加热条件下冷却。为了防止裂纹和碳化物偏析，高速钢等出缓冷坑后还需经退火炉冷却。

6.1.3 合金钢连铸设备的要求

合金钢连铸设备与普碳钢连铸设备没有本质的区别，但在机型选择和参数确定等方面应考虑合金钢铸坯的质量要求。

（1）选择合适的连铸机机型。合金钢连铸机的机型选择有两种观点。一种主张选择立弯式连铸机，该观点认为立弯式连铸机有利于夹杂物上浮和减少矫直裂纹，但应克服因钢液静压力大而产生的鼓肚变形和裂纹。另一种主张选择弧形连铸机，该观点认为采用大半径弧形连铸机，并采用钢液炉外精炼、中间包冶金等措施提高进入结晶器钢液的洁净度，可以解决夹杂物在铸坯内弧侧的聚集问题；另外，铸坯在矫直前完全凝固，并保证矫直时铸坯表面温度在900℃以上，控制铸坯内部液-固界面的变形量，或采用多点矫直的方式，就可以基本消除内裂问题。

现在合金钢板坯连铸多采用带垂直段、多点弯曲、多点矫直的立弯式连铸机，并应用压缩浇注、轻压下技术。它可利用2.5~3.5m长的垂直段减少夹杂物的聚集，并通过采用小辊距、合理的冷却制度等措施，克服铸坯鼓肚变形及内部裂纹。特别是在高速浇注的条件下，它能比弧形连铸机更稳定、更可靠地生产高洁净度、高质量的铸坯。

水平连铸机由于在浇注过程中钢液无二次氧化，并且钢液是在水平位置凝固成型，不受弯曲矫直作用，对改善铸坯内部质量、防止裂纹产生都十分有利，故其很适合合金钢的浇注。但由于结晶器与铸坯间的润滑困难及分离环的价格高等问题，目前水平连铸机仅适用于小批量、多品种，200mm以下的方坯、圆坯的特殊钢浇注。

（2）结晶器应采用"小幅高频"的振动方式。振动频率高（200~400次/min），有利于铸坯的润滑"脱模"，小振幅（2~4mm）有利于结晶器液面的稳定。另外，这种振动方式对减轻振痕，消除横裂纹、提高铸坯表面质量也十分有利。

（3）应用电磁搅拌技术。目前电磁搅拌技术已成为合金钢铸坯提高质量的重要措施。连铸机电磁搅拌器的参数和类型应满足钢种质量的要求。对于合金钢，特别是不锈钢，搅拌强度需要大一些，可选择S-EMS+F-EMS的联合搅拌方式。

（4）改进二冷区支承辊和冷却制度。为了防止铸坯发生鼓肚变形和产生内裂，二冷区的支承辊应采用小辊径、密排列、多点支承。二冷方式宜采用气-水雾化冷却或干式冷却。

（5）根据所浇钢种的需要，设置必要的缓冷设施或热装、直接轧制设备。

（6）实施连铸过程参数自动检测和自动控制。

6.1.4　典型钢种的连铸

6.1.4.1　不锈钢

目前几乎所有的不锈钢均可用连铸生产。不锈钢在凝固冷却过程中有三个脆性区域：

（1）在钢液凝固温度附近的脆性区。主要是由于树枝晶的生长而使偏析元素及夹杂物向未凝固的母液中推移、富集，致使晶界强度降低，造成晶界脆性。奥氏体单相钢在凝固过程中虽然没有第二相的析出，但是由于液-固相线温度范围宽，晶粒粗大，促使低熔点夹杂物在晶界区聚集，再加上本身导热性能较差，收缩应力大，容易引发裂纹。当铁素体不锈钢的碳含量为0.08%~0.58%时，处于包晶反应区，包晶反应产生的体积收缩、相变应力以及由于包晶反应引起的液-固相共存区的扩大，使铁素体不锈钢的抗拉强度仅为单相奥氏体不锈钢的1/5，因而其裂纹敏感性比奥氏体不锈钢要强。

（2）铸坯冷却到1200~900℃时拉坯过程中所产生的脆性区。这主要是由于加工硬化来不及再结晶而产生的脆性。当铸坯变形速度小于再结晶速度时，脆性将有所缓和。当控制铸坯鼓肚、弯曲及矫直的变形速度在 $10^{-4} \sim 10^{-2} mm/s$ 时，即使在脆性区也不会引发裂纹。

（3）铸坯冷却到 $900 \sim 700℃$ 温度范围内的脆性区。在这个区域内如果奥氏体晶界有硫化物、碳化物和氮化物析出，以及发生奥氏体向珠光体或铁素体的相变，则会引发铸坯表面和皮下裂纹。此外，奥氏体钢的导热系数小，线膨胀系数大，这也是造成奥氏体不锈钢裂纹敏感性的因素。

当马氏体不锈钢冷却到 $300 \sim 200℃$ 时，将发生马氏体相变，使体积膨胀，引起组织应力，造成铸坯的脆性。因此，铸坯在二冷区内要均匀冷却，尤其是要避免角部过冷；铸坯输出后必须进行缓冷，以防止纵裂纹的产生。

不锈钢凝固结构的特点是：具有比较发达的粗大柱状晶带，甚至形成穿晶结构，因而可能形成比较严重的中心偏析、中心疏松和中心裂纹等缺陷。如果结晶器内壁的铜渗入铸坯，铸坯表面还有可能形成放射状（星状）裂纹。

对于含钛不锈钢，由于 TiN 和 TiO_2 等化合物的生成会使结晶器保护渣结壳，严重影响了铸坯的表面质量，导致铸坯表面几乎全部需要进行修磨处理。

根据以上特点，不锈钢连铸应该注意以下几点：

（1）采用 AOD 或 VOD 等炉外精炼工艺，为连铸提供优质钢液。

（2）采用大容量、深熔池的中间包，促使夹杂物充分上浮，以提高钢液的洁净度。

（3）中间包钢液应选择较大的过热度（$35 \sim 40℃$），以利于夹杂物的上浮。

（4）采用全程保护浇注，防止从空气中吸入氮和氧。

（5）选用低碱度、黏度稍高的保护渣。如渣的碱度 $w(CaO)/w(SiO_2) = 0.5 \sim 0.6$，熔点为 $1000 \sim 1100℃$，$1300℃$ 时的黏度为 $0.14 \sim 0.31 Pa \cdot s$。

（6）浸入式水口出孔的向上倾角应为 $5° \sim 10°$，以免钢液面保护渣结壳，也有利于保护渣液吸收夹杂物。

（7）结晶器应采用弱冷却、高频率和小振幅振动，以防止铸坯表面产生凹坑缺陷。

（8）由于奥氏体不锈钢的高温强度和延展性较好，可采用较高的拉速；并因其线膨胀系数和导热系数较大，二冷区冷却强度可大一些（比水量控制在 $1.3 L/kg$）。而铁素体不锈钢的高温强度较低，铸坯易产生裂纹，拉速应低一些；并因其导热系数较小，二冷区冷却强度也应低一些（比水量小于 $1 L/kg$）。

（9）采用火焰切割铸坯时，需向火焰中喷射铁粉以提高切割效率。但切割时产生的烟尘应有除尘净化设施给予处理，以避免污染环境。

（10）根据需要对铸坯进行缓冷和表面修磨。

6.1.4.2 硅钢

硅钢（电工钢）用于生产硅钢片，是发展电力和电信工业的关键材料。硅钢的成分特点是钢的碳含量低（$w[C] \leqslant 0.12\%$，最低为 0.03%）、硅含量高（$1\% \sim 4\%$）。热轧硅钢分为电机用硅钢和变压器用硅钢两种，电机用硅钢要求具有较高的塑性，其化学成分范围为：$w[C] < 0.1\%$，$w[Si] = 1.0\% \sim 2.5\%$；而变压器用硅钢要求铁损小，硅含量比电机用硅钢要高些，其化学成分范围为：$w[C] < 0.06\%$，$w[Si] = 3.0\% \sim 4.5\%$。冷轧硅钢分为无取向电工钢和取向电工钢。

高硅钢导热性较差，连铸时应注意以下几点：

（1）钢液经真空处理后应尽快进行浇注，否则会增加钢包内钢液温度的不均匀性。

（2）中间包内钢液温度一般应在液相线温度以上 5~10℃，以 1545℃ 较为适宜。

（3）钢的硅含量高，则导热性差，一般拉速应适当低一些（0.6~0.8m/min）；二次冷却应采用弱冷却制度，冷却强度是铝镇静钢的一半。凝固末端采用轻压下技术。

（4）采用全程保护浇注，防止钢液二次氧化。

（5）应使用熔融石英质浸入式水口，并选用合适的保护渣。推荐保护渣成分为：$w(CaO) = 32\% \sim 33\%$，$w(SiO_2) = 31\% \sim 33\%$，$w(Al_2O_3) = 5.5\% \sim 6.5\%$，$w(F^-) = 4.0\% \sim 5.0\%$，$w(Na_2O) = 8.0\% \sim 9.0\%$，$w(C) = 5.0\% \sim 5.5\%$；熔点为 1100℃。

（6）采用电磁搅拌技术，抑制柱状晶的发展，消除硅钢片表面缺陷。

（7）铸坯应当缓冷。生产无缺陷铸坯时，可直接热送热装或直接轧制。

6.1.4.3　轴承钢

轴承钢要求有高的抗疲劳性能、高的耐磨性和弹性极限、一定的冲击韧性以及高而均匀的硬度、良好的尺寸稳定性和耐腐蚀性，因此在连铸坯内部组织和化学成分的均匀性、铸坯的洁净度等方面都有更高的要求。为此，轴承钢连铸应注意以下几点：

（1）为了提高钢的洁净度，钢液必须经过真空处理，使钢中氧含量降到最低的水平。同时，应采用全程保护浇注，防止钢液的二次氧化，以保证处理后的钢液不被重新污染。

（2）钢包、中间包内衬尽可能采用碱性耐火材料砌筑，尽可能减少钢液的二次污染。

（3）采用弱的二次冷却制度，比水量可控制在 0.3L/kg 左右，并应防止铸坯角部过冷。控制铸坯矫直温度，避免铸坯角部横裂纹的产生。

（4）采用低过热度浇注、电磁搅拌等技术，以避免中心疏松和中心偏析的产生。

6.1.4.4　易切削钢

易切削钢主要用于高速自动机床车削零件。为改善钢的切削性能，提高切削速度、刀具寿命，以及改善工件的表面粗糙度，在碳钢的基础上，加入 0.05% ~ 0.3% 的硫或同时加入硒、碲等元素，形成硫系易切削碳钢和易切削不锈钢等；当然还可以加入铅、钙等元素，形成铅、钙系易切削钢。在切削性能方面，连铸生产的易切削钢完全可以满足质量的要求。

硫系易切削钢性能的影响因素主要是钢中硫化物的形态、组成和分布，要求硫化物呈纺锤状且分布均匀。这就要求钢中的氧含量必须控制在 0.02% ~ 0.03% 的范围内，但钢中氧含量高容易生成气泡，使铸坯表面质量恶化。故连铸硫系易切削钢时应注意：

（1）钢中硫含量高，易在晶界处析出低熔点的 FeS，发生晶界脆性而形成裂纹，因而应控制 $w[Mn]/w[S] > 9$。

（2）抑制气泡的生成。硫系易切削钢不能用硅和铝脱氧，但脱氧不充分，会在铸坯上产生皮下气泡。钢中氧含量的范围应根据硫、锰含量的不同来确定，如当把锰含量控制在 0.9%、硫含量大于 0.1% 时，钢中氧含量小于 0.02% 就可以抑制气泡的产生。

（3）二次冷却宜采用缓冷，冷却强度为普通碳素钢正常冷却时的 60% ~ 70%。

（4）采用电磁搅拌，以减轻铸坯的中心偏析。

6.1.4.5　其他钢种

某些特殊钢种，如重轨钢、硬线钢、深冲薄板钢等，虽然不是合金钢，但其质量要求非常严格，因此在连铸生产中也应根据其凝固特性及钢种的质量要求，选择相应的设备、技术手段及合理的生产工艺。

A 重轨钢

重轨钢是优质高碳钢，其化学成分为：$w[C] = 0.65\% \sim 0.85\%$，$w[Mn] = 0.60\% \sim 1.50\%$，$w[Si] = 0.15\% \sim 1.10\%$。重轨钢一般采用大方坯连铸机来生产，铸坯用于生产钢轨或型钢。重轨钢应具有良好的韧性、耐磨性、抗压溃性、抗脆断性、抗大气腐蚀性和耐高寒的能力，并且无表面缺陷。

生产钢轨用连铸大方坯的质量要求如下：

(1) 钢的洁净度要高。轨面表皮下串簇状 Al_2O_3 夹杂物的聚集之处容易产生应力集中，是疲劳裂纹的根源。此外，当 Al_2O_3 条状夹杂物的长度大于 8mm 时，也容易造成疲劳损坏。显然，减少钢中的 Al_2O_3 夹杂物，提高钢的洁净度，将有利于提高钢的抗疲劳性能。

(2) 减小铸坯中心偏析。如果铸坯中心偏析严重，则轧制成型的轨身纵断面上会留下偏析线，从而降低钢轨的使用寿命。

(3) 控制钢中的氢含量小于 0.00015%，以避免"白点"缺陷的产生。

为保证钢轨质量，大方坯连铸时应注意以下问题：

(1) 增大连铸机的弧形半径，采用带垂直段结晶器、多点弯曲、多点矫直的连铸机，有利于减少铸坯内弧侧夹杂物的聚集和消除内裂纹。

(2) 要求铸坯的宽厚比不小于 1.3。因为铸坯增厚，温度梯度减小，两相区扩大，将有利于等轴晶生长和消除中心偏析。试验指出，当铸坯的宽厚比小于 1.3 时，中心偏析显著增加。

(3) 采用低过热度（15℃）浇注，并采用电磁搅拌技术，以增加铸坯的等轴晶率和减少中心偏析。

(4) 采用多点矫直、轻压下等技术，以防止铸坯产生表面裂纹及内部裂纹。

(5) 二次冷却采用弱冷却制度，比水量控制在 0.4 ~ 0.6L/kg，以增加等轴晶率，防止铸坯内部裂纹的产生。

B 硬线钢

硬线钢是用来生产钢丝的高碳钢，主要用于制造低松弛预应力钢丝、钢丝绳、钢绞线、轮胎钢丝、弹簧钢丝、琴丝等。常用的有两种：一种是生产轮胎钢丝（$w[C] = 0.80\% \sim 0.85\%$），由 $\phi 5.5mm$ 的线材深拉冷拔成 $\phi 0.15 \sim 0.25mm$ 的钢丝；另一种是弹簧钢丝（$w[C] = 0.60\% \sim 0.75\%$），要求具有良好的抗疲劳性能和耐磨强度。目前，硬线钢中最具代表性的是 82B（为日本钢丝专用钢的牌号）网线钢，主要用于生产航空钢丝绳、高强度预应力钢丝（如大桥拉索钢丝）和轮胎帘线钢丝等。

影响硬线钢质量的主要因素是：

(1) 钢的洁净度。因为最终产品的直径很小（如 82B 钢要拉拔成直径小于 $\phi 0.15mm$ 的细丝），故铸坯中不允许有大型夹杂物存在，并且 Al_2O_3 夹杂物和不变形夹杂物要少。另外，还应对夹杂物进行变性处理，使之成为易变形的夹杂物，以免冷拔加工时产生断裂。

(2) 铸坯的表面质量。硬线钢在随后的加工过程中要经受大变形量的深拉（也包括扭转），因此，铸坯表面的任何缺陷都可能成为断裂的根源。

（3）碳偏析。碳化物偏析是高碳钢一个突出的质量问题。这种碳化物偏析主要是指渗碳体在晶界的聚集，它会造成钢丝内部显微硬度的不均匀，在拉拔和扭转过程中引起断裂。另外，铸坯的中心偏析也会导致冷拔加工时出现环状断裂。

因此，硬线钢连铸时应考虑以下几个方面：

（1）硬线钢目前多采用小方坯连铸。

（2）硬线钢中 Al_2O_3 不变形夹杂物的含量要低。应控制脱氧产物的成分和形态，$w(Al_2O_3)/[w(SiO_2)+w(MnO)+w(Al_2O_3)]=0.15\sim0.30$，$w[Mn]/w[Si]\geqslant1.7$。采用无铝脱氧工艺和 LF、真空处理等精炼工艺。

（3）中间包钢液过热度宜控制在 $15\sim20$℃。

（4）应注意液相穴钢流的优化，特别是抑制向上的二次流对钢液面的扰动，稳定钢液面，以避免保护渣的卷入，减少表面缺陷的产生和夹杂物数量的增加。

（5）钢的凝固组织为奥氏体，铸坯坯壳与结晶器内壁接触良好，结晶器可强冷却，以增加坯壳厚度。

（6）采用全程保护浇注，防止二次氧化。此外，还应采用高质量的耐火材料砌筑钢包和中间包内衬，减少由于耐火材料熔损而带入的夹杂物。

（7）二冷区采用弱冷却制度，比给水量应在 1L/kg 以下；并应保持铸坯的均匀冷却，防止回温过大。

（8）铸坯矫直温度应高于 900℃。

（9）采用电磁搅拌技术，以减轻碳化物偏析和中心偏析。

（10）要严格检查铸坯表面质量，对有缺陷的部位进行精整。

C　深冲薄板钢

用于汽车、食品包装、搪瓷制品等的深冲冷轧薄板钢，要求具有足够的强度以及良好的表面质量、深冲性能和抗时效性等。过去冷轧薄板均由沸腾钢锭轧制，但由于沸腾钢不能采用连铸生产，开发出如下三种与沸腾钢具有同等质量的低碳、低硅钢种，作为沸腾钢连铸的代用钢。

（1）准沸腾钢。准沸腾钢是由日本首先开发生产的钢种，其化学成分为：$w[C]<0.10\%$，$w[Si]=0.01\%$，$w[Mn]=0.25\%$，$w[Al]=0.006\%$。该钢种不用硅脱氧，仅用少量铝脱氧。生产中关键是要控制好钢液的氧含量，使结晶器内的钢液不出现沸腾现象，铸坯不产生皮下气泡。

（2）吕班德（RIBAND）钢。吕班德钢是美国首先开发生产的钢种，其化学成分为：$w[C]=0.03\%\sim0.06\%$，$w[Si]=0.03\%\sim0.08\%$，$w[Mn]=0.35\%\sim0.45\%$，$w[Al]=0.004\%\sim0.015\%$。该钢种最大的问题是控制钢液的氧化性。为此，采用炉内加锰铁预脱氧，直接定氧后，准确调整加铝量进行终脱氧的脱氧制度，以防止铸坯产生针孔和气泡。

（3）铝镇静钢。铝镇静钢为低碳、低硅、用铝完全脱氧的钢，是由德国开发生产的钢种，其化学成分为：$w[C]=0.03\%\sim0.06\%$，$w[Si]<0.02\%$，$w[Mn]<0.3\%$，$w[Al]=0.02\%\sim0.05\%$。该钢种连铸的要求是：

1）钢中酸溶铝含量稳定在 $0.02\%\sim0.05\%$；

2）防止钢液中 Al_2O_3 堵塞水口；

3）提高钢液的洁净度，钢中总氧含量控制在 $20×10^{-6}$ 以下。

根据深冲薄板钢的不同用途，对铸坯的质量要求有一定的区别。如在夹杂物的尺寸方面，汽车板允许的最大夹杂物尺寸为 $100\mu m$，而镀锡薄板为 $50\mu m$。总的来讲，连铸这类钢应注意以下几点：

(1) 严格控制钢中的氧含量，并把钢中铝含量控制在规定的范围内；

(2) 中间包钢液的过热度以 30℃ 左右为宜；

(3) 采用全程保护浇注，防止钢液的二次氧化；

(4) 选用碳含量低并具有充分吸收 Al_2O_3 夹杂物能力的保护渣；

(5) 充分发挥中间包的冶金功能，降低钢中夹杂物的数量。

D　IF 钢

IF 钢是深冲冷轧薄板钢。它是在碳含量极低（0.001%~0.005%）的钢中加入适量的钛、铌等强化元素，其与钢中残存的间隙原子碳和氮结合形成碳化物和氮化物的质点，使钢的基体中没有了间隙原子碳和氮的钢种，也称为无间隙原子钢。

IF 钢的化学成分为：$w[C] < 0.003\%$，$w[Si] < 0.02\%$，$w[Mn] = 0.10\% \sim 0.15\%$，$w[S] < 0.010\%$，$w[P] < 0.015\%$，$w[Al] = 0.02\% \sim 0.04\%$，$w[N] < 0.003\%$，$w[Ti] = 0.060\% \sim 0.080\%$。

IF 钢具有极为优良的深冲和拉延性能，可冲制各种形状复杂的汽车难冲件，也可以冲制极薄的制品和零件。而且它还有极为良好而稳定的成型性，无时效敏感性，可消除屈服点延伸现象，制品表面光洁，使冲压废品率大大降低。例如，某汽车生产厂使用铝镇静钢钢板时，冲压废品率达 40%~50%；而使用 IF 钢钢板，则避免了废品的产生。由于 IF 钢的优良性能，其成为包括铝镇静钢在内的其他冲压用钢的升级换代钢种。尤其是高强度 IF 钢和以 IF 钢为基板的镀锌板的开发，使 IF 钢的生产和应用进一步扩大。

连铸 IF 钢时应注意：

(1) 铁水应经过深脱硫、脱磷预处理；

(2) 选择合适的炉外精炼方式（如 RH 等），对钢液进行精炼处理；

(3) 中间包钢液过热度应控制高一些，以利于夹杂物上浮；

(4) 采用全程保护浇注，要把钢包到中间包钢液的吸氮量控制在 0.00015% 以下，中间包到结晶器钢液的吸氮量应小于 0.0001%；

(5) 中间包内衬采用碱性耐火材料砌筑，并选用碱性中间包覆盖渣；

(6) 使用无碳保护渣，并要特别注意避免浇注过程中的增碳。

E　中厚板钢

中厚板一般是指厚度在 5mm 以上的钢板，主要用于制造机械结构件、桥梁、船舶等。根据用途的不同，适于中厚板生产的钢种有两大类：一类是硅-铝脱氧的镇静钢，如 Q235、20g、3C 等；另一类是细晶粒低合金钢或含铌、钛等微合金元素的高强度钢，一般钢中锰含量较高，可达 1.6% 以上，如 14MnNb、14MnNbTi 等。

中厚板最重要的性能要求包括抗张强度、冲击韧性、焊接性、抗大气和海水的腐蚀性能等。对用于石油和天然气工业的钢板，包括钻井、海洋平台、管线等设施，要求能抗层状撕裂，有较低的氢含量，以防止氢脆裂纹。对于制作液化石油气和天然气容器的钢板，要求有优良的低温韧性、焊接性以及高的焊缝抗开裂和裂纹抑制性能。这些性能要求连铸坯的成分偏析要小，无内裂纹、中心疏松和缩孔，脆性夹杂物和硫化物夹杂的含量要低。对用于造船工业的船板钢，要求具有良好的韧性、较高的强度和抗腐蚀能力以及良好的焊接性能。

中厚板钢连铸时应注意以下几点：

（1）控制钢中氧含量和铝含量在规定的范围内；

（2）控制合适的中间包钢液过热度，船板钢连铸中间包的过热度以 30℃ 左右为宜；

（3）采用全程保护浇注，并选用碳含量低、具有充分吸收 Al_2O_3 夹杂物能力的保护渣；

（4）控制较低的拉坯速度，二次冷却要均匀；

（5）采用电磁搅拌和轻压下技术，以减轻中心疏松和中心偏析。

    F   圆坯连铸钢种

连铸法生产的圆坯主要用于生产不同口径的无缝钢管。

无缝钢管的生产采用一种很苛刻的加工方法，圆坯穿孔是依靠两个倾斜的轧辊使圆坯做螺旋运动（即一边旋转，一边前进），而两轧辊的搓力将实心圆坯的中心部分搓松，形成"空腔"，同时圆坯又被不动的顶头反顶而穿孔，被穿孔的内表面成为无缝钢管的内壁。这种生产方法对圆铸坯的质量提出了严格的要求，具体如下：

（1）圆坯应有良好的凝固结构和中心致密度。倘若圆坯中心有疏松、裂纹等缺陷，穿孔后钢管内壁会留下裂纹的痕迹；当圆坯的中心疏松区与表面处密度有差别（如 $0.003 \sim 0.005 g/cm^3$）时，穿孔过程中就会产生内裂折叠废品。

（2）圆坯要有良好的表面质量。如果圆坯有皮下针孔或皮下夹渣等缺陷，则穿孔时容易造成撕裂，并会扩展到表面产生裂缝。

（3）圆坯洁净度要高。圆坯皮下 13mm 以内存在夹杂物及内部有大颗粒的夹杂物，都会造成穿孔时出现裂纹缺陷。若铸坯中夹杂物数量控制在 0.035% 以下，则穿孔废品明显减少。

（4）圆坯要有良好的内部质量。圆坯内部裂纹严重时，穿孔过程中裂纹不能焊合。

（5）注意圆坯的椭圆度。应对铸坯进行均匀的冷却，否则会导致坯壳的不均匀收缩，使圆坯产生椭圆变形。

根据圆坯的质量要求及特点，连铸时应注意：

（1）与方坯结晶器相比，圆坯结晶器无角部的先期凝固。因此，必须保持结晶器和二次冷却区的均匀冷却，使坯壳均匀收缩，以防止产生表面裂纹和椭圆变形。

（2）对一个给定的铸坯尺寸而言，圆坯结晶器的传热面积比方坯结晶器要小一些，因而拉坯速度也应相应地低一些。

（3）应采用大容量中间包，保证夹杂物的充分上浮。

（4）采用全程保护浇注，并选用合适的保护渣。

（5）采用液面自动控制装置，控制结晶器液面稳定。

（6）采用电磁搅拌技术，以减轻中心偏析，消除中心疏松和裂纹。

6.2 近终形连铸

接近最终成品形状、尺寸的连铸技术称为近终形连铸技术。它是对传统连铸工艺的一次重大革新。由于近终形连铸技术的开发应用，钢铁工业生产流程更加紧凑、优化。

6.2.1 近终形连铸的类型

近终形连铸是当前研究的热点技术。按最终产品的尺寸，它可分为以下五种类型：

（1）薄板坯连铸。浇注厚度为 20~70mm 的薄板坯，其目的是省略热粗轧机。

（2）带钢连铸（或带坯连铸）。浇注厚度为 1~10mm 的带坯，其目的是省略热轧，直接向冷轧供坯。

（3）薄带钢连铸。浇注厚度为 1~3mm 的薄带钢，其目的是直接连铸生产用以往方法不能轧制的特殊钢板，或通过急冷凝固生产赋有新功能的金属材料（如非晶态金属）。

（4）异形坯连铸。目前已有 H 型钢连铸机，生产的 H 型钢连铸坯在轧制时压缩比为 6：1，质量完全合格。

（5）中空圆坯连铸。目前采用近终形连铸生产中空圆坯的厂家很少。

薄板坯连铸配合直接轧制技术组成的薄板坯连铸连轧生产工艺，形成了新的紧凑式、短流程带钢生产线，已投入工业生产。带钢连铸目前还处于半工业试验阶段，而薄带钢连铸仍处于实验室试验阶段。

6.2.2 薄板坯连铸连轧的发展

6.2.2.1 薄板坯连铸连轧的优越性

普通板坯连铸铸坯的厚度为 150~300mm，若将其加工成厚度为几十毫米、十几毫米、几毫米，甚至不到 1mm 的薄板材，则需重复加热及轧制，设备庞大，能耗极高，工艺流程长，金属损失多，成材率低。

传统连铸工艺与几种新型近终形连铸工艺流程的对比，如图 6-1 所示。

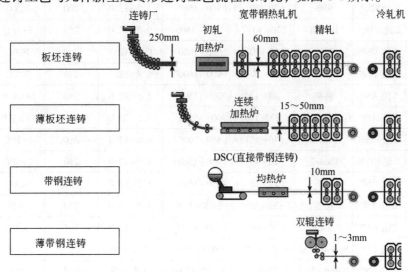

图 6-1 传统连铸工艺与几种新型近终形连铸工艺流程的对比

由图 6-1 比较可知，薄板坯连铸连轧（TSCR）工艺具有以下优越性：

（1）简化了板材的生产工序，取消了传统工艺中的再加热、初轧和部分精轧机架等设备；缩短了生产线，一般只有 200m 左右，相应地减少了厂房占地面积和投资费用。

（2）生产周期短。连铸连轧是一个连续的过程，省去了大量的中间滞留时间，由钢水至成卷的时间一般在 15~30min，而传统生产则需要 5h。

（3）节约能源，提高成材率。实现连铸连轧可节能（标准煤）200kg/t 左右，成材率提高约 12%。

（4）由于铸坯厚度薄，凝固速度快，铸坯的组织细而致密，产品质量好。

薄板坯连铸连轧是 20 世纪 80 年代末开发成功的生产热轧板卷的一种全新短流程工艺，是对传统连铸和轧钢工艺的一次重大革新。其引起世界各国的高度关注，并先后投入了大量的人力、物力研究开发。典型的薄板坯连铸连轧工艺有德国西马克公司的 CSP（Compact Strip Production）技术和德马克公司的 ISP（Inline Strip Production）技术。至 2021 年，全世界已建 73 条薄板坯连铸连轧生产线，连铸机共计 110 流，生产能力超过 1.37 亿吨/a。我国共建成并投产的生产线有 23 条（珠钢、邯钢、包钢、鞍钢、唐钢、马钢、涟钢、本钢、济钢、通钢、酒钢等），连铸机共计 30 多流，生产能力约为 5500 万吨/a，其中包括德国西马克公司的 CSP、意大利达涅利公司的 FSTR 和我国鞍钢具有自主知识产权的 ASP 等；特别是新增投产全无头轧制先进生产线 4 条（日照 ESP 生产线 2 条、首钢京唐 MCCR 生产线 1 条，唐山全丰 ESP 生产线 1 条），产能约 1000 万吨。我国部分薄板坯连铸连轧生产线装备与产品规格见表 6-2。目前，我国的涟钢、唐钢、珠钢已经成功轧出 0.78~0.80mm 厚的热轧板卷，厚度不大于 2mm 的热轧板卷批量生产技术已基本掌握。

表 6-2　我国部分薄板坯连铸连轧生产线装备与产品规格

序号	钢厂	连铸机	开发商	铸坯规格（厚×宽）/mm×mm	产品厚度/mm	生产能力/万吨·a^{-1}	轧机	投产时间
1	珠钢	2 流 CSP	SMS	（50~60）×（1000~1380）	1.2~12.7	180	6CVC	1999.8
2	邯钢	2 流 CSP	SMS	（60~90）×（900~1680）	1.2~20.0	247	1+6CVC	1999.12
3	包钢	2 流 CSP	SMS	（50~70）×（980~1560）	1.2~12.0	200	7CVC	2001.8
4	唐钢	2 流 FTSR	Danieli	（70~90）×（1235~1600）	0.8~12.0	250	2+5PC	2002.12
5	马钢	2 流 CSP	SMS	（50~90）×（900~1600）	0.8~12.7	200	7CVC	2003.9
6	涟钢	2 流 CSP	SMS	（55~70）×（900~1600）	0.8~12.7	240	7CVC	2004.2
7	鞍钢	4 流 ASP	鞍钢	100/135×（900~1550）	1.5~25.0	240	1+6ASP	2000.7
8	鞍钢	2 流 ASP	鞍钢	135/170×（900~1550）	1.5~25.0	500	1+6ASP	2005
9	本钢	2 流 FTSR	Danieli	（70~85）×（850~1605）	0.8~12.7	280	2+5PC	2004.11
10	通钢	2 流 FTSR	Danieli	（70~90）×（900~1560）	1.0~12.0	250	2+5PC	2005.12
11	酒钢	2 流 CSP	SMS	（52~70）×（850~1680）	1.2~12.7	200	6CVC	2005.5
12	济钢	2 流 ASP	鞍钢	（135~150）×（900~1550）	1.5~25.0	250	1+6ASP	2006.11
13	武钢	2 流 CSP	SMS	（50~90）×（900~1600）	1.0~12.7	253	7CVC	2009.2
14	日钢	1 流 ESP	Simens/VAI	（70~110）×（900~1600）	0.8~6.0	222	3+5	2014.11
15	日钢	1 流 ESP	Simens/VAI	（70~110）×（900~1600）	0.8~6.0	222	3+5	2015.5

6.2.2.2　薄板坯连铸连轧的发展历程

薄板坯连铸连轧技术经历了开发期、引进期、发展期和成熟期四个发展历程。

（1）开发期（1985～1989 年）。1986 年，德国西马克（SMS）公司成功开发了采用漏斗形结晶器、拉速为 6m/min、浇注尺寸为 50mm×1600mm 的 CSP 工艺。1987 年，德国德马克（MDH）公司开发了平板直弧形结晶器，以 4.5m/min 的拉速生产出 60mm×900mm 和 70mm×1200mm 的薄板坯，即 ISP 工艺。1988 年，奥钢联（VAI）采用薄平板结晶器，在瑞典阿维斯塔（Avesta）公司改造的铸机上浇出厚度为 70mm 的不锈钢薄板坯，即 CONROLL（Continuous Casting and Rolling）工艺。同时，意大利达涅利（Danieli）、日本住友等公司也着手于薄板坯连铸连轧技术的开发工作。

（2）引进期（1989～1994 年）。1989 年 7 月，美国纽柯公司在印第安纳州的克劳福兹维尔厂建成了世界上第一个 CSP 车间，年产 80 万吨，标志着薄板坯连铸连轧技术投入了工业生产。1992 年，意大利的阿尔维迪（Arvedi）钢厂建成了年产 50 万吨的 ISP 生产线。意大利达涅利公司的 FTSR 技术、日本住友公司的 QSP 技术以及奥钢联的 CONTROLL 技术等尚处于半工业试验状态。

（3）发展期（1994～1999 年）。此时期，西马克公司加大铸坯的厚度，减小结晶器变截面的变化程度，二冷段采用液芯压下技术，优化浸入式水口，采用液压振动，开发高压水除鳞装置；德马克公司将平板形结晶器改成橄榄形，优化浸入式水口形状，加大铸坯厚度（由 60mm 变为 75mm），采用无芯轴步进式热卷箱，最后又采用直通式辊底炉；达涅利公司开发出 H^2（High Speed High Quality）结晶器或凸透镜形结晶器，降低变截面引起的坯壳应力，加大熔池深度，采用高拉速，使浇注包晶钢成为可能。纽柯希克曼（Hickman）厂和加拿大阿尔戈马（Algoma）厂采用达涅利公司开发的工艺，产品表面质量好。

（4）成熟期（1999 年至今）。进入 21 世纪以来，薄板坯连铸连轧已逐步进入成熟期，工艺与设备的框架已基本形成。今后该技术的发展和完善方向是：

1）进一步提高拉速，以提高产量，实现规模经济和良好效益；

2）进一步提高产品质量，扩大产品范围；

3）进一步减小产品厚度，实现以热代冷，提高产品竞争能力。

6.2.2.3　薄板坯连铸连轧工艺的特点

与传统板坯连铸相比，薄板坯连铸连轧工艺具有下述特点：

（1）板坯厚度小。薄板坯坯厚为 20～70mm，坯宽一般为 800～1600mm，最宽可达 2000mm。典型薄板坯的厚度为 50mm，而厚板坯的厚度为 250mm。

（2）拉坯速度大。目前几种典型的薄板坯连铸设计拉速均在 5m/min 左右，比传统板坯连铸的拉速高很多。

（3）凝固速度快。对于 50mm 厚的薄板坯，全凝固时间为 0.9min；而对于 250mm 厚的厚板坯，全部凝固需 23.1min。薄板坯的凝固过程处于快速凝固区，内部组织晶粒细化，球状晶区较大，中心偏析少，板坯致密度高。

（4）出坯温度高。铸坯的全凝固点控制在距离铸机出口尽可能近的位置上。全凝固点处铸坯表面温度为 1150℃，边部温度为 970℃，平均温度达 1300℃。

（5）冶金长度短。薄板坯薄，冶金长度很短，为 5～6m。而传统板坯的液芯长度均超过 20m，250mm 厚的厚板坯的冶金长度可达 40m。薄板坯铸机重量只有相同生产能力的厚

板坯铸机重量的 $1/3\sim1/2$。

（6）比表面积大。50mm×1500mm 薄板坯的比表面积为 $5.3m^2/t$，而宽度相同、250mm 厚的厚板坯的比表面积为 $1.2m^2/t$。由于散热速度增大，薄板坯的缺陷产生概率增加。

6.2.2.4　薄板坯厚度的选择

连铸坯的厚度是各类连铸工艺的特征参数。一般薄板、中厚板、厚板的厚度分别界定为 $20\sim70mm$、$90\sim150mm$、$200\sim300mm$。三种连铸坯的主要特征见表 6-3。

表 6-3　三种连铸坯的主要特征

连铸工艺	薄板坯连铸	中厚板坯连铸	厚板坯连铸
铸坯厚度/mm	20~70	90~150	200~300
结晶器形状	漏斗形	平板形	平板形
拉速/m·min⁻¹	高，最大 6	中，最大 5	低，最大 2.5
轧制线主要设备	精轧机（4~6 机架）	粗轧机（1~2 机架）+卷取箱+精轧机（4~6 机架）	粗轧机（1~3 机架）+精轧机（7 机架）
品种	以低碳钢为主	与传统工艺相当	多
质量	较差（特别是表面质量）	与传统工艺相当	好
投资费用	小	中	大

薄板坯厚度的选择要与后道轧制产品的规格尺寸相适应，且与整个生产过程所采用的相关技术有关，此外还要考虑市场情况。

6.2.3　薄板坯连铸连轧的关键技术

薄板坯连铸连轧的关键技术主要包括结晶器及其相关装置技术、铸坯液芯轻压下技术、高压水除鳞技术、缓冲加热炉技术、板型自动控制技术、精轧机架和卷取技术等。

6.2.3.1　结晶器及其相关装置技术

结晶器及其相关装置技术包括浸入式水口、结晶器内腔结构、结晶器电磁制动及结晶器液压振动、新型保护渣的开发等。浸入式水口的几何形状设计决定了结晶器上部区域钢液的流动状态，其内部形态，特别是出口的位置与形状决定了结晶器内部钢流形态与流动能量的分布。结晶器内腔结构是结晶器的核心技术，也是不同工艺的本质区别之一，如 ISP 的结晶器为直弧形，CSP 的结晶器为漏斗形，达涅利公司开发的结晶器为凸透镜形，奥钢联开发的结晶器为平板形等，如图 6-2 所示。

（1）图 6-2(a) 所示的是德国德马克公司 ISP 工艺的第一代结晶器，为立弯式，侧板可调，上口断面呈矩形，尺寸为 $(60\sim80)mm\times(650\sim1330)mm$。意大利阿尔维迪厂于 1993 年将原平板形结晶器改为小漏斗形（也称橄榄形），即结晶器上口宽边的最大厚度为 60mm+ $(10\times2)mm$，这种形状一直保持到结晶器下口仍有 $(1.5\times2)mm$ 的小鼓肚。近年来，其结晶器的小鼓肚越改越大，上口的鼓肚为 $(25\times2)mm$，下口的鼓肚仍为 $(1.5\times2)mm$。

（2）图 6-2(b) 所示的是德国西马克公司 CSP 工艺所采用的漏斗形结晶器，其上口宽边两侧均有一段平行段，然后与一圆弧相连接。漏斗形状在结晶器内保持到 700mm 长度，

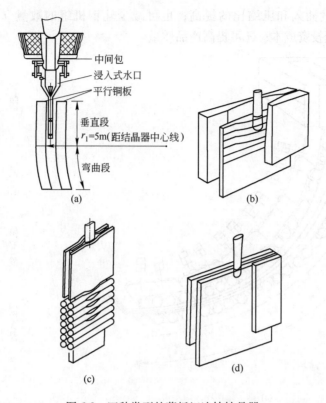

图 6-2 四种类型的薄板坯连铸结晶器

（a）立弯式结晶器（第一代），德马克公司 ISP 工艺；（b）漏斗形结晶器，西马克公司 CSP 工艺；

（c）凸透镜形结晶器；达涅利公司 FTSR 工艺；（d）平板形结晶器，奥钢联 CONROLL 工艺

上口为 170mm，结晶器出口处铸坯厚度为 50~70mm，结晶器总长 1120mm。

（3）图 6-2(c)所示的是意大利达涅利公司 FTSR 工艺的全鼓肚形（又称凸透镜形）结晶器。结晶器的鼓肚形状自上而下贯穿整个结晶器，并一直延伸到扇形 1 段中部。因鼓肚到平直的距离加长，凝固坯壳的应力有所降低。该结晶器上口为 180mm，长 1200mm，宽 1200~1620mm，下口出口铸坯厚度为 55~70mm。

（4）图 6-2(d)所示的是奥钢联 CONROLL 工艺中的平板形直式结晶器，浸入式水口也是扁平的，结晶器断面尺寸为(70~125)mm×1500mm。

由于薄板坯连铸结晶器的空间较小、拉速较高，为了保持结晶器液面的稳定和连铸的顺行，必须采用电磁制动（EMBR）技术来控制结晶器内钢液的流动，减缓入流流股对窄边的冲击，从而稳定钢液面，并使钢液面上的保护渣层能够均匀分布。结晶器液压振动可以改善结晶器内壁与铸坯坯壳间的接触状况，还可通过选择合适的振动参数来减少负滑脱时间。

6.2.3.2 铸坯液芯轻压下技术

铸坯液芯轻压下（LCR）是薄板坯连铸采用的新技术。铸坯液芯轻压下装置包括在结晶器出口处的带液芯压下和在二冷段末端的固芯压下装置。图 6-3 为 ISP 和 CSP 工艺流程液芯压下示意图。薄板坯允许的总应变量应小于 0.7，液芯压下区单辊压下量以不超过 1.5mm 为宜，压下速率不超过 0.3~0.5mm/s。采用液芯轻压下技术可适当加大铸坯断面，

便于浸入式水口的插入和压缩比的提高；也可减少轧钢机组的数量（甚至取消初轧机组），进一步降低投资成本；还可提高产品质量。

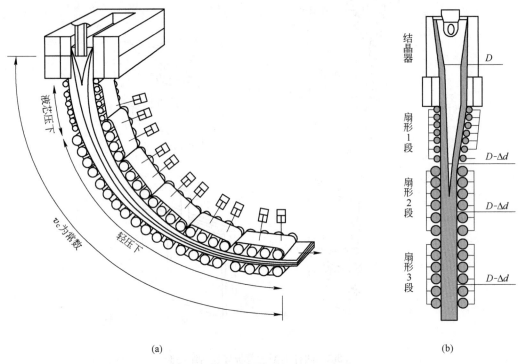

(a)　　　　　　　　　　　　　　　　(b)

图 6-3　薄板坯连铸液芯压下示意图

（a）ISP 工艺流程；（b）CSP 工艺流程

D—铸坯出结晶器的厚度；Δd—减薄的厚度

6.2.3.3　高压水除鳞技术

高压水除鳞是铸坯轧制前对铸坯表面质量无缺陷化的重要手段。通过特制的喷嘴将高压水以一定角度打到铸坯表面，可有效地清除氧化铁皮及表面黏渣等。

6.2.3.4　缓冲加热炉技术

缓冲加热炉是连接连铸和连轧的中间缓冲环节。均热炉分为辊底式、隧道式和步进梁式，常采用辊底式均热炉。若两条生产线共用一组精轧机，均热炉可以建成平移式或摆动式。辊底炉的辊子是一个带绝热环的水冷管道，薄板坯在绝热环上运输，为了防止水冷管过热或通过水冷管的不必要热损失，绝热环之间应填充绝热材料。中间缓冲加热炉的设计形式、铸坯块数及长度，应根据连铸机和精轧机组的能力匹配情况而定。

6.2.3.5　板型自动控制技术

板型及平直度控制系统采用了著名的 CVC 工艺，通过板型及平直度控制能够确定成品板厚而不用过多考虑各道次压下量如何分配。辊子的弹性变形、热变形及辊子的磨损度均通过该控制系统监控，并在线调整辊缝予以校正，使板带规格严格控制在公差范围内。通过 PFC/CFC 系统可将辊子磨损和热变形共同作用，从而使板带边部产生的皱纹及波浪等缺陷消除。

6.2.3.6 精轧机架和卷取技术

现有的热精轧机组类型有 4 机架、5 机架、6 机架乃至 7 机架。板带卷取可采用卷取箱技术和采用有轴心或无轴心卷取技术，要求做到卷取与开卷时操作方便、顺利。

6.2.4 典型的薄板坯连铸连轧工艺

各种薄板坯连铸连轧技术各具特色，同时又互相影响、互相渗透，并在不断地发展和完善。

6.2.4.1 CSP 工艺

"CSP"的意思是紧凑式热带生产线。CSP 工艺是由德国西马克公司开发的世界上最早的、已投入工业化生产的薄板坯连铸连轧技术。自 1989 年在纽柯公司建成第一条 CSP 生产线以来，随着技术的不断改进，该生产线不断发展完善，现已进入成熟阶段。

CSP 生产线工艺流程为：铁水预处理—钢水冶炼—钢水精炼—CSP 连铸—热轧卷取。

A CSP 工艺的特点

CSP 工艺具有如下特点：

(1) 如图 6-4 所示，CSP 技术设备由采用漏斗形结晶器的立弯式薄板坯连铸机、摆动剪、CSP 直通辊底式加热均热炉、轧机入口辊道、事故剪、高压水除鳞机、轧边机（珠钢预留，邯钢在粗轧机前）、粗轧机组（5~6 机架）、层流冷却与输送辊道、地下卷取机、钢卷输出装置等组成。

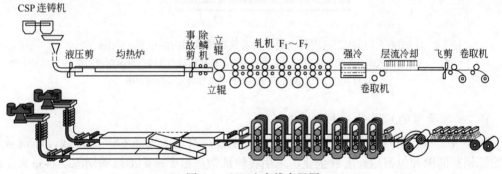

图 6-4 CSP 生产线布置图

(2) 可生产 0.8mm 或更薄的碳钢、超低碳钢板坯。

(3) 生产钢种包括低碳钢、高碳钢、高强度钢、高合金钢、超低碳钢及无取向硅钢。

(4) CSP 薄板坯连铸采用的主要技术有钢包下渣检测、带自动液面监控和流动控制的中间包、漏斗形结晶器、结晶器自动在线调宽、结晶器监控、结晶器液面控制，保护浇注、液芯动态压下、二冷动态控制等。其中，漏斗形结晶器配备异形浸入式水口是 CSP 生产线的核心。异形浸入式水口既可防止二次氧化，又可减少坯壳凝固时产生的横向应力。结晶器长 1100mm，用铜（表面镀锆、铬）制成，可在高温下抵抗永久性变形。漏斗形结晶器解决了浸入式水口插入结晶器的难题，结晶器顶部的漏斗形状可以容纳大直径的浸入式水口，可提供足够的空间以防止坯壳与水口之间形成搭桥。CSP 工艺用浸入式水口及其在结晶器内的位置示意图见图 6-5。结晶器顶部漏斗中心宽为 170mm（或 190mm），边部上口为 50mm(或 70mm)，下部出口为 50mm(或 70mm)。坯壳形成后在向下拉坯的过程中逐步变形，形成 50mm(或 70mm)厚的薄板坯。

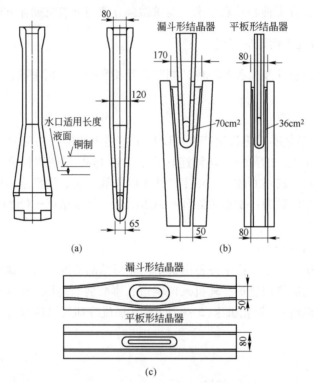

图 6-5　CSP 工艺用浸入式水口及其在结晶器内的位置示意图
(a)浸入式水口形式；(b)浸入式水口在漏斗形结晶器内位置的纵向剖视图；
(c)浸入式水口在漏斗形和平板形结晶器内位置的俯视图

B　我国典型的 CSP 生产线技术

1996 年，我国的珠钢、邯钢和包钢从西马克公司引进了三条 CSP 生产线，珠钢采用电炉炼钢；邯钢和包钢是长流程企业，采用转炉炼钢。由于转炉冶炼周期短、容量大，出结晶器口的坯厚增加到 70~80mm，并采用 2 流连铸。除采用液芯压下技术外，邯钢还增设了一架粗轧机，以使进入精轧机的坯厚不大于 50mm。珠钢、邯钢和包钢 CSP 工艺流程及主要技术参数如图 6-6 所示。这三条 CSP 生产线主要的共同点是：

(1)采用立弯式机型；
(2)采用漏斗形结晶器；
(3)采用结晶器液压振动装置；
(4)采用液芯压下技术；
(5)采用摆动辊底式加热炉；
(6)热轧带卷的最薄厚度达 1mm。

6.2.4.2　ISP 工艺

"ISP"即指在线热带生产线。ISP 技术是由德马克公司最早开发的，1992 年 1 月在意大利阿尔维迪钢厂建成投产，设计能力为 50 万吨/a。图 6-7 所示为意大利阿尔维迪厂的

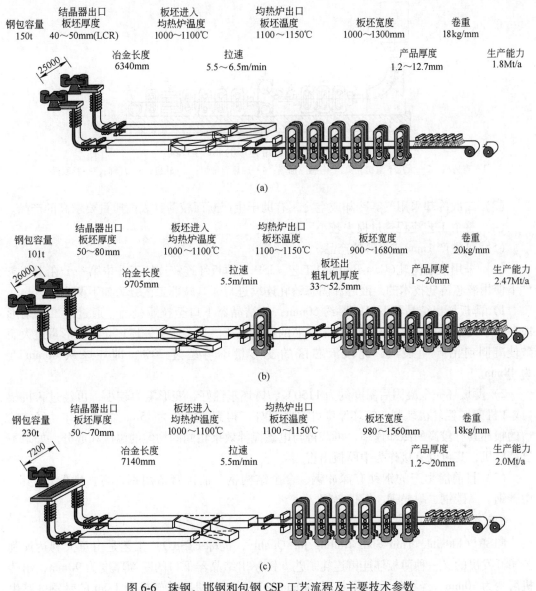

图 6-6 珠钢、邯钢和包钢 CSP 工艺流程及主要技术参数
(a) 珠钢；(b) 邯钢；(c) 包钢

ISP 生产线。

ISP 是目前最短的薄板坯连铸连轧生产线，其主要技术特点是：

（1）采用直弧形连铸机，小漏斗形结晶器，薄片状浸入式水口，低熔点、低黏度的粒状保护渣，液芯压下和固相铸轧技术，感应加热和克日莫那炉（也可用辊底式炉），电磁制动闸，大压下量初轧机，带卷开卷机，精轧机，轧辊轴向移动、轧辊热凸度控制、板型和平整度控制、平移式二辊轧机。

（2）生产线布置紧凑，不使用长的均热炉，总长度仅为 180m 左右。从钢水至成卷仅需 20~30min，充分显示其高效性。

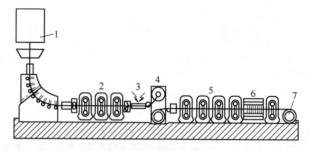

图 6-7   意大利阿尔维迪厂的 ISP 生产线

1—连铸机；2—大压下量初轧机；3—感应加热；4—加热卷带炉；5—轧机；6—冷却；7—卷取机

（3）二次冷却采用气雾冷却或空冷，有助于生产断面较薄且表面质量要求高的产品。

（4）整个工艺流程热量损失较小，能耗少。

（5）可生产 1mm 或更薄的产品。

（6）采用液芯铸轧（Cast-Rolling）工艺。ISP 是薄板坯连铸连轧工艺中第一个在工业条件下使用液芯铸轧技术的，液芯和固态铸轧连续进行。其减薄工艺分为如下两步：

1）薄板坯出结晶器下口时厚约 60mm，从结晶器下口至拉矫机前，通过使二冷扇形段各支承夹辊的辊缝逐渐减小，将带液芯的铸坯减薄。为了避免铸坯坯壳的变形量过大而致使凝固前沿产生裂纹，此段液芯区的变形量不可超过 20%，即坯厚从 60mm 变为 48mm。

2）薄板坯完全凝固后温度约为 1150℃，铸坯塑性好、变形阻力较小，再经过 3 机架（或 2 机架）粗轧机轧制，铸坯厚度可减薄 60%，得到厚度约为 15mm 的薄板坯。经铸轧后的板坯具有较高的冷却速率，可获得与电磁搅拌效果相同的均匀的温度和成分。如果不进精轧机，其可以直接作为中厚板出售。

（7）目前能生产的钢种有深冲钢、合金结构钢、油田管道用钢、高强度低合金钢、中碳钢、高碳钢、耐候钢、铝镇静钢。

6.2.4.3   FTSR 工艺

FTSR（Flexible Thin Slab Rolling for Quality，也称 FTSRQ）工艺是由意大利达涅利公司开发出的又一种薄板坯连铸连轧工艺。铸坯出结晶器下口的断面厚度为 90mm，出铸机后变为 70mm，经粗轧后减薄为 35~40mm，最后经 6 机架精轧成为 1mm 的带钢。其生产带卷的能力为 200~250 万吨/a，典型的工艺布置见图 6-8。FTSR 工艺能浇注的钢种范围较宽，可提供表面和内部质量、力学性能、化学成分均匀的汽车工业用板。目前我国的唐钢、本钢、通钢均采用此工艺。

FTSR 工艺的主要技术特点是：

（1）采用直弧形连铸机、H^2（高质量、高拉速）结晶器、结晶器液压振动、三点除鳞、浸入式水口、连铸用保护渣、动态软压下、液位自动控制、独立的冷却系统、辊底式均热炉、全液压宽度自动控制轧机、精轧机、全液压的厚度自动控制（AGC）系统、机架间强力控制系统、热凸度控制系统、工作辊抽动系统、双缸强力弯辊系统等。

（2）可生产低碳钢、中碳钢、高碳钢、包晶钢、特种不锈钢等。

唐钢超薄热带钢生产线于 2002 年 10 月 14 日热负荷试车成功，这是我国第一条采用

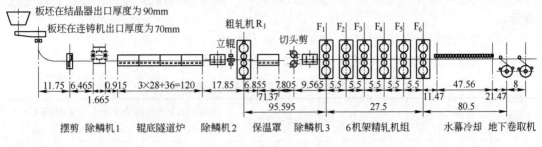

图 6-8 典型的 FTSR 工艺布置

90/70mm 铸坯和平均为 5.46m/min 的高拉速设计、优化的中间包及浸入式水口、H^2 漏斗形结晶器、结晶器漏钢预报和动态轻压下等关键工艺和设备的薄板坯连铸生产线，其主要设备技术参数见表 6-4。

表 6-4 唐钢超薄热带钢生产线的主要设备技术参数

项　目	参　数	项　目	参　数
连铸机机型	直弧形	中间包容量/t	38（最大容量 42）
连铸机主半径/mm	5000	中间包操作水平/mm	900（溢流高度 1100）
铸坯尺寸/mm×mm	90/70×(860~1730)	结晶器设计	H^2 大漏斗形，长 1200mm
弯曲点和矫直点数量	8 点弯曲，3 点矫直	结晶器宽度调整	在线自动调整
轻压下控制	通过数学模型控制	结晶器振幅/mm	±(0~100)
扇形段数量	10	结晶器振动频率/次·min^{-1}	0~600
冶金长度/m	14.24	漏钢和黏结防护	热电偶自动控制
拉坯速度/m·min^{-1}	2.8~6.0（二期 $v_{c,max}$=7.3）	浇注钢种	超低碳钢、低碳钢、中碳钢和高碳钢，包晶钢，HSLA 钢
年产量/万吨·a^{-1}	150（二期 250）	引锭杆系统	刚性弹簧板链式结构，底部插入
二次冷却	气-水雾化动态控制		

6.2.4.4 CONROLL 技术

CONROLL 技术是由奥钢联公司开发的，铸坯厚度较厚（可达 130mm），该技术与传统的热轧带钢生产技术相接近。其主要技术特点如下：

（1）采用超低头弧形连铸机、平板形直式结晶器、结晶器宽度自动调整系统、新型浸入式水口、结晶器液压驱动、旋转式高压水除鳞、二冷系统动态冷却、步进式加热炉、液芯轻压下、液压 AGC、工作辊带液压活套装置、轧机 CVC 技术等。

（2）生产的钢种包括低碳钢、中碳钢、高碳钢、高强度钢、合金钢、不锈钢、硅钢、包晶钢等。

6.2.4.5 QSP 技术

QSP 技术是由日本住友金属公司开发的生产中厚板坯的技术，开发的目的是在提高铸机生产能力的同时生产高质量的冷轧薄板。其主要技术特点如下：

（1）采用直弧形连铸机、多锥度高热流结晶器、非正弦振动、电磁闸、二冷大强度冷却、中间包高热值预热燃烧器、辊底式均热炉、轧辊热凸度控制、板型和平直度控制等。

（2）生产的钢种包括碳钢、低碳铝镇静钢（LCAK）、低合金钢、包晶钢等。

各种薄板坯连铸工艺装备的主要技术特点如表6-5所示。

表6-5　各种薄板坯连铸工艺装备的主要技术特点

工艺	坯厚 /mm	机型	结晶器	铸坯支承	冷却 状态	弧形半径 /m	冶金长度 /m	是否液芯 压下	拉速/m· min⁻¹
CSP	40~70	立弯式	漏斗形结晶器上口为180mm，长1100mm，漏斗为700mm	结晶器下方采用格栅，2~4个垂直扇形段进入弧形弯曲段	水冷气-水	顶弯半径3~3.25	6~9.7	未采用→采用	4~6
ISP	60, 75, 90, 100	直弧形	平板形直式结晶器，全弧→直弧→小漏斗	多点弯曲矫直密排分节扇形段，无拉矫机	气-水	5~6	11~15.1	最早采用液芯压下	3.5~5
FTSR	40~80, 90/70	直弧形	H²结晶器的上口为190mm，长1200mm，全长漏斗	结晶器下7~8对带凸度密排分节辊，多点弯曲矫直密排分支辊扇形段	气-水	5	15	采用动态软压下	3.5~5
CONROLL	70~(80, 75~125)	直弧形	平板形直式结晶器，长约900mm	渐进弯曲矫直密排分节辊扇形段	气-水	5	14.6	无	3~3.5
QSP	90/70	直弧形	平板形直式结晶器（多锥度），长950mm	多点弯曲矫直密排分节辊扇形段	气-水	3.5	11.2	采用或不采用	3.5~5
TSP	125~152	直弧形	平板形直式结晶器	扇形段				无	2.5~3

注：铸坯厚度指结晶器出口处的铸坯厚度，采用液芯压下后连铸机的厚度将减薄10~20mm。

6.2.4.6　ESP工艺

ESP（Endless Strip Production）无头带钢生产是新一代热轧带钢生产技术，是意大利Arvedi公司在ISP工艺基础上开发成功的。2009年2月克莱蒙纳厂无头轧制技术投入工业化生产，我国山东日照钢铁等企业随后引进了该技术。

山东日照钢厂自2014年以来先后投产3条ESP产线，主要技术特征是采用无头轧制技术，3+5个机架，恒速轧制，产品最薄厚度为0.8mm，在线感应均热技术，80mm铸坯最高拉速为6.0m/min，如图6-9所示。

ESP工艺是完全连续的生产线，并且布置紧凑，生产线长约190m，铸机拉速高，单流产量可达200万吨/a，可大批量生产优质、薄规格产品，能量消耗可降低50%~70%，水消耗可减少60%~80%，二氧化碳排放量大幅度减少，代表着热轧超薄带钢先进工艺技术发展方向。ESP生产线的关键设备主要包括高拉速连铸机、大压下粗轧机、摆剪、感应式加热炉、高压除鳞、精轧机、层流冷却、高速飞剪和地下卷取机等。

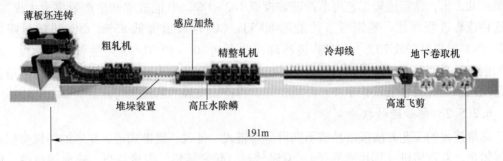

图 6-9 ESP 工艺布置图

与成熟的 CSP、常规热连铸相比，ESP 生产线的工艺优势主要有：

（1）无穿带和甩尾阶段产生的工艺波动，可保证带卷 100% 长度方向上厚度和宽度恒定，稳定的平直度和横向凸度。

（2）无加速过程，感应加热带坯温度均匀，保证带钢物理和力学性能一致。

（3）具备轧制超薄 0.7mm 或 0.8mm 带钢的可能性。

（4）不存在切头切尾，成材率高。

（5）无头尾冲击，轧辊不易损坏。

（6）等宽轧制量大，ESP：150km；CSP：130km；C-HRM：50~70km。

（7）短流程，节省能源，降低成本，对环境友好。

（8）可生产极薄规格带钢比例高。

（9）无头轧制连续化生产，ESP 代表了薄板坯连铸连轧的发展方向。

6.2.5 薄带连铸技术

6.2.5.1 薄带连铸技术的优点

用连铸机直接浇铸成厚度为 1~10mm 的近终形带钢（坯）的生产工艺称为带钢连铸。该工艺是连铸技术的又一次革新。带钢连铸产品可直接作为热轧带钢使用，也可作为冷轧坯料。作为终极连铸技术，薄带连铸技术将连续铸造、轧制在铸机内一次完成，将传统意义上的连铸过程与轧制过程在理论上结合到一起，这种简化方式符合连铸过程的发展方向。传统板坯、薄板坯和薄带连铸连轧基本参数的比较见表 6-6。

表 6-6 传统板坯、薄板坯和薄带连铸工艺比较

工艺参数	板坯连铸	薄板坯连铸	薄带连铸
产品厚度/mm	150~300	20~70	1~4
总凝固时间/s	600~1100	40~60	0.15~1.0
拉速/m·min^{-1}	1.0~2.8	4~6	30~120
结晶器平均热流/MW·m^{-2}	1~3	2~3	6~15
金属熔池重量/t	>5	约 1	<0.4
坯壳平均冷却速率/K·s^{-1}	约 12	约 50	约 1700

与传统工艺相比，薄带连铸技术具有的优点：基建投资大幅度减少，生产线由几百米

缩短到几十米,薄带连铸工艺可节约基建投资 $1/3 \sim 1/2$。节能效率和生产效率大大提高,与连铸连轧过程相比,吨钢可节约能源 800kJ, CO_2 排放量降低 85%, NO_x 排放量降低 90%, SO_2 排放量降低 70%。薄带连铸冷却速度高达 $10^2 \sim 10^3$℃/s,可显著细化晶粒,减少偏析,改善产品的组织结构,可生产传统方法难以生产的高速钢、高硅钢薄带等。适合产量规模较小,符合钢铁碳中和、环境友好、可持续发展的新流程特点。

6.2.5.2　薄带连铸机分类

薄带连铸的工艺方法按结晶器不同可分为辊式、带式、辊带式等,相应的铸机类型有单辊铸机、双辊铸机(同径或异径)、双带铸机、轮带铸机、内轮铸机、喷射铸机等,如图 6-10 所示。据不完全统计,全世界有四十余台铸机用于研究和开发薄带连铸技术。在形式众多的薄带连铸铸机类型中,除单辊铸机已有工业化生产样机并开始工业化试生产外,其他铸机虽未投入工业化应用,但有相当的铸机已完成了中试,一些工业规模的薄带连铸生产线正在开发和新建之中。目前,发展较快的铸机有双辊铸机、单辊铸机及喷射铸机三种,其他类型铸机进展缓慢,仍停留在实验室和中间试验阶段。

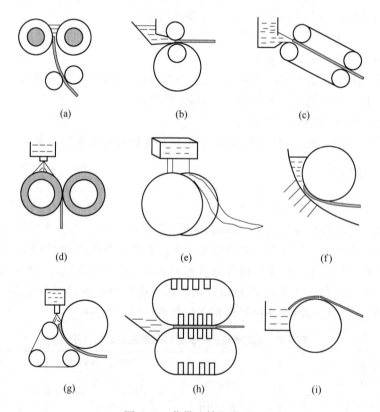

图 6-10　薄带连铸机类型

(a) 双辊铸机;(b) Hazelet 环式铸机;(c) 双带式铸机;(d) 喷射铸机;(e) 单辊铸机;
(f) 内轮式铸机;(g) 辊带式铸机;(h) 移动模块式铸机;(i) 拖曳式铸机

目前 6mm 厚度以下规格的技术发展较快,是全世界关注和项目研究的重点,采用铸机的类型以双辊铸机为主。双辊铸机的开发研究主要集中在日本的新日铁、法国的于齐诺尔、韩国的浦项、澳大利亚的 BHP、美国的 Nucor、中国的宝钢等钢铁公司。这种铸机目前全世界研究得最多，在生产 1~10mm 厚的薄钢带方面，这种铸机被认为是最有前途的，也是比较成熟的。

6.2.5.3 双辊薄带连铸技术

A 双辊薄带连铸特点

图 6-11 所示的是韩国 POSCO 公司的薄带连铸生产线，用于工业试验。目前的双辊薄带连铸机结构和工艺过程大同小异。钢液经过中间包均匀地注入由两铸辊与端面侧封板所形成的熔池中，由于铸辊的冷却作用，与铸辊相接触的钢液在铸辊上慢慢地形成凝壳，随着铸辊的转动，凝壳不断地加厚，当两个铸辊上的凝壳相互接触，凝固过程结束后，形成铸带。随着铸辊的转动，铸带在铸辊轻压下的作用下，脱离铸辊进入弧形板和辊道区域，最后卷曲成卷或切成定尺。

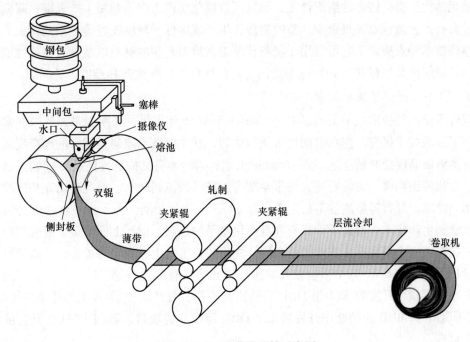

图 6-11 双辊薄带连铸示意图

带钢连铸关键技术主要包括：

（1）浇注过程中钢包和中间包内钢液温降控制。薄带连铸机通钢量远小于常规连铸机，浇注时间过长，开浇和终浇钢水过热度差别大。浇注过程中包内钢液保温及温降控制重要。

（2）浇注系统的结构设计。合理的浇注系统要保证铸轧熔池内钢液面平稳，将钢液在一定速度下注入熔池，并使之沿铸辊宽度方向均匀布置。钢水的流入方式有水平孔水口流入和层状结构水口流入方式等。水口材质主要有二氧化硅、氮化硼以及铝碳质等。

（3）连铸工艺参数控制。如液面高度、铸辊旋转速度、冷却水量、辊缝宽度、浇注温度等。

（4）侧封技术。侧封系统是为了能在铸辊间形成液态金属熔池而在铸辊两端设置的防漏装置，起到约束钢液，促进薄带成型，保证薄带边缘质量的作用。侧封系统有电磁侧封、气体侧封和固体侧封。固体侧封是目前较成熟实用的侧封技术。因此，研制具有绝热性好，耐磨性强和成本低的侧封材料十分重要。大多数双辊连铸机采用侧封材质为氮化硼、氧化铝、氮化硅、石墨等。采用固体侧封技术还须配备能够精确自动控制的顶紧装置。

（5）铸辊。铸辊是辊式带钢连铸机的关键部件。带钢连铸所有的凝固热和部分显热都通过双辊传出。这样强热交换会导致辊套温度高、温度梯度大。铸辊除材质以外，对水冷槽、支承形式、连接系统、套筒的尺寸等都有严格技术要求。

（6）带钢连铸自动化控制。由于带钢连铸机铸速快，对液面高度波动控制精度要求高。铸出的带钢厚度易波动，对辊缝和铸轧力必须严格控制。

双辊薄带连铸技术不仅具有亚快速凝固特点，可以细化晶粒、抑制偏析，显著改善铸带的微观结构，提高铸带的组织性能，而且可以简化生产工序，缩短生产周期，降低设备投资，具有工艺流程短，投资少，节约能源，生产成本低，环境友好等一系列优点。双辊薄带连铸技术特点决定了它可以用于制备传统工艺难以轧制的材料以及具有特殊性能的新材料，可以解决某些材料（如特殊不锈钢、复合材料等）塑性差和难加工的问题。

　　B　国外双辊薄带连铸发展

双辊薄带连铸技术最早由英国 H. Bessemer 于 1856 年提出，长期以来，各国非常重视并开展了该项技术研究，但在前期均未获得成功，其主要技术障碍是钢水的纯净度要求较高；熔池液面高度控制精度达不到±2mm 的要求；铸辊本身结构、性能及冷却效果达不到要求；熔池液面高度、铸辊转速、铸带厚度等工艺参数范围较窄，彼此难以互相匹配最终实现闭环控制，导致铸带质量不稳定等。20 世纪 90 年代初期，为了进一步降低薄带材的设备投资和生产成本，借助于计算机和自动化水平的提高，世界上四十多个研究机构和钢铁企业掀起了一个研究薄带连铸的新高潮，先后建设了几十台双辊薄带连铸实验铸机和工业试验机组，见表6-7。其中影响较大的薄带研究项目有欧盟、德、法、意、奥等国钢铁与设备制造商联合开发的 EUROSTRIP 薄带连铸项目、新日铁-三菱重工的薄带连铸项目，美国 NUCOR 和 BHP 公司合作开发的 CASTRIP 薄带连铸项目、韩国 POSCO 开发的薄带连铸项目等。

表 6-7　典型双辊薄带连铸机特征

研究单位	安装地	铸机类型	辊宽/mm	辊直径/mm	铸速/m·min⁻¹	带厚/mm	试验材料
于齐诺尔·萨西洛尔/蒂森	法国	同径式	865	1500	20~100	1~6	不锈钢硅钢
浦项公司/Davy(英)	韩国	同径式	350	750	30~50	2~6	碳钢不锈钢
新日铁和三菱重工工业公司	日本	同径式	1330	1200	20~130	1.6~5	不锈钢
BHP 公司/IHI 公司	澳大利亚	同径式	1900		30~40	2	低碳钢不锈钢
英国钢铁公司	英国	同径式	400	750	8~21	2~6	碳钢不锈钢

研究单位	安装地	铸机类型	辊宽/mm	辊直径/mm	铸速/m·min⁻¹	带厚/mm	试验材料
日立造船公司	日本	同径式	1050	1200	20~50	2~5	
日本金属工业公司/Krupp（德）	德国	异径式	1050	950 600	30~60	1~5	合金钢
CSM 公司/(Ilva)	意大利	同径式	800	1500	8~100	2~7	电工钢 不锈钢
贝西默尔公司	加拿大	同径式	200	600		2~5	碳钢不锈钢
蒂森公司/SMS 公司	德国	同径式	1200		5	6	合金钢 普通碳钢
Hunter 工程公司	美国	同径式	2000	1000	15	6~10	铝材
涿神公司	中国	同径式	1300~1600	650~1100	0.5~1.5	6~10	铝材

a　美国纽柯公司 Castrip 生产线

2000 年，IHI、BHP 与美国的纽柯钢铁公司合作开发了薄带连铸设备，并将该生产线命名为 Castrip。世界上第一套 Castrip 双辊薄带生产流程建在纽柯公司克劳福兹维尔厂，投资 1 亿美元，连铸机的钢包容量为 110t，双辊直径为 500mm，最高铸速为 150m/min，常用铸速为 80m/min，带钢设计厚度为 0.7~2.0mm，宽度为 1000~2000mm，卷重 25t。2002 年 5 月热试车，其产品为碳钢和不锈钢，年设计产能为 50 万吨。Castrip 双辊薄带生产线是世界上首次采用双辊薄带连铸法生产超薄浇铸带钢的厂家，最薄带钢厚 0.84mm。其产品大部分用户是建筑业，主要用来替代农业用冷轧薄板。

Castrip 工艺的主要优点是不经冷轧工序可以生产薄钢板。通常化工品包装桶盖用厚度为 1.0~1.1mm 的冷轧板，现在可用 Castrip 带钢替代。由于废钢价格不断上涨，为降低成本，Castrip 生产线可以用高残余元素废钢为原料。Castrip 工艺带钢冷却速度快，残余元素（如铜）在未形成偏析之前已经凝固。目前，Castrip 生产线已成功浇铸出含铜 0.6% 的钢水。与常规连铸和轧钢技术相比，Castrip 工艺投资低、节能环保、废气排放少，可生产高附加值薄规格产品，设备占地少、生产更灵活。

b　欧洲 Eurostrip 工程

1999 年 9 月蒂森·克虏伯钢公司、法国于齐诺尔公司和奥钢联工业设备制造公司签署了合作协议，共同开发薄带连铸技术，合作的项目定名为 Eurostrip 工程。1999 年 12 月，蒂森·克虏伯不锈钢公司克雷费尔德厂的带钢连铸机投产，钢包容量为 90t，中间包容量为 18t，铸辊直径为 1500mm，铸速为 40~90m/min（最大铸速为 150m/min），成功浇铸了 36t 304 不锈钢，铸带厚度为 3mm，宽度为 1430mm。克雷费尔德厂的带钢连铸机是欧洲第一台能进行工业性生产的双辊立式薄带连铸机。

Eurostrip 工程的第二个厂建在意大利 AST 公司的特尔尼厂，钢包容量为 20t，中间包容量为 3t，最大铸速为 100m/min，产品最薄为 2mm，宽度为 800mm，生产不锈钢和电工钢，年生产能力为 40 万吨。特尔尼厂目前已成功地浇铸了电工钢和 304 不锈钢薄带，带卷的单重为 20t。

c 日本新日铁/三菱重工的双辊薄带连铸技术

1996 年新日铁在光厂建成据称为世界上第一台商业性生产的带钢连铸机，设备由三菱重工制造，1997 年底投产，生产的是 304 奥氏体不锈钢，带厚为 2~5mm，带宽为 760~1330mm，铸速为 20~75m/min，钢包容量为 60t，年生产能力为 40 万吨。该铸机使用的两个水冷铸辊的直径为 1200mm。生产自动控制系统包括自动开浇、钢水液面控制、辊缝预压力控制、水口浸入深度控制等。浇铸带钢的厚度和结晶均匀，已用于生产冷轧带钢并制成厨房用具。

d 韩国浦项与英国戴维公司共同开发的薄带连铸机

浦项与戴维两家公司合作于 1994 年建造了一台接近工业规模的 2 号带钢连铸机，可生产 (2~6)mm×1300mm 的不锈钢及碳素钢薄带，铸速为 30~50m/min，带卷重 10t。目前正致力于将带钢浇铸与在线轧制相结合，生产出更薄规格的带钢，并能改善带钢质量，以代替冷轧产品。

C 中国双辊薄带连铸技术发展

东北大学于 1983 年建立了第一台异径双辊式铸机，1990 年 3 月又建成了第二台异径双辊式铸机，辊径分别 500mm 和 250mm，辊宽为 210mm，直流电机驱动，可调速，配有磨辊装置，等离子切割机和小型热轧机等，成功铸轧出 2.1mm×207mm 高速钢薄带，单炉可达 110kg，带坯长度可达 30m。并利用铸轧出的薄带坯加工出合格的锯条、刀片等。1999 年，新建了一台等径双辊式铸机，辊径为 500mm，辊宽为 250mm，铸速为 30~100m/min，带钢的厚度为 1~5mm。试验钢种为高速钢、不锈钢、硅钢和普碳钢。

重庆大学于 1990 年自行研发制作了辊径为 250mm、辊宽为 150mm 的同径双辊薄带连铸机，在高速钢薄带连铸工艺、显微组织和铸带后续处理工艺等方面开展了研究工作，同时也对不锈钢、碳钢以及硅钢和镁合金进行了双辊薄带连铸工艺研究。

上海钢铁研究所承担国家"八五"攻关项目，开展双辊薄带连铸技术研究，建成了一台 1200mm×600mm 中试规模的试验铸机，带厚 2~6mm，产品以 304 不锈钢为主。带坯经冷轧后的带钢性能达到了传统工艺生产的水平，该连铸机于 1996 年 2 月通过了技术鉴定，但未能实现推广应用。

特别是以宝钢为首的国内多家钢铁公司，近年来积极致力于双辊薄带连铸技术的研究与开发。其中宝钢在上钢五厂建成了一套辊径为 800mm、辊宽为 1050mm 的工业薄带连铸机，进行了不锈钢、硅钢和耐候钢等钢铁材料的浇铸实验，并对 304 不锈钢薄带连铸工艺与组织进行了较为深入的分析与研究。2012 年，国内第一条薄带连铸工业化示范生产线在宝钢宁波投入建设；2014 年 3 月，工业化示范线热负荷试车成功，9 月实现 200t 钢水的连浇、轧制和卷取，11 月生产出 0.9mm 超薄厚度热轧带钢；2015 年，宝钢薄带连铸生产线已经生产出超薄规格集装箱用钢等产品，仅 25s，就可将钢水直接浇铸成带钢，整个轧制过程能耗较传统工艺下降 80%。宝钢薄带连铸连轧宁波工业化示范线（简称 NBS）主要工艺流程和设备组成如图 6-12 所示。

当前影响薄带连铸产业化的主要问题是生产成本和表面质量。耐火材料消耗、铸辊消耗在工序成本中占比例过高；由于薄带坯表面积大，生产过程中没有二次处理措施，对铸带的表面质量（裂纹，表面凹坑）要求非常高。相信通过冶金工作者的不懈努力，代表 21 世纪连铸技术发展方向的薄带连铸一定会得到推广应用。

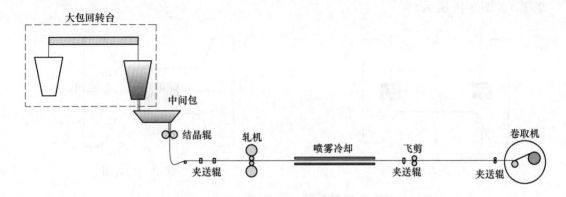

图 6-12 宝钢 NBS 主要工艺流程及设备组成

6.2.6 异形坯连铸技术

直接浇铸出所需钢材断面形状或接近成品钢材形状的连铸坯，称为异形坯连铸技术。如 H 型钢（工字钢）、正六边形钢坯、正八边形钢坯、中空圆坯等具有异形断面的连铸坯，对其连铸技术几乎都做过大量的研究开发和试验工作。钢的凝固收缩系数大是异形断面钢坯浇铸的难点，因而至今只有 H 型钢异形断面连铸技术应用于工业生产。目前全世界已有 20 多台异形坯连铸机。

异形坯连铸机与矩形坯（方坯）连铸机的结构形式基本相同，它们的主要区别在于结晶器的形状和二冷区支承辊的布置形式不同。下面介绍 H 型钢连铸技术。H 型钢也称平面宽边工字钢，是经济断面型钢中发展最快的一种。

早在 1964 年，英国钢铁研究协会在立式连铸机上试验浇铸 H 型钢铸坯获得成功，并送往加拿大阿尔戈马钢厂和其他钢厂轧成工字钢材，压缩比为 6∶1，钢材性能合格。此后，1968 年在加拿大，1973 年、1979 年、1981 年在日本，相继新建和改造成 H 型钢 2 流和 4 流兼用连铸机，并投入生产。兼用连铸机既能浇注大方坯，也能浇铸 H 型钢坯。我国马钢已引进建设了 H 型钢连铸机和轧钢机，于 1998 年投入生产。H 型钢的形状及各部位名称如图 6-13 所示，其断面尺寸根据需要可以变化。

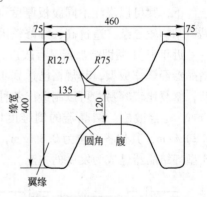

图 6-13 H 型钢的形状及各部位名称

6.2.6.1 H 型钢连铸机的特点

A 中间包及钢液的导入方式

中间包注流注入结晶器的位置要精确。为此，中间包装有特殊的对中设施，以使注流位置准确无误，确保铸坯质量合格。

钢液的导入方式是 H 型钢连铸的关键。H 型钢连铸每流可以用两个水口，见图6-14；但随着坯形的近终形化和品种、质量要求的提高，也发展了单水口浇注，见图6-15。H 型钢连铸可以采用浸入式水口+保护渣浇注，也可以采用半敞开式(也称半浸入式)+保护渣浇注，如图6-16所示。

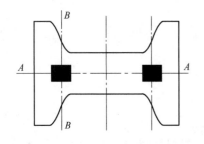

图6-14　双水口位置图

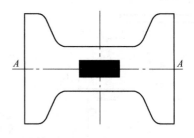

图6-15　单水口位置图

由于H型钢的腹板和翼缘板板壁较薄，若注流冲击动能过大，则会冲刷初生坯壳，导致拉裂而漏钢。因此，要求中间包水口的钢液注流尽量靠近结晶器钢液面，以减小注流的冲击作用。许多厂家为了减小从中间包底面到结晶器钢液面之间的距离，采用了半敞开式水口，即水口不与中间包底面相连。这样既保证了浇注入口点对中，又减轻了注流的冲击。

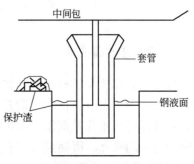

图6-16　半敞开式+保护渣浇注

B　H型坯结晶器

H型坯结晶器经过多次改进，由四块铜板组成，铜板通过螺栓固定在兼作冷却水套的支承框架上，其中外弧支承框架呈U形，其余3边用可调节夹持力的夹紧装置连接在U形框架上。内外弧在铜板上钻有冷却水孔，两侧铜板上开水缝冷却，如图6-17所示。在不更换结晶器的条件下，其可以浇注不同腹板厚度（或高度）或者不同翼缘板厚度的异形坯。但这种结晶器结构较复杂，造价高，维修较困难，马钢采用的H型钢连铸结晶器就属于此种类型。

近年来H型钢结晶器又有改进，改为管式H型坯结晶器，其结构如图6-18所示。该结晶器经爆炸成型，其规格已达到432mm×204mm×102mm。管式H型坯结晶器制造成本低，修复比较容易，可以制造出各种锥度。结晶器内壁材质采用含磷脱氧铜板，表面覆盖Cr+Ni复合镀层。结晶器的倒锥度以多锥度为宜，两窄边侧翼的倒锥度最大为（0.8~1.2)%/m，其他各部位为0.8%/m，腹板与翼缘板相交的圆弧面几乎没有锥度。目前管式H型坯结晶器已成为发展的主流。

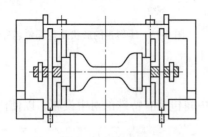

图6-17　第三代可调式结构结晶器

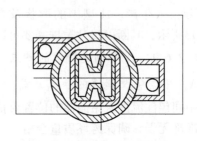

图6-18　管式H型坯结晶器

另外，结晶器冷却水量不能过大，水温不能过低。结晶器应采用缓冷，有利于坯壳均匀生长，减少了应力，从而避免了纵裂纹的产生。

C　二次冷却方式及二次冷却导向支承装置

二冷段一般采用气-水喷雾冷却。为了快速冷却刚拉出结晶器的铸坯，在足辊处可采用喷水强冷，冷却水量占二冷区冷却水量的 20% 以上。二次冷却的总水量一般为 0.6~1.1L/kg。H 型坯的断面形状复杂，冷却面积大，而且断面各点散热条件不同，所需的冷却强度也不一样。为使铸坯得到均匀冷却，需要设计一种合理的冷却方式。

为了防止铸坯出结晶器下口发生鼓肚变形，在铸坯的翼缘端部和两侧面以及腹部都装有支承辊，其排列情况如图 6-19(a) 所示。二冷区导辊的排列对铸坯防止变形、减少内裂有重要作用，如图 6-19(b) 所示。

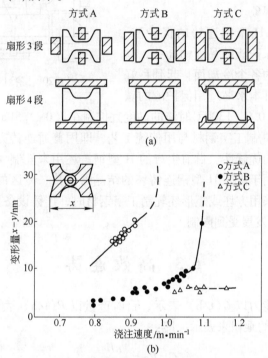

图 6-19　H 型坯的导向支承装置及其与铸坯变形量的关系

(a) 铸坯导向支承装置；(b) 二冷区导辊的排列对铸坯变形程度的影响

x—铸坯原尺寸；y—铸坯变形后尺寸

在铸坯四周安装喷嘴以使铸坯各表面冷却均匀，喷嘴的排列如图 6-20 所示。H 型钢铸坯的腰部呈凹槽状，所喷淋雾化水的未蒸发部分沿铸坯腰部凹槽的内弧面下流，并在其表面滚动，造成铸坯表面局部的过冷，恶化了铸坯表面质量。为此，安装了吹水装置，用压缩空气吹扫流下的冷却水，以保持铸坯各表面的均匀冷却。该设备是普通连铸机上所没有的，而对 H 型钢连铸机则是必不可少的。二冷比水量为 0.6~1.1L/kg。

关于结晶器振动装置、结晶器液面控制调节装置、二冷喷水系统及切割装置等，H 型钢连铸机与普通连铸机大致相同。

6.2.6.2　H 型钢连铸工艺的特点

H 型钢连铸工艺具有如下特点：

（1）钢液中硫含量尽可能控制得低一些，减少铸坯裂纹的发生。

（2）钢包到中间包的钢液注流最好采用保护浇注。

（3）中间包内钢液的过热度最好控制在 $10 \sim 20 ℃$ 的范围内，这样铸坯就不会出现内部裂纹。

（4）中间包至结晶器采用浸入式水口浇注或半浸入式水口浇注，采用半浸入式水口浇注可以改善铸坯的卷渣现象。

（5）选择适用于 H 型钢连铸的保护渣，其比一般方坯连铸用保护渣的黏度稍高些，以便能均匀地流入铸坯的各个冷却面，起到良好的润滑和传热作用。日本水岛厂用保护渣的碱

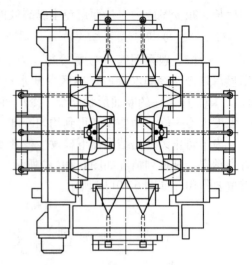

图 6-20　二冷区扇形 1 段剖面图

度 $w(CaO)/w(SiO_2) = 0.9$，$1300℃$ 时渣的黏度宜控制在 $1.0 \sim 1.5 Pa \cdot s$。

用 H 型钢连铸坯轧制工字钢材与用传统工艺，即用普通连铸方坯或矩形坯轧制工字钢材相比，具有很大的优越性。目前生产的 H 型钢铸坯用来轧制 $400 \sim 500 MPa$ 的普通碳素工字钢产品。但是用于浇注 H 型钢连铸坯的结晶器，其二冷区的导向支承及冷却装置的结构却很复杂；而采用方坯或矩形坯轧制工字钢材时，连铸设备要简化得多。因此，H 型钢连铸-轧制工艺的发展受到限制。

6.3　高　效　连　铸

若连铸机的生产能力以 $G(t/h)$ 表示，台时产量以 $P(t/h)$ 表示，作业率以 $\alpha(\%)$ 表示，则 G 可用 P 与 α 的乘积来表示，即：

$$G = P\alpha = \frac{nH}{nt_c + t_p}\alpha \tag{6-1}$$

式中　n——连浇炉数；

　　　H——钢包容量，t；

　　　t_c——每炉浇注时间，h；

　　　t_p——浇注的准备时间，h。

要提高铸机的生产能力，必须提高铸机的作业率，缩短每炉浇注时间、浇注的准备时间，并增加连浇炉数。当铸坯断面和流数一定时，每炉钢的浇注时间取决于拉坯速度。所以，提高铸机生产率的主要途径是提高拉速、提高作业率、实现多炉连浇等。

高效连铸是指以生产高质量铸坯为基础、以高拉速为核心的高作业率、高连浇率的连铸技术。近年来，采用高效连铸技术对传统连铸机的改造取得了长足的进步，特别是高拉速技术已引起了人们的高度重视。目前常规大板坯连铸机的拉速已由 $0.8 \sim 1.5 m/min$ 提高到 $2.0 \sim 2.5 m/min$，最高可达 $3m/min$，板坯连铸机的月产量从 20 万吨提高到 45 万吨；小方坯连铸机的拉速也由 $2.5 m/min$ 左右提高到 $5.0 m/min$，单流年产量可达到 25 万吨。由

此，连铸机的单流生产能力得到了大幅度的增长，炼钢车间配置的铸机数量也可减少，基建投资费用、生产成本得以降低，劳动生产率可大大提高。高效连铸的主要技术介绍如下。

6.3.1 高拉速技术

连铸机拉速提高后带来两方面的问题。其一是随着拉速的提高，出结晶器处的坯壳厚度减薄，坯壳与结晶器内壁之间的摩擦力增大，使漏钢率增加；同时，因铸坯的液相穴长度加长，钢液的静压力增大，使铸坯鼓肚量加大，易产生内裂和表面裂纹，这也加大了漏钢的危险性。其二是拉速提高后，由水口流出的钢流速度增加，助长了钢流对钢液面的扰动，从而易使保护渣卷入铸坯内产生缺陷；同时，钢流速度的增加还会使钢中夹杂物被卷带侵入的深度增加，从而降低了钢的洁净度，这也是目前冷轧薄板等要求洁净度高的产品浇铸速度都维持在常规 2.0m/min 以下的主要原因之一。另外，液相穴长度的加长扩大了固-液两相共存区，助长了中心偏析的出现。

因此，高速浇铸的技术关键在于：拉速提高后，应使铸坯从结晶器出来时能形成一个稳定且足够厚的坯壳，使其足以抵抗钢液静压力和引发漏钢各因素的负面作用；同时，还应消除高拉速给铸坯质量带来的不良影响。

在高拉速方面已经出现并正在实施的技术措施如下。

6.3.1.1 低过热度浇注

低过热度浇注对提高拉速和改善铸坯质量（如细化凝固组织、减少偏析）的作用是不言而喻的。为此，可采用钢包精炼、中间包冶金（如中间包等离子加热、感应加热或电渣加热）等技术措施，以净化钢液、稳定浇注温度，并在保证钢液顺利导入结晶器的前提下，使浇注钢液温度保持适当低的过热度。但过热度过低会影响钢液的正常顺利浇注。

6.3.1.2 高效传热的结晶器技术

为进一步提高结晶器的冷却效率，保证出结晶器时形成具有足够厚度且均匀的坯壳，需对结晶器参数（如铜管长度、水缝宽度、结晶器内腔几何形状等）进行优化。除加长结晶器长度外，关键是要减小坯壳与结晶器内壁间的气隙，加大结晶器的有效冷却长度，改善坯壳与结晶器内壁的接触。板坯结晶器要注意宽面冷却的均匀性，而方坯结晶器尤其要注意减少角部气隙的形成。

A 提高板坯结晶器传热效率的措施

提高板坯结晶器传热效率的措施有：

（1）增加结晶器长度，例如，日本水岛厂将结晶器长度由原来的 700mm 增加到 900mm。

（2）随拉速的提高，相应地减小结晶器窄面的锥度。

（3）减薄结晶器铜壁的厚度，减少铜板的热阻。

（4）改进铜壁冷却面水槽的形状，增加散热筋，使冷却水流过的水缝数量增加，强化冷却效果，保持铜壁表面温度不过高。

（5）减小水缝厚度（水缝厚度减到 4mm），提高结晶器内冷却水的流动速度（水流速度升高到 9m/s）。

B　提高方坯结晶器传热效率的措施

可以采用各种新型结晶器技术来提高方坯结晶器的传热效率，如康卡斯特公司开发的凸面结晶器技术、奥钢联推出的钻石结晶器技术、意大利达涅利公司开发的自适应结晶器（DANAM 结晶器）技术。上述新型结晶器技术可减小气隙，改善坯壳与结晶器内壁之间的传热条件，减小坯壳与结晶器内壁之间的摩擦力，强化结晶器下部的传热能力，加速坯壳的凝固和均匀生长。

6.3.1.3　减少结晶器铜壁与坯壳间的摩擦阻力

（1）改进保护渣的理化性能，采用低熔点、低黏度保护渣。连铸时，要求所用保护渣具有良好的流动性和足够的消耗量，以保证坯壳与结晶器内壁间有一定的渣膜层厚度，只有这样才能达到改善润滑、减少摩擦力、促进传热、使坯壳快速均匀生长的目的。由于拉速增加后，保护渣消耗量随之减少，坯壳表面渣膜层厚度相应减薄（特别是当液渣黏度较高时尤为显著），可能导致坯壳润滑不良而与结晶器内壁黏结，从而发生黏结性漏钢。为此，必须改善保护渣性能以适应高拉速的要求。现已推出的许多高速浇注用保护渣的基本特点是低黏度、低熔点。

（2）改进振动模式，减少摩擦阻力。采用非正弦振动比正弦振动更易使坯壳与铜壁脱离，减少摩擦阻力，有利于高拉速工艺。

6.3.1.4　改善并控制结晶器的流动和稳定液面

控制浇注钢流在结晶器内流动均匀，可防止钢流冲刷初生凝固坯壳，减小流股冲击深度，有利于夹杂物上浮，为提高拉速创造有利的条件。为此，可采取如下措施：

（1）采用合适的浸入式水口的形状、出口面积和角度，缓和流股对初生坯壳的冲刷，以利于形成均匀的坯壳。

（2）利用电磁制动技术改变流股的运动方向，使流股冲击深度减小，并避免对初生坯壳的冲刷。

（3）采用液面自动控制和恒速浇注技术稳定结晶器液面，将液面波动控制在 ±(2~4)mm 范围内，防止卷渣。

6.3.1.5　二冷制度和铸坯支承状况的改进

随着拉速的提高，二冷制度也要相应地改变，并采用动态控制模型。二冷用水量应根据拉速、钢种、钢液的过热度自动调节，还应采用气-水雾化喷嘴使铸坯表面温度均匀，并应提高铸坯温度以利于热送、直接轧制。

拉速提高后，对结晶器出口处薄弱坯壳的有效支承和施以强化冷却，是防止鼓肚和裂纹、提高坯壳强度和减少漏钢的保证。为此，在板坯结晶器下方可采用格栅，方坯可采用水幕强冷和加大冷却水量等措施。另外，对现有铸机二冷区扇形段支承导向辊的排列也要重新核算，必要时需做相应改进。

6.3.1.6　自动控制和检测技术的应用

采用结晶器液面控制、自动浇注、结晶器振动监测、漏钢检测与预报、二冷自动控制、二冷导辊间距检测、对弧检测、喷嘴喷雾性能检测等技术，不仅为实现高拉速、减少生产事故和大幅度提高铸机作业率创造了有利条件，而且对提高铸坯质量也十分有利。

此外，为了保证在高拉速条件下的铸坯质量，除采用钢包精炼、中间包冶金、低温浇注、电磁搅拌、电磁制动、气-水雾化冷却等技术外，还开发了铸坯强冷、多点弯曲、多点矫直、连续矫直、压缩浇注、轻压下、浇注过程的自动监控和计算机跟踪以及铸坯质量在线统计分析等技术措施，其已成为保证连铸坯质量的主要手段。

高拉速引起的问题与改进措施如表 6-8 所示。

表 6-8　高拉速引起的问题与改进措施

高拉速的特征	带来的质量和技术问题	改 进 措 施
拉速提高	夹杂物上浮困难	进一步提高钢水洁净度，采用直弧形连铸机
通钢量增大	结晶器热流密度增大	优化结晶器设计，改进保护渣性能
液面波动加剧	结晶器卷渣现象严重	采用电磁制动技术
拉坯阻力增大	裂纹敏感性增强	采用非正弦液压振动技术，优化二冷工艺，提高锰硫比
凝固区间增加	中心疏松与偏析加重	提高铸机的冶金长度，采用动态轻压下技术

6.3.2　高铸机作业率技术

（1）快速更换技术。为了减少铸机设备的更换维修和事故处理时间，目前在大型板坯连铸机上广泛采用整体快速更换、离线检修的方法来更换结晶器、支承导向段以及二冷扇形段。此外，快速更换系统的各种配管和接头都采用管（轴）离合装置，在更换时能迅速离合。结晶器、支承导向段以及扇形段均可在离线情况下，借助于专用对中装置和对弧样板进行对中。这些设备一旦在铸机上就位，就能使所有辊子排列在符合要求的弧线上，节省在线调整时间。

（2）上装引锭杆。采用上装引锭杆可把浇注前的准备时间缩短近一半。这是因为采用上装引锭杆的方法，可在上一次浇注的铸坯尚未完全出机前，即进行引锭杆的装入和结晶器的密封。宝钢使用上装引锭杆可将准备时间缩短 30min。

（3）提高结晶器的使用寿命。结晶器使用寿命短，需要经常更换，这已成为影响铸机作业率的重要因素。近年来，日本一些钢厂已成功研制结晶器的多层电镀法，即在结晶器下部先镀镍，在镀层上再镀磷化物和铬。采用这种复合镀层的结晶器与单独镀镍的结晶器相比，寿命可提高 5~7 倍。

（4）开发各种自动检测装置。如二冷区喷嘴检测、结晶器锥度自动检测、结晶器振动监测等。

6.3.3　多炉连浇技术

连浇炉数对铸机生产率和产品成本起着决定性的作用。提高平均连浇炉数，既能提高铸机的生产率，又能提高金属收得率，还能降低原材料消耗和铸坯的成本。据国外统计资料，连浇 5 炉与单炉浇注相比，可使产量提高 50% 以上，金属收得率提高 3% 以上，铸机作业费用降低 25% 左右。此外，多炉连浇还是铸坯热送和直接轧制的必要条件。为实现多炉连浇，应采取以下措施：

（1）快速更换钢包和中间包。目前连铸生产中采用了钢包回转台或钢包车，已实现钢包的快速更换，能使空包与满包的交换在 1~2min 内完成。中间包的更换也采用了中间包车和中间包回转台，解决了多炉连浇中钢液的供应问题。

（2）采用大容量中间包。为适应生产洁净铸坯及提高铸机生产率的需要，中间包的容量有逐步扩大的趋势。目前板坯连铸机的中间包容量已扩大到 60~70t。

（3）快速更换浸入式水口。由于浸入式水口的工作条件恶劣，其使用寿命低于中间包，需要在浇注过程中更换，而人工更换是比较困难的。因此，可以采用机械手来更换浸入式水口。目前所研制的快速更换水口装置可在 1~2min 内完成更换作业。

（4）浇注板坯采用在线调宽结晶器。过去调整板坯结晶器宽度必须中断浇注，更换设备及准备时间一般需要 40~60min。目前广泛使用在线调宽结晶器，不但可以大大减少非生产时间，而且有利于多炉连浇。

（5）采用异钢种连浇技术。当钢种改变而铸坯断面不变时，可采用异钢种连浇技术而不必中断浇注。即前一炉浇完需改变钢种时，在结晶器内插入金属连接件并放入隔层材料，使结晶器内形成隔层，防止不同成分的钢液混合。这种操作可与更换中间包同时进行，做到不同钢种完全分隔。

（6）防止浸入式水口堵塞。水口堵塞是连铸中的多发性事故，不仅影响多炉连浇的实现，严重时还影响生产的正常进行。造成水口堵塞的原因除了钢液温度低而在水口壁上冻结，主要是因为浇注铝镇静钢或含钛不锈钢时钢中的 Al 和 Ti 被氧化，形成的 Al_2O_3 和 TiO_2 沉积在水口壁上。为了防止水口堵塞，目前已采取了一些专门技术，如塞棒及水口吹氩、中间包设挡渣墙及陶瓷过滤器、中间包加钙处理、向结晶器喂铝丝等。采取这些措施后，可使水口堵塞造成的断流率降至很低，从而保证多炉连浇。

6.4　连铸坯压下技术

6.4.1　轻压下技术概述

轻压下技术始于 20 世纪 80 年代初期，它是在板坯连铸机扇形段从上到下的支承辊道采用收缩辊缝，以防止板坯鼓肚、减轻中心疏松和偏析的基础上发展起来的。轻压下是近年来板坯、大方坯连铸机应用较多的技术之一。

关于轻压下的提法也不统一，目前文献上主要有轻压下技术（Soft Reduction）、液芯压下技术（Liquid Core Reduction）和铸轧技术（Casting Pressing Rolling）等。前者主要用于传统板坯和大方坯铸坯液相穴凝固末端，其目的是消除铸坯中心疏松和偏析；而后两者主要用于薄板坯连铸连轧工艺，其目的在于减薄板坯厚度，同时减小中心疏松和偏析。

轻压下的基本原理是：根据中心疏松、缩孔和偏析的形成机理，在铸坯凝固末端区域施加压力产生一定的压下量，使坯壳变形来补偿两相区凝固收缩量。采用轻压下技术可以消除或减轻凝固收缩形成的中心孔隙，防止晶间富集溶质的液体向铸坯中心横向流动；而且，轻压下所产生的凝固坯壳挤压作用破坏了树枝晶间的搭桥，使凝固末端与液相穴上部保持连通，有利于补偿；另外，压下力的作用将中心富集溶质的液体挤出，其与周围母液混合，溶质元素重新再分配，从而达到使中心结构致密以消除铸坯中心疏松和中心偏析的目的。

轻压下按位置，分为带液芯轻压下和凝固末端轻压下；按控制方式，分为静态轻压下和动态轻压下；按设备，分为机械应力轻压下（辊式轻压下、连续锻压式轻压下）和热应力轻压下（凝固末端强冷技术）。轻压下的压下方式分类见表6-9。

表6-9 轻压下的压下方式分类

类别\名称	方式	图例	应用范围	特点
机械应力轻压下	辊式轻压下	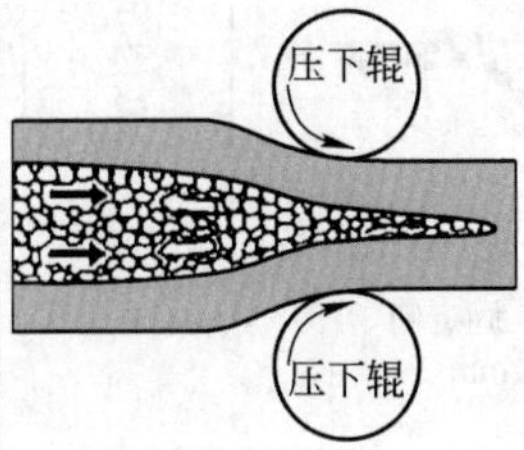 压下辊 压下辊	板坯、方坯、圆坯	消除中心缺陷效果良好；投资经济、有效
	连续锻压式轻压下	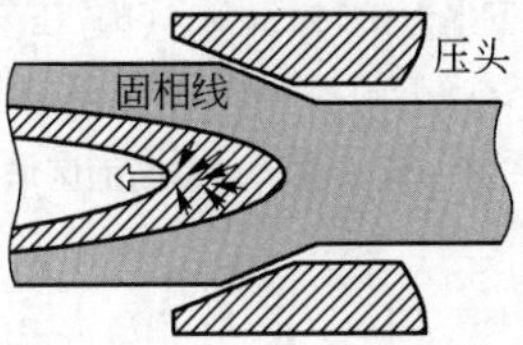 压头 固相线	大方坯	消除中心缺陷效果好；设备庞大，投资和维护成本高
热应力轻压下	凝固末端强冷技术	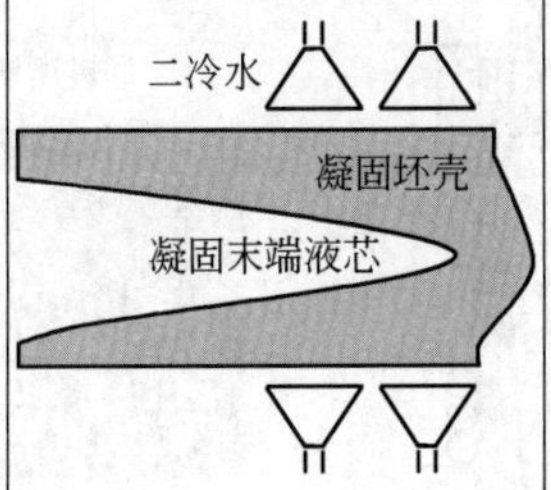 二冷水 凝固坯壳 凝固末端液芯	小方坯	消除中心缺陷效果良好；投资少，占地面积小；易出现裂纹，应用范围小，反应不及时

热应力轻压下由于存在应用范围小等缺点，连续锻压式轻压下由于设备较复杂，其应用都受到限制。辊式轻压下技术在国内外被广泛应用。

6.4.2 轻压下冶金效果分析

大方坯、板坯连铸机应用轻压下技术，在提高连铸坯中心内部质量方面取得明显效果，具体如下：

（1）减轻铸坯中心偏析。图6-21所示为板坯横断面中心区的碳偏析指数$w[C]/\overline{w[C]}_s$，当压下率由0.75mm/m提高到1.2mm/m时，中心区碳偏析指数由1.26降到1.05。图6-22所示为（250~300）mm×（1400~1600）mm板坯采用轻压下技术后中心区的宏观偏析，采用轻压下，中心区Mn的分布更加均匀化了，说明中心偏析大大减轻。

（2）提高铸坯中心致密度。275mm×320mm大方坯，当$w[C]=0.7\%~0.8\%$、过热度为28℃、拉速为0.7~1.05m/min时，凝固轻压下区长4m，总压下量为0~12mm，在轻压下过程中发生质量移动，铸坯伸长不超过2%；轻压下把液体从两相区挤出，使致密度增加。这样，使大方坯中心区疏松和偏析有明显的改善，疏松平

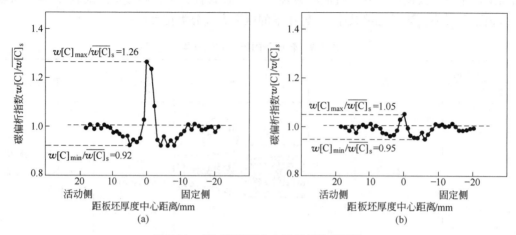

图 6-21　板坯横断面中心区的碳偏析指数

（a）压下率为 0.75mm/m；（b）压下率为 1.2mm/m

$w[C]$ —某一元素在铸坯横断面中心区域取样位置的质量分数；

$\overline{w[C]}_s$ — 某一元素在铸坯横断面区域的平均质量分数

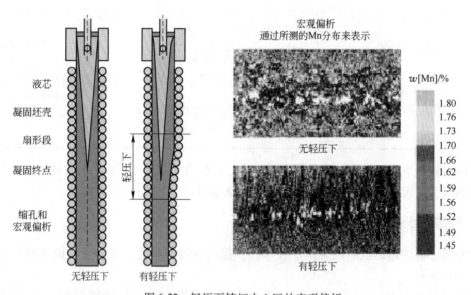

图 6-22　轻压下铸坯中心区的宏观偏析

均减少了 70%。

（3）合理的压下量能实现中心偏析最小而又不产生内部裂纹。220mm×220mm 大方坯（$w[C]=0.7\%\sim0.8\%$）压下量与碳偏析指数的关系如图 6-23 所示。当压下量为 4~5mm 时，不产生内裂纹，碳偏析指数最小，此时凝固率 $f_s=0.55\sim0.75$。压下量既要减轻中心宏观偏析，又要使液-固界面不产生内部裂纹，它们之间的关系如图6-24所示。最佳压下区对应的凝固率为 0.6~0.8，在此范围内压下就可满足上述两者要求。

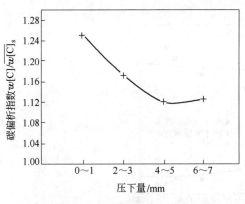

图 6-23　压下量与碳偏析指数的关系

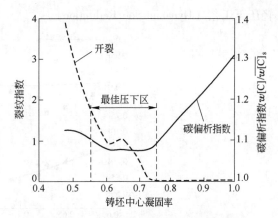

图 6-24　压下量与液-固界面裂纹的关系

（4）合理的拉速有利于轻压下减少铸坯中心缺陷。对压下位置相对固定的轻压下，拉速过高时，液相穴末端超过轻压下区，凝固收缩不能用轻压下来补偿，会形成中心疏松和偏析。拉速过低时，液相穴位于轻压下区之前，则轻压下使中心区枝晶压碎，减轻了疏松，但不会改变已形成的宏观偏析。中等拉速轻压下既能挤出中心富集溶质的母液，又可压碎树枝晶，使中心宏观偏析和半宏观偏析减轻，致密度增加。

韩国浦项钢厂对 P70 钢大方坯进行试验，得出拉速、压下量与中心偏析和内部裂纹指数的关系，如图 6-25 所示。可知，当拉速为 $0.7 \sim 0.76 \mathrm{m/min}$ 时，中心偏析指数最低（见图 6-25(a)）；当压下量超过 6mm 时，中心偏析无进一步改善（见图 6-25(b)），反而内部裂纹有增加趋势（见图 6-25(c)）。

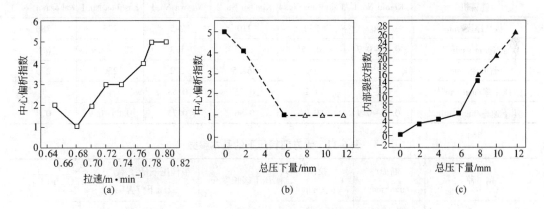

图 6-25　拉速、压下量与中心偏析和内部裂纹指数的关系

优化轻压下参数进行轻压下，高碳钢大方坯的碳偏析指数由 1.6 降到 1.1，磷偏析指数由 3.7 降到 1.8，锰偏析指数由 1.5 降到 1.25；P70 线材拉断率由 10% 降到 4.3%。

准确确定压下区位置对保证轻压下的效果非常重要。如轻压下固定在铸机某一区域，则要求拉速稳定，实行静态轻压下。而在非稳态浇注时，液相穴长度是随拉速而变化的，所以压下区间（一般为 4~8m）也是变化的。图 6-26 所示为拉速与凝固率的关系，可见，拉速增加，压下开始凝固率降低，而压下结束凝固率增加，即实施压下区间范围扩大了，实施轻压下机架有所增加。因此，应根据拉速变化随时调整压下区位置，所以开发了动态轻压下工艺（Dynamic Soft Reduction）。

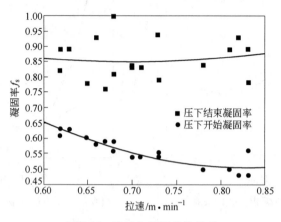

图 6-26　拉速与凝固率的关系

目前，在板坯连铸机上广泛使用奥钢联的 SMART 扇形段、西马克公司的 Demag Cyberlink 扇形段、达涅利公司的比例阀控扇形段、日本钢管公司的 IBDSR 法、日本住友公司的"机液组合"式扇形段等动态轻压下技术。

板坯和大方坯轻压下的基本参数见表 6-10 和表 6-11。

表 6-10　部分厂家板坯轻压下的基本参数

公　司	NKK		NSC		Sumitomo Metal	Kobe Steel
连铸机	Keihin No. 1	Fukuyama No. 4	Kimitsu No. 2	Nagoya No. 1	Kashima No. 1	Kakogawa No. 3
板坯厚度/mm	250	220	210	245	235	280
拉速/m · min^{-1}	0. 85~0. 9	0. 75	1. 15	1. 3	0. 8~0. 9	0. 8
辊间距/mm	425	235	362. 5	272	250	270
压下率/mm · m^{-1}	1	1. 2	0. 75	0. 58	1	1
压下速率/mm · min^{-1}	0. 85~0. 9	0. 9	0. 86	0. 75	0. 85~0. 9	0. 8

表 6-11　大方坯轻压下的基本参数

钢　种	断面 /mm×mm	拉速 /m · min^{-1}	压下区长度/m	最佳压下量（率） 或压下位置	$w[C]/\overline{w[C]}_s$
$w[C]=0.7\%\sim0.8\%$	300×400	0. 7~0. 9	2~4		
中钢公司 $w[C]=0.7\%\sim0.8\%$	220×260	0. 8~1. 3		4~5mm $f_s=0.55\sim0.75$	1. 08~1. 12
Sollac 钢轨、硬线钢	260×320	0. 75~0. 95	4	12mm/2m $f_s=0.6$	1. 1~1. 2
TN 公司 $w[C]=0.8\%$	265×385	0. 5~1. 0	4~6	2~6mm/m $f_s=0.2\sim0.7$	1. 04~1. 08

6.4.3 轻压下数学模型

实施轻压下要解决四个技术问题，即凝固终点的位置、压下位置、压下量和压下力。实现轻压下技术要建立四个数学模型，即：

（1）铸坯凝固传热数学模型，解决铸坯表面温度、凝固坯壳厚度变化及液相穴长度问题；

（2）凝固过程溶质偏析数学模型，解决轻压下的位置问题；

（3）坯壳应变分析数学模型，解决压下量问题；

（4）压下力数学模型，解决施加力的大小问题，使其变形量在允许范围内。

李桂军、赵国燕等结合某厂大方坯生产实际建立了轻压下数学模型。

6.4.3.1 铸坯凝固传热数学模型

导热方程为：

$$\rho c \frac{\partial T}{\partial t} = k \frac{\partial^2 T}{\partial x^2} + k \frac{\partial^2 T}{\partial y^2} \tag{6-2}$$

根据式（6-2）及连铸边界条件建立软件，计算出铸坯凝固壳厚度、液芯长度和铸坯表面温度。计算的大方坯铸坯凝固曲线如图6-27所示，弯月面下8.5m处过热度消失，21m处凝固结束，也就是说，两相区长度为12.5m。究竟在什么位置开始实施轻压下以及到什么位置结束，则需要建立相关模型来配合解决。

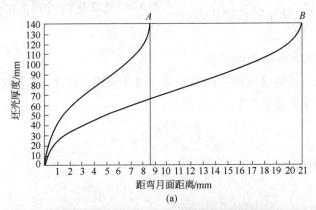

(a)

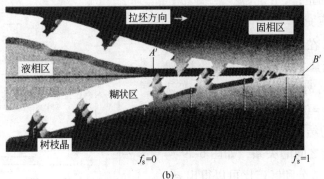

(b)

图6-27　大方坯铸坯凝固曲线

6.4.3.2　凝固过程溶质偏析数学模型

采用改进的 Brody-Flemings（BF）模型计算凝固过程中元素的偏析，以确定轻压下位置。偏析方程为：

$$c_1 = c_0 \left[1 - (1 - 2\alpha'k) f_s \right]^{(k-1)/(1-2\alpha'k)} \tag{6-3}$$

式中　c_1——树枝晶间液相溶质浓度；

　　　c_0——液相原始溶质浓度；

　　　α'——固相扩散参数；

　　　k——平衡分配系数；

　　　f_s——凝固率。

α' 采用下式计算：

$$\alpha' = \frac{D_s t_f}{\lambda^2} \tag{6-4}$$

式中　D_s——溶质在固相中的扩散系数；

　　　t_f——区域凝固时间；

　　　λ——枝晶间距。

根据钢种成分计算 f_s 与元素偏析浓度的关系，如图 6-28 所示。由图可知，$f_s = 0.4 \sim 0.9$ 的区域可以视为轻压下区域，结合图 6-27 就可以确定铸机扇形段轻压下的位置。

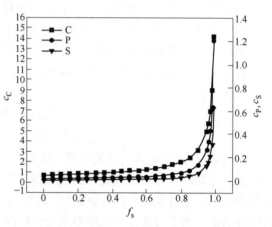

图 6-28　钢凝固过程中液相组元浓度的变化

6.4.3.3　坯壳应变分析数学模型

确定轻压下区间后就应确定适宜的压下量。铸坯采用的压下量应以在液-固界面所承受的变形量 ε 不致产生裂纹为原则，即：

$$\varepsilon = \frac{300 s \delta_m}{l^2} < \varepsilon_{临} \tag{6-5}$$

式中　s——凝固坯壳厚度；

　　　δ_m——压下量；

　　　l——两辊间距；

　　　$\varepsilon_{临}$——临界应变量。

许多研究学者在实验室测定了不同碳含量钢种的临界应变量。由于实验条件的差别，$\varepsilon_{临}$ 差别甚大。根据钢中碳含量不同，一般认为液-固界面的 $\varepsilon_{临} = 0.2\% \sim 0.5\%$。Wolf 等总结了不同研究者的结果，分析了碳当量、锰硫比与临界应变量之间的关系，如图 6-29 所示。这样，由钢的成分和锰硫比可以得出 $\varepsilon_{临}$ 值。由式（6-5）计算得出的某一位置压下量所产生的液-固界面应变量要小于钢的临界应变

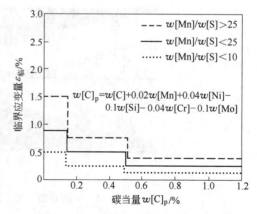

图 6-29　临界应变量与钢种成分的关系

量，这样轻压下时就不会产生裂纹。

6.4.3.4 压下力数学模型

确定了压下量后，需要对机架施加适宜的力才能保证铸坯产生设定的压下量。根据实验结果，支承辊施加力与压下量的关系可以按下式表示：

$$P = \sigma s \sqrt{R\delta_m} \tag{6-6}$$

式中　P——支承辊施加力，N；

　　　σ——变形阻力，N/m^2；

　　　s——凝固坯壳厚度，m；

　　　R——支承辊半径，m；

　　　δ_m——压下量，m。

将上述四个模型组合构成轻压下耦合软件模型，可为轻压下提供操作工艺模式。

6.4.4 连铸坯重压下技术

连铸坯凝固末端重压下技术借助铸坯凝固末端内外温度梯度大（铸坯内外温差高于500℃）的特点，通过在铸坯凝固末端实施大变形量（变形量不小于7%），从而充分焊合凝固缩孔，全面提升大断面连铸坯心部致密度，为低轧制压缩比制备特厚板、大规格型棒材提供优良的母坯保障。这项技术实现了高端大规格宽厚板、型棒材产品的高效低成本稳定生产。

针对常规宽厚板连铸坯中心偏析与疏松严重，无法满足厚钢板轧制要求的难题，宽厚板连铸坯重压下技术通过在连铸坯凝固末端实施连续、稳定大变形压下，全面提升了铸坯均质度与致密度，开拓了连铸坯低压缩比轧制高端厚板产品的新途径。

宽厚板连铸坯重压下系统研究并揭示了重压下过程连铸坯变形行为规律，形成了宽厚板连铸坯动态连续重压下工艺技术（DSHR），通过宽厚板连铸坯重压下核心装备增强型紧凑扇形段（ECS），建成投产了首条可实现全凝固坯连续、稳定重压下实施的宽厚板连铸坯生产线。

唐钢中厚板厂推广应用宽厚板坯连铸凝固末端重压下技术 DSHR 与 ECS，对全凝固宽厚板坯实施连续、稳定大压下变形，实现了轧制压缩比 1.87∶1 条件下满足三级探伤要求的 150mm 厚规格高端特厚板的大批量稳定生产。

大方坯连铸凝固末端重压下技术 SEDHR 与渐变曲率凸型辊 CSC-Roll 在攀钢钒公司提钒炼钢厂成功应用，建成投产了国内首条连铸大方坯重压下示范生产线，生产的高均质度、高致密度连铸母坯全面保障了长尺重载钢轨率先通过上线铺设认证，车轴钢通过连铸工艺流程认证，有力推动了攀钢产品结构升级换代。

6.5　连铸坯热装和直接轧制

6.5.1　连铸坯热装和直接轧制的发展

6.5.1.1　热装和直接轧制的工艺流程及优越性

20 世纪 80 年代初，连铸坯热装和直接轧制开始在工业上应用。连铸坯热装是指把热状态下的铸坯直接送到轧钢厂装入加热炉，经加热后轧制。直接轧制是把高温无缺陷的铸坯稍经补偿加热后直接轧制的工艺，又称为连铸连轧。其工艺流程如图 6-30 所示。

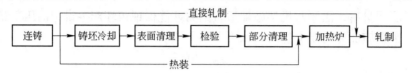

图 6-30　热装和直接轧制工艺流程与传统工艺流程的对比

连铸坯热装和直接轧制工艺与传统的冷装工艺相比（见表 6-12），具有许多显著的优点，具体如下：

（1）利用铸坯物理热降低能耗。热装与冷装相比，可减少约 1/3 的能耗。铸坯温度越高，节能越多。据国外资料报道，装炉温度每提高 100℃，吨钢加热炉燃耗可降低 $8.4 \times 10^4 kJ$。当采用直接轧制工艺时，节能效果更加显著，与冷装相比可节省约 5/6 的能量。

（2）提高成材率，降低金属消耗。由于向轧机提供无缺陷铸坯，降低了废品率，减少了氧化铁皮烧损和切头损失，热装和直接轧制可使成材率提高 2%~3%。

（3）简化生产工艺流程，缩短生产周期。由于减少或省去加热炉，占地面积缩小，投资费用减少，节约了生产费用。与冷装相比，当热装率为 80% 时，生产费用降低 6%；当直接轧制率为 60%、冷装率为 40% 时，生产费用降低 10%。连铸坯冷装入炉时，从炼钢到轧制成材的生产周期约为 30h，而热装仅需 10h 左右；如果是直接轧制，从炼钢到轧制成材的生产周期仅为 2h。

（4）提高产品质量。在生产线上采用铸坯保温和边角加热措施，可使铸坯各部位温度较均匀，提高带钢沿长度和宽度方向性能和尺寸的均一性；采用无缺陷铸坯轧制，可改善板坯的表面质量，如镀锡板平均缺陷率由常规轧制的 1%~3% 降至 0.5%。

（5）节约厂房面积和劳动力。热装和直接轧制取消或减少了铸坯精整，减少了存放铸坯的厂房面积。

表 6-12　不同工艺时燃耗、烧损、生产时间的对比

项　目	冷装（CC-CCR）	热装（CC-HCR）	直接热装（CC-DHCR）	直接轧制（CC-DR）
轧钢燃耗/kJ·t⁻¹	1.338×10^6	0.878×10^6	0.335×10^6	0
烧损/%	1~2	0.5~0.7	0.2~0.8	0
出钢至轧制成品的时间/h	30~40	5~10	1~2	0.5~1

6.5.1.2　热装和直接轧制的发展

钢铁工业每年要消耗大量能源，轧钢是第二大能源用户。轧钢中，加热炉能耗约占总能耗的 57.5%，电耗占 38.6%，其他能耗占 3.9%，因此，轧钢节能主要依靠加热炉节能。

20 世纪 60 年代中期开始对铸坯热装技术进行研究，美国麦克劳斯钢铁公司将板坯热装入感应加热炉，然后送入初轧机轧制。70 年代初石油危机产生以后，日本一些钢铁企业为节约能源，对热装工艺进行了开发和推广，日本钢管公司京滨厂（1973 年）、住友公司鹿岛厂（1976 年）、新日铁公司的君津和大分厂（1980 年）等相继采用了热装工艺。

80 年代中期，热装技术在德国、法国、比利时、奥地利等国家得到迅速发展。

我国武钢第二炼钢厂和热轧厂于 1985 年 4~9 月在三台全弧形连铸机上开始进行连铸坯热装试验，1986 年正式投入生产。近年来，我国大部分钢厂都应用了热送热装技术。特别是宝钢，目前热装比达到 80% 以上，热装温度在 700℃ 以上，热送热装方式分为保温坑热装和直接热装两种。2012 年以来，唐钢第二轧钢厂实现 100% 的连铸坯高温直接装炉，铸坯热装温度达 810℃ 以上。

直接轧制由于对铸坯质量和温度要求严格，工艺过程控制难度较大，其发展比热装工艺慢。日本新日铁公司堺厂于 1981 年首先正式采用直接轧制工艺，目前该厂板坯直轧率已达 80% 以上。此后，日本钢管公司福山厂、新日铁公司八幡厂、住友公司鹿岛厂、川崎公司水岛厂都将这种工艺运用于生产。在意大利塔兰托厂、韩国浦项钢铁公司也建成了连铸连轧生产线。采用小方坯连铸连轧的一个典型例子是美国纽柯公司的诺福克厂。特别是从 20 世纪 90 年代开始，薄板坯连铸配合直接轧制技术组成的薄板坯连铸连轧生产工艺，形成了新的紧凑式、短流程带钢生产线，并得到了迅猛的发展，这在前文中已述及。

6.5.2 连铸坯热装和直接轧制的关键技术

实现连铸坯热装和直接轧制的关键技术有：

（1）无缺陷铸坯生产技术，包括防止铸坯表面缺陷和内部缺陷的一系列措施以及热态下铸坯质量的检测技术；

（2）高温铸坯生产技术，包括铸坯保温、液芯复热、铸坯补偿加热和快速运送等；

（3）应用自动化管理系统提高直送率的技术，可使各工序协调匹配、稳定均衡，有节奏地连续生产。

6.5.2.1 无缺陷铸坯生产技术

生产无缺陷铸坯是实现热装和直接轧制的前提。

热装和直接轧制与冷装工艺相比，对铸坯质量要求更严格。就铸坯表面质量而言，不同工艺所生产的铸坯，各种表面缺陷侵入铸坯表面的深度不同，因产生氧化铁皮而清除的金属量也不同。对于热装和直接轧制工艺，在快速补偿加热过程中铸坯表面氧化铁皮的去除量少，并且不能进行表面精整，因而较浅的表面缺陷也难以清除，特别是表面裂纹对铸坯质量的危害最大。就铸坯内部质量而言，一方面，由于热装和直接轧制工艺通常采用弱冷、高温、高拉速的技术路线，在客观上使夹杂物不易上浮，并易产生中心偏析、中心疏松等缺陷；另一方面，与传统工艺相比，在热装或直接轧制时一旦铸坯出现内部质量问题，就有可能在轧制过程中造成分层、拉断等事故，迫使生产中断，其危害性比在冷装工艺中要严重得多。

关于连铸坯各种缺陷产生的原因以及防止措施，在第 5 章中已做了较详细的论述。在此仅介绍现有的几条连铸坯直接轧制生产线生产无缺陷铸坯所采取的技术措施，具体如下：

（1）对炼钢铁水采用以脱硫为中心的铁水预处理，使硫含量降到 0.010%~0.020% 的水平，或有条件、有必要时对炼钢铁水进行"三脱"处理；

（2）在炼钢时严格控制钢水成分，特别要严格控制的是 [P]、[S]、[O] 的含量，争取做到无渣出钢；

（3）出钢后排除炼钢炉带来的氧化渣，然后加上覆盖剂；

（4）对钢水进行成分微调和脱气等炉外精炼处理，如 RH 处理；

（5）采取全程无氧化浇注；

（6）采用大容量、深熔池的中间包，并在中间包内设置挡渣墙、过滤器等；

（7）结晶器采用高频、低振幅振动系统；

（8）采用结晶器液面自动控制系统；

（9）二冷采用气雾冷却及自动控制；

（10）板坯采用密排辊；

（11）拉矫机采用多点矫直、连续矫直、压缩浇注等技术。

为确保热装和直接轧制铸坯的质量，避免有缺陷的铸坯送往轧钢车间而造成大量的废品，开发热态下铸坯质量的在线检测技术和局部热清理的设备是非常必要的。已应用的一些探伤方法列于表 6-13。

表 6-13　各种探伤方法

缺陷类别	探伤方法	探伤内容	铸坯温度/℃	坯面处理措施
表面缺陷	光学法	长 50mm 以上的纵裂，宽 0.5mm、长 50mm 的纵裂，宽 1mm、长 20mm 的角部横裂	700~800	水力除鳞
		可查出缺陷的形状和大小并分级	900~1000	水力除鳞
	感应加热法	纵裂、针孔、横裂等，可 100%查出外露缺陷，皮下可查纵裂、针孔		
	涡流法	2mm 的横裂，40mm 的角裂	700	火焰烧剥 1.5mm
	激光法	深 1~3mm 的缺陷	<900	不需要
内部缺陷	超声波法	可 100%查出中心裂纹和 3 级以上的内裂	<300	
	电磁超声波法		<1200	

6.5.2.2　高温铸坯生产技术

为了保证铸坯达到足够的轧制温度，实现连铸坯热装和直接轧制时应尽可能提高连铸坯的温度。为此，应采取高温出坯技术、铸坯保温技术和铸坯边角部温度补偿技术。

A　高温出坯技术

为了高温出坯，通常采取的措施如下：

（1）二次冷却区采用复合二次冷却方式。在结晶器下的扇形 1 段采用普通喷嘴强行冷却，使坯壳迅速增厚。此后，在其他扇形段直至拉矫机处采用气-水喷雾弱冷却缓冷。在拉矫机后的水平段，借助气-水喷嘴冷却夹辊进行间接冷却。此外，也可借助于内部为螺旋状水道的内冷套辊进行"干式"冷却。

（2）利用铸坯液相穴凝固末端放出的凝固潜热使坯壳复热。连铸生产中必须准确地确定液相穴末端位置，并使其位于拉矫机前 1m 左右。主要有两种方法：一是借助于电磁超声波探测装置，直接测定坯壳厚度，计算完全凝固的位置；二是利用凝固传热数学模型，计算浇注条件下液相穴的长度，以确定凝固终点，这种方法在生产中的应用较广泛。此外，在浇注过程中通过灵活控制二冷方式，使铸坯在宽面中部的冷却强度大些，在两侧边部的冷却强度小些，这样可以控制凝固终点液相穴的形状，形成两侧大而中间细小的

"眼镜形"液相穴，有利于板坯边部的复热。

（3）采用高拉速。提高拉速可以缩短铸坯在铸机内的停留时间，减少铸坯显热损失。

B　铸坯保温技术

为了提高热装和直接轧制的铸坯温度，防止热量损失，常采用以下保温措施：

（1）连铸机内保温。在实行热装和直接轧制工艺的连铸机后部均装设保温罩，实行机内保温。

（2）切割区保温。为使铸坯在切割过程中不降低温度，国外有些实行热装的工厂在切割机处也安装了移动式保温罩。

（3）铸坯运送过程保温。在铸坯运送过程中也必须采取保温措施，运送距离近时可采用保温辊道，运送距离远时可采用保温车。为了便于直送轧制，一些钢厂将连铸机安设于距离热连轧机不到200m处，并采用运行速度超过200m/min的高速运输铸坯装置。

C　铸坯边角部温度补偿技术

铸坯直送轧制时，其边角部受到两面冷却，温度下降较多。通常铸坯边角部温度会降至1000℃以下，不能满足轧制温度要求。为弥补铸坯边角部的热损失，需设置边角部加热装置。

目前加热方式有感应加热和煤气烧嘴加热两种。这两种加热方式各有优缺点，但采用电磁感应加热的较多。铸坯边角部采用煤气烧嘴加热的连铸与常规连铸相比，板坯边角部温度可提高200℃左右。煤气加热装置可以加热铸坯端面，设备费用低，对于较远距离的CC-HDR工艺还是有利的。铸坯边角部感应加热器是将三个线圈分别安装在铸坯的上面、下面和侧面，电流通过线圈时所产生的热量可高效率地加热铸坯边角部，使其平均升温约110℃。加热铸坯边角部的能耗（标准煤）相当于6~7kg/t。

6.5.2.3　铸坯高直送率技术

建立炼钢-连铸-轧钢生产一体化管理体系，可以加强连铸和热轧各工序间的协调匹配，提高铸坯的直送率。采用自动化管理，可使连铸和热轧生产稳定、可靠、高效率地进行。

建立炼钢-连铸-轧钢生产一体化管理体系必须考虑：

（1）连铸机与热轧机的生产能力应匹配。

（2）铸坯的规格与轧钢机轧材的规格应一致。一般铸坯的厚度是固定的，或有2~3种变动，不宜过多。铸坯的最大宽度应略小于轧机的最大宽度。

（3）连铸机台数与轧钢机组应匹配，连铸机要尽量靠近轧钢机布置。

（4）炼钢、连铸与轧钢计划管理要同步。

（5）应用计算机与信息网络技术进行管理。

（6）炼钢、连铸与轧制生产计划应同步一体化。

6.5.3　连铸向轧钢供坯模式

6.5.3.1　连铸向轧钢供坯模式的分类

根据连铸机向轧钢机供坯时铸坯温度和工艺流程的不同，有如下五种供坯模式。图6-31为连铸与轧钢间衔接模式示意图。

（1）连铸坯直接轧制（CC-DR）。温度在1100℃以上的铸坯不必进入加热炉加热，只需对铸坯边角部进行补偿加热即可轧制。

（2）连铸坯直接热装轧制（CC-DHCR）。连铸坯温度尚未降到 Fe-C 相图中 A_3 线以下，其金相组织未发生 $\gamma \rightarrow \alpha$ 相变。此时将铸坯直接送入加热炉，从 $700 \sim 1000 ℃$ 加热到轧制温度后轧制。

以上两种直接轧制技术要求铸坯温度较高，一般连铸机与轧钢机之间的距离较远，铸坯很难保持 $1100℃$ 的高温，所以在生产中真正实施直接轧制是有难度的，实现热坯直接轧制的钢厂也有限。现在有些新建钢厂将连铸机布置在轧钢厂附近，出

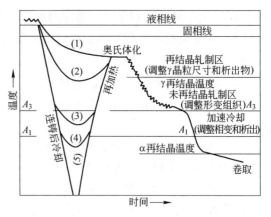

图 6-31   连铸与轧钢间衔接模式示意图

坯温度高，通过保温辊道输送，对铸坯的边角部稍加补热即可实现直接轧制。

（3）连铸坯热装轧制（CC-HDR）。连铸坯温度已降到 Fe-C 相图中 A_3 线以下、A_1 线以上，此时将处于 $\gamma + \alpha$ 两相状态下的铸坯装炉加热后轧制。

（4）连铸坯热装轧制（CC-HCR）。连铸坯温度在 A_1 线以下、$400℃$ 以上时，即铸坯在完成珠光体转变的条件下装炉加热后轧制。

以上这两种模式同属于一种类型，统称为热装轧制，在比较多的工厂得到应用。$400℃$ 为铸坯热装的最低温度线，铸坯在 $400℃$ 以下的节能效果不明显，不再称为热装。

（5）传统的冷连铸坯装炉加热后轧制（CC-CCR）。

6.5.3.2   几种供坯模式的成型和相变特点

连铸坯热装和直接轧制工艺与传统的冷装工艺相比，由于铸坯的温度变化不同，使钢的成型和相变过程具有新的特点。从金属学角度考虑，图 6-31 中所示的供坯模式（1）和（2）（即连铸坯直接轧制和连铸坯直接热装）相类似。它们的铸坯热送温度都在 A_3 线以上，未经过奥氏体分解相变，在技术上遇到的问题也大体相似。所不同的是，模式（2）有加热炉作缓冲，对铸坯温度和生产连续性的要求有所放宽。如果采用在线感应炉快速加热，实际上也是直接轧制工艺，美国诺福克厂等的供坯模式即属于这种类型。这两种供坯模式因为未发生 $\gamma \rightarrow \alpha$ 相变，所以得不到经过相变后重新形成的细小奥氏体晶粒。粗大的原始奥氏体组织在传统的热轧工艺条件下轧成钢材，其韧性指标偏低，塑性较差。国内外针对这一问题进行了研究。研究结果表明，直接轧制时应在再结晶区域的高温侧进行大压下量轧制，借助动态或静态的再结晶使奥氏体晶粒细化。如能保证足够的首次压下率（大于20%）和总压下率不小于85%，控制好终轧温度，就能够保证钢材具有良好的组织结构和综合性能。此外，当钢中加入钛、铌等微量元素时，可提高装炉温度和加热温度，减少加热保温时间，也能显著提高轧材的强度并促使显微组织细化。

试验还表明，尽管直接轧制和直接热装工艺不发生 $\gamma \rightarrow \alpha$ 相变，但是钢在奥氏体温度范围内的冷却和保温过程中会发生碳、氮化物和硫化物（CN、AlN、MnS 等）的析出和长大，这些析出物会产生细化奥氏体晶粒的作用。因此在连铸连轧条件下，深入研究氮化铝等析出物的行为及其对产品性能和成型性能的影响是很有必要的。另外，钢中 MnS 对防止钢产生热脆的作用是很明显的，但通常 MnS 是在加热中或均热炉内经过较长时间保

温，才能由 FeS 转变形成，而在连铸连轧过程中恰好没有这一保温过程。因此在直接轧制情况下，对钢中 MnS 的析出和转变特征及其对产品性能和成型质量的影响也有必要进行深入研究。

供坯模式(3)是在连铸坯温度降到 A_3 线以下、其金相组织为 $\gamma+\alpha$ 两相的条件下，将其装炉加热后进行轧制。在这种情况下，铸坯中的一部分铸态奥氏体变成铁素体，再加热时就可以利用 $\alpha \rightarrow \gamma$ 相变来达到部分细化奥氏体组织的目的。但这种供坯模式有时容易造成组织粗细不均，影响钢材性能的稳定性，因此必须更好地控制热轧工艺，以避免这种现象的发生。

在供坯模式 (4) 中，全部奥氏体由扩散相变转变为铁素体、珠光体或贝氏体，再加热时奥氏体又重新形核长大，逐步奥氏体化。连铸时随着冷却强度的增加，形核速率也增大，从而可得到细小的奥氏体晶粒。因此从钢材质量考虑，这种供坯模式优于模式（3），而且在工艺上较易实现，节能效果较显著，适于在尚无条件实现连铸连轧工艺的工厂中应用。

复习思考题

6-1 合金钢的凝固特性有哪些？

6-2 简述合金钢连铸工艺的特点。

6-3 什么是近终形连铸，主要有哪些类型？

6-4 简述薄板坯连铸的优越性和特点。

6-5 简述薄板坯连铸连轧工艺的关键技术。

6-6 简述 CSP 薄板坯连铸技术的设备特点和工艺特点。

6-7 简述 ISP 薄板坯连铸技术的设备特点和工艺特点。

6-8 薄带连铸工艺技术的铸机类型有哪些，双辊薄带连铸机的特点是什么？

6-9 什么是异形坯连铸，H 型钢连铸技术的设备特点和工艺特点是什么？

6-10 什么是高效连铸，高效连铸的主要技术有哪些？

6-11 简述高效连铸高拉速引起的问题与改进措施。

6-12 简述轻压下的基本原理和分类，简要分析其冶金效果。

6-13 什么是热装和直接轧制，实现热装和直接轧制的技术关键有哪些？

7 连铸智慧制造技术

7.1 连铸智能化检测技术

钢铁智能制造是依托传感器、工业软件、网络系统等，实现人、设备、产品等制造要素和资源的相互识别和有效交流。研究开发感知—控制—决策的智能模型、基于知识自动化的 APS、产品质量监控软件和设备诊断软件等是智能化的应用关键。随着连铸技术的不断发展，需要在连铸机上配备高精度的检测仪表、先进的自动控制装置和工业机器人，并应用计算机控制系统来实现连铸过程自动化和智能化，减轻连铸过程中的工人劳动强度，减少室外作业时间，提高劳动效率，逐步实现连铸生产的智能化和无人化。

7.1.1 中间包钢液温度测定

浇注温度是连铸的重要工艺参数之一。连铸过程需要对中间包内的钢液温度进行准确测定。

7.1.1.1 中间包钢液温度的点测

一般用快速测温头及数字显示二次仪表来测温。快速测温头的结构见图 7-1，其中热电偶采用 Pt-Rh10-Pt 分度号为 S 的热电偶，有的也采用双铂铑热电偶。保护外罩可以用铝或钢制成，用来保护测温头中的石英管在插入钢水通过渣层时不致被渣损坏。当测温头到达钢液时，保护罩即被熔化，石英管直接接触钢水，使铂铑热电偶升温，使用透明石英管能使热电偶同时接受传导和辐射传热，以提高测温速度和精度。

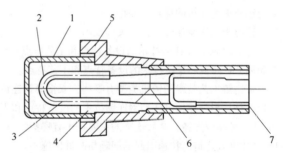

图 7-1 快速测温头的结构

1—保护外罩；2—石英管；3—热电偶；4—高温浇注水泥；
5—外壳；6—补偿电线；7—插接件

高温浇注水泥要求水泥导热系数小，电阻大，凝固时间要合适。

测温显示仪表用智能数字仪表，它具有自动选择测温"平台"及显示保持的功能，其原理如图 7-2 所示。热电偶测量信号经前级放大器输入后，一路输出送到记录仪；另一路经 A/D 转换，数字信号进入 CPU，进行逻辑判断和数据处理。判断后控制各指示灯和报警器工作。数据处理包括消除干扰，找测量平台以及热电偶信号的线性化处理等；处理结果送显示器显示和打印机打印，并记下日期和时间；此外，测量仪表还有输出接口，供连接计算机使用。

钢水温度测量的典型曲线见图 7-3，当测温枪插入钢水时，热电势迅速升高，如 *AB* 段所示，直到与钢水温度一致时（图 7-3 中 *B* 点），热电势不再上升，达到平衡状态，温度曲线出现平台。测出 B 点平台极为关键，它是钢水的准确温度。此时可把测温枪从钢水中提出，当测温头与渣层接触时，如渣温高出现 C 点，继续提枪，电势就迅速下降，智能数字仪表能将测温过程的干扰排除，准确判断平台并计算平台值以显示钢水温度。

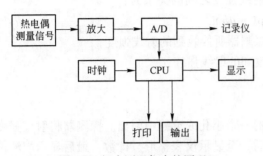

图 7-2　钢水测温仪表的原理

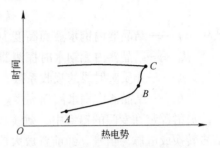

图 7-3　钢水温度测量的典型曲线

7.1.1.2　中间包钢液温度的连续测定

中间包内的钢液连续测温，可以连续记录中间包钢液温度变化的全过程，其使用装置是带有保护套管的热电偶，见图7-4。图中的金属陶瓷套管用 MgO+Mo 制成，壁厚为 5mm。其内衬以高纯氧化铝管，目的是防止包衬耐火材料中所排除的气体污染热电偶，以延长热电偶的寿命，采用双铂铑热电偶也是为了保证其测温寿命。安装时，保护套管伸出包壁的长度不应小于 150mm，否则测温不准确。由于热电偶有两层套管，热容量较大，测温数据有一定的滞后性。连续测温的关键的问题是如何提高保护套管的使用寿命和缩短响应时间，以及如何解决埋入中间包处可能导致的渗钢的安全隐患。

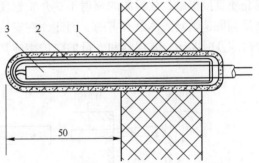

图 7-4　连续测温热电偶

1—金属陶瓷套管；2—氧化铝管；3—双铂铑热电偶

7.1.2　结晶器液面检测与自动控制

结晶器中钢液面保持稳定，对防止非金属夹杂物的卷入、防止拉漏、提高铸机的生产率和保证铸坯质量等起着重要的作用。目前已开发出的结晶器液面高度检测方法主要有放射性同位素法、红外线法、热电偶法、激光法、电磁涡流法等。其中，放射性同位素结晶器液面测量技术和电磁涡流液面检测技术在生产中采用较多。液面自动控制的方式大致可分为三种类型：一是通过控制塞棒的升降高度或者调节滑板开度来调节流入结晶器内钢水流量；二是通过控制拉坯速度使结晶器内的钢水量保持恒定；三是由前两种构成的复合控制方式。

7.1.2.1　放射性同位素测量法

放射性同位素结晶器液面测量装置由放射源、探测器、信号处理及输出显示设备等组成，如图 7-5 所示。放射源通常采用 ^{60}Co 或者 ^{137}Cs 两种放射性元素。放射源不断射出的 γ

射线穿过被测钢液时一部分被吸收，从而使 γ 射线的强度变化。其变化规律是：随着钢水液面高度的增加，能吸收 γ 射线的区域扩大，γ 射线强度减弱得越多。探测器安装在相对放射源的结晶器铜板上，检测出 γ 射线强度的变化就可以转换出钢水液面高度的变化。结晶器内钢水液面高度与探测器所接收到的射线强度之间的关系为：

$$I = I_0 \exp(-\mu h) \tag{7-1}$$

式中 I ——结晶器内钢水液面高度为 h 时探测器所接收到的射线强度；

I_0 ——结晶器内无钢水时探测器所接收到的射线强度；

μ ——介质对射线的吸收系数；

h ——结晶器内钢水液面高度。

放射源装在专门的铅室中，射线从铅室的一个小孔或窄缝中射出。探测器将射线强度信号转换成电脉冲信号，经前置放大器放大后，至显示仪表整形、计数，最后显示成液位数值。这种方法结构简单、测量精度高（±3mm）、动态响应较灵敏、性能可靠稳定、使用范围广（适用于各种结晶器）、使用寿命长、安装方便，且检测元件（放射源）不与被测介质直接接触，放射源的辐射不受介质温度、压力等影响。但若放射性同位素的射线超剂量辐射，则对人体是有害的。因此，在安装、维护放射源时要注意安全，在不使用放射源时应及时关闭，其保存和人员的防护措施都必须严格执行此方面的国家标准。

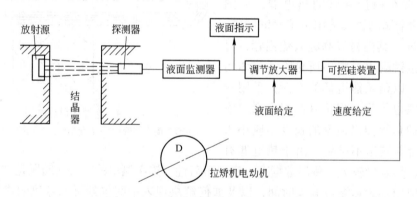

图 7-5   放射性同位素结晶器钢水液位仪原理图

7.1.2.2   红外线结晶器液面测量法

图 7-6 所示为红外线结晶器液面测量与控制系统。该法利用红外线测量探头来寻找液面位置的黑点，即钢液面与结晶器内壁或浸入式水口外壁的接触面。红外测量探头把接收到的光通量转换成电信号，电信号经电子放大装置放大后，输入结晶器液面调节器以控制拉坯速度，使结晶内的钢液面稳定在设定值上，从而达到液面自动控制的目的。

7.1.2.3   热电偶结晶器液面测量法

热电偶结晶器液面测量法是在结晶器铜壁上，沿结晶器高度方向按一定的间隔（通常为 10~25mm），以一定的深度（距离结晶器内表面 5~10mm）埋设一组热电偶，热电偶的正极为结晶器铜壁，负极采用康铜。当结晶器内部有钢水时，热电偶输出的热电势较大；无钢水时，热电偶输出热电势较小。利用热电偶输出电势的大小变化来实现对结晶器内钢水液面高度的监控。热电偶式钢水液位仪原理如图 7-7 所示。其优点是使用简便、价格低廉。但由于热电偶附属在铜壁上，响应速度慢；又因为热电偶间距不能太小，故它的分辨率不高。

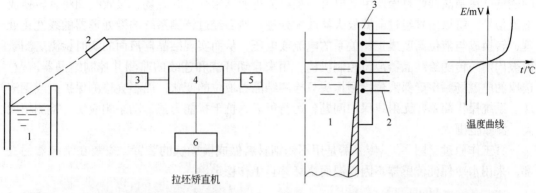

图 7-6　红外线结晶器液面测量与控制系统

1—结晶器；2—红外线测量探头；3—液面显示仪；
4—电子装置；5—液面记录仪；6—液面调节器

图 7-7　热电偶式钢水液位仪原理

1—钢水；2—热电偶；3—结晶器铜壁

7.1.2.4　激光结晶器液面测量法

激光钢水液位仪由激光发生器、激光接收器组成。该液位仪是根据测得的从激光发射到激光返回的时间间隔 Δt，通过计算来测得钢水液面的高度。这种液位仪价格昂贵，测量精度高，响应速度快。

西德 ENDRSS+HAUSER 厂生产 LADAR 型激光钢水液面仪，用来测量结晶器液面高度，其工作原理见图 7-8。传感器产生红外线短脉冲激光，经导光管射击到液面上，由液面反射的激光经导光管回到传感器的光电检测器上，发射脉冲与接受脉冲之间的时间差正比于红外线发射器与液面之间的距离。在安装激光液面仪时设定一个基准面，将激光发射器至基准面的距离扣除，即为基准面与液面间的距离。

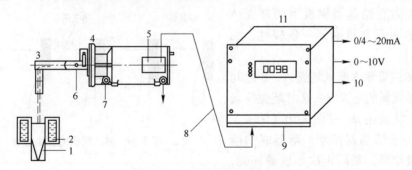

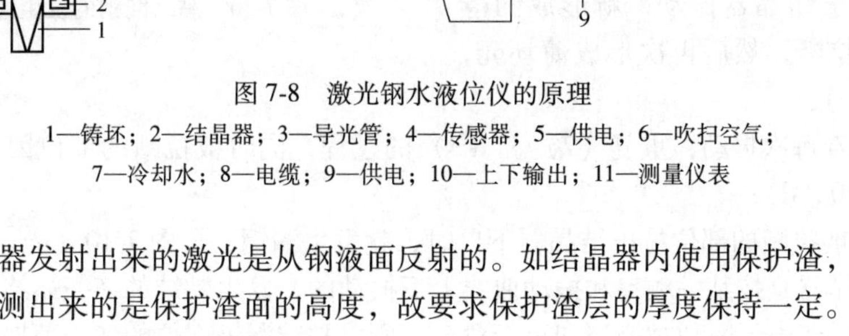

图 7-8　激光钢水液位仪的原理

1—铸坯；2—结晶器；3—导光管；4—传感器；5—供电；6—吹扫空气；
7—冷却水；8—电缆；9—供电；10—上下输出；11—测量仪表

激光发射器发射出来的激光是从钢液面反射的。如结晶器内使用保护渣，则是从保护渣面反射的，测出来的是保护渣面的高度，故要求保护渣层的厚度保持一定。

7.1.2.5　电磁式结晶器液面测量法

电磁式结晶器液位检测是运用电磁原理，通过测量装置中的传感器激发线圈产生交变的磁场，在结晶器弯月面产生涡电流。涡电流进而产生交变的磁场，接收线圈将其转换成电流信号，将该信号经过前置放大器放大处理，然后经过评测系统的微处理器的线性化处理，转换成与液位高度成正比关系的电流或电压，从而实现结晶器液面的实时检测。测量值被周期的传送给结晶器液位控制机构，用来自动开浇和连续的监测并控制结晶器液位。选取的电磁场频率确保液位检测探头只检测结晶器液位的变化，而不会检测保护渣或钢渣层。系统操作简单，无射线保护问题，运行可靠，抗干扰能力强，动态响应快，检测精度高，测量范围大。

其工作原理见图 7-9。传感器是用不锈钢材料做成横梁状的装置，安装在结晶器的上部，采用水冷保证传感器不因高温而烧坏并且工作稳定。

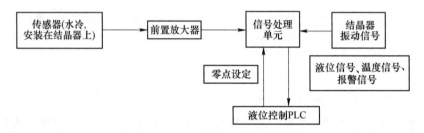

图 7-9　电磁式结晶器钢水液面测量原理图

7.1.3　连铸机漏钢预报技术

7.1.3.1　结晶器内黏结漏钢的坯壳特征

发生黏结漏钢的原因是由于使用不适当的保护渣或结晶器液面控制不好，造成液面波动，使凝固坯壳与结晶器铜板黏结。黏结漏钢的发生过程如图 7-10 所示，具体如下：

（1）黏附在结晶器铜板上的坯壳 A 与向下拉的坯壳 B 被撕开一条裂缝，见图 7-10（a）；

（2）紧接着钢水流入坯壳 A、B 之间的裂缝并形成新的坯壳 C，这时坯壳外表面形成皱纹状痕迹 D，见图 7-10（b）；

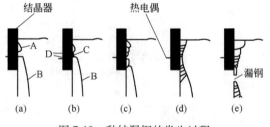

图 7-10　黏结漏钢的发生过程

（3）由于结晶器振动，新形成的薄坯壳再次被拉断，然后再次形成薄坯壳，见图 7-10（c）；

（4）随着每次振动，重复（2）和（3）的过程，同时被拉断的部位因拉坯而向下运动，见图 7-10（d）；

（5）当被拉断的部位拉出结晶器下口时，就发生漏钢，见图 7-10（e）。

由于结晶器是按某一频率和振动曲线上下振动的，发生黏结的坯壳始终向下运动，而发生黏结处的坯壳不断地被撕裂和重新愈合，所以黏结漏钢部位的坯壳薄厚不均、振痕紊乱，有明显的 V 形缺口，V 型坯壳裂纹处在向纵横方向扩大的同时下降到结晶器下口而造成漏钢。

7.1.3.2　测试结晶器壁温度拉漏预报

测试结晶器壁温度拉漏预报的方法是，在结晶器四周铜壁通水冷却的一侧装有数排一定密度的康铜热电偶，其布置图如图 7-11 所示。该方法的工作机理如图 7-12 所示。

在正常情况下，结晶器内钢水凝固发生收缩，凝固坯壳与结晶器之间有微小的空隙。结晶器液面以下铜板的温度并不高，热电偶①、②的温度曲线如图 7-12（a）所示，比较平稳。当结晶器内坯壳黏附断裂时，钢水流出凝固坯壳，直接与铜壁接触（见图 7-12（b）），上部热电偶温度首先达到峰值（预报拉漏），如图 7-12（c）中曲线①A 处所示。此时如不降低拉速而继续拉坯（见图 7-12（d）），当断裂部位拉至热电偶②时，其温度曲线也升至峰值，如图 7-12（e）中曲线②B 处所示。若此时还不降低拉速或暂停拉坯（见图 7-12（f））以使凝固坯壳加厚，则将拉漏。根据所测的两个热电偶的温度变化进行拉漏预报，这时就应该降低铸坯拉速或暂停拉坯，以使凝固坯壳重新焊合。

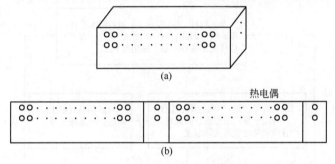

图 7-11　结晶器热电偶的布置图

（a）结晶器；（b）结晶器展开图

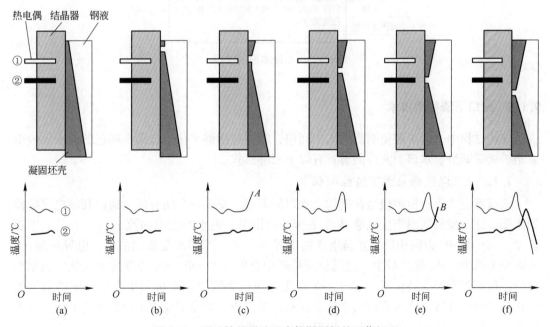

图 7-12　测试结晶器壁温度拉漏预报的工作机理

此种拉漏预报方法适用于板坯连铸机和较大截面的方坯连铸机。由于影响温度检测的因素多且关系复杂，将相关因素数据输入计算机以后，也可以用神经元网络建模的方法来提高测试结晶器壁温度拉漏预报的精度。采用热流监测与漏钢预报系统可大大降低漏钢频率。

7.1.4　连铸二次冷却水控制

现在通常采用传热数学模型计算铸坯温度，同时根据实测的铸坯表面温度进行修正，使铸坯在二冷区处于最佳表面温度状态，二冷水量由计算机实行动态闭环控制，其原理见图7-13。对于每个钢种都有一个无缺陷铸坯的最佳表面温度，要保持这样的恒定表面温度，相应可求出其耗热量分配曲线。然而，怎样的冷却水量的分布才能使铸坯保持上述耗热量分配曲线，即将铸坯表面温度稳定在一最佳温度范围内，需由计算机动态闭环控制来完成与之配合的二冷水最佳分布曲线。我国现有的大部分铸机目前都通过改造，也逐步采用二冷动态控制系统进行二冷水在线自动调节。

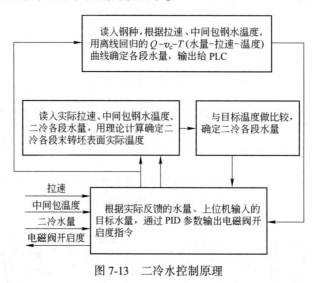

图 7-13　二冷水控制原理

7.1.5　水口下渣检测技术

连铸过程中，为了避免钢渣进入中间包，需要检测钢水从钢包到中间包的长水口内钢流是否夹带钢渣。水口下渣检测装置有以下三种形式。

7.1.5.1　涡流感应式下渣检测仪

涡流感应式下渣检测仪是在钢包上水口的下方，安装一个闭合的、通以高频电流的检测线圈。这一检测线圈产生磁通 Φ_1，在 Φ_1 的作用下钢水产生电涡流 I_e，而 I_e 又产生磁通 Φ_2，Φ_2 和 Φ_1 方向相反，并与钢水的电导率有关。当钢水变成钢渣时，电导率减小，从而使 I_e 减少，Φ_2 随之减少，这时检测线圈中总磁通 $\Phi = \Phi_1 + \Phi_2$ 也就发生变化。当钢水成分、检测线圈及安装位置一定时，Φ 变化说明检测线圈的阻抗发生变化，测得阻抗的变化信号经过处理就能区别流出来的是钢水还是钢渣。当发现流出来的是钢渣时应紧急关闭水口，保证钢渣不流入中间包，以保证钢水质量。

7.1.5.2 光导式下渣检测仪

光导式下渣检测仪装置框图如图 7-14 所示。该装置将光导棒装在钢包与中间包之间的钢流保护装置上，光导棒将光导纤维引至光强度检测器。钢水中有无渣时，光的强度不同。如发现光强度有明显的变化，经信号处理后即可发出报警信号，此时应立即关闭钢包的水口。

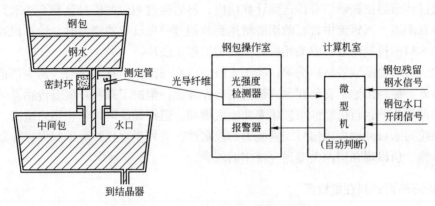

图 7-14　光导式下渣检测仪装置框图

7.1.5.3 振动式下渣检测仪

连铸生产中，大包中的钢水首先通过滑动水口，然后再经过长水口流入中间包。由于钢水在长水口中的流动处于紊流状态，浸入在中间包中的长水口和与之相连的操作臂会产生一定幅度的振动。当流过管道的介质不同时，其引起管道振动的特征也不同。纯钢水的密度为 $7.0kg/dm^3$ 左右，大包在浇注快结束时，流过长水口的是钢水与钢渣的混合物，而钢渣的密度为 $2.5kg/dm^3$ 左右，其熔点高、黏度大，所以由钢渣流动与纯钢水流动引起的冲击振动必然有差异。只要检测到这种差异，就能有效地判断注流下渣的发生。振动式下渣检测的实现方案如图 7-15 所示。

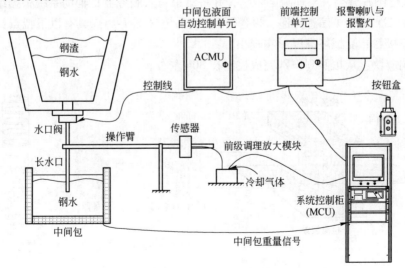

图 7-15　振动式下渣检测的实现方案

整个系统由安装在机械臂上的振动传感器、控制柜以及报警指示灯等组成。其中控制柜是整个系统的核心部件，主要由数据采集卡和工业计算机组成。在操作臂远离水口保护套管的一端安装一个振动传感器（加速度传感器或位移传感器），传感器通过专用信号线与工控计算机相连。这样，钢流在保护套管中流动时所引起的冲击振动就会传递到操作臂上，并通过传感器把振动信号传送到计算机内，然后通过相应的信号处理算法来判断钢流中是否含有钢渣。当钢流中含有的钢渣量达到或超过预先设定的阈值时，计算机就会发出关闭滑动水口的控制信号，驱动相应的控制装置停止浇注。

振动式下渣检测装置结构简单，易于安装、拆卸与维护，且不会对连铸生产造成任何影响；另外，振动传感器安装在远离钢流的操作臂上，解决了高温环境下传感器的易耗问题，使检测系统的运行可靠性与使用寿命大大增加。但振动法对信号识别要求高，生产中要提高系统对水口冲刷振动信号识别能力和稳定性，另外受现场外界干扰大，导致检测容易出现误报，所以现在国内大型钢企使用的较少。

7.1.6　铸坯表面缺陷在线检测

热送、直轧要求铸坯表面无缺陷，因而需要在热状态下对铸坯表面缺陷进行在线检测。下面介绍几种主要的检测方法。

7.1.6.1　图片识别检测法

图片识别检测法采用目前流行的基于机器视觉的智能检测技术，系统包含桥形钢结构支架、图像采集部分（相机及光源）、数据传输系统、成像控制系统、图片分类（缺陷识别）和离线训练等单元，能对板坯表面缺陷进行在线检测，并提供板坯缺陷的统计及报警功能，用于生产质量控制。其原理就是通过采集服务器控制布置在输送辊道上、下机架中的多台CCD工业数字相机对高速（30m/min）通过的高温铸坯进行定频拍照（需要强光源进行补光），实现对铸坯表面全覆盖图片采样；计算服务器对采集的照片进行处理后交分类器进行图片分类，实现缺陷识别，并将结果写入服务器；辅助系统根据结果对通过的板坯进行二次处理（信息传递、报警等）。该系统（图7-16）具有以下特点：

（1）非接触：受板坯高温影响较小。

（2）响应快：从拍照到识别完成控制在30s左右。

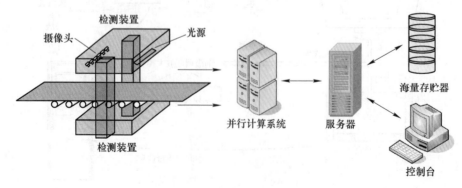

图7-16　图片识别法检测系统

（3）检测面广：通过相机覆盖能实现上下表面的全覆盖。

（4）数字化：拍摄图片通过服务器存储，能后期分析、查看。

（5）精度高：通过高分辨率工业相机可以实现每像素 0.26mm 的分辨精度。

（6）动态化：通过离线训练分类器可以实现对缺陷识别的动态扩展，加强识别的应用。

7.1.6.2 涡流检测法

涡流检测法装置如图 7-17 所示。该法利用铸坯有缺陷部位的电导率和磁导率产生变化的原理，来检测铸坯的表面缺陷。涡流检测法原理图如图 7-18 所示。

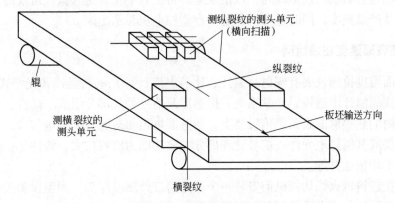

图 7-17 涡流检测法装置

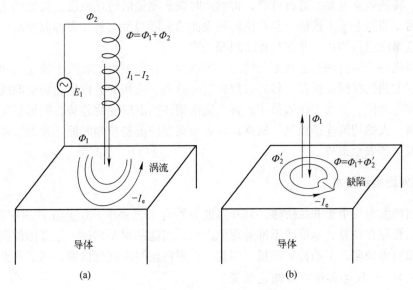

图 7-18 涡流检测法的原理图

（a）无缺陷时；（b）有缺陷时

铸坯作为平面导体，在其上方设置一个检测线圈，当检测线圈通过交流电时，在线圈中产生磁通 Φ_1，而在铸坯表面产生涡流 I_e，而 I_e 又产生磁通 Φ_2，Φ_2 的大小与加在线圈上的电压大小、线圈与导体（被检测的表面）的距离、导体的电导率以及初始磁导率等有关。当检测表面有缺陷时，涡流的路线要加长（如图 7-18（b）所示）。即缺陷的存在使铸坯的电导率减小，Φ_2 随之减小，检测线圈中的总磁通量 $\Phi = \Phi_1 + \Phi_2$ 也就随表面缺陷而变化。由于表面缺陷将导致磁通 Φ_2 的改变，从而影响线圈阻抗改变，因此测出线圈阻抗的改变就能测得铸坯表面缺陷。在实际测量过程中，铸坯表面的温度和振痕、线圈与铸坯表面之间的距离等特性参数，对测量结果都有影响；而且由于缺陷影响的阻抗变化非常小（$\Delta E/E = 10^{-7} \sim 10^{-5}$），需要进行放大处理，这样测量结果的精度受到限制。为提高测量精度，采用一些特殊处理方法，如采用双差动线圈、铁氧体磁芯等。整个检测装置用计算机控制，将涡流传感器输入模拟线路，以把缺陷的特征数字化并送入微机组成的分析机，判断缺陷类型及严重程度，同时还可以通过一台监控电视显示出来。

7.1.7 铸坯表面温度在线检测

铸坯表面温度检测仪表有辐射高温计、比色温度计、光电高温计和光纤式高温计等。常用的辐射式高温计由透镜、光学系统、传感器及信号处理部分组成。透镜、光学系统将高温计视野内的热辐射能聚集到传感器上，传感器将热辐射能转换为电信号，常用的有光电池、热电偶或其他热电元件。信号处理部分主要功能为前置放大、线性化、辐射系数修正、峰值及平均值运算等。

生产中在连铸机火焰切割机前安装一个多光谱红外测温探头。测温探头接收高温铸坯表面辐射出不同波长光谱进行测量，根据光强感应其温度。探头内的光电器件将光信号转换成电信号，信号经过放大后将其输出至信号显示表箱进一步处理，根据铸坯的材质、光谱响应比、转换效率等参数进行计算，得到此时探头测量的铸坯温度。再使用滤波器滤除系统噪声后，通过系统工控机上显示出铸坯表面的实际温度。铸坯表面温度监控探头可以对铸坯各点温度进行测量，并在线连续跟踪采集。

当连铸机各个流次的温度数据传输到工控机后，在工控机的软件上描绘出相应各个流次的实时温度曲线并同步保存。软件有数据实时监测、应用参数设置、历史曲线调取、温度数据查询等功能，协助工作人员了解各个流次钢坯的温度变化趋势。根据温度变化趋势可与液压剪、火焰切割连锁控制，根据铸坯表面温度情况初步判断液芯位置，防止铸坯切后漏钢引发生产安全事故。

7.1.8 辊间距检测技术

连铸机都配有支承辊和拉矫辊，其开口度要符合工艺要求。但其在使用中常有磨损、偏心、前后辊存在位差、基准线不准等现象产生，当这些偏差超过一定范围就会使铸坯产生内裂、鼓肚等缺陷，影响铸坯质量。因此，必须对辊间距进行检测，然后调整或维修。

7.1.8.1 无线电式辊间距测定装置

无线电式辊间距测定仪的测量原理图如图 7-19 所示。

其采用的是差动变压器，差动变压器为固定安装。两个差动变压器分别检测两个夹辊，其输出值相加后即代表两辊间的距离。此种检测信号经处理后可显示辊间距、夹辊的偏心度等。差动变压器输出信号在测量处进行放大，可以用存储式传输，也可用无线电传输。该装置一般装在引锭杆头部，送入引锭杆进行一次性测量。当它通过各辊道时将两辊之间的距离变成电量，通过无线电发射机传递给过程计算机进行数据处理和信息显示。

　　还有一种是德国曼内斯曼的辊距测量装置，见图7-20。这种测量装置用一个链条机构和一个运送装置，在可导向、宽度可调的支承框架两侧成对的安装定心辊以压紧辊道，每侧至少有一个驱动辊。在定心轴中间与其轴垂直安放传感器，用电缆或无线方式将传感器与显示或记录测量值的输出装置连接。

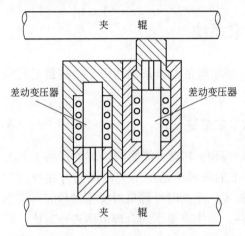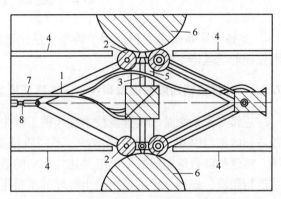

图 7-19　无线电式辊间距测量仪的测量原理图

图 7-20　德国曼内斯曼公司的辊间距测量装置

1—气动可调整剪形牵引装置；2—定心辊；
3—带变送器的传感器；4—皮带；5—汽缸；
6—连铸机；7—电缆；8—链条

7.1.8.2　激光法辊间距测定装置

日本神户钢厂采用了一种激光式辊定位测定装置，见图7-21。在结晶器上部以激光作

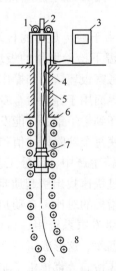

图 7-21　激光式辊定位测定装置

1—升降装置；2—激光；3—信号处理装置；4—信号电缆线；
5—吊绳；6—结晶器；7—检测部件；8—辊定位测定装置

为假设的基准线，对辊间距、基准线与辊子中心线之间的夹角、基准线和辊间中心之间的偏移量等参数进行测定，由此测定定位的偏移量。测定时采用了 V 型检测小车，小车上有宽面和窄面辊子检测装置。小车升降位置的精度为 ±1mm，重复测定精度为 ±0.04mm。

7.2 连铸专家系统

连铸专家系统主要包括用于铸坯质量控制的铸坯质量专家系统和用于结晶器工艺监测控制的结晶器专家系统。

7.2.1 计算机辅助质量控制系统——连铸坯质量专家系统

连铸专家系统是人工智能技术在连铸工程中的应用，其对可能影响铸坯质量的工艺参数进行收集与整理，得到不同钢种、不同质量要求的各种产品的工艺数据的合理控制范围，将这些参数编制成数学模型并建立相应的数据库。生产时计算机对浇注过程的有关参数进行跟踪，根据一定的规则给出铸坯的质量指标，与生产要求的合理范围进行对比，给出产品质量等级。

7.2.1.1 连铸坯质量专家系统的主要功能

对比国内外优良的连铸专家系统，不管采用什么数学模型，为了准确地评判铸坯质量，真正的指导生产实际，其需具有如下功能：

（1）质量数据全线跟踪功能。质量数据全线跟踪功能可以使连铸生产工艺数据得到有机的组织，即可了解每一块铸坯的生产浇次、生产炉次以及所有生产工艺数据。此功能为特殊区段的重点研究提供了条件，同时也为生产标准的修改、生产工艺的改进等长期研究课题提供了条件。

（2）铸坯质量预报功能。过去由于缺乏足够的板坯质量数据，很难判断在线板坯是否需要检验和精整，所以需要在低温下检验大量的板坯，这造成了一些不必要的精整工作。连铸坯质量专家系统主要通过考察板坯缺陷和操作参数之间的关系来提取有关板坯缺陷的知识，同时还提供良好的人机界面用于存储冶金专家知识，然后用冶金函数对大量的过程数据进行处理预判，从逐段板坯到逐炉钢水可能发生的板坯缺陷。这些冶金函数描述了生产条件对板坯缺陷的影响，并使每个缺陷评估值和一个可测量的缺陷值相对应。

（3）铸坯缺陷诊断功能。在连铸生产中，部分工艺参数有时会偏离最佳状态，导致质量下降，连铸坯质量专家系统通过快速找出引起质量波动的参数，并采取相应的措施；同时通过预报质量指标和要求质量指标的对比，自动判断是否需要精整。

（4）数据存储功能。连铸坯质量专家系统用一台计算机长期存储过程数据、质量数据和处理数据，并形成一个冶金数据库。这形成了一个非常宝贵的数据资源，为冶金理论的验证、系统仿真、操作规程的离线检验等都提供了非常好的数据支持。

（5）异常定义功能。异常定义功能实现了用户超标准异常生产定义，免除了由工艺上研究的深入、标准的提高或新钢种的投入生产所引起生产标准的变化（即异常定义的变化），进而需对程序源代码做维护工作。

（6）质量缺陷完善功能。质量缺陷完善功能实现了用户的质量缺陷预报专家规则，免除了由专家经验的积累、对产品质量要求标准的提高或新钢种的投入生产所引起质量缺陷预报专家规则的变化，进而对程序源代码做维护工作。

7.2.1.2 连铸坯质量专家系统模型

近年来，国内外对连铸坯质量预报专家系统的研究取得了很大的进步，许多钢铁公司开发了较完善的专家系统，并实际应用于连铸生产，取得了显著的效益。比较成功的系统有我国宝钢的板坯品质异常把握模型、奥地利（Linz）钢厂的计算机辅助质量控制系统（CAQC）、德国曼内斯曼·德马格（Mannesman Demag）公司的质量评估专家系统（XQE）。对国内外比较成功的连铸坯质量判定专家系统分析，其主要有以下三种类型：

（1）连铸坯质量在线判定专家系统；

（2）基于内部核心趋势分析模型的连铸坯质量专家系统；

（3）基于神经元网络的连铸坯质量判定专家系统。

下面对三种模型进行简要介绍。

A 连铸坯质量在线判定专家系统

连铸坯质量在线判定专家系统是根据计算机在线收集到的（自动或手动收集）生产过程（炼钢、精炼和连铸）数据，利用专家系统原理对铸坯质量作出评判。其功能是通过在线矫正过程参数，确保所生产的铸坯尽可能多地符合热装和直接轧制的要求，并且及时、迅速地判断所生产的铸坯是否适合热装或直接轧制。该系统包括如下三大部分：

（1）过程监控和数据采集；

（2）缺陷预报；

（3）知识获取和知识库的维护。

连铸坯质量在线判定专家系统原理图如图7-22所示。此系统基于跟踪给出的生产工艺数据，可判断分析在线连铸坯生产过程情况，然后根据质量缺陷预报专家规则判定（与连铸坯的缺陷直接相关，比如表面纵裂纹、表面横裂纹、中心偏析、中心裂纹以及夹杂物等）铸坯质量。

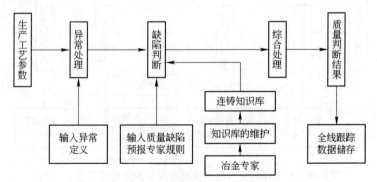

图 7-22 连铸坯质量在线判定专家系统原理图

B 基于内部核心趋势分析模型的连铸质量判定专家系统

基于内部核心趋势分析模型的连铸坯质量专家系统是在连铸坯质量在线判定专家系统的基础上增加了另一种判断手段，即内部核心趋势分析模型（如图7-23所示）。

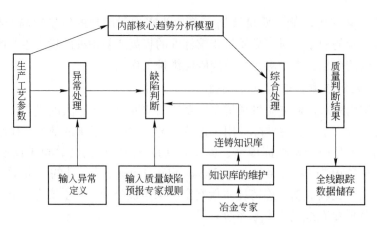

图 7-23　基于内部核心趋势分析模型的连铸坯质量判定专家系统原理图

内部核心趋势分析模型能预报出最严重的缺陷，故有利于用户对信息密集的区段做采样分析，从而找到引起质量缺陷的主要问题。此模型还具有动态适应特点，即随着生产质量水平的提高，可预报出新水平下的有最严重缺陷的铸坯。此系统除了具有与连铸坯质量在线判定专家系统相同的特点外，只需要一般经验专家；但对预报有最严重缺陷的铸坯，要求用户检验并输入其他实际质量检测结果，以便内部模型完善自己的趋势分析。

C　基于神经元网络的连铸坯质量判定专家系统

基于神经元网络的连铸坯质量专家系统也是在连铸坯质量在线判定专家系统的基础上增加了判断的另一手段，即神经元网络预报功能（如图 7-24 所示）。此系统除具有与连铸坯质量在线判定专家系统相同的特点外，只需要用户有质量缺陷检验的设备，能提供大量的实际质量信息，供神经元网络学习。目前，此类型系统受到冶金领域专家系统开发者的高度重视。

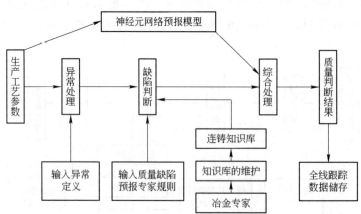

图 7-24　基于神经元网络的连铸坯质量判定专家系统原理图

7.2.2　结晶器专家系统

7.2.2.1　结晶器专家系统概述

结晶器专家系统实际上是一个结晶器过程监控系统。它是集结晶器过程知识（如热学、力学和振动等），信号采集和应用，以及人工智能技术为一体的技术。将结晶器过程的生产经验和研究成果与专家系统结合。概括地讲，结晶器专家系统由专家系统控制传感器信号，如结晶器温度、摩擦力和振动等信号和信号识别处理、铸坯和结晶器传热模型、缺陷产生机理知识，向操作者在线提供对设备和工艺条件的判断，向操作者提出建议，采取正确措施或自动响应，并且具备提供事后的反查功能和各种工艺实践的在线工艺行为反馈等功能。

结晶器专家系统要求的首要条件是要在线获得反映结晶器过程的信息，在结晶器内铸坯凝固过程包含有很多动态行为，如热力行为、润滑和振动等。在结晶器内有很多可被测量的参数，如液位、用于黏结预报的铜板温度、结晶器振动系统的行程和振频，这些参数对于铸机的控制非常重要，以及其他参数如与钢种有关的数据和保护渣参数。图 7-25 给出了一些与结晶器操作相关的有用的过程数据，表 7-1 列出了结晶器专家系统具体需要采集的数据。

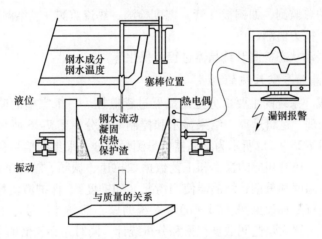

图 7-25　结晶器过程需要检测的数据

表 7-1　结晶器过程检测数据

序号	项　　目	序号	项　　目
1	塞棒和浸入式水口的氩气流量和压力	6	结晶器保护渣的类型
2	液面控制的精度和波动范围	7	结晶器铜板的传热
3	结晶器振动	8	结晶器的摩擦力
4	浸入式水口插入深度	9	结晶器尺寸
5	结晶器保护渣的密度	10	结晶器的几何形状

典型的结晶器专家系统有奥钢联的结晶器专家监视系统（mould expert system）、英国的 MTM（mould thermal monitor）结晶器热监视系统、达涅利的漏钢预报系统 MBPS（mould breakout prevention system）、SMS-德马克的漏钢预报系统 BPS（breakout prediction system）等。

7.2.2.2　结晶器专家系统的作用和功能

结晶器专家系统是通过检测结晶器过程重要信号，如传热、振动和摩擦等信号，借助于一系列数学模型和过程监控模型及可视化能够使连铸操作者和工程师们"看到结晶器内部"，洞察和了解结晶器内发生的现象，包括结晶器与铸坯之间的传热、润滑和摩擦行为、钢液凝固、振动状态等。进而获得对连铸过程最佳和稳定运行状况和条件的"感觉"，对不稳定和危险的情况预先做出预报。帮助控制铸机，达到稳定操作和更高产品质量的目的。其主要作用：

（1）提供用于准确诊断和快速解决操作问题的重要信息；

（2）开发新的连铸工艺；

（3）对异常情况报警（如漏钢）；

（4）提高操作过程的稳定性和产品质量；

（5）在线可视化使操作者能发现临界或危险情况，使浇注在连续和优化条件下进行；

（6）使连铸过程全面自动控制成为可能。

概括而言其主要功能有：

（1）结晶器的热监测，如铜板（管）温度检测、热流监测、黏结漏钢预报等；

（2）结晶器摩擦力监测；

（3）结晶器振动状态检测及结晶器过程可视化等。

7.2.2.3　结晶器专家系统的构成

（1）硬件组成。系统的主要部分是结晶器过程监控。一个完整的监控系统需要包含信号测量、信号处理、逻辑运算、结果显示和控制等部分。图7-26所示为结晶器专家系统构成示意图，图7-26（a）所示为结晶器信号测量部分，采集的信号包括铜壁温度、摩擦力和振动情况等，还有相应的操作和工艺数据如拉速、振频、结晶器冷却水量和温度、铸坯尺寸、中间包温度和重量、结晶器使用情况（如锥度）、保护渣消耗量等，需送入采集数据计算机中进行处理，见图7-26（b）。系统的核心部分是信号与工艺和设备各个参数的定量关系，这需要大量监测数据积累和分析统计，同时还必须借助于包含有测量值和不可测量值的计算机软件，在线或离线计算。这些是在服务器中完成的，由软件完成分析判断任务。将结果通过计算机网络提供给现场操作人员或管理者，在各个计算机终端显示

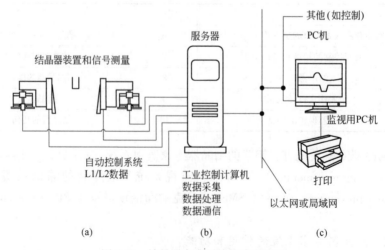

图 7-26　结晶器专家系统构成示意图

和可视化结晶器过程结果，见图 7-26（c），使生产过程保持最佳化，对生产异常进行报警，如黏结漏钢预报、摩擦力异常预报、裂纹预报等。这就是在线监测系统的构成和工作过程。

其中核心的部分是结晶器的热监控，采用热电偶测温，其布置方式因断面不同而有不同的布置方式，典型热电偶宽面布置方式示意图如图 7-27 所示：宽边分为 3 排，各 8 根，对称分布，窄边分为 3 排，各 1 根，对称分布。

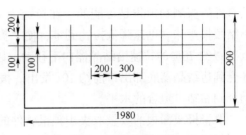

图 7-27　典型热电偶
布置方式示意图（单位：mm）

（2）系统工作软件。系统工作软件分为在线工作软件和离线工作软件。在线工作软件测得温度实时输出，输出温度每秒更新 1 次。同时显示炉号、结晶器宽度、中间包温度、浇铸长度、拉速和结晶器液面波动等数据，也能对异常浇铸情况发出报警，包括黏结漏钢、结疤、角部裂纹；此外，系统可以对质量有关的因素发出警报，如保护渣报警和铸坯表面裂纹预报。离线工作软件主要是为冶金工程师对存储的数据进行分析提供便利。

概括地说，结晶器专家系统的任务是从各个传感器采集信号，如热电偶测得的铜板温度、振动参数、一冷水量和温升、液位等，转换或解释这些数据，将众多数据从"混乱"状态转变成一套有序的过程状态数据，如热流、摩擦力、温度图等，来指导过程监控、报警，指导连铸过程平稳高效运行，获得优质铸坯。

7.2.2.4　结晶器专家系统的黏结漏钢预报功能

黏结漏钢预报系统的基本原理和检测过程在 7.1.3 节已作介绍。黏结发展过程中的典型温度变化是：正常浇铸条件下，上排热电偶的平均温度比下排温度高。当黏结发生后，到达上排热电偶时，热电偶温度上升。稍后，当黏结走过上部热电偶到达下部热电偶时，下部热电偶温度上升，上部热电偶温度下降。上部热电偶温度小于下部热电偶温度。黏结报警后，专家系统可通过停机或降速来阻止漏钢。

有两种方法应对报警。方法一（手动模式）为漏钢报警提醒操作人员进行手动降速或停机，随后操作人员手动升速；方法二（自动模式）为漏钢报警自动停铸机，随后，操作人员手动升速。一般情况下，漏钢预报系统会一直工作。如果有一个热电偶故障，所有受影响的组内热电偶都不会用于检测运算，但温度值会显示。断路的热电偶会被自动检测，它们可以被手动屏蔽。在非稳态条件下，漏钢报警不会停铸机。在以下的非稳态条件下，报警被称作"黏结提醒"。比如，国内某钢厂规范的这些不稳定状态用来做提醒的范围如下：

（1）开浇起步后跟踪长度小于 2m；

（2）上一 60s 内，结晶器液位波动大于 20mm；

（3）上一 60s 内，拉速小于 0.2m/min 或大于 10m/min 或拉速变化大于 7.2m/min。

预防黏结漏钢是开发结晶器温度检测系统的最主要的动力，目前也是结晶器专家系统的最主要和最实用的功能。黏结检测的运算法则需要若干组热电偶工作。如果结晶器装有三排热电偶，运算法则可以使用一二排热电偶或二三排或一三排热电偶。其判断坯壳在结晶器里面是否发生黏结的运算法则包括不同排热电偶之间的报警要符合报警逻辑的温度-

梯度–运算法则和单个热电偶变化符合报警逻辑的温度–温差–运算法则。对于常规的板坯（约 230mm 厚度），有相对低的拉速，"黏结"事件的估计是基于大家熟知的临近黏结点的热电偶的温度变化率与合适的限值进行比较来判定的。这个判定方法的成功应用表明黏结事件的探测和预防是可能的。在拉速为 4m/min 时，钢水用约 15s 的时间通过结晶器，黏结预报意味着迅速降低拉速到零，使"撕裂"处愈合。对黏结数据的分析表明，"黏结点"以约 70%的拉速沿结晶器向下移动，以 50mm/s 侧向扩展。这暗示警报可以在裂开的坯壳到达结晶器底部出口前约 10s 发出。报警提示操作者必须决定采取行动，或者拉速自动降到黏结可愈合的水平。

假警报或漏报的数量取决于预报软件的结构和报警参数的调整，比如：这些限制值应与铜板厚度、钢水过热度、钢种和保护渣相适应。对于产生报警的异常事件的数据应自动保存，并利用局域网传到技术中心部门用于进一步分析。随着探测黏结事件数据的增多，有必要对一定量的参数进行调整，以进一步提高预报的准确性。

总体来说，普通连铸速度下的结晶器黏结漏钢预报是一个成熟的技术，而对于高速连铸的薄板坯结晶的漏钢预报有更多问题。对于薄板坯连铸，拉速可达 6m/min，情况有很大的不同。实现实时拉漏预报比普通板坯更困难，因为铸坯在结晶器内驻留时间太短（如拉速 6m/min，铸坯在结晶器内停留时间约 10s），以至于即使发出警报也来不及采取措施补救。对于目前普通小方坯和板坯连铸，应付拉漏预报系统报警的办法是降低拉速，这样会造成不稳定浇铸条件，也增加了产生表面缺陷的可能性和潜在的漏钢危险性。因此监控的目标应定在确保稳定浇铸和表面质量的最优控制，这样实际上从根本上消除产生拉漏的条件。因此需要不断开发新的检测技术和方法，来适应连铸技术和高质量铸坯的要求。图 7-28 所示为漏钢预报系统监视图；图 7-29 所示为典型的漏钢预报中的黏结过程报警应用实例和对应的实物铸坯黏结图。其中（a）为发生漏钢预报的画面，（b）为对应的铸坯黏结处。

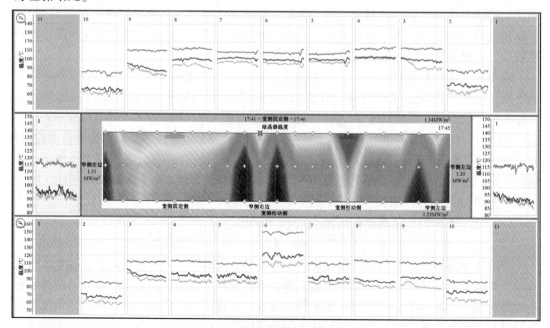

图 7-28 漏钢预报系统的监视图

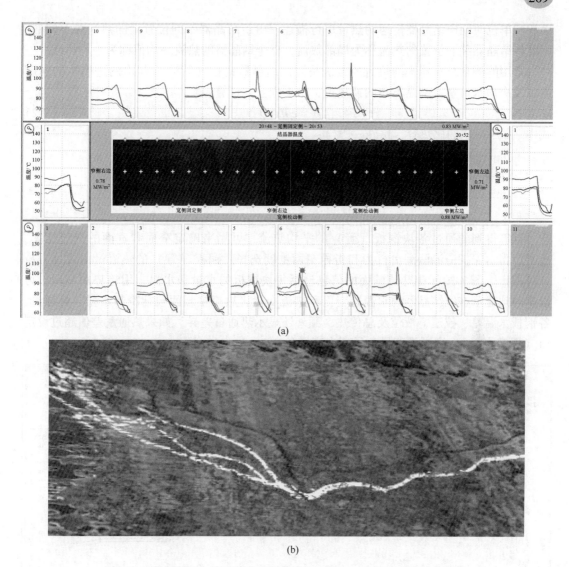

(a)

(b)

图 7-29 漏钢预报中的黏结过程报警应用实例和对应的实物铸坯黏结图

7.2.2.5 结晶器专家系统的热流行为监测功能

结晶器传热量过高或是不足均会对铸坯质量造成危害。维护最佳热流量和合理的温度分布是在结晶器内形成均匀的凝壳和良好的表面质量的保证。结晶器铜板（管）热流反映了坯壳与铜板（管）接触情况。同时可以反映出保护渣的性能及窄面锥度的合适性。研究结晶器传热的试验方法分为两种，一种是通过测量结晶器冷却水的进出水的温度差以及冷却水流量来计算结晶器总的换热量；另一种是利用埋设在结晶器铜板或铜管壁上的热电偶来测量结晶器壁的温度，可准确了解测定部位的温度变化。前者反映平均换热，而后者能够反映局部的瞬间温度和传热的变化。

A 结晶器热流测定和示例

结晶器热流是衡量结晶器内凝固坯壳和铜板（管）间热交换的一个参数，它直接影响铸坯的凝固进程和坯壳厚度均匀性。对结晶器内钢水的冷却、传热通常用热流，即单位面积和单位时间向结晶器传递的热量进行描述。由于结晶器不同位置处的热流是不同的，因此将结晶器某一位置的热流称为局部热流，整个结晶器的热流平均值称为平均热流。

常用的测量结晶器平均热流的方法是测量结晶器铜板（管）冷却水的进出水的温度差以及冷却水流量。结晶器总的换热量，由下列公式计算：

$$H = c\rho\Delta TQ \tag{7-2}$$

式中　c ——水的比热容，J/（kg·℃）；

　　　ρ ——水的密度，kg/m³；

　　　ΔT——冷却水进水温度和出水温度的差，℃；

　　　Q ——冷却水流量，m³/s；

　　　H ——平均热流，J/s。

计算得到的通过各块铜板（管）的平均热流，可用来确定窄面和宽面的热流比率，也可以指示保护渣渗漏润滑行为和指导窄面锥度选择。铜板（管）的热流量由式（7-2）计算得出。图 7-30 示出热流画面的信息包括每块铜板的水量和水温，用趋势图显示，可以实时地显示在线结晶器的水温差变化和热流变化。热流主画面包括冷却水量、热通量、各铜板水温差、拉速、液位及总传热，额外还显示热通量差异。如果热通量差值超过设定值（通常 10%），则画面背景色呈现出亮红色。

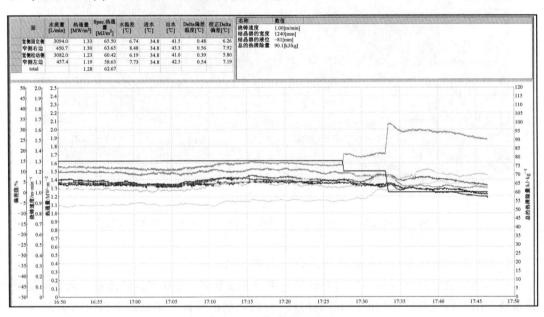

面	水流量 [L/min]	热通量 [MW/m²]	Spec.热通量 [MJ/m²]	水温差 [℃]	进水 [℃]	出水 [℃]	Delta偏差 温度[℃]	校正Delta 偏差[℃]
宽侧固定侧	3094.0	1.33	65.50	6.74	34.8	41.5	0.48	6.26
窄侧右边	450.7	1.30	63.65	8.48	34.8	43.3	0.56	7.92
宽侧松动侧	3082.0	1.23	60.42	6.19	34.8	41.0	0.39	5.80
窄侧左边	457.4	1.19	58.63	7.73	34.8	42.5	0.54	7.19
total		1.28	62.67					

名称	数值
浇铸速度	1.00[m/min]
结晶器的宽度	1240[mm]
结晶器的液位	-81[mm]
总的热清除量	90.1[kJ/kg]

图 7-30　结晶器热流监控图

B　结晶器局部热流测定方法

测量结晶器局部热流的方法是将两支相距一定距离的 NiCr-NiSi 铠装热电偶，安装在由纯铜制成的传感器体内，组成一支热流传感器。将热流传感器垂直安装在结晶器铜管壁上，以在线检测铜管各点的温度和热流。检测原理如下：

假定结晶器沿壁厚方向温度线性分布，忽略结晶器沿拉坯方向的传热，根据导热基本定律有：

$$q = \frac{\lambda(T - T_0)}{\Delta x} \qquad (7\text{-}3)$$

式中，λ 为导热系数，$W/(m \cdot \text{℃})$；热流传感器的近热面温度 T 和近冷面温度 T_0 皆可测得；Δx 为热电偶间距，故根据式（7-3）即可直接算出各个检测点处的热流 q。如果近热面的热电偶距结晶器热面为 x，故检测的热流为沿径向距离热面 $x \sim (\Delta x - x)$ 之间的热流，在研究结晶器热流分布特点时，将此区域的热流近似认为相同时刻该点处结晶器沿径向的热流。

7.2.2.6　结晶器专家系统的热相图监控功能

近年来，结晶器过程在线监测技术不断发展和完善，在监视画面上出现结晶器热相图或热图，有时也称为热云图，即根据热电偶检测的温度，借助一定的算法，得到整个结晶器铜板的温度分布，在计算机监视屏上显示出来，实现可视化。使操作者能更直观地查看了解结晶器内的热过程。热相图监视主要有以下功能：

（1）结晶器宽面及窄面的热相图展示；

（2）在结晶器宽度及长度方向上温度分布匀称型监视以用来对当前结晶器钢水流场的判断；

（3）判断不同的保护渣对温度分布的影响；

（4）监控短时的热流波动行为；

（5）监控结晶器的坯壳收缩行为；

（6）观察和判断传热或者结晶器内润滑条件很差的区域；

（7）质量及操作安全方面的改进；

（8）作为浇注操作优化的参考判断。

如何根据有限个热电偶检测的温度，来得到整个铜板或铜管的温度分布，简单的做法是对相邻的测点温度（包括横向和纵向测点）进行内插值得到测点之间的温度。该方法简单，计算量小，可实现在线可视化。

有研究者将反算法应用到结晶器温度分布计算，其原理是通过安装在连铸结晶器不同横截面和不同纵截面内的多支热电偶，在线记录生产现场中结晶器的温度数据，借助结晶器传热反问题算法，即通过调整铸坯和结晶器之间的传热系数，使结晶器测点处计算温度和实测值吻合，得到铸坯与结晶器之间的热阻分布和热流分布。此方法可得到比线性插分法更精确的温度和热流分布。更重要的是根据这些比较精确的热流分布，可以计算得到结晶器内铸坯凝固情况如坯壳厚度及其分布，进而达到预知铸坯裂纹和质量。这是连铸结晶器监测的更高目标。将温度检测和反算法结合，借助于凝固数值模拟技术，可以计算得到坯壳厚度分布。图 7-31 所示为国内某钢厂利用热电偶测量温度拟合出的结晶器内热相图。通过该画面可以看出，结晶器松动侧中间温度显示偏高，提醒操作和工艺技术人员结晶器内流场不正常和存在发生铸坯纵向裂纹的风险。

7.2.2.7　结晶器专家系统的摩擦力在线监测功能

A　结晶器摩擦力

铜板（管）表面与坯壳表面间摩擦力信息可用于优化浇铸工艺参数。摩擦力剧烈变化反映出浇铸状态很严峻。结晶器摩擦力在线监测系统可显示整体结晶器的摩擦力趋势，

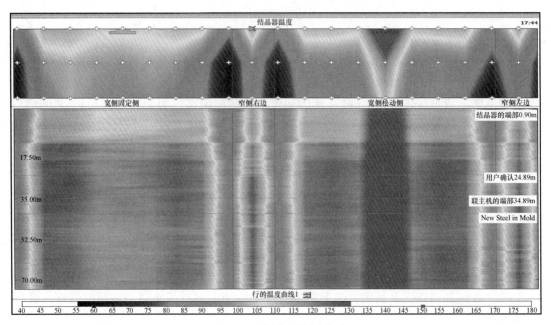

图7-31　结晶器内热相图

可提供定量理解保护渣行为和反映操作状况的信息，与铸坯质量、裂纹和漏钢密切相关，是优化和开发连铸新工艺在线检测的重要参数。

铸坯与结晶器之间摩擦力的影响因素很多，如结晶器的几何尺寸和形状、工艺参数的选取、钢种的因素（如含碳量、合金元素、凝固过程中的相变等）、保护渣的物理性能、振动方式、浇注温度以及工艺操作等因素。

摩擦力随结晶器与铸坯间相对运动速度的变化而变化，是振痕形成的主要原因。一个振动周期内结晶器施加在铸坯表面的作用呈有规律的交替变化，坯壳表面所受拉力和压力作用对铸坯的表面质量有重要的影响。正滑脱期间内，结晶器相对于铸坯向上运动，此时铸坯受到结晶器方向向上的拉力作用，因初生坯壳的强度较低，过大的拉力会导致坯壳的破裂或在其表面形成潜在的裂纹源，增加表面裂纹和漏钢发生的概率；负滑脱期间内，结晶器相对于铸坯向下运动，坯壳受到结晶器向下的压力作用，能够对正滑脱期间内形成的细小裂纹起到"焊合"作用，初生坯壳被压合并顺利脱模，从而降低裂纹和漏钢发生的倾向。

B　结晶器摩擦力检测方法

铸坯与结晶器是一种特殊的摩擦形式，一边是不断向下拉出的炽热铸坯，另一边是上下往复振动的水冷结晶器，中间则是一层状态特殊的保护渣润滑介质。因此，无论从理论还是实践的角度来研究结晶器摩擦力都有一定的难度。现有的检测设备和手段难以对结晶器与铸坯间的力学行为进行直接检测，因而一般都采用间接测量的办法，即通过检测空振（不拉坯的空载状态）和拉坯状态下的特定参数（如功率、压力、加速度、电流信号等），并把检测参数代入相应的数学模型，计算出摩擦力。

a　液压振动装置下的摩擦力检测方法

奥钢联的研究人员通过检测并计算液压振动系统在相同振动条件下空振及拉坯状态下

做功之差，由此推算出一个振动周期内的摩擦应力及摩擦系数均值，其检测方法称为摩擦功法。

摩擦功法从做功的角度出发，分别检测振动系统在相同振动条件下拉坯与空振状态下驱动力做功情况，如图 7-32 所示，振动装置一个振动周期做的功等于由驱动力和位移所围成的面积。拉坯与空振两种状态下的面积差即为摩擦力做的功（摩擦功）。除此之外，结晶器一个周期的行程为振幅的 4 倍，同时考虑铸坯与结晶器的有效接触面积，由此推算出一个振动周期内的摩擦力均值公式。

$$MDF = \frac{W_{\mathrm{hot}} - W_{\mathrm{cold}}}{4N \times 2(D + B)\, L_{\mathrm{eff}}} \tag{7-4}$$

$$W_{\mathrm{hot}} = \int_{\mathrm{cycle}} F_{\mathrm{hot}}\mathrm{d}y \tag{7-5}$$

式中　W_{hot} ——拉坯时液压缸驱动力做的功，kN·mm；

　　　F_{hot} ——拉坯时液压缸驱动力的输出力，kN；

　　　W_{cold} ——空载时液压缸驱动力做的功，kN·mm；

　　　N ——结晶器振幅，mm；

　　　B ——铸坯宽度，m；

　　　D ——铸坯厚度，m；

　　　L_{eff} ——结晶器与铸坯有效接触高度，m。

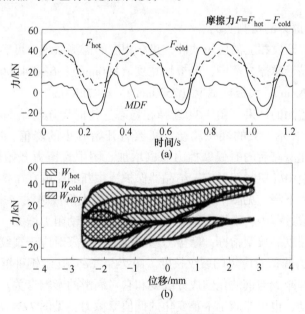

图 7-32　摩擦力计算方法

（正弦，振频为 150 次/min　，振幅为 ±3mm，拉速为 1.5m/min）

图 7-33 为摩擦力检测软件的运行画面。结晶器摩擦力图包括三部分。左上侧的图表是关于油缸行程和热态力。右上侧图显示一个循环内的热态力对油缸行程的关系。循环曲线形成的闭环范围代表当前油缸工作范围。底部图显示热态力、摩擦力、拉速、液位及板坯宽度等信息。

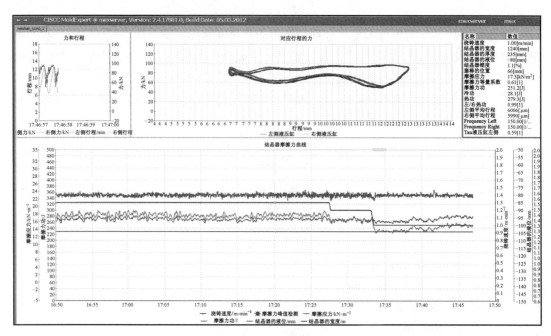

图 7-33　摩擦力检测软件运行画面

　　b　摩擦功法摩擦力的检测实例

　　基于上述原理，开发相应的应用软件，建立相应的监测系统，可实现结晶器摩擦力的在线检测。典型结晶器摩擦力范围：窄板坯宽度（800mm）：$6\sim20kN/m^2$；中等板坯宽度（1250mm）：$8\sim12kN/m^2$；大板坯宽度（2500mm）：$4\sim7kN/m^2$。

　　在线监测系统监测的结果。图 7-34 选择在稳态连铸时铸坯与结晶器之间摩擦应力瞬态图。图 7-34（a）显示，大的液位波动，摩擦力开始有小的峰值，随后整体减少。图 7-34（b）显示，当化渣滞后的时候摩擦力急剧增加。图中摩擦力开始增加点恰好与更换浇包和钢水在中间包中驻留时间对应。结晶器保护渣中断的影响在摩擦力图中也可看到渣膜的断开造成摩擦力下降，见图 7-34（c），同时在铜板上形成热区（未显示）。在断开事件之间，新渣膜形成过程中，摩擦力继续增加，使铸坯运动阻力增大。摩擦应力的迅速上升是宽面出现纵向裂纹的典型指标。摩擦力增加的幅度恰好对应于裂纹的长度，在图 7-34（d）中，小的摩擦力峰值对应短的裂纹长度。图 7-34（e）显示钢种混合期间的结果，长时间的摩擦力增加和减少与钢的化学成分改变和它对润滑的影响有关。连铸包晶钢可能产生液位的不规则变动，也可能产生平稳变化的低值摩擦力，见图 7-34（f），这可由包晶钢的较强的不规则的收缩解释。

　　c　检测摩擦力的作用及其应用前景

　　结晶器摩擦力是一个可以在线应用的实现动态观察铸坯与结晶器间润滑和摩擦行为的可测参数，是一个优化连铸过程和振动工艺的重要参数。结晶器摩擦力对漏钢、水口断裂、液位剧烈波动等异常均有较明显的反应。开发的基于人工神经元网络的摩擦力异常分析软件，离线预报的结果基本符合现场的漏钢等异常记录，并具有一定的预报提前量。奥

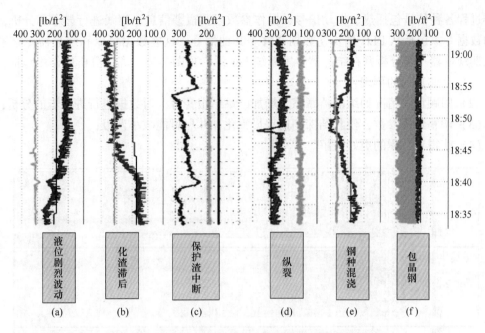

图 7-34　典型结晶器摩擦力的变化

钢联"MoldEXPERT"的应用情况也表明：结晶器摩擦力能对液位波动、更换保护渣、变更拉速、更换水口，纵裂等做出明显反应。国内外进一步的应用研究也在积极进行。

摩擦力的在线检测作用有以下几个方面：

（1）分析和评价结晶器内润滑和摩擦状态，开发和优化连铸工艺参数。利用不同工艺条件下测得的摩擦力，对比分析不同钢种、保护渣、浇温等工艺下的润滑状况，研究各参数对铸坯表面质量的影响；正弦与非正弦振动方式下的摩擦力测量结果，研究摩擦力的波动与变化特征，优化结晶器振动参数（振频、振幅、非正弦因数）和振频-拉速控制模型；研究每种工艺条件下，在获得稳定、良好的铸坯表面质量时，铸机可达到的极限拉速等。

（2）开发定量评价保护渣润滑效果的新方法，优选结晶器保护渣。在线连续检测摩擦力，是了解和评价结晶器保护渣润滑效果的重要手段。利用摩擦力的瞬态检测数据，分析完整振动周期内摩擦力的变化与波动特征，研究钢种和保护渣匹配情况下的润滑特性，提出基于保护渣热态行为（而不仅仅是静态物理性质）的优选保护渣新技术，进而依据所浇铸的具体钢种，制定合适的保护渣选择工艺规范。

（3）与结晶器温度监测系统整合，提高异常过程和漏钢预报的准确性。结晶器温度检测的漏钢预报系统，已在生产现场得到了良好的应用，对防止拉漏起到了积极作用，但目前仍有误报和错报。研究已发现，在漏钢特别是纵裂漏钢、液位剧烈波动以及水口断裂等异常情况下，摩擦力会做出明显反应。因此，开展将温度和摩擦力联合检测，开展新的结晶器异常预报方法的研究，有望进一步提高漏钢等异常预报的准确性。

7.2.2.8　结晶器专家系统的其他应用

A　专家系统的长期数据观察和离线分析

结晶器专家系统用于在线监视的算法和可视化，同样也可用于离线分析。在线记录的连铸过程各种信号包括热、振动信号，操作参数以及报警信息，离线进行显示和分析，开发的数据专家包括从 PLC 到长期数据文件等其他信号。这些数据可以和结晶器专家系统的长期观察器一起分析并在结晶器专家系统上显示，见图 7-35。离线分析的作用包括：

（1）存储数据的再现；

（2）回顾危险情况如结晶器摩擦力增加、黏结报警等，对数据进行进一步的分析；

（3）调整预报参数，使黏结探测速率最大化，并尽可能减小误报；

（4）获得对过程的更好理解。

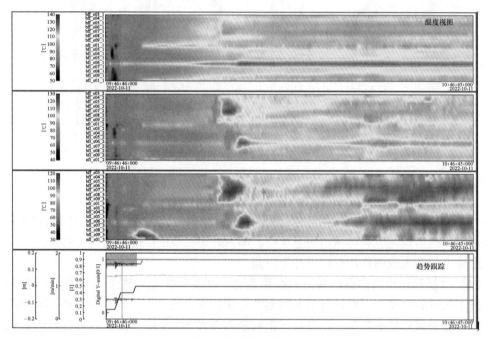

图 7-35　长期数据分析观察图

B　纵裂纹危险预报

长期监测发现，当有纵裂纹出现时（显微裂纹除外），结晶器摩擦力有突然的升高，如图 7-33 所示的典型现象。同时，也可观察到有特征的温度模式。温度信号变动比较大，对应于纵裂纹出现时，测量的温度迅速下降。据报道，基于检测这些典型模式并考虑其他过程参数，纵裂纹危险警报已经在 MoldExpert 系统中实现。这一警报可用于板坯缺陷预报。为确保这一技术的有效性，进行了大量的铸坯质量检验，其中对 290 块板坯进行检查，作为对预报算法的调整的一部分。并用 2700 块板坯进行验证（主要是包晶钢和微合金化的钢种）。结果是在预报的和实际有纵裂纹出现的铸坯之间有好的相关性。类似的开发工作也在英国的 MTM 系统中进行。

7.2.2.9　结晶器专家系统发展的现状与展望

结晶器专家系统是应用先进的低成本的技术。国外钢铁设备制造商如德马格（SMS DEMAG）、奥钢联（VAI）、达涅利（Danieli）等竞相开发并应用于实际生产。国内各大钢铁厂如宝钢、鞍钢、武钢等，在引进连铸设备的同时也不同程度地购买结晶器专家系统程序包或相类似的部分，同时注重消化吸收，根据各自设备和产品特点进行应用和改进。

结晶器专家系统"智能水平"依赖于更多可清楚表述结晶器过程特征值的发现，以及典型数据包括正常和异常过程的数据的积累，并与大量至少足够量的铸坯质量检查相联系。这是一个需要耐心和积累数据并对数据不断分析、不断挖掘的过程。通过热和力的联合监控，开发联合监控新技术和实现真正意义上的结晶器"可视化""智能化"，实现铸坯质量的在线预测和及时的在线调整，从而实现高浇铸速度和开发新的敏感钢种的目标。

7.3　连铸无人化浇钢技术开发与应用

随着智能控制技术的不断发展，连铸工序区域也不断升级改造。许多的智能化设备和技术，如工业机器人等开始在连铸机上逐步运用。现代化的连铸机，都以操作室集控、操作一键化或者无人化，工艺模型化等来实现连铸过程的自动化和无人化，以减轻连铸过程中的工人劳动强度，减少室外作业时间，提高劳动效率和稳定连铸生产。

7.3.1　工业机器人在连铸浇钢现场的应用

近年来，工业智能机器人已经在连铸的各个工序环节中开始使用。

7.3.1.1　连铸接受钢包区域机器人

连铸接受钢水钢包区域机器人主要功能是完成钢包上连铸回转台以后的钢包滑板驱动机构的安装（一般通常使用液压缸）和一些能源介质插头的安装。连铸接受钢包区域机器人使用标准的六轴工业机器人，可以借助灵活的编程以到达工作范围内的任何点。机器人控制系统控制编程编写运动的路径、速度和加速度，通过摄像或者红外技术进行定位，使用不同的机器人工具完成钢水上连铸回转台以后的液压缸安装、各种能源介质插头安装等工作。为了将这些工具安装在机器人上，工具更换器通过法兰连接在机器人手上。工具将通过气动夹紧钳连接至工具更换器，并由锥形夹持器引导。工具更换器的所有运动部件都位于工具更换器壳体内，连铸钢包区域机器人工作如图 7-36 所示。工具更换器系统是自锁的，因此在气压下降的情况下，机器人不会松开工具，工具更换器还配有气动耦合，以供应加压空气或其他不同工具。

7.3.1.2　连铸中间包区域机器人

连铸中间包区域机器人一般使用标准的 6 轴工业机器人。以机器人为基础，配备二次开发的工具，在控制系统中（KR C4）编辑相应的程序，机器人使用不同的工具几乎能完成连铸中间包区域所有工作。现场机器人定位主要以固定定位为主，对于需要变换位置的设备（钢包）辅以摄像头精准定位。主要功能有测温、取样（成品样和全氧样）、定氧、定氢、物料添加（覆盖剂和碳化稻球）、长水口的安装和拆卸及长水口的清洗。机器人工作区域示意图和现场机器人（型号为 KR510-R3080，载重 2800kg）工作图见图 7-37 和图 7-38。

连铸中间包区域可以借助灵活的编程以到达工作范围内的任何点。机器人控制系统控制编程编写运动的路径，速度和加速度，通过摄像或者红外技术进行定位，使用不同的机器人工具几乎能完成连铸中间包区域所有工作，具体工作内容：

（1）钢包长水口的自动安装和拆卸。在连铸钢包浇注结束后，机器人使用特定的工具进入浇注区域，取出钢包长水口，并在新一炉钢包就位后安装长水口，实现多炉连浇。

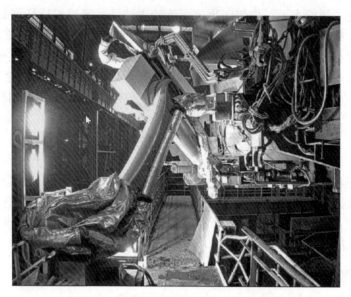

图 7-36   连铸接受钢包区域机器人工作图

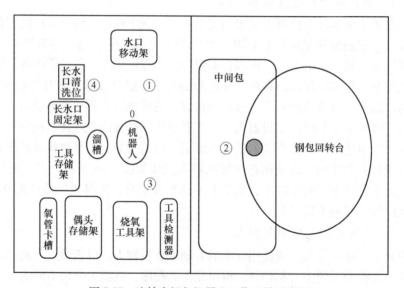

图 7-37   连铸中间包机器人工作区域示意图

其主要工作内容是：

机器人抓取水口工具（见图 7-39），从长水口存储架上（见图 7-40）抓取相应的长水口，进入中间包浇注区域将长水口安装到钢包上，进行浇注作业。安装完成后机器人将水口工具放回，机器人回原位，准备其他作业。

当前一炉钢包的钢水浇注完成后，机器人抓取水口工具进入中间包浇注区域将长水口取回，并进行清洗，碗部冷钢清洗完毕后，机器人再到中间包区域将长水口安装到新的钢包上（见图 7-41），进行浇注作业，安装完成后机器人将水口工具放回，机器人返回原位，准备其他作业。

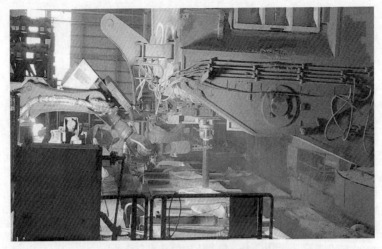

图 7-38 KR510-R3080 机器人工作图

图 7-39 机器人用于长水口更换的夹具

图 7-40 机器人区域长水口存放架

图 7-41　机器人安装长水口作业

　　由于在连铸生产中钢包是需要不断更换的，所以相对位置不固定，为了能够对钢包和长水口位置精准定位，在钢包上和长水口夹持器上安装了定位板，通过相机检测定位板的位置来实现精准定位。

　　（2）中间包测温作业。机器人抓取测温工具，从偶头架上抓取测温偶头，测温系统连接正常后，机器人进入中间包区域进行测温，收到测温结束信号后机器人退回将使用过的测温偶头丢进偶头溜槽，机器人将测温工具放回，机器人回原位，准备其他作业（见图 7-42）。

图 7-42　机器人测温作业

　　（3）中间包取成品样作业。机器人抓取取样工具，从偶头架上抓取取样偶头，机器人进入中间包区域进行取样，取样成功后机器人退回将使用过偶头丢进偶头溜槽，机器人将取样工具放回，机器人回原位，准备其他作业。

　　（4）中间包取全氧样作业。机器人抓取取样工具，从偶头架上抓取取样偶头，全氧样系统启动，收到压力准备好信号后机器人进入中间包区域进行取样，收到取样结束信号后机器人退回将使用过偶头丢进偶头溜槽，机器人将取样工具放回，机器人回原位，准备其他作业。TOS 全氧取样器利用惰性气体氩气保护，取出钢水中反映真实成分的棒样，供实验室分析钢水中的全氧。

（5）中间包定氧作业。机器人抓取定氧工具，从偶头架上抓取定氧偶头，定氧系统准备好后，机器人进入中间包区域进行定氧，取样成功后机器人退回将使用过偶头丢进偶头溜槽，机器人将定氧工具放回，机器人回原位，准备其他作业。

（6）中间包定氢作业。机器人抓取定氢工具，从偶头架上抓取定氢偶头，定氢系统准备好后，机器人进入中间包区域进行定氢，收到定氢结束信号后机器人退回将使用过偶头丢进偶头溜槽，机器人将定氢工具放回，机器人回原位，准备其他作业。

（7）中间包物料添加作业。在操作画面上根据需要启动加料功能，料仓开始下料，下料结束后，机器人抓取料铲进入中间包区域，对指定位置进行加料作业，加料结束后，机器人将料铲放回存储架，机器人回原位，准备其他作业，见图 7-43。

图 7-43　机器人加物料作业

7.3.1.3　连铸结晶器区域机器人

日本钢铁公司首先在连铸过程中使用智能机器人，其系统构成如图 7-44 所示，使用 SCARA 型机器人，包括眼睛（2 个 CCD 摄像机和 1 个图像处理机）、大脑（内含专家系统）、手（1 个六轴负载传感器和执行器），作用为：

（1）辨别结晶器内钢水液位，加入开浇渣并使之均匀分布。

（2）除去边渣和渣壳，防止卷渣。

（3）加各种保护渣并均匀分布。浇铸时，工作时间比例大于 70% ，覆盖全部操作，能胜任无人浇铸操作。

7.3.2　无人浇钢现场工艺模型的开发与应用

缩短连铸操作人员室外作业时间，减少粉尘高温下的工作时间，实现异常生产操作的自动识别和自动处置，减少生产事故和稳定连铸坯质量，实现正常生产状态下的无人浇钢，是连铸工作者一直追求和努力的目标。要实现连铸浇钢现场的无人浇钢，让操作工人远离浇钢现场，就必须解决连铸生产过程中的中间包自动开浇、浇注过程中结晶器异常自动处置、浸入式水口在线更换以及连铸过程自动语音播报系统等技术问题。

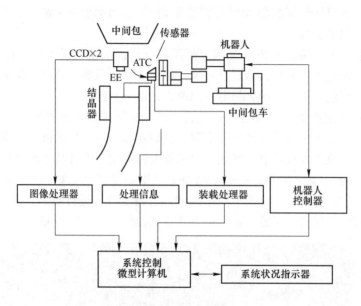

图 7-44 连铸结晶器区域机器人

7.3.2.1 连铸中间包自动开浇技术

连铸机中间包开浇时，中间包水口打开，中间包内的钢水通过水口注入装有引锭的结晶器内，高温钢水跟常温的结晶器及其内的引锭头接触时会引起钢水飞溅。随着钢水填满引锭和结晶器之间的间隙且在结晶器内达到一定的高度时，钢水飞溅减少，拉矫机启动，缓慢地把引锭和与引锭头凝固在一起的钢坯拉出，随后缓慢增加拉速直至设定的目标拉速。上述开浇过程由操作人员控制注入结晶器钢水流量以及拉速来完成的叫手动开浇，而由程序自动控制注入结晶器钢水流量以及拉速来完成的叫自动开浇。

连铸机中间包开浇涉及中间包水口打开、结晶器内钢水液位、拉速控制、钢水凝固特性等诸多工艺方面，手动开浇对操作人员的技能要求较高，且存在开浇成功率低、事故发生率高以及因人工控制结晶器内钢水液位波动大（约±10mm），易发生卷渣等影响钢坯质量的问题。自动开浇可以杜绝人为操作的随意性，从而提高开浇成功率，降低开浇漏钢的风险，减少因手动开关中间包水口造成液面波动产生头坯裂纹、头坯夹渣等质量缺陷。图 7-45 所示为某钢厂使用的自动开浇装置示意图。

中间包自动开浇技术，通过采集中间包车位置、钢包位置、中间包液位信息等关键参数来确定自动开浇触发条件，解决自动开浇启动过程的不稳定状态。通过采集中间包钢液重量，计算结晶器出苗时间和中间包热量初期损失来确定自动开浇中间包钢液重量，平衡出苗时间和中包初期钢水热量损失的方法解决了开浇过早导致板坯夹渣多，开浇过迟造成开浇失败的隐患；通过计算塞棒开口度和通钢量之间的关系，依据开浇断面，确定首次打开的最佳塞棒开度，解决塞棒首次打开过大过小造成的溢钢和钢流不足的隐患。

铯源塞棒自动开浇控制系统在方坯、薄板坯连铸机上广泛应用。该系统通过 Cs-137 放射性同位素钢水液位控制仪准确检测结晶器内的钢水液面高度，实时将信号传送给控制器 PLC，PLC 根据实际液面与设计的液面值比较，综合实际拉速和塞棒开口度，开浇时系统自动调节塞棒的开口度，从而调节中间包注入结晶器内的钢水流量，保证结晶器内的钢

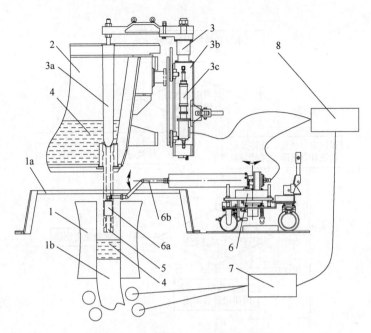

图 7-45 连铸中间包自动开浇装置图

1—结晶器；1a—结晶器盖板；1b—引锭；2—中间包；3—水口开度控制装置；

3a—塞棒；3b—塞棒机构；3c—驱动器；4—钢水；5—水口；6—自动逃逸装置；

6a—涡流传感器；6b—伸缩杆；7—拉矫机；8—控制器

水液面稳定。实现恒拉速定液面连铸自动控制。该项技术在首钢、沙钢、鞍钢、华菱钢铁等钢厂取得了较好的应用效果。

7.3.2.2　连铸浸入式水口一键更换

浸入式水口一键式更换全程自动运行，能实现连铸在线更换浸入式水口及其后的液面自动控制。最大限度降低更换水口时的结晶器液位波动。基于液位自动控制的浸入式水口快换模型，主要通过自动识别和判断水口更换条件，关联钢流控制机构自动执行更换水口操作，随后通过液位的识别和判读来实现换水口后的结晶器液位自动控制，从而消除换水口时，切换时间不匹配造成的机构渗钢安全隐患，避免结晶器内钢水液面波动造成的铸坯夹渣等缺陷，以及解决更换浸入式水口时造成的工人劳动强度大等问题。对提高劳动效率，实现连铸的智能制造有着非常重大的意义。图 7-46 是某钢厂采取自动换水口的工作原理图。

随着工业智能机器人在连铸现场的运用，连铸行业内的结晶器区域机器人，除了进行结晶器的保护渣自动添加外，已经开发并在某些钢厂运用结晶器区域的机器人进行浸入式水口的自动更换。图 7-47 就是国内某公司开发的连铸中间包水口快换与加渣多功能浇钢机器人，标准的智能机器人安装在配置的第 7 轴上，以确保它能在浇铸平台和中间包上面执行所有的机械手动作和达到所有的必须的工作区域。机器人被编程来使用它的 6 轴来执行预先定义的功能和动作。功能是由操作人员通过 HMI 来启动。在标准的自动操作模式下，机器人的动作是不需要人工干预的。机器人配备有特制的夹具，用来抓取不同的工具，实现连铸在线浸入式水口的自动更换。

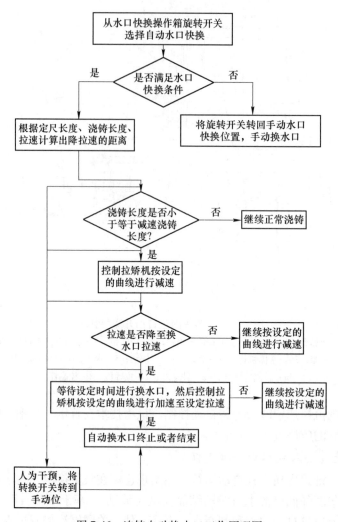

图 7-46　连铸自动换水口工作原理图

7.3.2.3　连铸过程控制自动语音播报

连铸自动语音播报系统技术，主要是实现了连铸开浇生产过程中的各项关键工艺参数的异常播报和状态监控。在连铸实现了无人浇钢后，操作人员都集中在监控中心。监控中心的监控画面较多，如果发生异常不能及时查看或者处理，将会是实现无人化连续铸钢生产的一大制约。让连铸操作人员从繁杂而重复的人工语音提示系统中解放出来，使其更加注重于对生产过程的全面监控，对确保安全稳定生产、全面掌握生产流程和减轻操作强度有着重要的意义。

连铸过程控制自动语音系统包括通信设备、控制设备和播音设备。通信设备包括 DP 总线、中继器、ET200T 通信模件、交换机，用于接收外部连锁流程信号和关键点的工艺参数；控制设备包括中包烘烤 PLC、液位控制 PLC、流线冷却 PLC、流线 PLC、平台 PLC 对流程状态和异常信号进行逻辑处理，生成开关量的数字信号，调用事先录制在其中的生产流程连锁语音文件和设备故障语音文件，通过播音设备进行语音播放。图 7-48 所示是

图 7-47 连铸中间包水口快换与加渣多功能浇钢机器人

某钢厂的自动语音播报系统结构图。

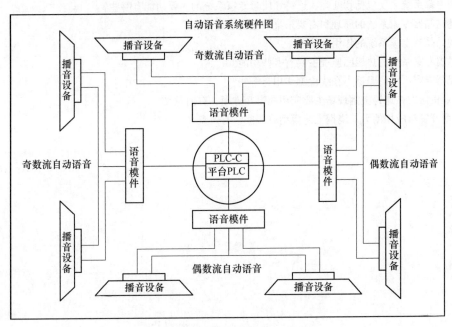

图 7-48 连铸自动语音播报系统结构图

7.3.2.4 连铸生产过程异常自动处置工艺模型

连铸浇注过程异常自动处置是实现无人浇钢的关键技术。由于连铸生产过程中的异常事件和其他不可预见的事故，导致操作人员必须时刻在结晶器旁边监护。要实现连铸浇钢现场的操作无人化，就必须解决在连铸浇钢生产中，结晶器内钢水通道发生异常时的智能判断和自动处置的问题。

国内某钢厂开发研究的生产过程异常自动处置工艺模型，是依据以往的连铸生产事故，按照浇注过程中结晶器内的液位的上涨和下降速度，分为连铸溢钢、连铸漏钢、连铸断流三类。以结晶器中液面位置的上涨和下降的速度作为判据，研究运用液位波动速度和实时拉速的比值这一关键参数，关联判断升降幅值的大小和升降幅值的上下极限值，从而从以上数据推断出结晶器内发生异常，进一步判断出异常的类型，然后作出相应自动处置，并向远在操控室的人员发出警报，留足正确处置时间。通过建立定义时间段液位波动速度和拉速对比模型，实现结晶器注中异常的智能识别和自动处置。

也有钢厂开发通过视频摄像和一级报警信息采集来进行现场异常的自动处置。但无论哪种模式，都需要解决现场事故的准确判断和快速有效的正确处置，才能彻底解放现场操作工人的劳动强度，实现连铸浇钢现场的无人浇注。

复习思考题

7-1 结晶器液面检测方法有哪几种？简要说明放射性同位素法的工作原理。

7-2 结晶器漏钢预报的工作原理是什么？

7-3 水口下渣检测有哪几种方法？

7-4 铸坯热状态下表面缺陷在线检测方法有哪些？

7-5 连铸专家系统主要包括哪几类，连铸坯质量专家系统的主要功能有哪些？

7-6 简述结晶器专家系统的原理和需要采集的主要数据信息。

7-7 简述结晶器专家系统的作用和功能。

7-8 结晶器专家系统的热相图监视主要有哪些功能？

7-9 结晶器专家系统的摩擦力在线检测作用有哪些？

7-10 工业机器人在连铸浇钢现场主要应用在哪些方面，有何意义？

7-11 目前开发与应用的无人浇钢工艺模型有哪些，有何意义？

参 考 文 献

[1] 陈家祥. 连续铸钢手册 [M]. 北京：冶金工业出版社，1991.

[2] 陈雷. 连续铸钢 [M]. 北京：冶金工业出版社，1994.

[3] 王雅贞，等. 新编连续铸钢工艺及设备 [M]. 2 版. 北京：冶金工业出版社，2007.

[4] 朱立光，等. 现代连铸工艺与实践 [M]. 石家庄：河北科学技术出版社，2000.

[5] 蔡开科，等. 连续铸钢原理与工艺 [M]. 北京：冶金工业出版社，1994.

[6] 史宸兴，等. 实用连铸冶金技术 [M]. 北京：冶金工业出版社，1998.

[7] 李传薪. 钢铁厂设计原理（下册）[M]. 北京：冶金工业出版社，1995.

[8] 郑沛然. 连续铸钢工艺及设备 [M]. 北京：冶金工业出版社，1991.

[9] 蔡开科. 连续铸钢五百问 [M]. 北京：冶金工业出版社，1994.

[10] 张小平，等. 近终形连铸技术 [M]. 北京：冶金工业出版社，2001.

[11] Flemming G，Hensger K E. Present and future CSP technology expands product range [J]. Steel Technology，2000，77（1）：53.

[12] 卢盛意. 连铸坯质量 [M]. 2 版. 北京：冶金工业出版社，2000.

[13] 余志祥. 连铸坯热送热装技术 [M]. 北京：冶金工业出版社，2002.

[14] 重庆大学. 铸钢用保护渣译文集 [M]. 重庆：重庆大学出版社，1986.

[15] 冯捷，等. 连续铸钢生产 [M]. 北京：冶金工业出版社，2005.

[16] 冯捷，等. 连续铸钢实训 [M]. 北京：冶金工业出版社，2004.

[17] 萬谷志郎. 钢铁冶炼 [M]. 李宏译. 北京：冶金工业出版社，2004.

[18] 马竹梧，等. 钢铁工业自动化——炼钢卷 [M]. 北京：冶金工业出版社，2003.

[19] 蒋慎言. 连铸及炉外精炼自动化技术 [M]. 北京：冶金工业出版社，2006.

[20] 郭戈，等. 连铸过程控制理论与技术 [M]. 北京：冶金工业出版社，2003.

[21] 干勇，等. 连续铸钢过程数学物理模拟 [M]. 北京：冶金工业出版社，2001.

[22] 田乃媛. 薄板坯连铸连轧 [M]. 北京：冶金工业出版社，2004.

[23] 杨拉道，等. 常规板坯连铸技术 [M]. 冶金工业出版社，2002.

[24] 卢盛意. 有关连铸坯质量的几个问题 [J]. 炼钢，2003，19（3）：1~9

[25] 王建军，等. 中间包冶金学 [M]. 北京：冶金工业出版社，2001.

[26] 贺道中，等. 电磁搅拌对水平连铸坯质量的影响 [J]. 冶金设备，2006，（2）：22~25，28.

[27] 贺道中. 湘钢提高方坯质量的措施 [J]. 鞍钢技术，2006，（5）：36~40.

[28] 殷瑞钰. 关于中国薄板坯连铸连轧工艺装备优化和投资问题 [J]. 钢铁，2003，38（8）：1~9.

[29] 朱正谊. 涟钢 CSP 生产线的特点及初步生产实践 [J]. 炼钢，2006，22（1）：31~36.

[30] 殷瑞钰. 我国薄板坯连铸连轧生产工艺的发展与优化 [J]. 炼钢，2006，22（4）：1~8.

[31] 中国金属学会连续铸钢专业委员会. 我国连铸技术的现状与展望 [J]. 中国冶金，2000（5）：12~18.

[32] 朱诚意，等. 连铸结晶器表面镀层技术研究进展 [J]. 材料保护，2005，38（5）：43~47.

[33] 蔡开科. 连铸技术发展 [J]. 山东冶金，2004（1）：1~9.

[34] 李仙华，等. 连铸中间包覆盖剂研究 [J]. 炼钢，2000，4（2）：31~34.

[35] 朱立光，等. 高速连铸保护渣结晶特性的研究 [J]. 金属学报，1999（12）：1280~1283.

[36] 周书才，等. 电磁搅拌对马氏体不锈钢连铸坯组织和表面质量的影响 [J]. 铸造技术，2006，27（11）：1192.

[37] Kulkarni M S and A. Subash Babu. A system of process models for estimating parameters of continuous casting using near solidus properties steel [J]. Materials and Manufacturing Processes，2003，18（2）：287~

312.

[38] 陈登福，等. 连铸高效化的关键技术［J］. 特殊钢，2002，23（5）：1.

[39] 雷方等. 板坯连铸机结晶器内钢液流动的数值分析［J］. 东北大学学报（自然科学版），1994，15（4）：408~411.

[40] 李学良. 连铸用耐火材料的技术发展［J］. 宽厚板，2003（10）：7~8.

[41] 李庭寿，等. 钢铁工业用节能降耗耐火材料［M］. 北京：冶金工业出版社，2000.

[42] 戴斌煜. 金属液态成形原理［M］. 北京：国防工业出版社，2010.

[43] 姜锡山. 连铸钢缺陷分析与对策［M］. 北京：机械工业出版社，2012.

[44] 潘秀兰，等. 国内外连铸中间包冶金技术［J］. 世界钢铁，2009，6：9~15.

[45] 谭大鹏，等. 振动式钢包下渣检测方法及其关键技术研究进展［J］. 中国科学：技术科学，2010，40（11）：1257~1267.

[46] 申屠理锋，等. 基于振动测量的连铸大包下渣检测系统的开发［J］. 自动化与仪器仪表，2012，（5），190~192.

[47] 王志政，等. 连铸板坯质量判定专家系统应用及原理分析［J］. 河南冶金，2006，14（3）：6~8.

[48] 张金柱，等. 薄板坯连铸装备及生产技术［M］. 北京：冶金工业出版社，2007.

[49] 蔡开科，等. 连铸结晶器［M］. 北京：冶金工业出版社，2008.

[50] 蔡开科. 连铸坯质量控制［M］. 北京：冶金工业出版社，2010.

[51] 殷瑞钰. 我国炼钢-连铸技术发展和2010年展望［J］. 炼钢，2008，12（6）：1~12.

[52] 殷瑞钰. 新世纪炼钢科技进步回顾与"十二五"展望［J］. 炼钢，2012，10（5）：1~12.

[53] 朱苗勇. 现代冶金工艺学——钢铁冶金卷［M］. 2版. 北京：冶金工业出版社，2016.

[54] 卢盛意. 连铸坯质量研究［M］. 北京：冶金工业出版社，2011.

[55] 杨光辉，等. 薄板坯连铸连轧和薄带连铸关键工艺技术［M］. 北京：冶金工业出版社，2016.

[56] 孙立根. 连铸设计原理［M］. 北京：冶金工业出版社，2017.

[57] 杨军，等. 连铸坯成型理论［M］. 北京：冶金工业出版社，2015.

[58] 朱苗勇. 新一代高效连铸技术发展思考［J］. 钢铁，2019，54（8）：21~36.

[59] 郭春光，等. 阳春新钢铁连铸高拉速的关键技术研究及应用［J］. 冶金设备，2020（5）：29~33.

[60] 任忠鸣，等. 电磁冶金技术研究新进展［J］. 金属学报，2020，56（4）：583~600.

[61] 毛新平，等. 中国薄板坯连铸连轧技术的发展［J］. 钢铁，2014，（7）：50.

[62] 朱丽业，等. 薄带连铸连轧关键模型与控制技术［J］. 宝钢技术，2018，（4）：67~69.

[63] 方园，等. 双辊薄带连铸连轧技术的发展现状及未来［J］. 宝钢技术，2018，（4）：2~6.

[64] 潘金生，等. 材料科学基础（修订版）［M］. 北京：清华大学出版社，2019.

[65] 胡汉起. 金属凝固原理［M］. 北京：机械工业出版社，2000.

[66] 徐恒钧，等. 材料科学基础［M］. 北京：北京工业大学出版社，2010.

[67] 杨拉道，等. 直弧形板坯连铸设备［M］. 北京：冶金工业出版社，2017.

[68] 蔡开科，等. 连铸结晶器［M］. 北京：冶金工业出版社，2008.

[69] 干勇，等. 现代连续铸钢实用手册［M］. 北京：冶金工业出版社，2010.

[70] 汪水泽，等. 薄板坯连铸连轧技术发展现状及展望［J］. 工程科学学报，2002，44（4）：534~545.